微课堂学电脑

After Effects CC 入门与应用

文杰书院 编著

清华大学出版社

北 京

内容简介

本书是“微课堂学电脑”系列丛书的一个分册，以通俗易懂的语言、精挑细选的实用技巧、翔实生动的操作案例，全面介绍了 After Effects CC 入门与应用的基础知识，主要内容包括 After Effects CC 基础入门操作、添加与管理素材、图层的操作及应用、蒙版与路径动画、创建文字与文字动画、时间轴、常用视频特效、图像色彩调整与键控滤镜、声音效果、创建三维空间合成以及渲染与输出等方面的知识、技巧及应用案例。

本书面向欲从事影视制作、栏目包装、电视广告、后期编辑与合成的广大工程技术人员，可作为学习 After Effects CC 基础入门的自学教程和参考指导书籍，同时适合用作院校计算机辅助设计课程的实训教材，还可以作为初、中级影视后期制作培训班的课堂教材。

图书在版编目(CIP)数据

After Effects CC 入门与应用/文杰书院编著. —北京：清华大学出版社，2017(2020.8 重印)
(微课堂学电脑)
ISBN 978-7-302-47447-0

Ⅰ. ①A…　Ⅱ. ①文…　Ⅲ. ①图像处理软件　Ⅳ. ①TP391.413

中国版本图书馆 CIP 数据核字(2017)第 134775 号

责任编辑：魏　莹
封面设计：杨玉兰
责任校对：李玉茹
责任印制：沈　露
出版发行：清华大学出版社
　　网　　址：http://www.tup.com.cn, http://www.wqbook.com
　　地　　址：北京清华大学学研大厦 A 座　　邮　　编：100084
　　社 总 机：010-62770175　　邮　　购：010-62786544
　　投稿与读者服务：010-62776969, c-service@tup.tsinghua.edu.cn
　　质量反馈：010-62772015, zhiliang@tup.tsinghua.edu.cn
印 装 者：三河市龙大印装有限公司
经　　销：全国新华书店
开　　本：185mm×260mm　　印　张：20　　字　数：489 千字
版　　次：2017 年 7 月第 1 版　　印　次：2020 年 8 月第 3 次印刷
定　　价：56.00 元

产品编号：067782-01

致读者

“微课堂学电脑”系列丛书立足于“全新的阅读与学习体验”，整合电脑和手机同步视频课程推送功能，提供了全程学习与工作技术指导服务，汲取了同类图书作品的成功经验，帮助读者从图书开始学习基础知识，进而通过微信公众号和互联网站进一步深入学习与提高。

我们力争打造一个线上和线下互动交流的立体化学习模式，为您量身定做一套完美的学习方案，为您奉上一道丰盛的学习盛宴！创造一个全方位多媒体互动的全景学习模式，是我们一直以来的心愿，也是我们不懈追求的动力，愿我们为您奉献的图书和视频课程可以成为您步入神奇电脑世界的钥匙，并祝您在最短时间内能够学有所成、学以致用。

➢➢ 这是一本与众不同的书

“微课堂学电脑”系列丛书汇聚作者 20 年技术之精华，是读者学习电脑知识的新起点，是您迈向成功的第一步！本系列丛书涵盖电脑应用各个领域，为各类初、中级读者提供全面的学习与交流平台，适合学习计算机操作的初、中级读者，也可作为大中专院校、各类电脑培训班的教材。热切希望通过我们的努力能满足读者的需求，不断提高我们的服务水平，进而达到与读者共同学习、共同提高的目的。

- 全新的阅读模式：看起来不累，学起来不烦琐，用起来更简单。
- 进阶式学习体验：基础知识+专题课堂+实践经验与技巧+有问必答。
- 多样化学习方式：看书学、上网学、用手机自学。
- 全方位技术指导：PC 网站+手机网站+微信公众号+QQ 群交流。
- 多元化知识拓展：免费赠送配套视频教学课程、素材文件、PPT 课件。
- 一站式 VIP 服务：在官方网站免费学习各类技术文章和更多的视频课程。

➢➢ 全新的阅读与学习体验

我们秉承“打造最优秀的图书、制作最优秀的电脑学习软件、提供最完善的学习与工作指导”的原则，在本系列图书编写过程中，聘请电脑操作与教学经验丰富的老师和来自工作一线的技术骨干倾力合作编著，为您系统化地学习和掌握相关知识与技术奠定扎实的基础。

致读者

1. 循序渐进的高效学习模式

本套图书特别注重读者学习习惯和实践工作应用，针对图书的内容与知识点，设计了更加贴近读者学习的教学模式，采用“基础知识学习+专题课堂+实践经验与技巧+有问必答”的教学模式，帮助读者从初步了解到掌握到实践应用，循序渐进地成为电脑应用高手与行业精英。

2. 简洁明了的教学体例

为便于读者学习和阅读本书，我们聘请专业的图书排版与设计师，根据读者的阅读习惯，精心设计了赏心悦目的版式，全书图案精美、布局美观。在编写图书的过程中，注重内容起点低、操作上手快、讲解言简意赅，读者不需要复杂的思考，即可快速掌握所学的知识与内容。同时针对知识点及各个知识板块的衔接，科学地划分章节，知识点分布由浅入深，符合读者循序渐进与逐步提高的学习习惯，从而使学习达到事半功倍的效果。

(1) 本章要点：以言简意赅的语言，清晰地表述了本章即将介绍的知识点，读者可以有目的地学习与掌握相关知识。

(2) 基础知识：主要讲解本章的基础知识、应用案例和具体知识点。读者可以在大量的实践案例练习中，不断提高操作技能和经验。

(3) 专题课堂：对于软件功能和实际操作应用比较复杂的知识，或者难于理解的内容，进行更为详尽的讲解，帮助读者拓展、提高与掌握更多的技巧。

(4) 实践经验与技巧：主要介绍的内容为与本章内容相关的实践操作经验及技巧，读者通过学习，可以不断提高自己的实践操作能力和水平。

(5) 有问必答：主要介绍与本章内容相关的一些知识点，并对具体操作过程中可能遇到的常见问题给予必要的解答。

➤➤ 图书产品和读者对象

“微课堂学电脑”系列丛书涵盖电脑应用各个领域，为各类初、中级读者提供了全面的学习与交流平台，帮助读者轻松实现对电脑技能的了解、掌握和提高。本系列图书本次共计出版 14 个分册，具体书目如下：

- 《Adobe Audition CS6 音频编辑入门与应用》
- 《计算机组装 · 维护与故障排除》
- 《After Effects CC 入门与应用》
- 《Premiere CC 视频编辑入门与应用》

- 《Flash CC 中文版动画设计与制作》
- 《Excel 2013 电子表格处理》
- 《Excel 2013 公式·函数与数据分析》
- 《Dreamweaver CC 中文版网页设计与制作》
- 《AutoCAD 2016 中文版入门与应用》
- 《电脑入门与应用(Windows 7+Office 2013 版)》
- 《Photoshop CC 中文版图像处理》
- 《Word·Excel·PowerPoint 2013 三合一高效办公应用》
- 《淘宝开店·装修·管理与推广》
- 《计算机常用工具软件入门与应用》

>> 完善的售后服务与技术支持

为了帮助您顺利学习、高效就业，如果您在学习与工作中遇到疑难问题，欢迎来信与我们及时交流与沟通，我们将全程免费答疑。希望我们的工作能够让您更加满意，希望我们的指导能够为您带来更大的收获，希望我们可以成为志同道合的朋友！

1．关注微信公众号——获取免费视频教学课程

读者关注微信公众号“文杰书院”，不但可以学习最新的知识和技巧，同时还能获得免费网上专业课程学习的机会，可以下载书中所有配套的视频资源。

获得免费视频课程的具体方法为：扫描右侧二维码关注“文杰书院”公众号，同时在本书前言末页找到本书唯一识别码，例如 2016017，然后将此识别码输入到官方微信公众号下面的留言栏并点击【发送】按钮，读者可以根据自动回复提示地址下载本书的配套教学视频课程资源。

2．访问作者网站——购书读者免费专享服务

我们为读者准备了与本书相关的配套视频课程、学习素材、PPT 课件资源和在线学习资源，敬请访问作者官方网站“文杰书院”免费获取，网址：http://www.itbook.net.cn。

扫描右侧二维码访问作者网站，除可以获得本书配套视频资源以外，还能获得更多的网上免费视频教学课程，以及免费提供的各类技术文章，让读者能汲取来自行业精英的经验分享，获得全程一站式贵宾服务。

3．互动交流方式——实时在线技术支持服务

为方便学习，如果您在使用本书时遇到问题，可以通过以下方式与我们取得联系。

QQ 号码：18523650

读者服务 QQ 群号：185118229 和 128780298

电子邮箱：itmingjian@163.com

文杰书院网站：www.itbook.net.cn

最后，感谢您对本系列图书的支持，我们将再接再厉，努力为读者奉献更加优秀的图书。衷心地祝愿您能早日成为电脑高手！

编　者

前言

After Effects CC 是由美国 Adobe 公司最新推出的一款影视编辑软件，其特效功能非常强大，适用于电视栏目包装、影视广告制作、三维动画合成以及电视剧特效合成等领域。为了帮助正在学习 After Effects CC 的初学者快速了解和应用该软件，以便在日常的学习和工作中熟练使用，我们编写了这本《After Effects CC 入门与应用》。

本书在编写过程中，根据初学者的学习习惯，采用由浅入深、由易到难的方式讲解，读者还可以通过配套提供的多媒体视频教学下载内容来学习。

本书结构清晰，知识丰富，共分为 11 章，主要包括下列内容。

1. After Effects CC 基础操作入门，包括影视制作常识、After Effects 可支持的文件格式、工作界面、项目的创建与管理、After Effects 的工作流程和自定义工作界面等。

2. 添加与管理素材，包括添加合成素材、添加序列素材、添加 PSD 素材、多合成嵌套以及分类与管理素材等操作方法。

3. 图层的操作及应用，包括认识图层、图层的基本操作、图层的变化属性、关键帧动画、合成与嵌套的操作和混合模式等知识及操作方法。

4. 蒙版与路径动画，包括蒙版动画、形状的应用、绘画工具与路径动画以及动画制作等相关知识及操作案例。

5. 创建文字与文字动画，包括创建与编辑文字、创建文字动画和文字的应用。

6. 时间轴，包括操作时间轴、设置时间和图形编辑器的相关知识及使用方法。

7. 常用视频特效，包括效果应用基础、过渡特效滤镜、模糊特效滤镜、常规特效滤镜和透视特效等相关知识。

8. 图像色彩调整与键控滤镜，包括调色滤镜、键控滤镜、遮罩滤镜和 Keylight 滤镜。

9. 声音效果，包括将声音导入影片和为声音添加特效等相关操作方法。

10. 创建三维空间合成，包括三维合成环境、三维图层、摄像机的应用和灯光等相关应用知识及操作方法。

11. 渲染与输出，包括渲染、输出、多合成渲染和调整大小与裁剪等相关方法。

本书由文杰书院组织编写，参与本书编写的有李军、罗子超、袁帅、文雪、肖微微、李强、高桂华、蔺丹、张艳玲、李统财、安国英、贾亚军、蔺影、李伟、冯臣、宋艳辉等。

为方便学习，读者可以访问网站 http://www.itbook.net.cn 获得更多学习资源。如果您在使用本书时遇到问题，可以加入 QQ 群 128780298 或 185118229，也可以发邮件

至 itmingjian@163.com 与我们交流和沟通。

为了方便读者快速获取本书的配套视频教学课程、学习素材、PPT教学课件和在线学习资源，读者可以在文杰书院网站中搜索本书书名，或者扫描右侧的二维码，在打开的本书技术服务支持网页中，选择相关的配套学习资源。

我们提供了本书配套学习素材和视频课程，请关注微信公众号“文杰书院”免费获取。读者还可以订阅 QQ 部落“文杰书院”进一步学习与提高。

我们真切希望读者在阅读本书之后，可以开阔视野，增长实践操作技能，并从中学习和总结操作的经验和规律，达到灵活运用的水平。鉴于编者水平有限，书中疏漏和考虑不周之处在所难免，热忱欢迎读者予以批评、指正，以便我们编写更好的图书。

编　者

2016003

目录

目录

第1章 After Effects CC 基础操作入门

本章要点

- 影视制作常识
- After Effects 可支持的文件格式
- 工作界面
- 项目的创建与管理
- After Effects 的工作流程
- 专题课堂——自定义工作界面

本章主要内容

本章主要介绍影视制作常识、文件格式、工作界面、项目的创建与管理和 After Effects 的工作流程方面的知识与技巧，在本章的最后还针对实际的工作需求，讲解自定义工作界面的方法。通过本章的学习，读者可以掌握 After Effects CC 基础操作方面的知识，为深入学习 After Effects CC 入门与应用知识奠定基础。

Section 1.1 影视制作常识

影视媒体已经成为当前最为大众化、最具影响力的媒体形式，数字技术也全面进入影视制作过程，计算机逐步取代了许多原有的影视设备，在影视制作的各个环节发挥了很重要的作用。本节将详细介绍影视制作的一些常识。

1.1.1 模拟信号与数字信号

模拟信号用电流或电压值随时间的连续变化来描述或代替信号源发出的信号。它的特点是其电压和电流有无限多个值且随时间连续变化，并且可以由一个已知的值估计其前后的值，如图 1-1 所示。

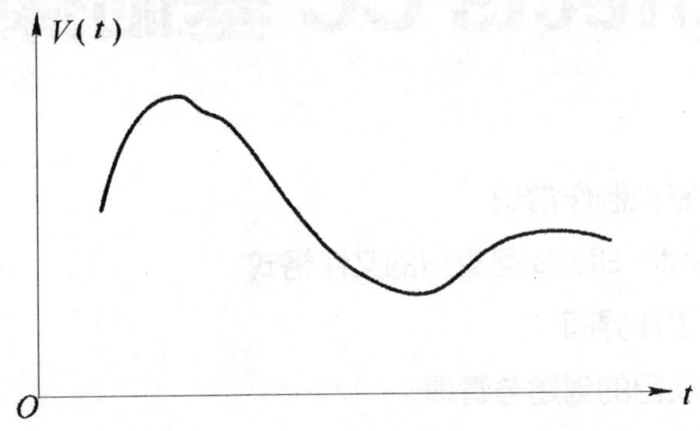

图 1-1

数字信号相对于模拟信号有很多优势，最重要的一点在于，数字信号在传输过程中有很高的保真度，是一种脉冲信号。数字信号的特点是电压和电流只有有限个值。每个值的出现是随机的，服从一定的概率。数字信号的每个电压值都对应一个数值，如图 1-2 所示。

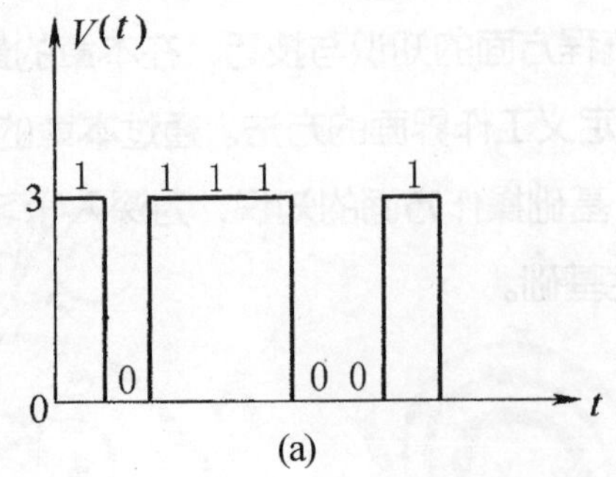

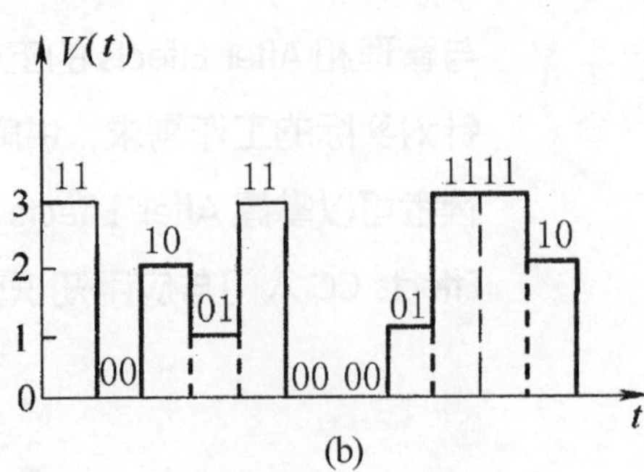

图 1-2

1.1.2 视频信号制式

世界上主要使用的视频信号制式有 PAL、NTSC、SECAM 三种，中国大部分地区使用 PAL 制式，日本、韩国及东南亚地区与美国等欧美国家使用 NTSC 制式，俄罗斯则使用 SECAM 制式。中国国内市场上买到的正式进口的 DV 产品都是 PAL 制式。

各国的视频信号制式不尽相同，制式的区分主要在于其帧频(场频)的不同、分辨率的不同、信号带宽以及载频的不同、色彩空间的转换关系不同等。

- NTSC 彩色电视制式：它是 1952 年由美国国家电视标准委员会指定的彩色电视广播标准，采用正交平衡调幅的技术方式，故也称为正交平衡调幅制。美国、加拿大等大部分西半球国家以及中国台湾、日本、韩国等均采用这种制式。
- PAL 制式：它是西德在 1962 年指定的彩色电视广播标准，采用逐行倒相正交平衡调幅的技术方法，克服了 NTSC 制相位敏感造成色彩失真的缺点。西德、英国等一些西欧国家，新加坡、澳大利亚、新西兰等国家及中国大陆和香港特区采用这种制式。PAL 制式中根据不同的参数细节，又可以进一步划分为 G、I、D 等制式，其中 PAL-D 制是我国大陆采用的制式。
- SECAM 制式：SECAM 是法文的缩写，意为顺序传送彩色信号与存储恢复彩色信号制，是由法国在 1956 年提出，1966 年制定的一种新的彩色电视制式。它也克服了 NTSC 制式相位失真的缺点，但采用时间分隔法来传送两个色差信号。使用 SECAM 制的国家主要集中在法国、东欧和中东一带。

1.1.3 帧速率

帧速率是指每秒钟刷新的图片的帧数，也可以理解为图形处理器每秒钟能够刷新几次。对影片内容而言，帧速率指每秒所显示的静止帧格数。要生成平滑连贯的动画效果，帧速率一般不小于 8fps；而电影的帧速率为 24fps。捕捉动态视频内容时，此数值越高越好。

像电影一样，视频是由一系列的单独图像(称为帧)组成的，并放映到观众面前的屏幕上。每秒钟放 24～30 帧，这样才会产生平滑和连续的效果。在正常情况下，一个或者多个音频轨迹与视频同步，并为影片提供声音。

帧速率也是描述视频信号的一个重要概念，对每秒钟扫描多少帧有一定的要求。对于 PAL 制式的电视系统，每秒为 25 帧；而对于 NTSC 制式的电视系统，每秒为 30 帧。虽然这些帧速率足以提供平滑的运动，但它们还没有高到足以使视频显示避免闪烁的程度。实验表明，人的眼睛可觉察到以低于 1/50 秒速度刷新图像中的闪烁。然而，帧速率要想提高到这种程度，就要求显著增加系统的频带宽度，这是相当困难的。

1.1.4 逐行扫描与隔行扫描

通常显示器分逐行扫描和隔行扫描两种扫描方式。逐行扫描相对于隔行扫描是一种先

进的扫描方式，它是指显示屏显示图像进行扫描时，从屏幕左上角的第一行开始逐行进行，整个图像扫描一次完成。因此图像显示画面闪烁小，显示效果好。目前先进的显示器大都采用逐行扫描方式。逐行扫描是使电视机的扫描方式按(1、2、3、…)的顺序一行一行地显示一幅图像，构成一幅图像的625行一次显示完成的一种扫描方式，其垂直分辨率较隔行扫描提高了一倍，完全克服了大面积闪烁的隔行扫描行固有的缺点，使图像更为细腻、稳定。在大屏幕电视上观看时效果尤佳，即便是长时间近距离观看，眼睛也不易疲劳。

隔行扫描就是每一帧被分割为两场，每一场包含了一帧中所有的奇数扫描行或者偶数扫描行，通常是先扫描奇数行得到第一场，然后扫描偶数行得到第二场。隔行扫描是传统的电视扫描方式。按我国电视标准，一幅完整图像垂直方向由625条扫描线构成，一幅完整图像分两次显示，首先显示奇数场(1、3、5、…)，再显示偶数场(2、4、6、…)。

1.1.5 分辨率和像素比

分辨率和像素比是不同的概念。分辨率可以从显示分辨率与图像分辨率两个方面来分类。显示分辨率(屏幕分辨率)是屏幕图像的精密度，是指显示器所能显示的像素有多少。由于屏幕上的点、线和面都是由像素组成的，显示器可显示的像素越多，画面就越精细，同样，屏幕区域内能显示的信息也越多，所以分辨率是个非常重要的性能指标之一。可以把整个图像想象成是一个大型的棋盘，而分辨率的表示方式就是所有经线和纬线交叉点的数目。在显示分辨率一定的情况下，显示屏越小，图像越清晰；反之，显示屏大小固定时，显示分辨率越高，图像越清晰。图像分辨率则是单位英寸中所包含的像素点数，其定义更趋近于分辨率本身的定义。

像素比是指图像中一像素的宽度与高度之比，而帧纵横比则是指图像一帧的宽度与高度之比。如某些D1/DV NTSC图像的帧纵横比是4∶3，但使用方形像素(1.0像素比)的是640像素×480像素，使用矩形像素(0.9像素比)的是720像素×480像素。DV基本上使用矩形像素，在NTSC视频中是纵向排列的，而在PAL制视频中是横向排列的。使用计算机图形软件制作生成的图像大多使用方形像素。

1.1.6 安全框

安全框是画面可以被用户看到的范围。在“显示安全框”以外的部分，电视设备将不显示，“显示安全框”以内的部分可以保证被完全显示。

在After Effects CC软件中，单击【选择网格和参考选项】按钮，在弹出的下拉列表中选择【标题/动作安全】选项，即可打开安全框参考可视范围，如图1-3所示。

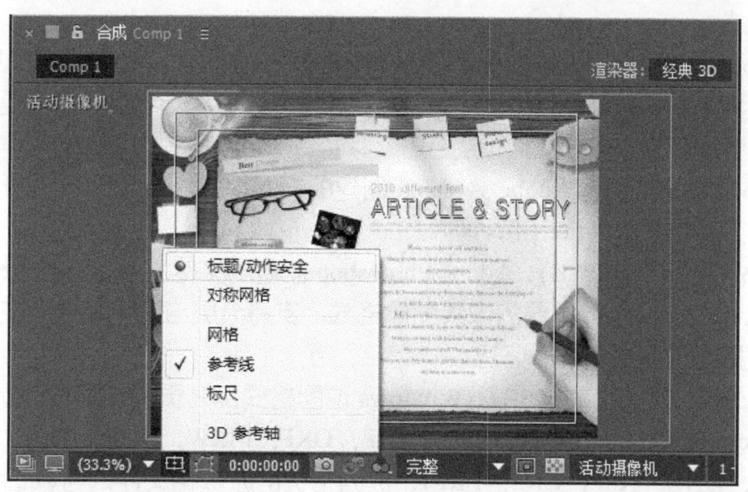

图 1–3

1.1.7 视频压缩解码

视频压缩也称为编码，是一种相当复杂的数学运算过程，其目的是通过减少文件的数据冗余，以节省数据存储空间，缩短处理时间，及节约数据传输通道等。根据应用领域的实际需要，不同的信号源及其存储和传播的媒介决定了压缩编码的方式，压缩比率和压缩的效果也各不相同。

压缩的方式大致分为两种。一种是利用数据之间的相关性，将相同或相似的数据特征归类，用较少的数据量描述原始数据，以减少数据量，这种压缩通常为无损压缩；而利用人的视觉和听觉特性，有针对性地简化不重要的信息，以减少数据，这种压缩通常为有损压缩。即使是同一种 AVI 格式的影片也会有不同的视频压缩解码处理方式。

Section 1.2 After Effects 可支持的文件格式

After Effects 支持导入多种格式的素材，包括大部分视频素材、静帧图片、帧序列和音频素材等。用户可以使用 After Effects 创建新素材，比如建立固态层或预合层。用户也可以在任何时候将【项目】面板中的素材编辑到时间线面板上。本节将详细介绍 After Effects 可支持的文件格式。

1.2.1 支持的图形图像文件格式

After Effects 支持导入多种格式的图片文件。下面详细介绍 After Effects 支持导入的图

形图像文件格式。

- Adobe Illustrator(AI)：Adobe Illustrator 创建的文件，支持分层与透明。可以直接导入到 After Effects 中，并可包含矢量信息，可实现无损放大，是 After Effects 最重要的矢量编辑格式。
- Adobe PDF(PDF)：Adobe Acrobat 创建的文件，是跨平台高质量的文档格式，可以导入指定页到 After Effects 中。
- Adobe Photoshop(PSD)：Adobe Photoshop 创建的文件，与 After Effects 高度兼容，是 After Effects 最重要的像素图像格式，支持分层与透明，并可在 After Effects 中直接编辑图层样式等信息。
- Bitmap(BMP，RLE，DIB)：Windows 位图格式，高质量，基本无损。
- Camera Raw(TIF，CEW，NEF，RAF，ORF，MRW，DCR，MOS，RAW，PEF，SRF，DNG，X3F，CR2，ERF)：数码相机的原数据文件，可以记录曝光、白平衡等信息，可在数码软件中进行无损调节。
- Cineon(CIN，DPX)：将电影转换为数字格式的一种文件格式，支持 32bpc。
- Discreet RLA/RPF(RLA，RPF)：由三维软件产生，是用于三维软件和后期合成软件之间数据交换的格式。可以包含三维软件的 ID 信息、Z Depth 信息、法线信息，甚至摄影机信息。
- EPS：是一种封装的 PostScript 描述性语言文件格式，可以同时包含矢量或位图图像，基本被所有的图形图像或排版软件所支持。After Effects 可以直接导入 EPS 文件，并可保留其矢量信息。
- GIF：低质量的高压缩图像，支持 256 色，支持动画和透明，由于质量比较差，很少用于视频编辑。
- JPEG(JPG，JPE)：静态图像有损压缩格式，可提供很高的压缩比，画面质量有一定损失，应用非常广泛。
- Maya Camera Data(MA)：Maya 软件创建的文件格式，包含 Maya 摄影机信息。
- Maya IFF(IFF，TD1；16bpc)：Maya 渲染的图像格式，支持 16bpc。
- OpenEXR(EXR；32bpc)：高动态范围图像，支持 32bpc。
- PCX：PC 上第一个成为位图文件存储标准的文件格式。
- PICT(PCT)：苹果电脑上常用的图像文件格式之一，同时可以在 Windows 平台下编辑。
- Pixar(PXR)：工作站图像格式，支持灰度图像和 RGB 图像。
- Portable Network Graphics(PNG；16bpc)：跨平台格式，支持高压缩和透明信息。
- Radiance(HDR，RGBE，XYZE；32bpc)：一种高动态范围图像，支持 32bpc。
- SGI(SGI，BW，RGB；16bpc)：SGI 平台的图像文件格式。
- Softimage(PIC)：三维软件 Softimage 输出的可以包含 3D 信息的文件格式。
- Targa(TGA，VDA，ICB，VST)：视频图像存储的标准图像序列格式，高质量、高兼容，支持透明信息。
- TIFF(TIF)：高质量文件格式，支持 RGB 或 CMYK，可以直接出图印刷。

1.2.2 支持的视频文件格式

After Effects 支持导入多种格式的视频文件。下面详细介绍 After Effects 支持导入的视频文件格式。

- Animated GIF(GIF)：GIF 动画图像格式。
- DV(在 MOV 或 AVI 容器中，或作为无容器 DV 流)：标准电视制式文件，提供标准的画幅大小、场、像素比等设置，可直接输出与电视制式匹配的画面。
- Electric Image(IMG，EI)：软件产生的动画文件。
- Filmstrip(FLM)：Adobe 公司推出的一种胶片格式。该格式以图像序列方式存储，文件较大，质量高。
- FLV、F4V：FLV 文件包含视频和音频数据，一般视频使用 On2 VP6 或 Sorenson Spark 编码，音频使用 MP3 编码。F4V 格式的视频使用 H.264 编码，音频使用 AAC 编码。
- Media eXchange Format(MXF)：是一种视频格式容器，After Effects 仅仅支持某些编码类型的 MXF 文件。
- MPEG-1、MPEG-2 和 MPEG-4 formats(MPEG，MPE，MPG，M2V，MPA，MP2，MPV，M2P，M2T，AC3，MP4，M4V，M4A)：MPEG 压缩标准是针对动态影像设计的，基本算法是在单位时间内分模块采集某一帧的信息，然后只记录其余帧相对前面记录的帧信息中变化的部分，从而提供高压缩比。
- Open Media Framework(OMF)：AVID 数字平台下的标准视频文件格式。
- QuickTime(MOV)：苹果平台下的标准视频格式，多个平台支持，是主流的视频编辑输出格式。需要安装 QuickTime 才能识别该格式。
- SWF(连贯渲染)：Flash 创建的标准文件格式，导入到 After Effects 中会包含 Alpha 通道的透明信息，但不能将脚本产生的交互动画导入到 After Effects 中。
- Video for Windows(AVI，WAV)：标准 Windows 平台下的视频与音频格式，提供不同的压缩比，通过选择不同编码可以实现视频的高质量或高压缩。
- Windows Media File(WMV，WMA，ASF)：Windows 平台下的视频、音频格式，支持高压缩，一般用于网络传播。
- XDCAM HD 和 XDCAM EX：Sony 高清格式，After Effects 支持导入以 MXF 格式存储压缩的文件。

1.2.3 支持的音频文件格式

After Effects 支持导入多种格式的音频文件。下面详细介绍 After Effects 支持导入的音频文件格式。

- Adobe Sound Document：Adobe 音频文档，可以直接作为音频文件导入到 After Effects 中。

- Advanced Audio Coding(AAC，M4A)：高级音频编码，苹果平台的标准音频格式，可在压缩的同时提供较高的音频质量。
- Audio Interchange File Format(AIF，AIFF)：苹果平台的标准音频格式，需要安装 QuickTime 播放器才能够被 After Effects 导入。
- MP3(MP3，MPEG，MPG，MPA，MPE)：是一种有损音频压缩编码，在高压缩的同时可以保证较高的质量。
- Waveform(WAV)：PC 平台的标准声音格式，高质量、基本无损，是音频编辑的高质量保存格式。

Section 1.3 工作界面

After Effects CC 允许定制工作区的布局，用户可以根据工作的需要移动和重新组合工作区中的工具栏和面板。本节将详细介绍工作界面的相关知识。

1.3.1 菜单栏

菜单栏几乎是所有软件都有的重要界面要素之一，它包含了软件全部功能的命令操作。After Effects CC 提供了 9 项菜单，分别为【文件】、【编辑】、【合成】、【图层】、【效果】、【动画】、【视图】、【窗口】和【帮助】，如图 1-4 所示。

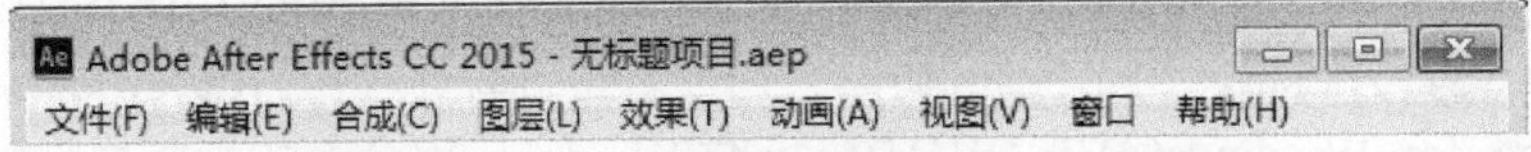

图 1-4

1.3.2 【工具】面板

在菜单栏中选择【窗口】→【工具】命令，或者按下键盘上的 Ctrl+1 组合键，即可打开或关闭【工具】面板，如图 1-5 所示。

图 1-5

【工具】面板包含了常用的编辑工具，使用这些工具可以在【合成】窗口中对素材进行编辑操作，如移动、缩放、旋转、输入文字、创建遮罩、绘制图形等。

在工具栏中，有些工具按钮的右下角有一个白色的三角形箭头，表示该工具还包含有其他工具，在该工具上按住鼠标不放，即可显示出其他的工具，如图 1-6 所示。

图 1–6

1.3.3 【项目】面板

【项目】面板位于界面的左上角，主要用来组织、管理视频节目中所使用的素材，视频制作所使用的素材，都要首先导入到【项目】面板中，在此面板中还可以对素材进行预览。可以通过文件夹的形式来管理【项目】面板，将不同的素材以不同的文件夹分类导入，以便视频编辑时操作方便，文件夹可以展开，也可以折叠，便于项目的管理，如图 1-7 所示。

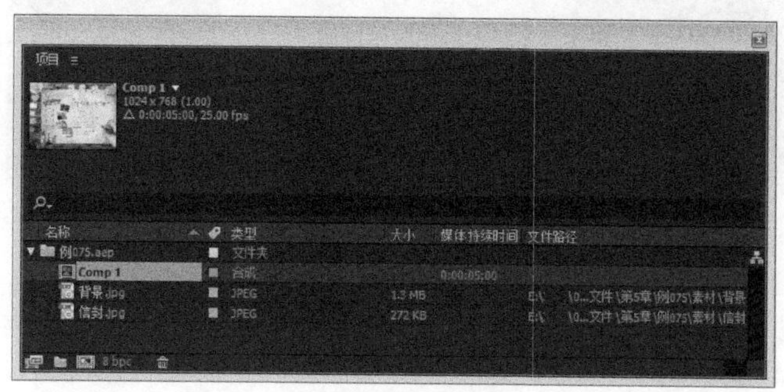

图 1–7

在素材目录区的上方表头，给出了素材、合成或文件夹的属性，显示每个素材不同的属性。下面将分别详细介绍这些属性的含义。

- 名称：显示素材、合成或文件夹的名称，单击该图标，可以将素材按名称方式进行排序。
- 标记：可以利用不同的颜色来区分项目文件，单击该图标，同样可以将素材按标记的方式进行排序。如果要修改某个素材的标记颜色，直接单击素材右侧的颜色按钮，在弹出的快捷菜单中选择合适的颜色即可。
- 类型：显示素材的类型，如合成、图像或音频文件。单击该图标，同样可以将素材按类型的方式进行排序。
- 大小：显示素材文件的大小。单击该图标，同样可以将素材按大小的方式进行排序。

➢ 媒体持续时间：显示素材的持续时间。单击该图标，同样可以将素材按持续时间的方式进行排序。

➢ 文件路径：显示素材的存储路径，以便于素材的更新与查找，方便素材的管理。

知识拓展：自行设定属性区域的显示

在素材目录区上方表头的属性区域中，单击鼠标右键，在弹出的快捷菜单中，选择【列数】命令，在弹出的子菜单中，即可设置打开或关闭属性信息的显示。

1.3.4 【合成】窗口

【合成】窗口是视频效果的预览区，在进行视频项目的安排时，它是最重要的窗口，在该窗口中可以预览到编辑时的每一帧效果。如果要在【合成】窗口中显示画面，首先要将素材添加到时间线上，并将时间滑块移动到当前素材的有效帧内，才可以显示，如图 1-8 所示。

图 1–8

1.3.5 【时间轴】面板

时间轴是工作界面的核心部分，在 After Effects 中，动画设置基本都是在【时间轴】面板中完成的，其主要功能是可以拖动时间指示标预览动画，同时可以对动画进行设置和编辑操作，如图 1-9 所示。

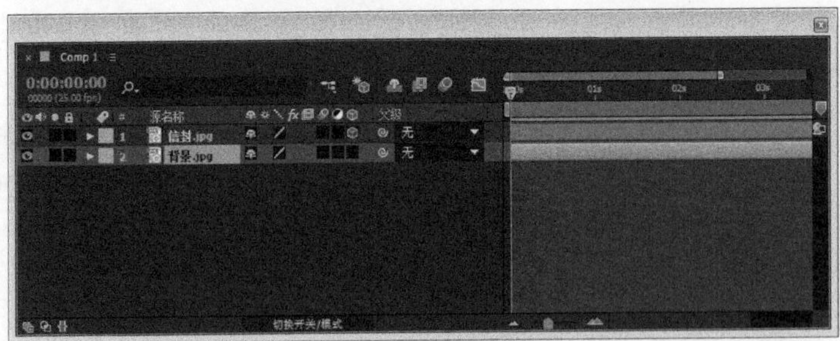

图 1–9

Section 1.4 项目的创建与管理

After Effects 的一个项目是存储在硬盘上的单独文件，其中存储了合成、素材以及所有的动画信息。一个项目可以包含多个素材和多个合成，合成中的许多层是通过导入的素材创建的，还有些是在 After Effects 中直接创建的图形图像文件。本节将详细介绍项目创建与管理的相关知识及操作方法。

1.4.1 创建与打开新项目

微课堂 0 分 36 秒

在编辑视频文件时，首先要做的是创建一个项目文件，规划好项目的名称及用途，根据不同的视频用途来创建不同的项目文件。如果用户需要打开另一个项目，After Effects 会提示是否要保存对当前项目的修改，在用户确定后，After Effects 才会将项目关闭。下面详细介绍创建与打开新项目的操作方法。

操作步骤 >> Step by Step

第 1 步 启动 After Effects CC 软件，在菜单栏中选择【文件】→【新建】→【新建项目】命令，如图 1-10 所示。

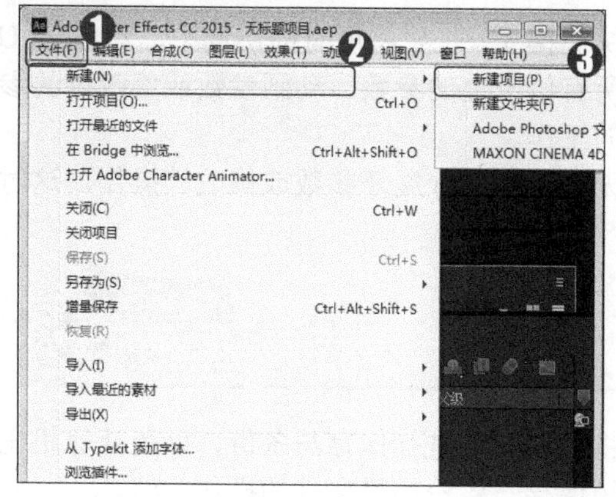

图 1-10

第 2 步 可以看到已经创建了一个新项目，在菜单栏中选择【文件】→【打开项目】命令，如图 1-11 所示。

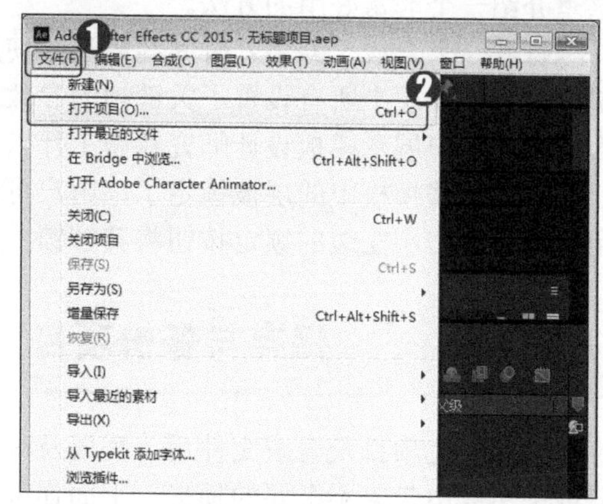

图 1-11

第 3 步 弹出【打开】对话框，***1.*** 选择准备打开新项目的文件，***2.*** 然后单击【打开】按钮 打开(O)，如图 1-12 所示。

第 4 步 可以看到已经打开了选择的项目文件，这样即可完成创建与打开新项目的操作，如图 1-13 所示。

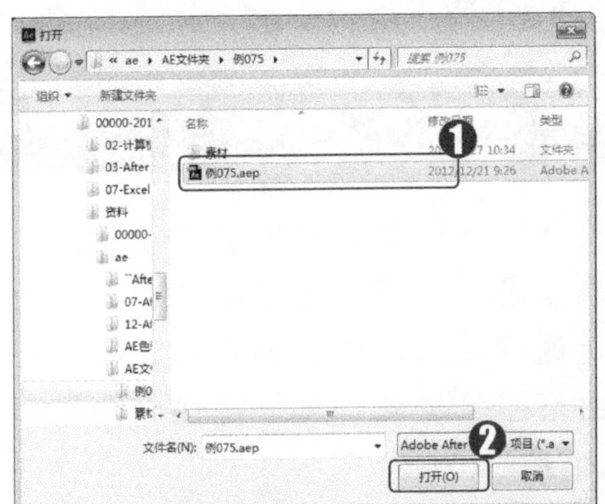

图 1-12

图 1-13

1.4.2 项目模板与示例

项目模板文件是一个存储在硬盘上的单独文件，以.aet 作为文件后缀。用户可以调用许多 After Effects 预置模板项目，例如 DVD 菜单模板。这些模板项目可以作为用户制作项目的基础。用户可以在这些模板的基础上添加自己的设计元素。当然，用户也可以为当前的项目创建一个新模板。

当用户打开一个模板项目时，After Effects 会创建一个新的基于用户选择模板的未命名的项目。用户编辑完毕后，保存这个项目并不会影响到 After Effects 的模板项目。

当用户开启一个 After Effects 模板项目时，如果想要了解这个模板文件是如何创建的，这里介绍一个非常好用的方法。

打开一个合成，并将其时间线激活，使用快捷键 Ctrl+A 将所有的层选中，然后按 U 键，可以展开层中所有设置了关键帧的参数或所有修改过的参数。动画参数或修改过的参数可以向用户展示模板设计师究竟做了什么样的工作。

如果有些模板中的层被锁定了，用户可能无法对其进行展开参数或修改等操作，这时用户需要单击层左边的锁定按钮将其解锁。

1.4.3 保存与备份项目

在制作完项目及合成文件后，需要及时地将项目文件进行保存与备份，以免计算机出错或突然停电带来不必要的损失。下面详细介绍保存与备份项目文件的操作方法。

操作步骤 >> Step by Step

第 1 步 如果是新创建的项目文件，可以在菜单栏中选择【文件】→【保存】命令，如图 1-14 所示。

第 2 步 弹出【另存为】对话框，***1.*** 选择准备保存文件的位置，***2.*** 为其创建文件名并选择保存类型，***3.*** 单击【保存】按钮 保存(S) 即可，如图 1-15 所示。

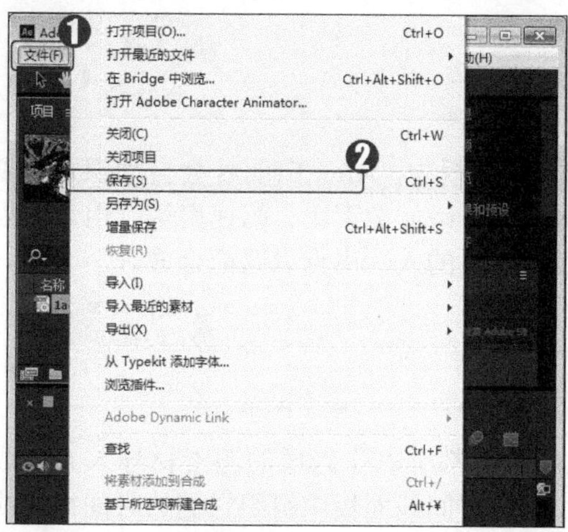

图 1-14

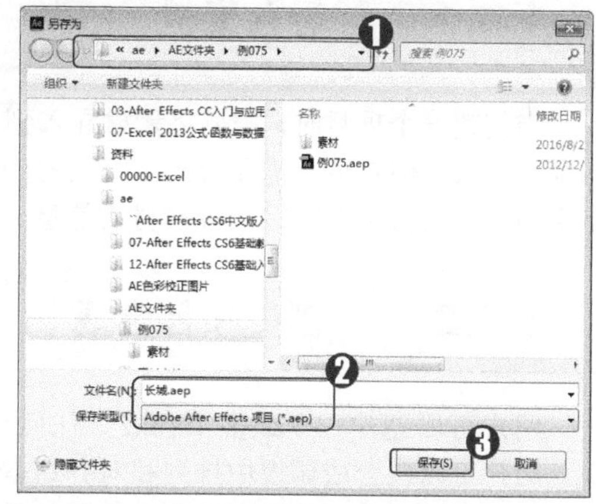

图 1-15

第 3 步 如果希望将项目作为 XML 项目的副本，用户可以选择【文件】→【另存为】→【将副本另存为 XML】命令，如图 1-16 所示。

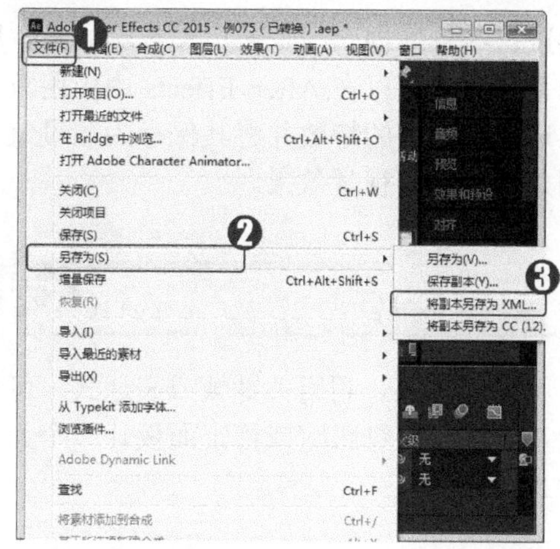

图 1-16

第 4 步 弹出【副本另存为 XML】对话框，**1.** 选择准备保存文件的位置，**2.** 为其创建文件名并选择保存类型，**3.** 单击【保存】按钮 保存(S) 即可，如图 1-17 所示。

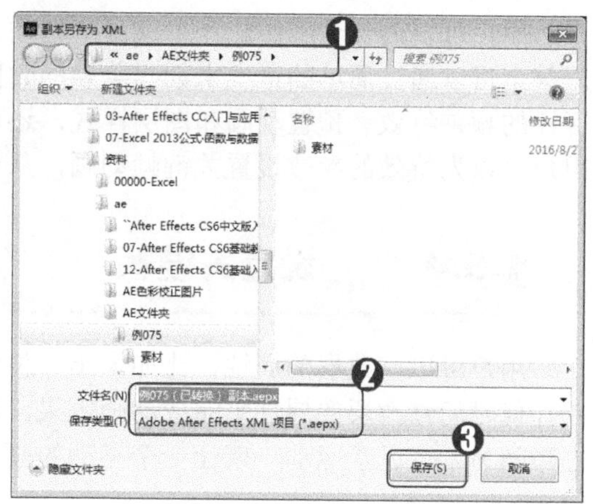

图 1-17

Section 1.5 After Effects 的工作流程

无论用户使用 After Effects 创建特效合成还是关键帧动画，或者仅仅使用 After Effects 制作简单的文字效果，这些操作都要遵循相同的工作流程。本节将详细介绍 After Effects 基本工作流程的相关知识。

1.5.1 导入素材

当创建一个项目时，需要将素材导入到【项目】面板中，After Effects 会自动识别常见的媒体格式，但是用户需要自己定义素材的一些属性，诸如像素比、帧速率等。用户可以在【项目】面板中查看每一种素材的信息，并设置素材的入、出点以匹配合成。

1.5.2 创建项目合成

用户可以创建一个或多个合成。任何导入的素材都可以作为层的源素材导入到合成中。用户可以在合成调板中排列和对齐这些层，或在时间线面板中组织它们的时间排序或设置动画。用户还可以设置层是二维层还是三维层，以及是否需要真实的三维空间感。用户可以使用遮罩、混合模式及各种抠像工具来进行多层的合成，甚至可以使用形状层与文本层，或绘画工具创建用户需要的视觉元素，最终完成需要的合成或视觉效果。

1.5.3 添加效果

用户可以为一个层添加一个或多个特效，通过这些特效创建视觉效果和音频效果。用户甚至可以通过简单的拖曳来创建美妙的时间元素。用户可以在 After Effects 中应用数以百计的预置特效、预置动画和图层样式，还可以选择调整好的特效并将其保存为预设值。用户可以为特效的参数设置关键帧动画，从而创建更丰富的视觉效果。

1.5.4 设置关键帧

用户可以修改层的属性，比如大小、位移、不透明度等。利用关键帧或表达式，可以在任何时间修改层的属性来完成动画效果。用户甚至可以通过跟踪或稳定面板让一个元素去跟随另一个元素运动，或让一个晃动的画面静止下来。

1.5.5 预览画面

使用 After Effects 在用户的计算机显示器上预览合成效果是非常快速和高效的。即使是非常复杂的项目，依然可以使用 OpenGL 技术加快渲染速度。用户可以通过修改渲染的帧速率或分辨率来改变渲染速度，也可以通过限制渲染区域或渲染时间来达到类似改变渲染速度的效果。用户可以通过色彩管理预览影片在不同设备上的显示效果。

1.5.6 输出视频

用户可以定义影片的合成并通过渲染队列将其输出。不同的设备需要不同的合成，用

户可以建立标准的电视或电影格式的合成，也可以自定义合成，最终通过 After Effects 强大的输出模块将其输出为用户需要的影片编码格式。After Effects 提供了多种输出设置，并支持渲染队列与联机渲染。

Section 1.6 专题课堂——自定义工作界面

Adobe 的视频和音频软件提供了统一的界面，可自由地定义工作空间，用户可以自由地对各个面板进行移动或编组，这种工作空间使数字视频的创作变得更为得心应手。本节将详细介绍自定义工作界面的相关知识及操作方法。

1.6.1 调整面板位置

微课堂 0 分 25 秒

After Effects 的工作空间采用“可拖放区域管理模式”，通过拖放面板的操作，可以自由地定义工作空间的布局。下面详细介绍调整面板位置的操作方法。

操作步骤 >> Step by Step

第 1 步 首先选择准备进行移动的面板，如图 1-18 所示。

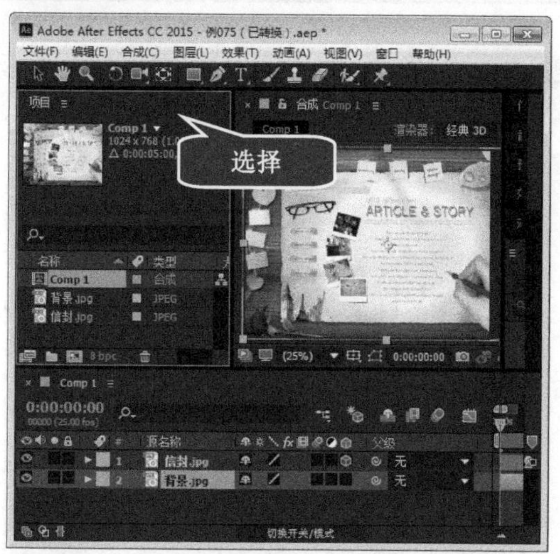

图 1-18

第 2 步 将该面板单独脱离出来。在拖动面板时按住 Ctrl 键，释放鼠标后，就可以将面板单独地脱离出来，如图 1-19 所示。

图 1-19

第 3 步 拖动面板到另一个可停靠的面板中，显示停靠效果时，释放鼠标，如图 1-20 所示。

第 4 步 通过以上步骤，即可完成调整面板位置的操作，如图 1-21 所示。

图 1-20

图 1-21

1.6.2 调整面板大小

使用 After Effects CC，用户可以调整面板的大小，使工作空间的结构更加紧凑，节约空间资源。下面详细介绍调整面板大小的操作方法。

操作步骤 >> Step by Step

第 1 步 选择准备调整的面板后，将鼠标指针移动至两个面板之间，当指针变为双向箭头时，拖曳鼠标向左或向右来调整面板的大小，如图 1-22 所示。

图 1-22

第 2 步 通过以上步骤即可完成调整面板大小的操作，调整后的效果如图 1-23 所示。

图 1-23

1.6.3　显示/关闭面板

面板菜单可提供与活动面板或帧相关的命令，用户使用面板菜单可以进行关闭面板的操作，如果要再次显示面板，可以通过窗口菜单来实现，下面详细介绍其操作方法。

操作步骤 >> Step by Step

第 1 步 选择准备进行关闭的面板后，***1.*** 单击【面板菜单】按钮☰，***2.*** 在弹出的菜单中，选择【关闭面板】命令，如图 1-24 所示。

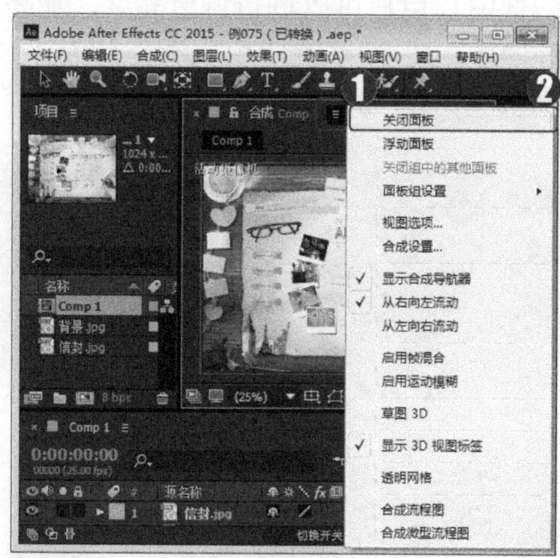

图 1–24

第 2 步 可以看到选择的面板已被关闭，这样就完成了关闭面板的操作，如图 1-25 所示。

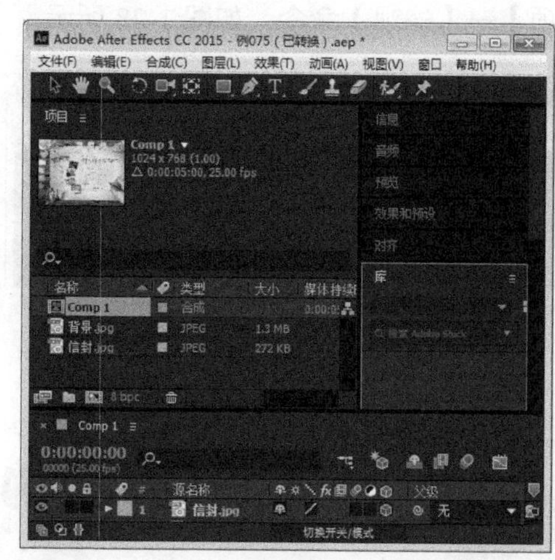

图 1–25

第 3 步 如果要重新显示面板，***1.*** 选择【窗口】菜单，***2.*** 在弹出的菜单中，选择需要显示的面板，如图 1-26 所示。

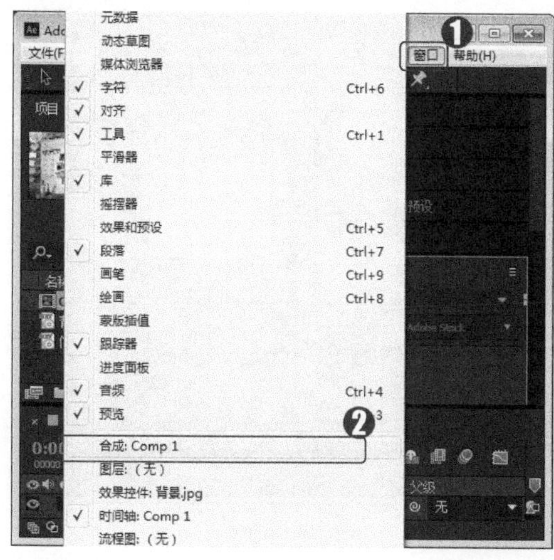

图 1–26

第 4 步 可以看到选择的面板已被显示，这样就完成了显示面板的操作，如图 1-27 所示。

图 1–27

1.6.4 调整界面颜色

使用 After Effects CC 软件时间过长，用户的眼睛也会容易疲劳、干燥，合理地调整界面颜色不仅可以缓解眼睛疲劳，还可以更加清晰地分辨出各个区域。下面详细介绍调整界面颜色的操作方法。

操作步骤 >> Step by Step

第 1 步 在菜单栏中，选择【编辑】→【首选项】→【外观】命令，如图 1-28 所示。

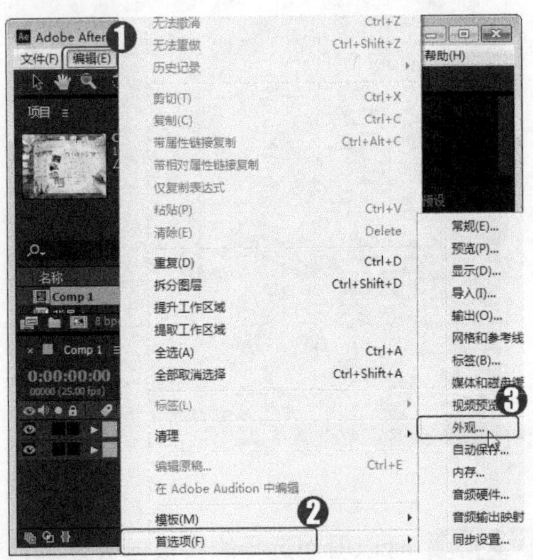

图 1-28

第 2 步 弹出【首选项】对话框，*1.* 在该对话框中，用户可以进行调节亮度、加亮颜色等操作，*2.* 调整完毕后，单击【确定】按钮 确定 ，如图 1-29 所示。

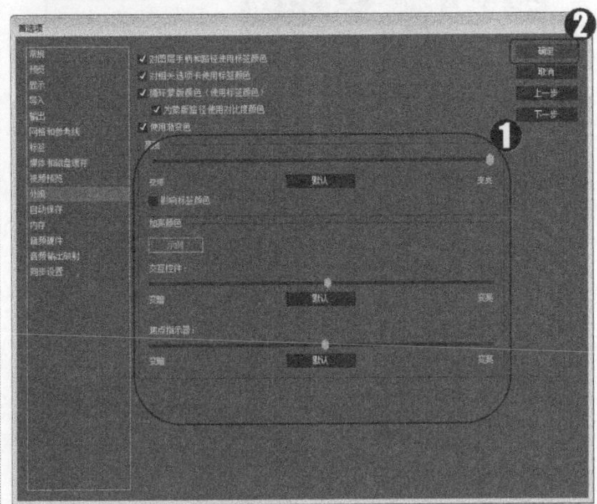

图 1-29

第 3 步 返回到主界面中，可以看到界面的颜色已被调整，通过以上步骤就完成了调整界面颜色的操作，如图 1-30 所示。

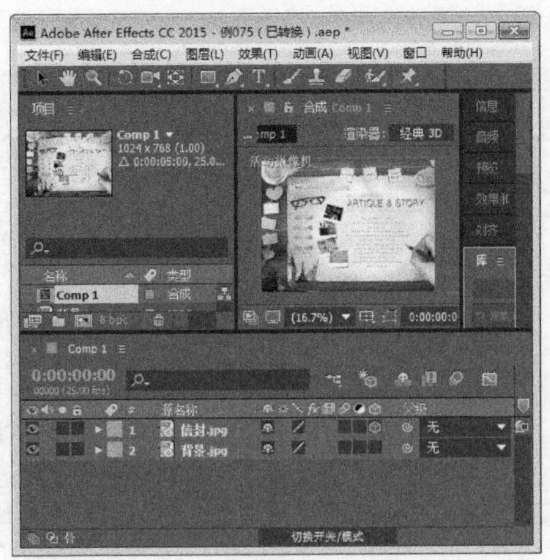

图 1-30

■ 指点迷津

用户可以按下键盘上的 Ctrl+Alt+;组合键，快速打开【首选项】对话框，从而进行详细的参数设置。

专家解读

在【首选项】对话框中，有常规、预览、显示、导入、输出、网格和参考线、标签、媒体和磁盘缓存、视频预览、外观、自动保存、内存、音频硬件、音频输出映射和同步设置等参数，用户可以根据个人需要来详细地进行参数设置。

Section 1.7 实践经验与技巧

在本节的学习过程中，将侧重介绍和讲解与本章知识点有关的实践经验及技巧，主要内容包括选择不同的工作界面、使用标尺与使用快照等方面的知识及操作技巧。

1.7.1 选择不同的工作界面

After Effects CC 在界面上更加合理地分配了各个窗口的位置，根据制作内容的不同，可以将界面设置成不同的模式，如动画、绘图、特效等。下面详细介绍选择不同工作界面的操作方法。

操作步骤 >> Step by Step

第 1 步 在菜单栏中选择【窗口】→【工作区】菜单命令，可以看到其子菜单中包含多种工作模式，包括标准、小屏幕、所有面板、效果、浮动面板、简约、动画、必要项、文本和绘画等模式，如图 1-31 所示。

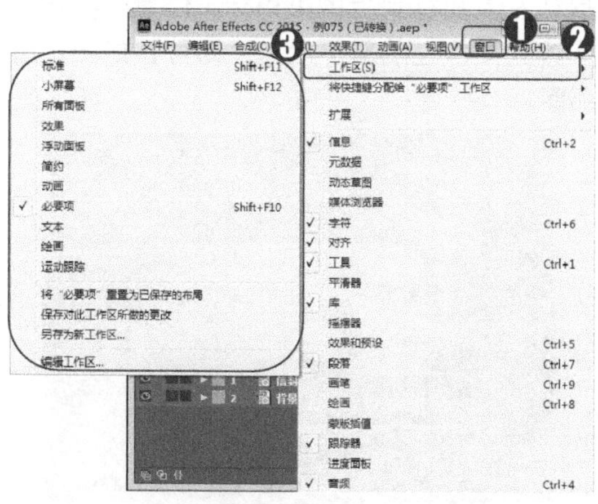

图 1-31

第 2 步 在菜单栏中选择【窗口】→【工作区】→【动画】命令，操作界面则切换到动画工作界面中，整个界面以动画控制窗口为主，突出显示了动画控制区，如图 1-32 所示。

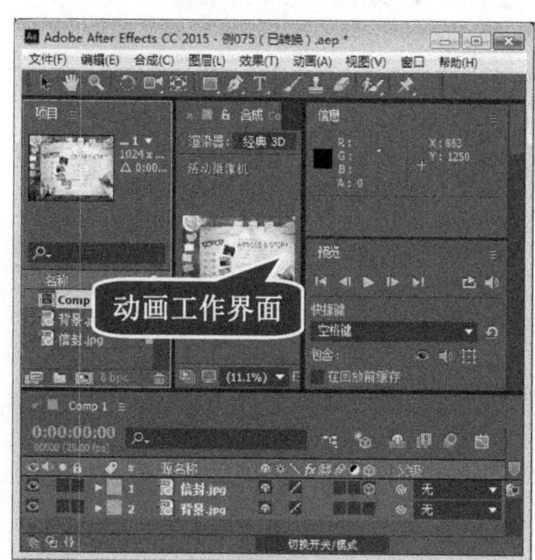

图 1-32

第 3 步 在菜单栏中选择【窗口】→【工作区】→【绘画】命令，操作界面则切换到绘画工作界面中，整个界面以绘画控制窗口为主，突出显示了绘画控制区域，如图 1-33 所示。

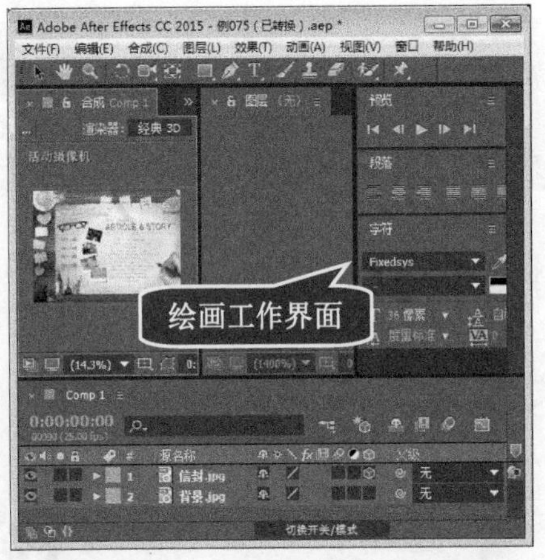

图 1–33

第 4 步 在菜单栏中选择【窗口】→【工作区】→【效果】命令，操作界面则切换到效果工作界面中，整个界面以效果控制窗口为主，突出显示了效果控制区域，如图 1-34 所示。此外还有很多工作界面，这里就不逐一介绍了。

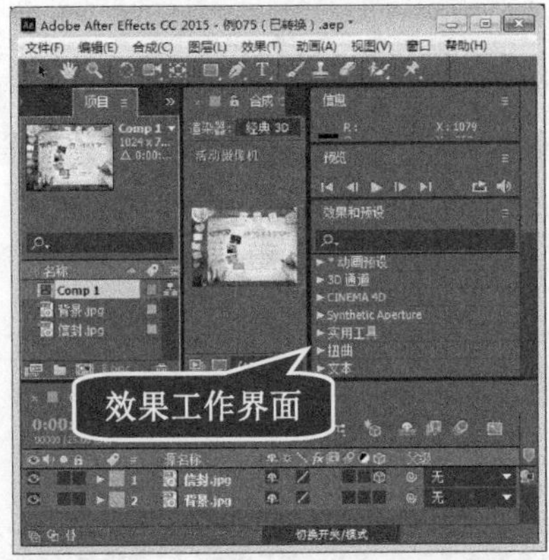

图 1–34

1.7.2 使用标尺

标尺的用途是用于度量图形的尺寸，同时对图形进行辅助定位，使图形的设计工作更加方便、准确。下面详细介绍标尺的相关使用方法。

操作步骤 >> Step by Step

第 1 步 在菜单栏中选择【视图】→【显示标尺】命令，如图 1-35 所示。

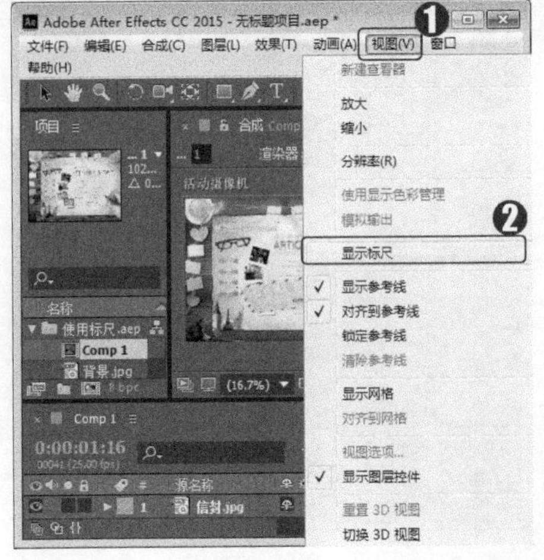

图 1–35

第 2 步 标尺内的标记可以显示鼠标光标移动时的位置，用户可以更改标尺原点，从默认左上角标尺上的(0,0)标志位置，拉出十字线到图像上的新标尺原点即可，如图 1-36 所示。

图 1–36

第 3 步 当标尺处于显示状态时，在菜单栏中取消选择【视图】→【显示标尺】命令，或按下键盘上的 Ctrl+R 组合键，如图 1-37 所示。

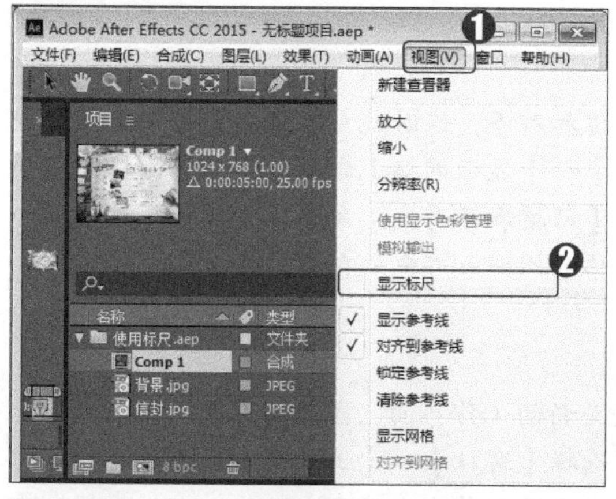

图 1-37

第 4 步 这样即可关闭标尺的显示，效果如图 1-38 所示。

图 1-38

1.7.3　使用快照

快照其实就是将当前窗口中的画面进行抓图预存，然后在编辑其他画面时，显示快照内容以进行对比，这样可以更全面地把握各个画面的效果，显示快照并不影响当前画面的图像效果。下面通过一个案例，来详细介绍快照的使用方法。

操作步骤 >> Step by Step

第 1 步 单击【合成】窗口下方的【拍摄快照】按钮，将当前画面以快照形式保存起来，如图 1-39 所示。

图 1-39

第 2 步 将时间滑块拖动到要进行比较的画面帧位置，然后按住【合成】窗口下方的【显示快照】按钮不放，将会显示最后一个快照的效果画面，如图 1-40 所示。

图 1-40

Section 1.8 有问必答

1. **如何使用网格?**

在素材编辑过程中，需要对素材精确地定位和对齐，这时就可以借助网格来完成，使用网格的具体方法为：在菜单栏中选择【视图】→【显示网格】命令，即可将网格显示出来。在菜单栏中选择【编辑】→【首选项】→【网格和参考线】命令，将弹出【首选项】对话框，在【网格】选项组中，用户可以对网格的间距和颜色进行详细设置。

2. **如何保存工作界面?**

After Effects CC 可以根据个人习惯来自定义新的工作界面，当界面面板调整满意后，可以对其进行保存，具体方法为：在菜单栏中选择【窗口】→【工作区】→【另存为新工作区】命令，弹出【新建工作区】对话框，输入名称，单击【确定】按钮，即保存了新建的工作界面。

3. **如何删除工作界面方案?**

如果对保存的界面方案不满意，那么用户可以将其删除，具体方法为：在菜单栏中选择【窗口】→【工作区】→【编辑工作区】命令。弹出【编辑工作区】对话框，选择准备删除的工作界面方案，然后依次单击【删除】按钮和【确定】按钮，即完成了删除工作界面方案的操作。

4. **After Effects CC 软件的运行环境有哪些要求?**

后期特效软件对计算机的要求比较高，After Effects CC 软件的运行环境有 Windows 和 Mac OS 两种系统的区别，具体如下。

(1) Windows 系统：

- 具有 64 位支持的多核 Intel 处理器。
- Microsoft Windows 7 Service Pack 1、Windows 8、Windows 8.1 或 Windows 10。
- 4 GB RAM(建议 8 GB)。
- 5 GB 可用硬盘空间；安装过程中需要额外可用空间(无法安装在可移动闪存设备上)。
- 用于磁盘缓存的额外磁盘空间(建议 10 GB)。
- 1280×1080 的显示器。
- 支持 OpenGL 2.0 的系统。
- 需要 QuickTime 7.6.6 软件实现 QuickTime 功能。
- 可选 Adobe 认证的 GPU 显卡，用于 GPU 加速的光线追踪 3D 渲染器。
- 必须具备 Internet 连接并完成注册，才能激活软件、验证订阅和访问在线服务。

(2) Mac OS 系统：

- 具有 64 位支持的多核 Intel 处理器。
- Mac OS X v10.9、10.10 或 10.11。
- 4 GB RAM(建议 8 GB)。
- 6 GB 可用硬盘空间用于安装；安装过程中需要额外可用空间(无法安装在使用区分大小写的文件系统的卷上或可移动闪存设备上)。
- 用于磁盘缓存的额外磁盘空间(建议 10 GB)。
- 1440×900 的显示器。
- 支持 OpenGL 2.0 的系统。
- 需要 QuickTime 7.6.6 软件实现 QuickTime 功能。
- 可选 Adobe 认证的 GPU 显卡，用于 GPU 加速的光线追踪 3D 渲染器。
- 必须具备 Internet 连接并完成注册，才能激活软件、验证订阅和访问在线服务。

5. 什么是帧混合?

帧混合是针对画面变速(快放或慢放)而言的，将一段视频进行慢放处理，在一定时间内没有足够的画面来表现，因此会出现卡顿的现象，将这段素材进行帧混合处理，就会在一定程度上解决这个现象。在 After Effects 软件中，可以在时间线面板中开启素材的帧混合总按钮，如图 1-41 所示。

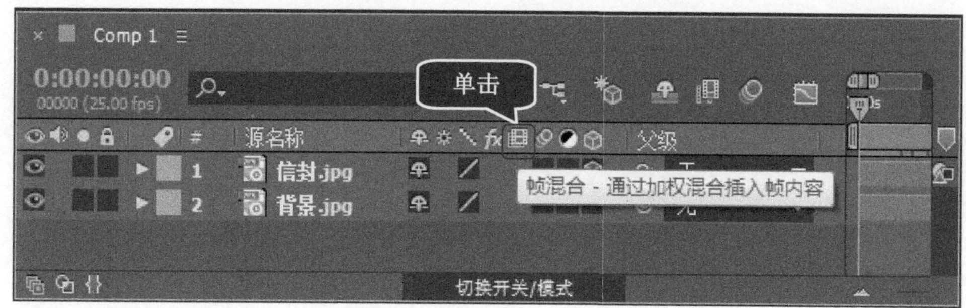

图 1-41

添加与管理素材

本章要点

- 添加合成素材
- 添加序列素材
- 添加 PSD 素材
- 多合成嵌套
- 专题课堂——分类与管理素材

本章主要内容

本章主要介绍添加合成素材、添加序列素材、添加 PSD 素材和多合成嵌套方面的知识与技巧，在本章的最后还针对实际的工作需求，讲解分类与管理素材的方法。通过本章的学习，读者可以掌握添加与管理素材基础操作方面的知识，为深入学习 After Effects CC 入门与应用知识奠定基础。

Section 2.1 添加合成素材

素材的导入非常关键，要想做出丰富多彩的视觉效果，仅凭借 After Effects CC 软件是不够的，还需要许多外在的软件来辅助设计，这时，就要将由其他软件做出的不同类型和格式的图形、动画效果导入到 After Effects CC 中来应用。

2.1.1 通过菜单导入素材

微课堂 0 分 27 秒

在进行影片的编辑时，一般首要的任务就是导入要编辑的素材文件，下面详细介绍通过菜单导入素材的操作方法。

操作步骤 >> Step by Step

第 1 步 启动 After Effects 软件，在菜单栏中选择【文件】→【导入】→【文件】命令，如图 2-1 所示。

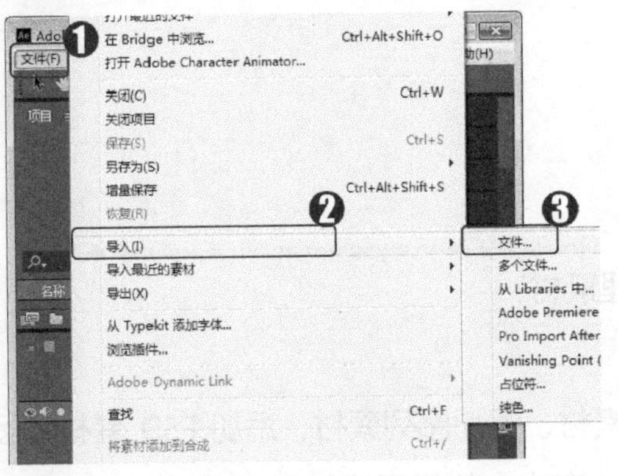

图 2-1

第 2 步 弹出【导入文件】对话框，*1.* 选择要导入的素材文件，*2.* 单击【导入】按钮 导入 ，如图 2-2 所示。

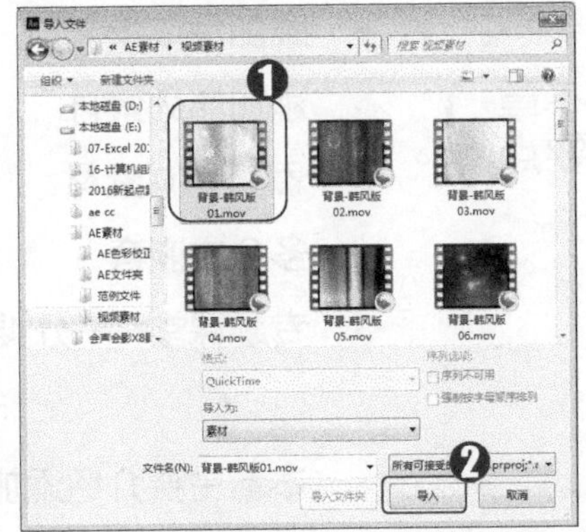

图 2-2

第 3 步 在【项目】面板中可以看到导入的素材文件，这样就完成了通过菜单导入素材的操作，如图 2-3 所示。

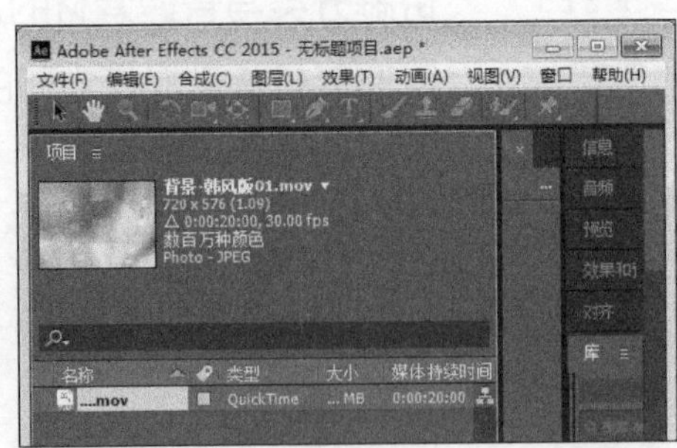

图 2-3

■ 指点迷津

导入的素材会按照名称、类型、大小和帧速率进行顺序排列。

2.1.2 通过右键方式导入素材

除了在菜单中导入素材外，用户还可以在【项目】面板的空白位置使用鼠标右键来导入素材。下面详细介绍通过右键方式导入素材的操作方法。

操作步骤 >> Step by Step

第 1 步 在【项目】面板的空白位置，*1.* 单击鼠标右键，*2.* 在弹出的快捷菜单中选择【导入】→【文件】命令，如图 2-4 所示。

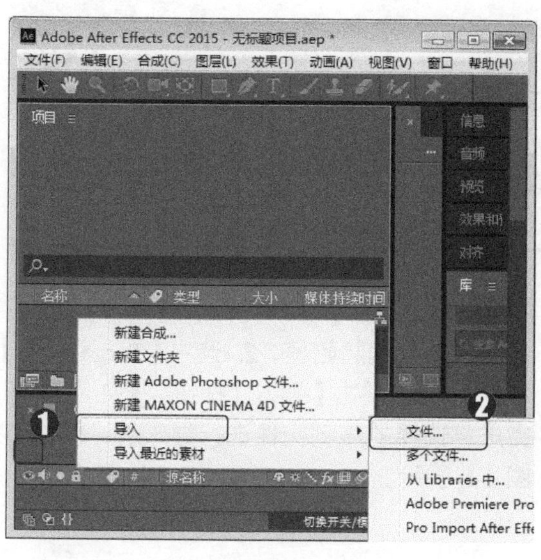

图 2-4

第 2 步 弹出【导入文件】对话框，*1.* 选择要导入的素材文件，*2.* 单击【导入】按钮 导入 ，如图 2-5 所示。

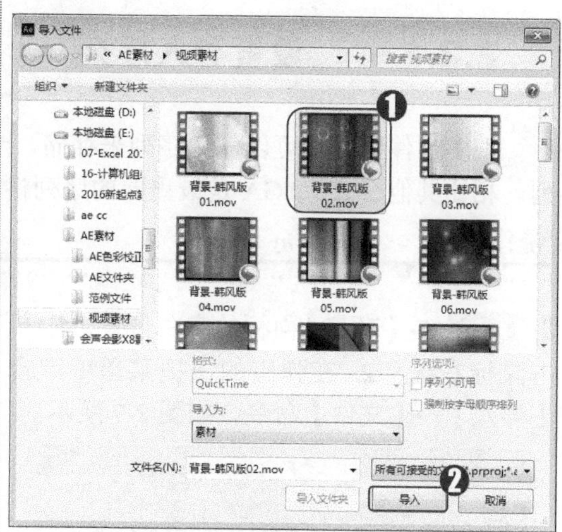

图 2-5

第 3 步 在【项目】面板中可以看到导入的素材文件，这样就完成了通过右键方式导入素材的操作，如图 2-6 所示。

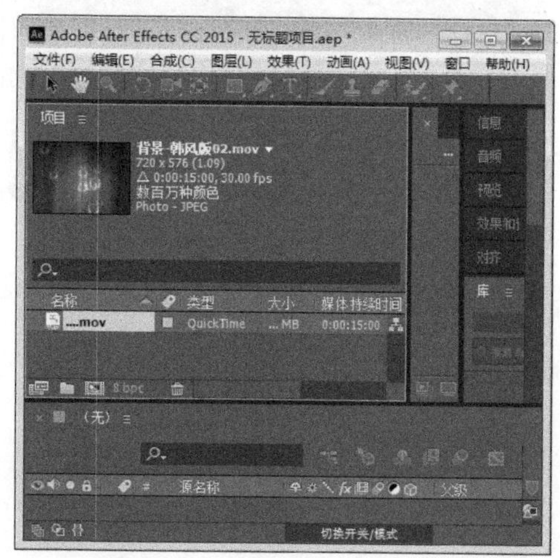

图 2-6

■ 指点迷津

按下键盘上的 Ctrl+I 组合键，即可弹出【导入文件】对话框，可以快速地进行导入素材文件的操作。

在【项目】面板的空白位置处，双击鼠标左键，也可弹出【导入文件】对话框，在其中进行导入素材文件的操作。

Section 2.2 添加序列素材

序列是一种存储视频的方式。在存储视频的时候，经常将音频和视频分别存储为单独的文件，以便于再次进行组织和编辑。视频文件经常会将每一帧存储为单独的图片文件，需要再次编辑的时候再将其以视频方式导入进来，这些图片称为图像序列。

2.2.1 设置导入序列

很多文件格式都可以作为序列来存储，比如 JPEG、BMP 等，但一般都存储为 TGA 序列。相比其他格式，TGA 是最重要的序列格式。下面详细介绍设置导入序列的操作方法。

操作步骤 >> Step by Step

第 1 步 在【项目】面板的空白位置，***1.*** 单击鼠标右键，***2.*** 在弹出的快捷菜单中选择【导入】→【文件】命令，如图 2-7 所示。

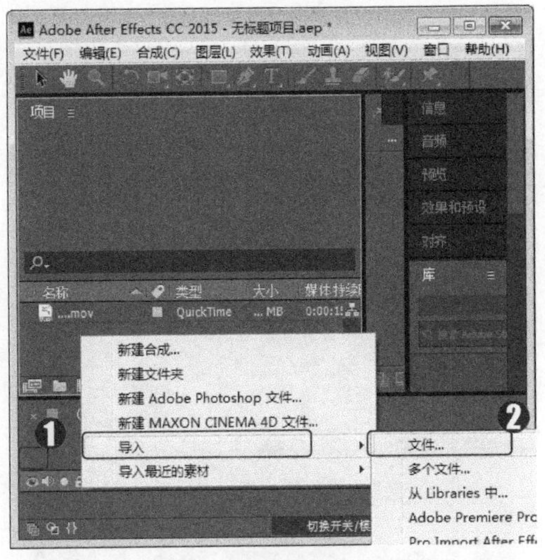

图 2–7

第 2 步 弹出【导入文件】对话框，***1.*** 单击导入序列的起始帧，***2.*** 选中【Targa 序列】复选框，***3.*** 单击【导入】按钮 导入 ，即可完成将选择的序列文件进行导入的操作，如图 2-8 所示。

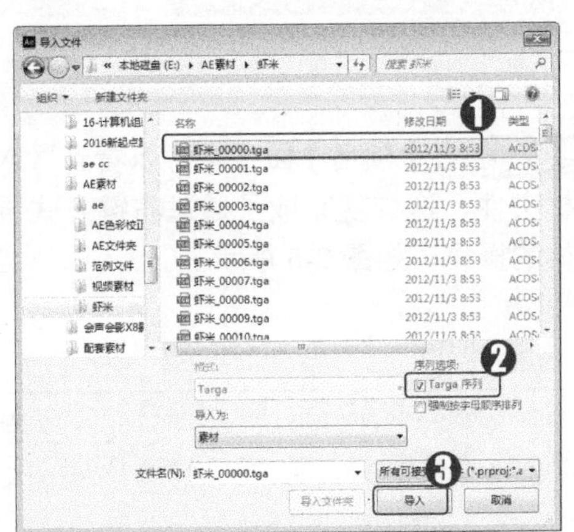

图 2–8

2.2.2 设置素材通道

选择序列文件，单击【导入】按钮后，会弹出【解释素材】对话框。下面详细介绍设

置素材通道的操作方法。

操作步骤 >> Step by Step

第 1 步 弹出【解释素材】对话框后，*1.* 在 Alpha 选项组中，选中【直接-无遮罩】单选按钮，**2.** 然后单击【确定】按钮 确定 ，如图 2-9 所示。

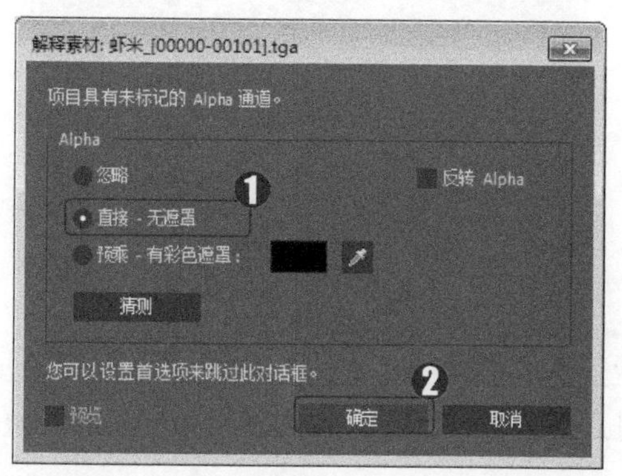

图 2-9

第 2 步 在【项目】面板中可以看到导入的序列素材文件，这样就完成了设置素材通道的操作，如图 2-10 所示。

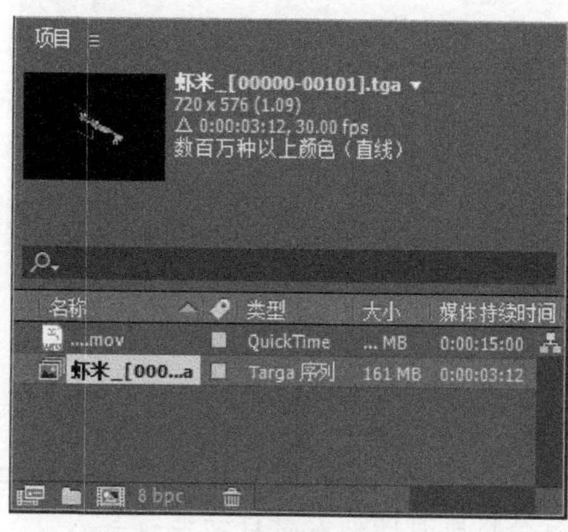

图 2-10

知识拓展:【解释素材】对话框中几个单选按钮的含义

忽略：在导入序列素材时，选中【解释素材】对话框中的【忽略】单选按钮，将不计算素材的通道信息。

直接-无遮罩：透明度信息只存储在 Alpha 通道中，而不存储在任何可见的颜色通道中。使用直接通道时，仅在支持直接通道的应用程序中显示图像时才能看到透明度结果。

预乘-有彩色遮罩：透明度信息既存储在 Alpha 通道中，也存储在可见的 RGB 通道中，后者乘以一个背景颜色。预乘通道有时也称为有彩色遮罩。半透明区域(如羽化边缘)的颜色偏向于背景颜色，偏移度与其不透明度成比例。

2.2.3 序列素材应用

导入序列素材文件后，用户就可以应用序列素材来制作色彩丰富的作品了。下面详细介绍序列素材应用的操作方法。

操作步骤 >> Step by Step

第 1 步 新建合成项目并在【项目】面板中选择视频素材，再将其拖曳至【时间轴】面板中，作为合成的背景素材，如图 2-11 所示。

第 2 步 在【项目】面板中选择导入的序列素材，并将其拖曳至【时间轴】面板中，序列素材放在背景素材的上方作为合成的元素素材进行显示即可，效果如图 2-12 所示。

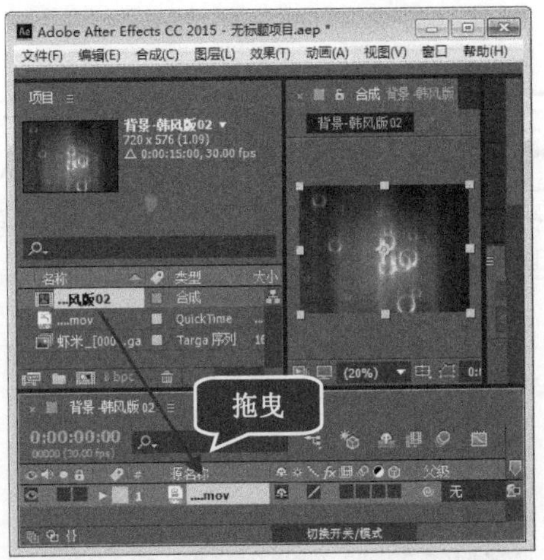

图 2–11

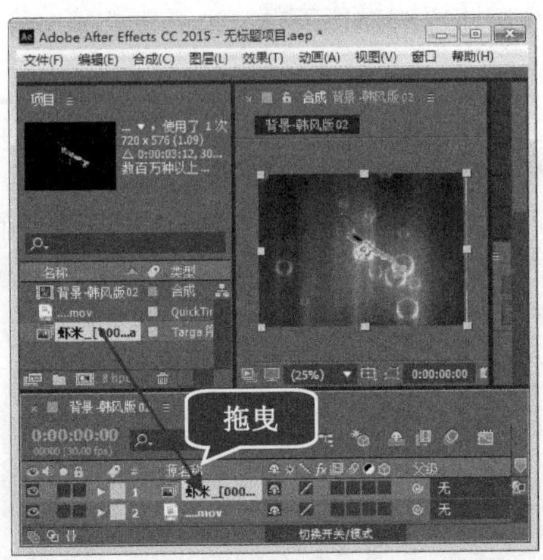

图 2–12

知识拓展

在导入序列素材时，因选中了【Targa 序列】复选框，所以只需选择起始帧素材，软件就会将所有序列素材自动连续导入。

导入的素材会显示自身帧数信息和分辨率尺寸，便于对素材进行管理。

Section 2.3 添加 PSD 素材

PSD 素材是重要的图片素材之一，是由 Photoshop 软件创建的。使用 PSD 文件进行编辑有非常重要的优势：高兼容，支持分层和透明。本节将详细介绍添加 PSD 素材的相关知识及操作方法。

2.3.1 导入合并图层

导入合并图层可将所有层合并，作为一个素材导入。下面详细介绍导入合并图层的操作方法。

操作步骤 >> Step by Step

第 1 步 在【项目】面板的空白位置处，双击鼠标左键，准备进行素材的导入操作，如图 2-13 所示。

第 2 步 弹出【导入文件】对话框，**1.** 选择 spiderbody.psd 素材文件，**2.** 在【导入为】下拉列表中选择【素材】选项，**3.** 单击【导入】按钮 导入 ，如图 2-14 所示。

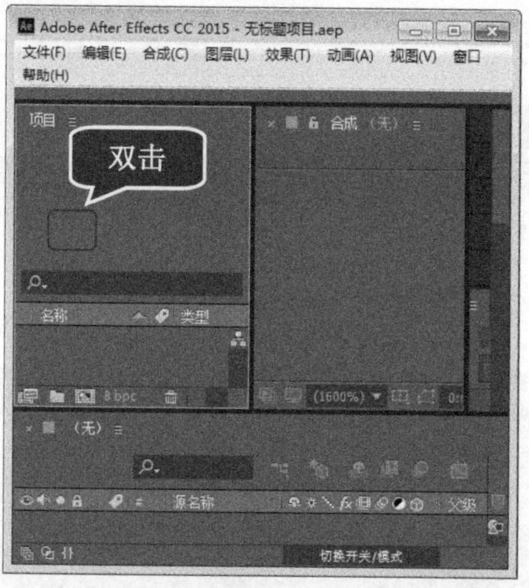

图 2–13

图 2–14

第 3 步 弹出 spiderbody.psd 对话框，***1.*** 设置【导入种类】为【素材】方式，***2.*** 在【图层选项】选项组中，选中【合并的图层】单选按钮，***3.*** 单击【确定】按钮 确定 ，如图 2-15 所示。

第 4 步 在【项目】面板中，可以看到导入的素材已经合并为一个图层，这样即可完成导入合并图层的操作，如图 2-16 所示。

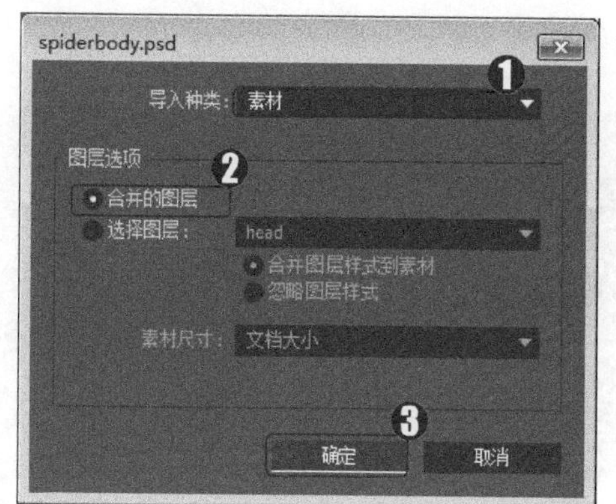

图 2–15

图 2–16

2.3.2 导入所有图层

导入所有图层是将分层 PSD 文件作为合成导入到 After Effects 中，合成中的层遮挡顺序与 PSD 在 Photoshop 中的相同。下面详细介绍导入所有图层的操作方法。

操作步骤 >> Step by Step

第 1 步 在 spiderbody.psd 对话框中，*1.* 设置【导入种类】为【合成】方式，*2.* 在【图层选项】选项组中，选中【可编辑的图层样式】单选按钮，*3.* 单击【确定】按钮 确定 ，如图 2-17 所示。

图 2-17

第 2 步 在【项目】面板中可以看到素材是分层导入的，每个元素都是单独的一个图层，如图 2-18 所示。

图 2-18

第 3 步 在【项目】面板的顶部也可以选择 spiderbody 文件，对所有图层进行整体控制，如图 2-19 所示。

图 2-19

■ 指点迷津

【合成】导入类型可使 After Effects CC 保持 Photoshop 的所有层信息，从而减少导入素材的操作。

2.3.3 导入指定图层

将导入的指定图层素材添加到合成项目后，会完全保持 Photoshop 的层信息。下面详细介绍导入指定图层的操作方法。

操作步骤 >> Step by Step

第 1 步 在 spiderbody.psd 对话框中，*1.* 设置【导入种类】为【素材】方式，*2.* 在【图层选项】选项组中，选中【选择图层】单选按钮，*3.* 在【选择图层】下拉列表中，选择 head 选项，*4.* 单击【确定】按钮 确定 ，如图 2-20 所示。

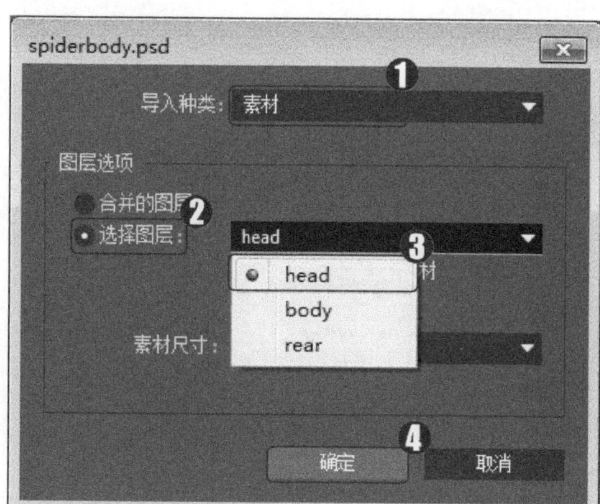

图 2-20

第 2 步 在【项目】面板中可以看到导入的指定图层素材，这样就完成了导入指定图层的操作，如图 2-21 所示。

图 2-21

知识拓展

选中【选择图层】单选按钮后，其下拉列表框中将 Photoshop 的层信息顺序进行逐一排列。将导入的指定图层素材添加至合成项目后，会完全保持 Photoshop 的层信息。

Section 2.4 多合成嵌套

导读

嵌套操作多用于素材繁多的合成项目。例如，可以通过一个合成项目制作影片背景，再通过其他合成制作影片元素，最终将影片元素的合成项目拖曳至背景合成中，便于对不同素材的管理与操作。本节将详细介绍多合成嵌套的相关知识及操作方法。

2.4.1 导入多个文件

在影片的制作过程中，可以将多个合成的工程文件进行嵌套操作。下面详细介绍导入多个文件的操作方法。

操作步骤 >> Step by Step

第 1 步 在菜单栏中选择【文件】→【导入】→【多个文件】命令，如图 2-22 所示。

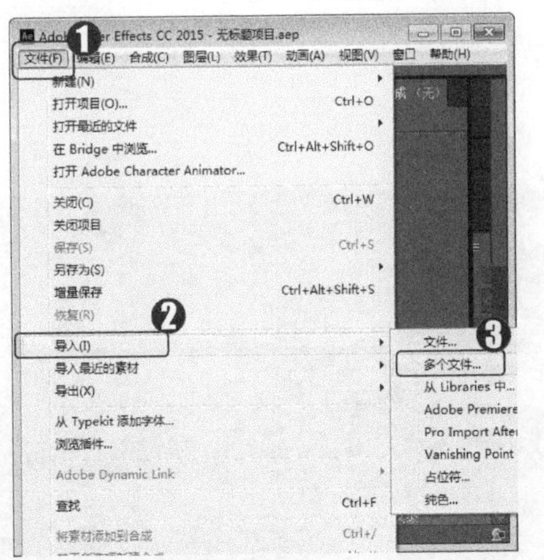

图 2-22

第 2 步 弹出【导入多个文件】对话框，选择以往存储的工程文件进行导入操作，如图 2-23 所示。

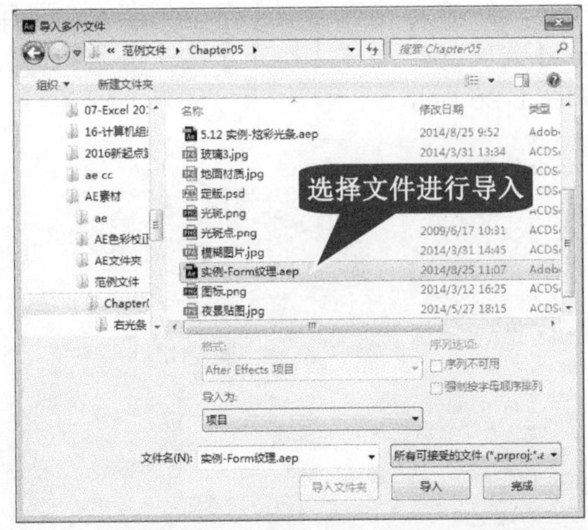

图 2-23

2.4.2 切换导入合成

在【项目】面板中可以看到完成导入的所有素材，包括文件夹、合成文件以及视频文件等。下面详细介绍切换导入合成的操作方法。

操作步骤 >> Step by Step

第 1 步 在【项目】面板中，在导入的合成项目文件夹图标上双击鼠标左键，如图 2-24 所示。

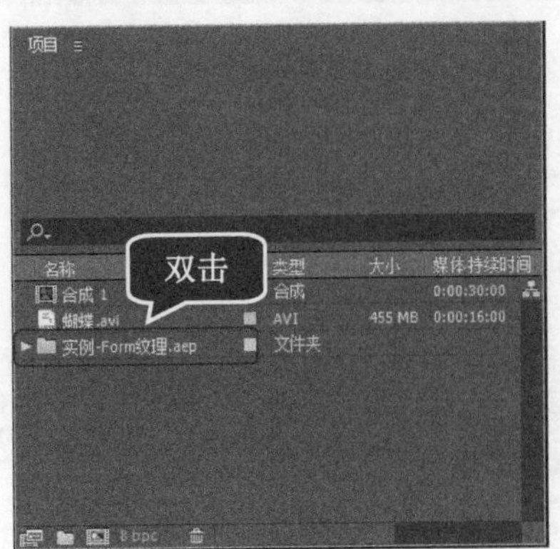

图 2-24

第 2 步 展开导入的合成项目文件夹，在其中双击鼠标左键选择新导入的 After Effects CC 工程文件，即可切换至此工程的合成状态，如图 2-25 所示。

图 2-25

2.4.3 多合成嵌套

使用 After Effects CC 软件，在一个项目里可以支持多个项目文件编辑，可以把项目文件当作素材进行编辑。下面详细介绍多合成嵌套的操作方法。

操作步骤 >> Step by Step

第 1 步 在【时间轴】面板中，切换至【背景贴图】合成，然后再将新导入的合成项拖曳至【时间轴】面板中，完成多合成项目的嵌套操作，如图 2-26 所示。

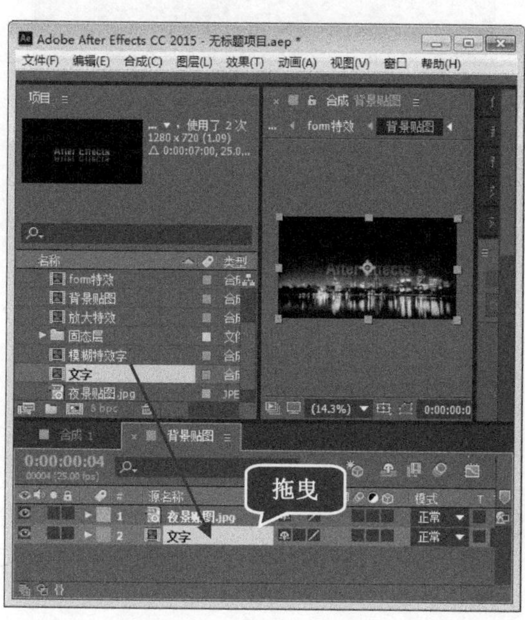

图 2-26

第 2 步 在【时间轴】面板中展开新嵌套的层，然后开启【变换】选项，并设置其缩放值为 30、位置 X 轴值为 700、Y 轴值为 300，使其缩小，便于观察两个合成文件的嵌套效果，如图 2-27 所示。

图 2-27

Section 2.5 专题课堂——分类与管理素材

在使用 After Effects 软件进行视频编辑时，由于有时需要大量的素材，而且导入的素材在类型上又各不相同，如果不加以归类，将给以后的操作造成很大的麻烦，这时就需要对素材进行合理地分类与管理。本节将详细介绍分类与管理素材的相关知识及方法。

2.5.1 合成素材分类

在【项目】面板中，素材文件的类型有合成文件、图片素材、音频素材、视频素材等，为了便于对合成素材的管理，可对其进行归类整理操作。下面详细介绍素材分类的方法。

操作步骤 >> Step by Step

第 1 步 在【项目】面板的空白位置处，***1.*** 单击鼠标右键，***2.*** 在弹出的快捷菜单中选择【新建文件夹】命令，如图 2-28 所示。

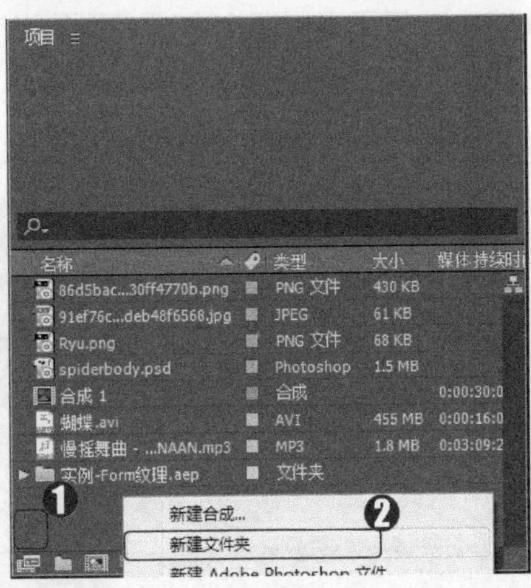

图 2-28

第 2 步 此时会出现一个【未命名 1】的文件夹，处于可编辑状态，如图 2-29 所示。

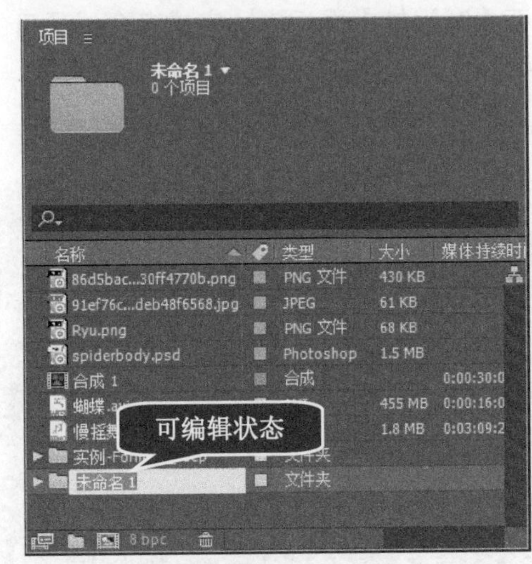

图 2-29

第 3 步 将【未命名 1】文件夹重命名为【图片素材】，然后按下键盘上的 Enter 键即可，如图 2-30 所示。

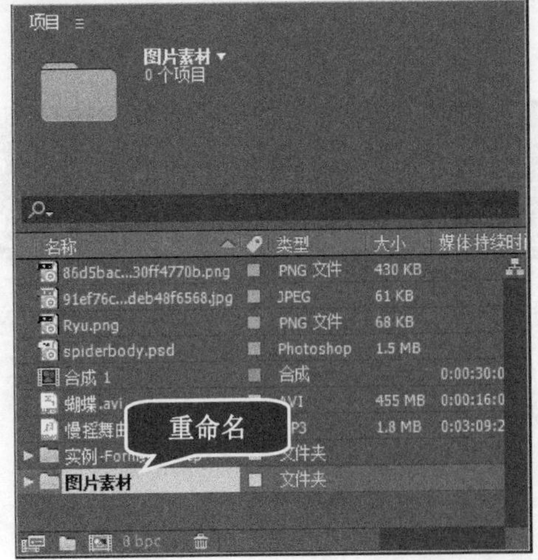

图 2-30

第 4 步 按住键盘上的 Ctrl 键，选择所有的图片素材，然后将其拖曳至【图片素材】文件夹中，如图 2-31 所示。

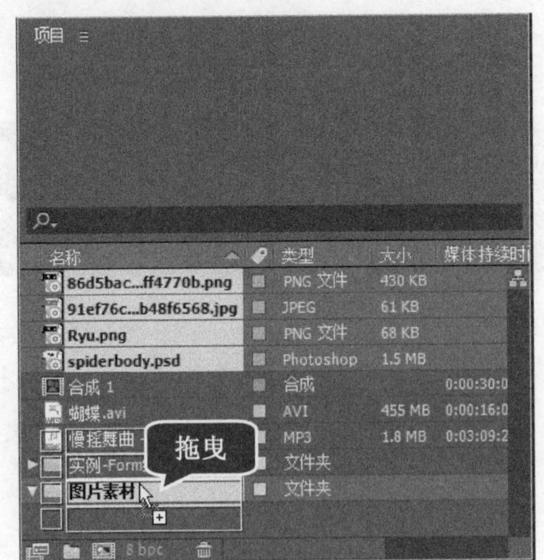

图 2-31

第 5 步 在【图片素材】文件夹中，可以看到已经将选择的图片素材整理到该文件夹中了，如图 2-32 所示。

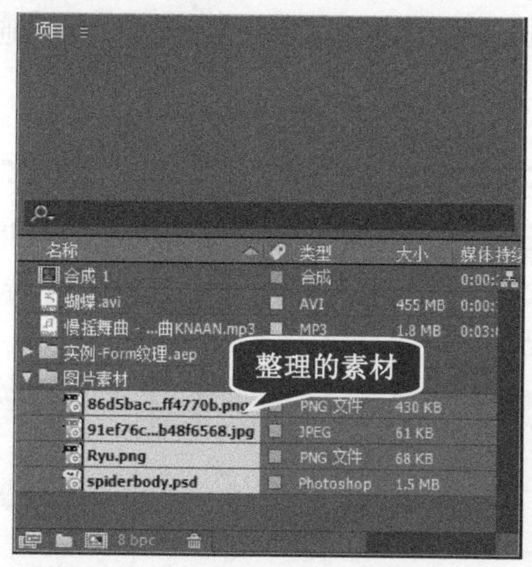

图 2-32

第 6 步 在【项目】面板中，新建【影音文件】文件夹，再将音频和视频文件拖曳到此文件夹中对素材进行整理，如图 2-33 所示。

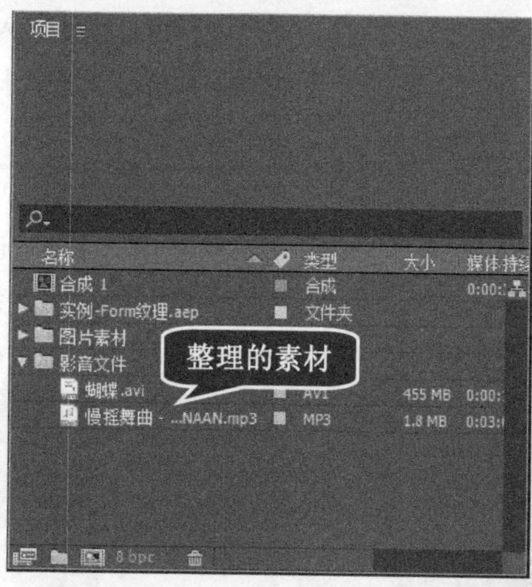

图 2-33

2.5.2 素材重命名

After Effects CC 软件可以对文件夹中的素材进行重命名操作，对素材进行更加细化的管理。下面详细介绍素材重命名的操作方法。

操作步骤 >> Step by Step

第 1 步 在文件夹中的素材上，***1.*** 单击鼠标右键，***2.*** 在弹出的快捷菜单中选择【重命名】命令，如图 2-34 所示。

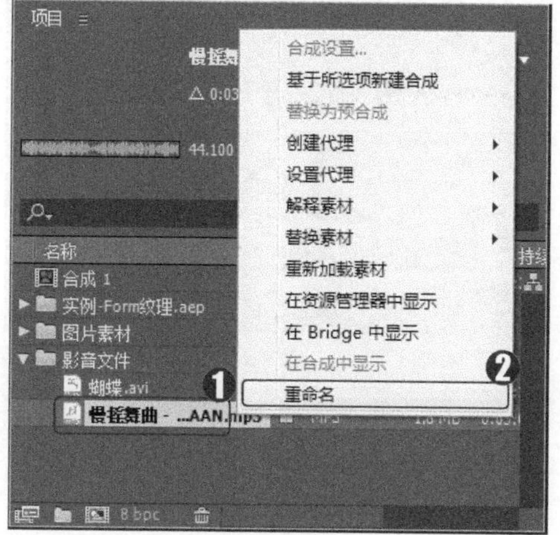

图 2-34

第 2 步 在文字处于可编辑状态时，输入“背景音乐”，按下键盘上的 Enter 键，完成素材重命名的操作，如图 2-35 所示。

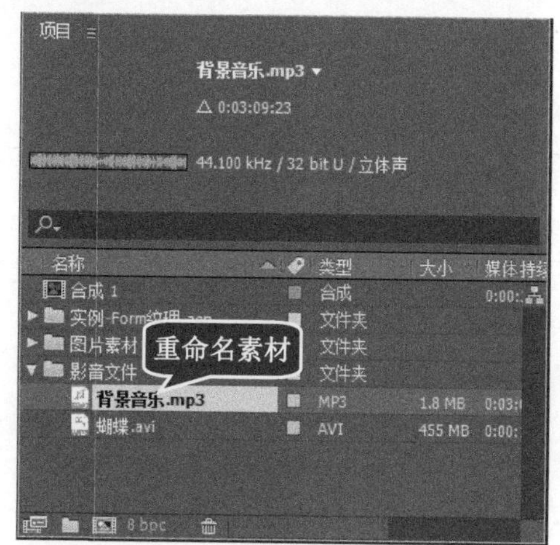

图 2-35

2.5.3 替换素材

在进行视频处理的过程中，如果导入 After Effects CC 软件中的素材不理想，可以通过替换方式来修改。下面详细介绍替换素材的操作方法。

操作步骤 >> Step by Step

第 1 步 在文件夹中的素材上，*1.* 单击鼠标右键，*2.* 在弹出的快捷菜单中选择【替换素材】→【文件】命令，如图 2-36 所示。

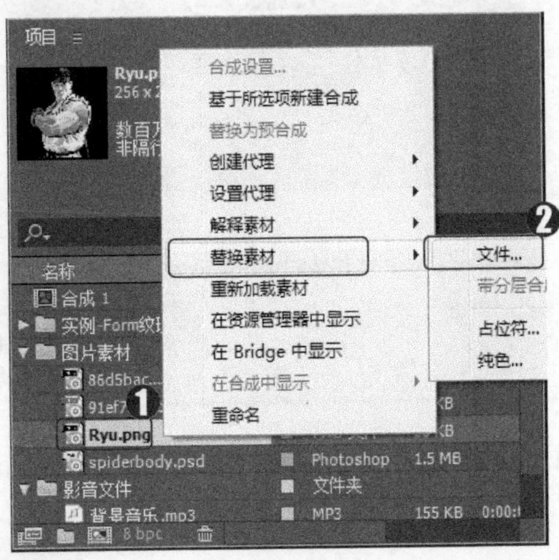

图 2-36

第 2 步 弹出【替换素材文件】对话框，*1.* 选择一个要替换的素材，*2.* 单击【导入】按钮 导入 ，如图 2-37 所示。

图 2-37

第 3 步 可以看到选择的素材文件已被替换，通过以上步骤即完成了替换素材的操作，如图 2-38 所示。

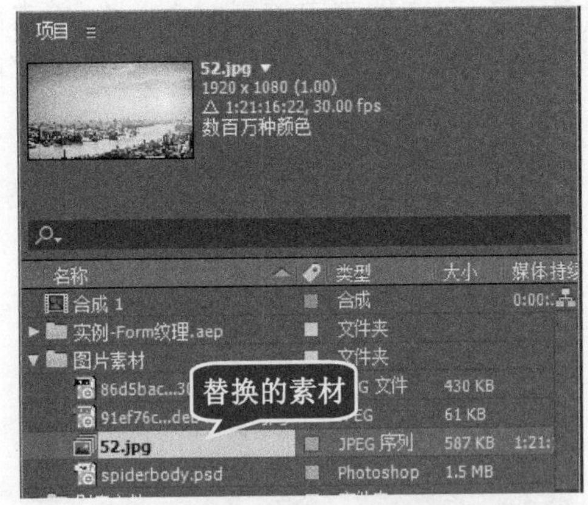

图 2-38

■ 指点迷津

在 After Effects CC 软件中，进行了替换素材的操作后，不会影响原始素材的名称，只是便于在 After Effects CC 软件合成中进行管理操作。

专家解读：重新加载素材

如果导入素材的源素材发生了改变，而只想将当前素材改变成修改后的素材，这时，可以选择【文件】→【重新加载素材】命令；或者在当前素材上单击鼠标右键，在弹出的快捷菜单中选择【重新加载素材】命令，即可将修改后的文件重新载入来替换原文件。

Section 2.6 实践经验与技巧

在本节的学习过程中，将侧重介绍和讲解与本章知识点有关的实践经验及技巧，主要内容包括整理素材、删除素材和重命名文件夹等方面的知识及操作技巧。

2.6.1 整理素材

在导入一些素材后，有时候大量的素材会出现重复的问题，那么用户就需要对这些重复的素材进行重新整理。下面将通过案例详细介绍整理素材的操作方法。

操作步骤 >> Step by Step

第 1 步 在【项目】面板中可以看到有重复的素材，如图 2-39 所示。

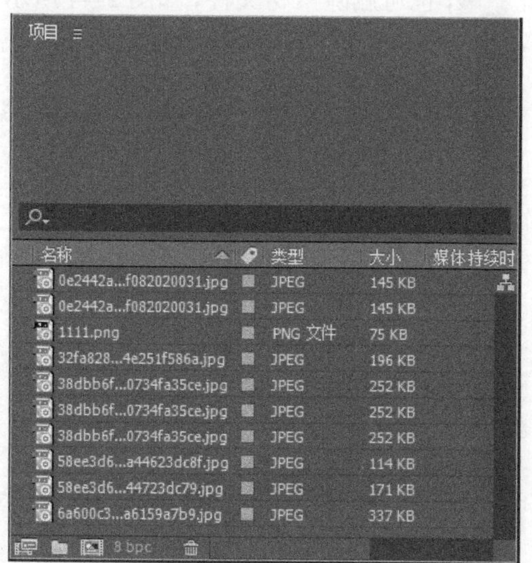

图 2-39

第 2 步 在菜单栏中选择【文件】→【整理工程(文件)】→【整合所有素材】命令，如图 2-40 所示。

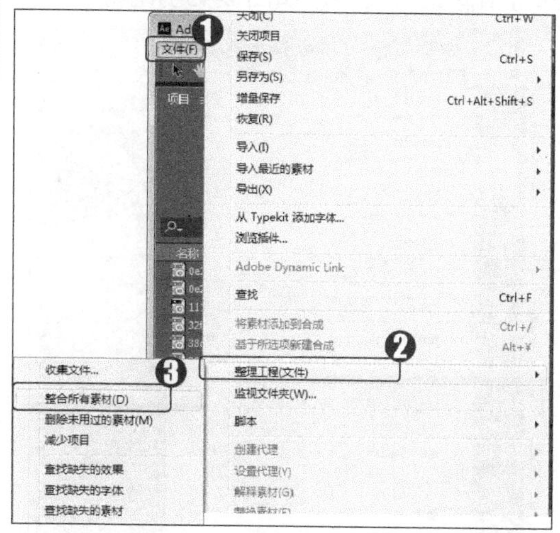

图 2-40

第 3 步 弹出 After Effects 对话框，提示整理素材的结果，单击【确定】按钮 确定 ，如图 2-41 所示。

图 2-41

第 4 步 可以看到大量重复出现的素材已被重新整理，这样就完成了整理素材的操作，如图 2-42 所示。

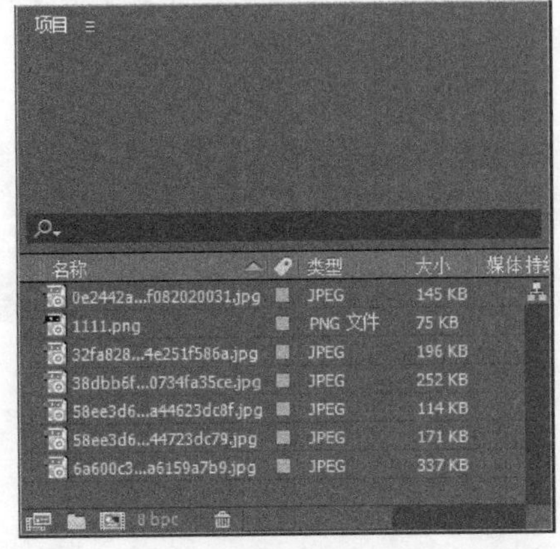

图 2-42

2.6.2 删除素材

对于当前项目中未曾使用的素材，用户可以将其删除，从而精简项目中的文件。下面详细介绍删除素材的相关操作方法。

操作步骤 >> Step by Step

第 1 步 在【项目】面板中，*1.* 选择准备删除的素材文件，*2.* 在菜单栏中选择【编辑】→【清除】命令，或按下键盘上的 Delete 键，即可清除素材文件，如图 2-43 所示。

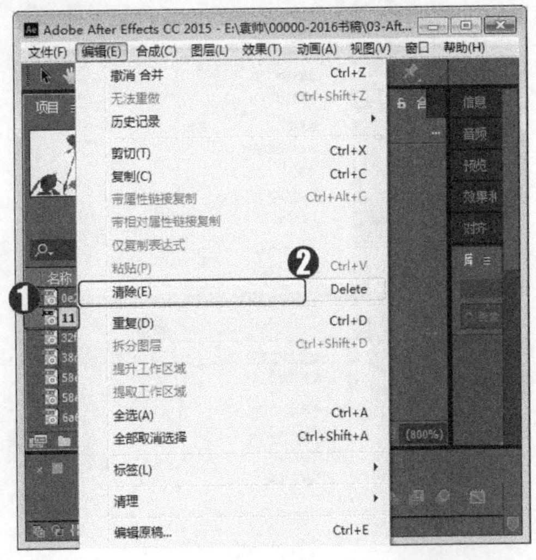

图 2-43

第 2 步 *1.* 选择准备删除的素材文件，*2.* 单击【项目】面板底部的【删除所选项目项】按钮 ，也可删除素材文件，如图 2-44 所示。

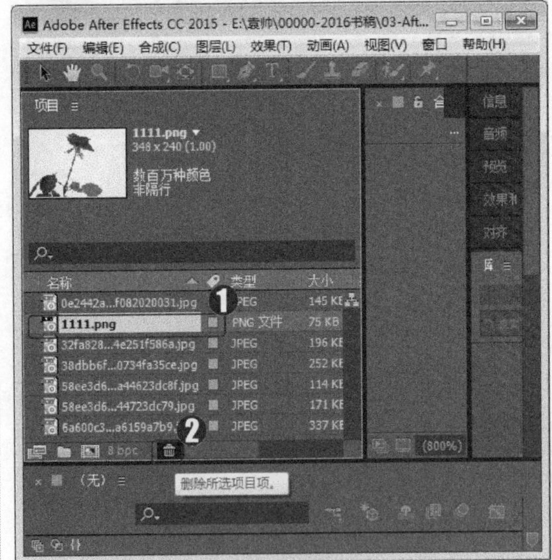

图 2-44

第 3 步 在菜单栏中选择【文件】→【整理工程(文件)】→【删除未用过的素材】命令，即可将【项目】面板中未使用的素材全部删除，如图 2-45 所示。

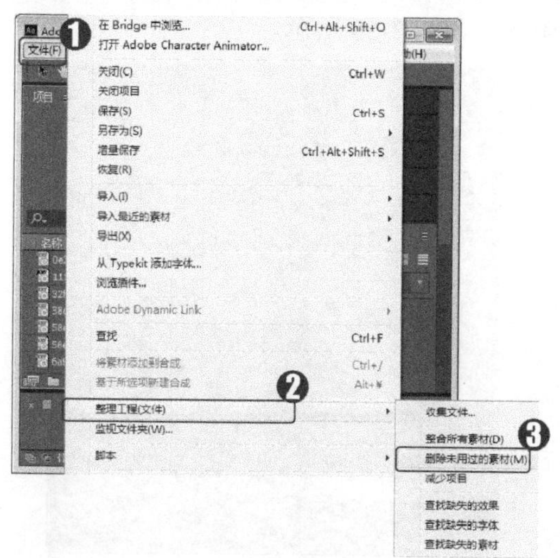

图 2-45

第 4 步 *1.* 选择一个合成影像中正在使用的素材文件，*2.* 然后单击【删除所选项目项】按钮 ，如图 2-46 所示。

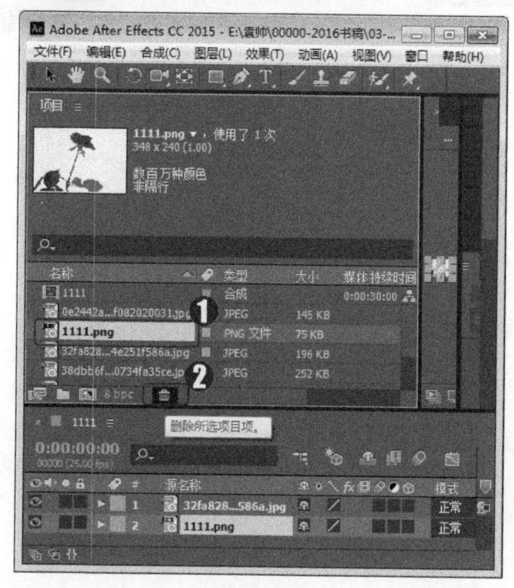

图 2-46

第 5 步 将会弹出一个对话框，系统会提示用户该素材正在被使用，单击【删除】按钮 删除(D)，如图 2-47 所示。

图 2-47

第 6 步 该素材文件将被从【项目】面板中删除，同时，该素材也将从合成影像中删除，如图 2-48 所示。

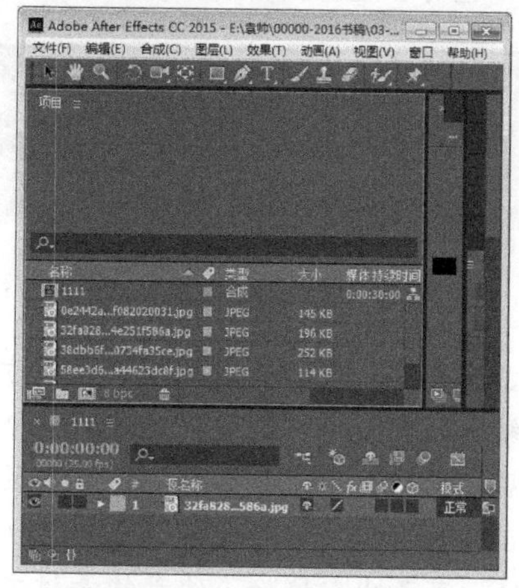

图 2-48

2.6.3 重命名文件夹

新创建的文件夹，将以“未命名 1、未命名 2、……”的形式出现，为了便于操作，需要对文件夹进行重命名。下面详细介绍重命名文件夹的操作方法。

操作步骤 >> Step by Step

第 1 步 在【项目】面板中选择需要重命名的文件夹，然后按键盘上的 Enter 键，激活输入框，如图 2-49 所示。

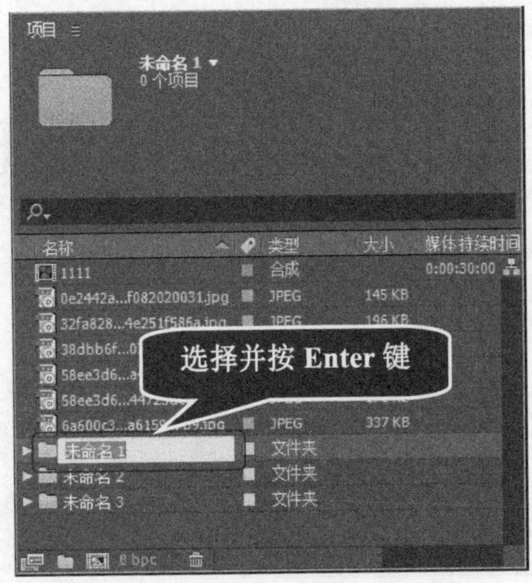

图 2-49

第 2 步 输入新的文件夹名称，然后按键盘上的 Enter 键，即可完成重命名文件夹的操作，如图 2-50 所示。

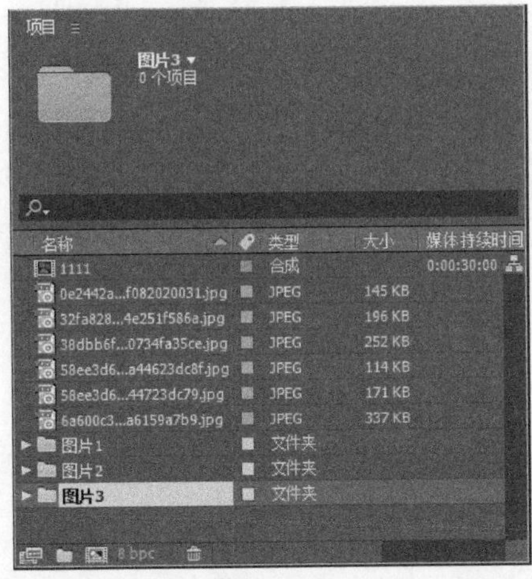

图 2-50

一点即通：使用右键快捷方式重命名文件夹

选中准备进行重命名的文件夹，单击鼠标右键，在弹出的快捷菜单中选择【重命名】命令，也可以进行重命名文件夹的操作。

Section 2.7 有问必答

1. 在 After Effects CC 中，什么是占位符，什么情况下会出现占位符?

占位符是一个静帧图片，以彩条方式显示，其原本的用途是标注丢失的素材文件。如果在编辑的过程中不清楚应该选用哪个素材进行最终合成，可以暂时使用占位符来代替。在最后输出影片的时候再替换为需要的素材，以提高渲染速度。

占位符可以在以下两种情况中出现。

(1) 若不小心删除了硬盘的素材文件，【项目】面板中的素材会自动替换为占位符。

(2) 选择一个素材，选择【文件】→【替换素材】→【占位符】命令，可以将素材替换为占位符。

2. 如何将占位符替换为素材?

将占位符替换为素材的方法如下。

(1) 双击占位符，在弹出的对话框中指定素材。

(2) 选择一个占位符，使用【文件】→【替换素材】→【文件】命令，可以将占位符替换为素材。

3. 如何设置代理?

After Effects CC 提供了多种创建代理的方式。在影片最终输出时，代理会自动替换为原素材，所有添加在代理上的遮罩、属性、特效或关键帧动画都会原封不动地保留。可以使用以下方法设置代理。

选择需要设置代理的素材，选择【文件】→【创建代理】→【静止图像】或【文件】→【创建代理】→【影片】命令，可以将素材输出为一个静帧图片或一个压缩的低质量影片。如选择【静止图像】，则输出为静帧图像；如选择【影片】，则输出 1/4 分辨率的影像。无论选择何种方式输出，都可在弹出的输出对话框中直接单击【渲染】按钮，对代理进行渲染，如图 2-51 所示。

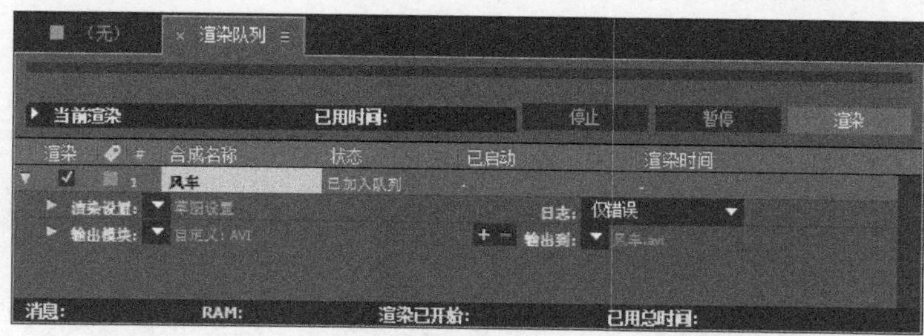

图 2-51

在输出完毕后，代理会自动替换为素材，如图 2-52 所示。

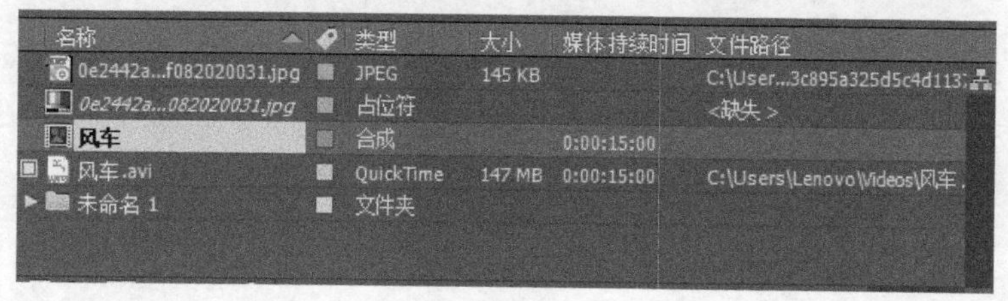

图 2-52

4. 如何设置自动保存?

After Effects CC 提供了自动保存功能，以防止系统崩溃造成不必要的损失。在【首选项】对话框左侧的列表框中选择【自动保存】选项，然后在右侧可以设置保存的时间间隔和保存的路径等参数，如图 2-53 所示。

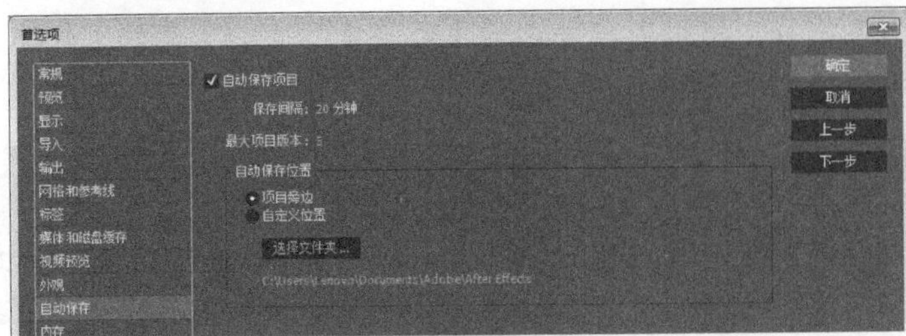

图 2–53

5. 如何设置缓存?

After Effects CC 对内存容量的要求较高，因此软件支持将磁盘空间作为虚拟内存(即磁盘缓存)使用。默认情况下，After Effects CC 缓存路径在系统盘，如果系统盘的空间不足，可在【首选项】对话框左侧的列表框中选择【媒体和磁盘缓存】选项，然后在右侧设置缓存空间大小和缓存路径等，如图 2-54 所示。

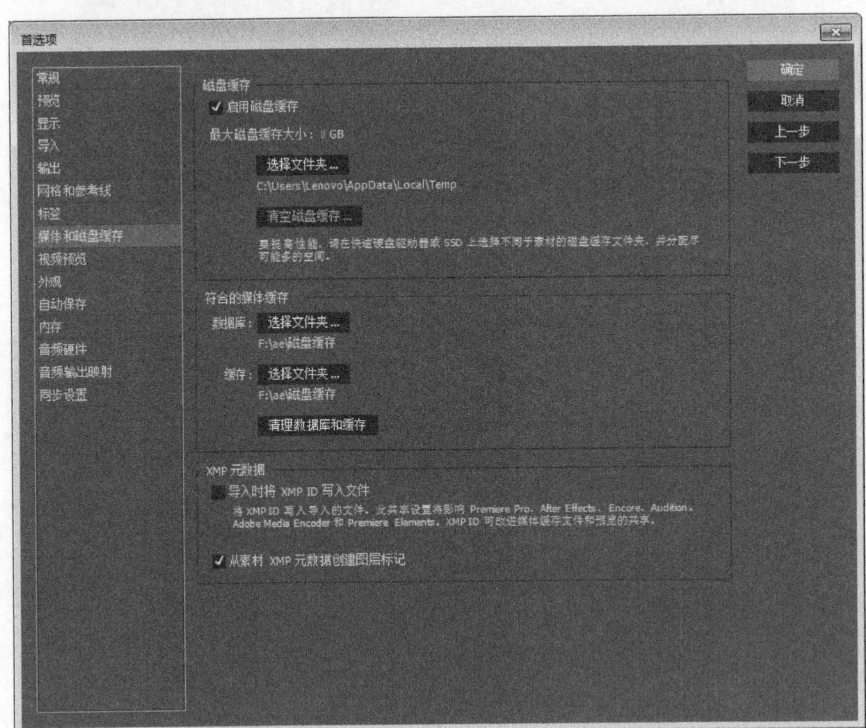

图 2–54

第3章

图层的操作及应用

- ❖ 认识图层
- ❖ 图层的基本操作
- ❖ 图层的变化属性
- ❖ 关键帧动画
- ❖ 合成与嵌套的操作
- ❖ 专题课堂——混合模式

本章主要介绍图层的基本操作、图层的变化属性、关键帧动画和合成与嵌套操作方面的知识与技巧，在本章的最后还针对实际的工作需求，讲解混合模式的详细知识。通过本章的学习，读者可以掌握图层的操作及应用方面的知识，为深入学习 After Effects CC 入门与应用知识奠定基础。

Section 3.1 认识图层

After Effects 是一个层级式的影视后期处理软件，所以“层”的概念贯穿整个软件。本节将详细介绍有关图层的基本概念，以及图层类型的相关知识。

3.1.1 理解图层的基本概念

在 After Effects 中，无论是创作合成动画，还是特效处理等操作，都离不开图层，因此制作动态影像的第一步就是了解和掌握图层。【时间轴】面板中的素材都是以图层的方式按照上下关系依次排列组合的，如图 3-1 所示。

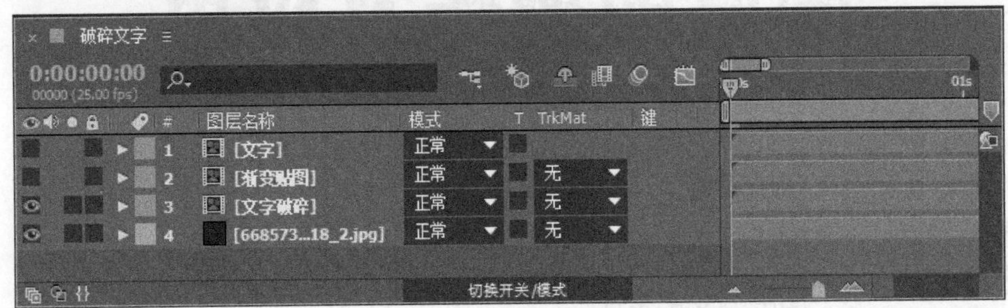

图 3-1

可以将 After Effects 软件中的图层想象为一层层叠放的透明胶片，上一层有内容的地方将遮盖住下一层的内容，上一层没有内容的地方则露出下一层的内容，上一层的部分处于半透明状态时，将依据半透明程度混合显示下层内容。这是图层最简单、最基本的概念。图层与图层之间还存在更复杂的合成组合关系，如叠加模式、蒙版合成方式等。

3.1.2 图层的类型

在 After Effects 中有很多种图层类型，不同的类型适用于不同的操作环境。有些图层用于绘图，有些图层用于影响其他图层的效果，有些图层用于带动其他图层运动等。

能够用在 After Effects 中的合成元素非常多，这些合成元素体现为各种图层，在这里将其归纳为以下 9 种：

- 【项目】面板中的素材(包括声音素材)。
- 项目中的其他合成。
- 文字图层。

- 纯色层、摄影机层和灯光层。
- 形状图层。
- 调整图层。
- 已经存在图层的复制层(即副本图层)。
- 拆分的图层。
- 空对象图层。

Section 3.2 图层的基本操作

使用 After Effects 制作特效和动画时，它的直接操作对象就是图层，无论是创建合成、动画还是特效都离不开图层。本节将详细介绍图层的基本操作方法。

3.2.1 创建图层

在 After Effects 中进行合成操作时，每个导入合成图像的素材都会以层的形式出现在合成中。当制作一个复杂效果时，往往会应用到大量的层，为使制作过程更顺利，下面将分别详细介绍几种创建图层的方法。

1 由导入的素材创建层

这是一种最基本的创建层的方式。用户可以利用【项目】面板中的素材创建层。按住鼠标左键将素材拖曳到一个合成中，这个素材就称为“层”，用户可以对这个层进行修改操作或创建动画，如图 3-2 所示。

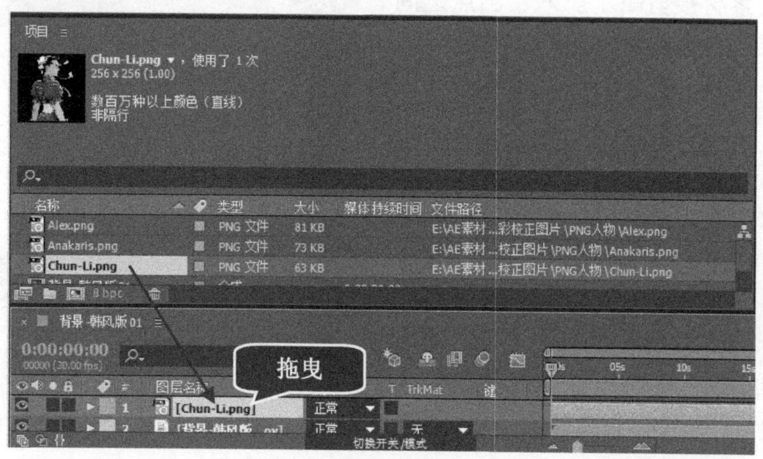

图 3-2

2 由剪辑的素材创建层

用户可以在 After Effects 的 Footage 素材面板中剪辑一个视频素材，这个操作对于截取某一素材片段非常有用，下面详细介绍其操作方法。

操作步骤 >> Step by Step

第 1 步 找到【项目】面板中需要剪辑的素材，双击，即可将该素材在素材面板中开启。如果打开的是素材播放器，按住 Alt 键，双击素材即可，如图 3-3 所示。

图 3-3

第 2 步 素材面板不仅可以预览素材，还可以设置素材的入点和出点，将时间指示标拖曳到需要设置入点的时间位置，单击设置入点按钮，可以看到入点前的素材被剪辑了，如图 3-4 所示。

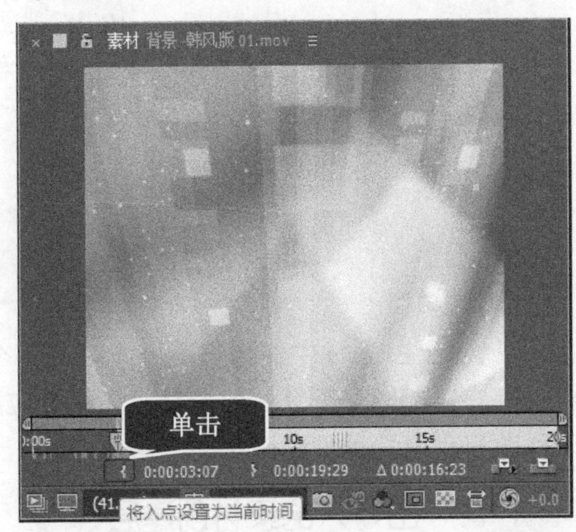

图 3-4

第 3 步 将时间指示标拖曳到需要设置出点的时间位置，单击设置出点按钮，可以看到出点后的素材被剪辑了。入、出点之间的范围就是截取的素材范围，如图 3-5 所示。

图 3-5

■ 指点迷津

如果需要使用剪辑的素材创建一个层，可以单击素材面板底部的【叠加编辑】按钮和【波纹插入编辑】按钮。

叠加编辑：单击【叠加编辑】按钮，可在当前合成的时间轴顶部创建一个新层，入点对齐到时间轴上时间指示标所在的位置，如图 3-6 所示。

图 3-6

波纹插入编辑：单击【波纹插入编辑】按钮，会在当前合成的时间轴顶部创建一个新层，入点对齐到时间轴上时间指示标所在的位置，同时会将其余层在入点位置切分，切分后的层对齐到新层的出点位置，如图 3-7 所示。

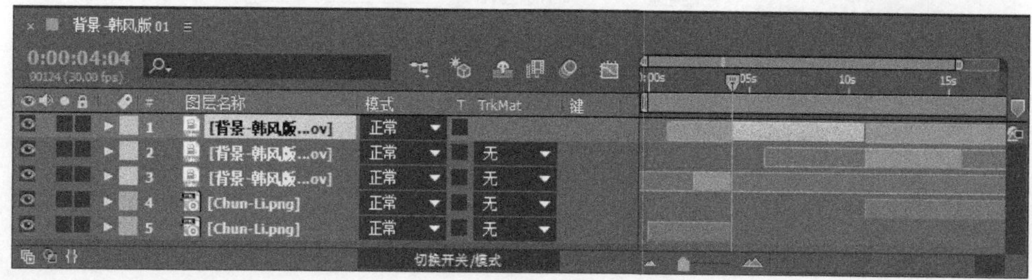
图 3-7

3　创建一个 Photoshop 层

如果选择创建一个 Photoshop 层，Photoshop 会自动启动并创建一个空文件，这个文件的大小与合成的大小是相同的，该 PSD 文件的色深也与合成相同，并会显示动作安全框和字幕安全框。

这个自动建立的 Photoshop 层会自动导入到 After Effects 的【项目】面板中，作为一个素材存在。任何在 Photoshop 中的编辑操作都会在 After Effects 中实时表现出来，相当于两个软件进行实时联合编辑。其操作方法为，在菜单栏中选择【图层】→【新建】→【Adobe Photoshop 文件】命令，新建的 Photoshop 层会显示在合成的顶部，如图 3-8 所示。

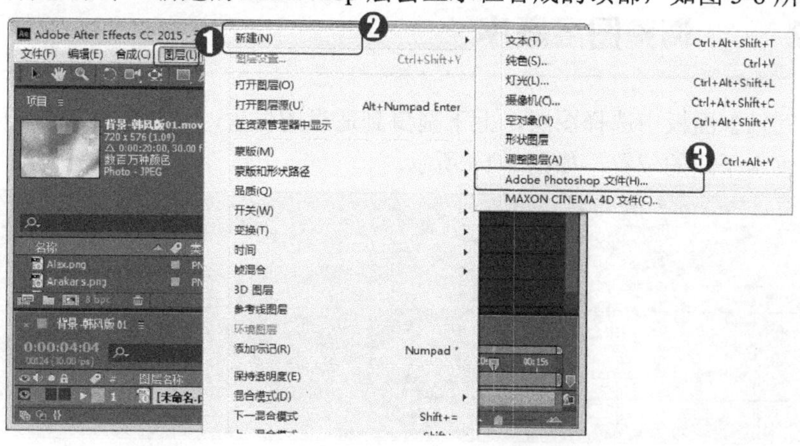
图 3-8

4 创建空对象

在编辑过程中，经常需要建立空对象以带动其他层运动，在 After Effects 中可以建立空对象。空对象是一个 100 像素×100 像素的透明层，既看不到，也无法输出，无法像调整层那样添加特效以编辑其他层。空对象主要是其他层父子关系或表达式的载体，即带动其他层运动。选择需要添加空对象的合成，在菜单栏中选择【图层】→【新建】→【空对象】命令，即可创建空对象，如图 3-9 所示。

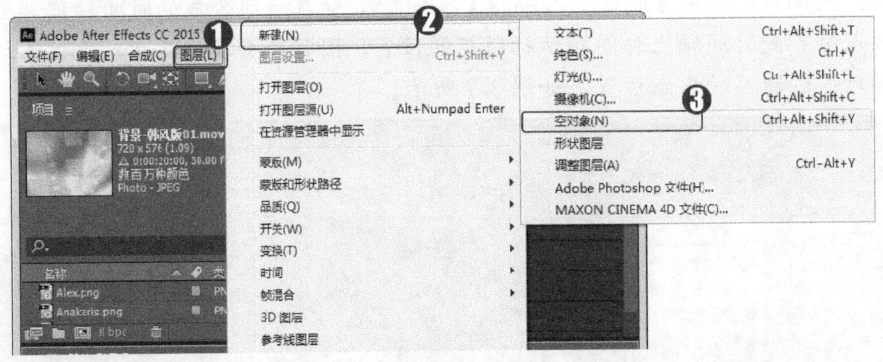

图 3-9

创建的空对象在【时间轴】面板上的效果如图 3-10 所示。

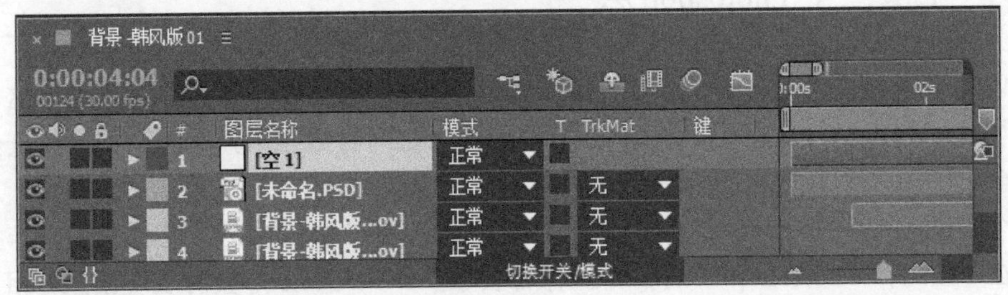

图 3-10

3.2.2 调整图层顺序

在【时间轴】面板中选择图层，上下拖曳到适当的位置，可以改变图层顺序。拖曳时注意观察灰色水平线的位置，如图 3-11 所示。

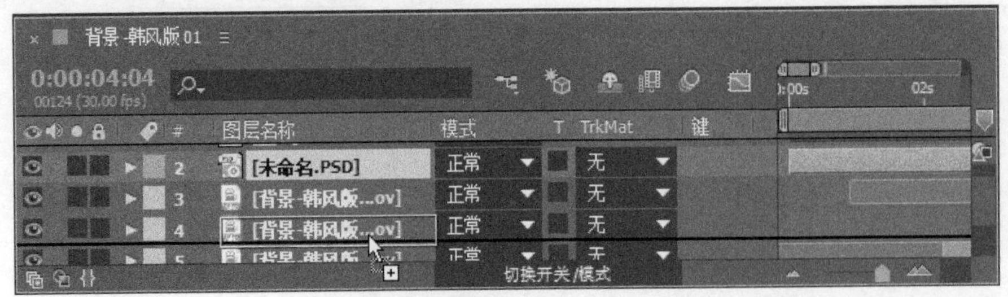

图 3-11

在【时间轴】面板中选择层，通过菜单和快捷键也可以进行调整图层顺序的操作，移动上下层位置的方法如下：

- 选择【图层】→【排列】→【将图层置于顶层】命令或按 Ctrl+Shift+] 组合键，可以将图层移到最上方。
- 选择【图层】→【排列】→【使图层前移一层】命令或按 Ctrl+] 组合键，可以将图层往上移一层。
- 选择【图层】→【排列】→【使图层后移一层】命令或按 Ctrl+ [组合键，可以将图层往下移一层。
- 选择【图层】→【排列】→【将图层置于底层】命令或按 Ctrl+Shift+ [组合键，可以将图层移到最下方。

3.2.3 对齐和分布图层

如果需要对图层在【合成】面板中的空间关系进行快速对齐操作，除了使用选择工具手动拖曳外，还可以使用【对齐】面板中选择的层进行自动对齐和分布操作。最少选择两个层才能进行对齐操作，最少选择三个层才可以进行分布操作。

在菜单栏中选择【窗口】→【对齐】命令，即可打开【对齐】面板，如图 3-12 所示。

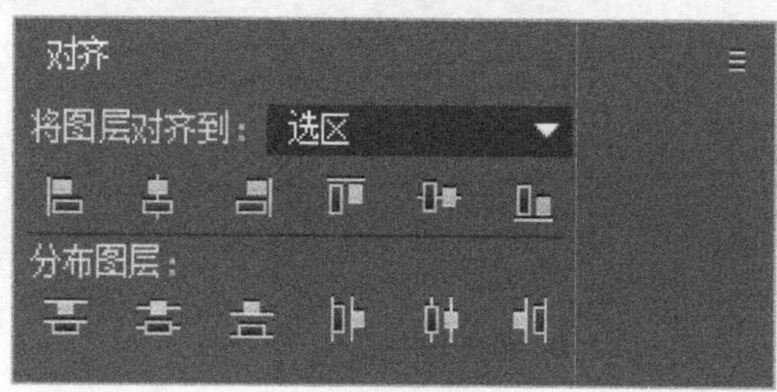

图 3–12

- 【将图层对齐到】组：对层进行对齐操作，从左至右依次为左对齐、垂直居中对齐、右对齐、顶对齐、水平居中对齐、底对齐。
- 【分布图层】组：对层进行分布操作，从左至右依次为垂直居顶分布、垂直居中分布、垂直居底分布、水平居左分布、水平居中分布、水平居右分布。

在进行对齐或分布操作之前，注意要调整好各自图层之间的位置关系。对齐或分布操作是基于图层的位置进行对齐，而不是图层在时间轴上的先后顺序。

3.2.4 设置图层时间排序

如果需要对层进行时间上的精确错位处理，除了使用选择工具手动拖曳以外，还可以通过 After Effects 的时间排序功能自动完成。

选择需要排序的层，然后在菜单栏中选择【动画】→【关键帧辅助】→【序列图层】命令，即可打开【序列图层】对话框，如图 3-13 所示。选中【重叠】复选框，即可将该对话框中的参数激活。

图 3-13

使用该功能的时候，有两个问题需要注意，下面详细介绍。

(1) 【持续时间】指的是层的交叠时间，在进行时间排序之前，最好统一设置层的持续时间长度。可全选需要排序的层，使用快捷键 Alt+[与 Alt+]来定义入点和出点。

(2) 哪个层先出现与选择的顺序有关，第一个选择的层最先出现。如果要在素材交叠的位置设置透明度叠化转场，可以将【过渡】设置为以下任意一种方式，如图 3-14 所示。

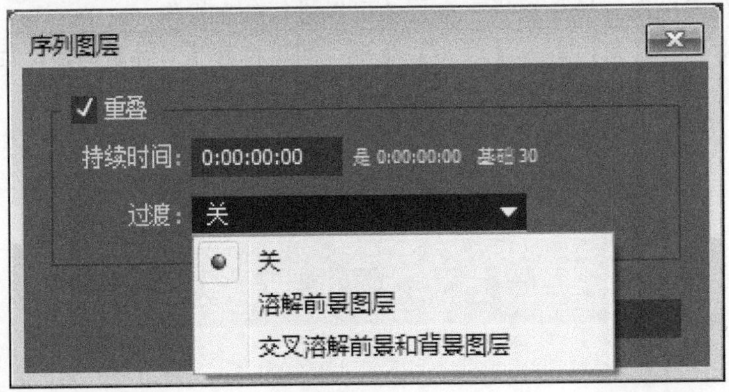

图 3-14

➢ 溶解前景图层：只在层入点处叠化。
➢ 交叉溶解前景和背景图层：在层入点和出点处叠化。

3.2.5 设置图层时间

设置图层时间的方法有多种，可以使用时间设置栏对时间的出、入点进行精确设置，也可以使用手动方式对图层时间进行直观的操作。

1 通过对话框进行设置

在【时间轴】面板中的时间出、入点栏的出、入点数字上拖曳鼠标左键或单击这些数字，然后在弹出的对话框中直接输入数值来改变图层的出、入点时间，如图 3-15 所示。

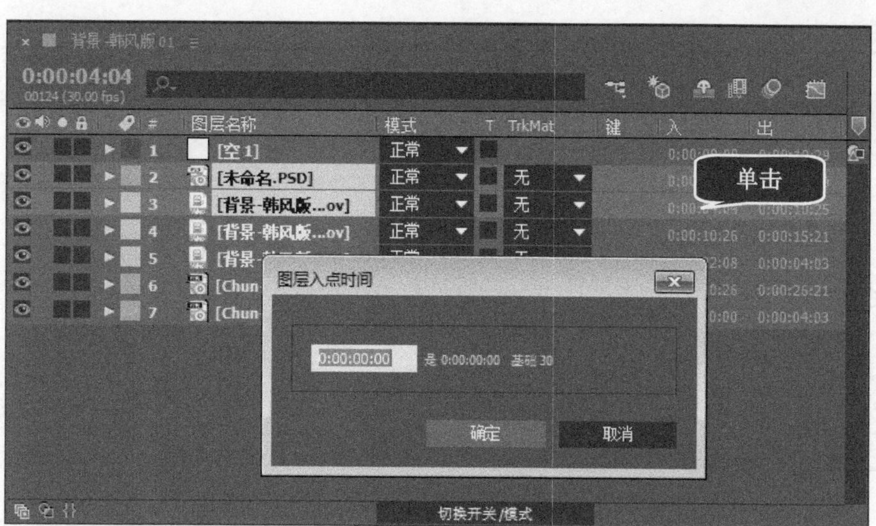

图 3-15

2 通过拖曳图层的出、入点位置

在【时间轴】面板的图层时间栏中，通过在时间标尺上拖曳图层的出、入点位置进行设置，如图 3-16 所示。

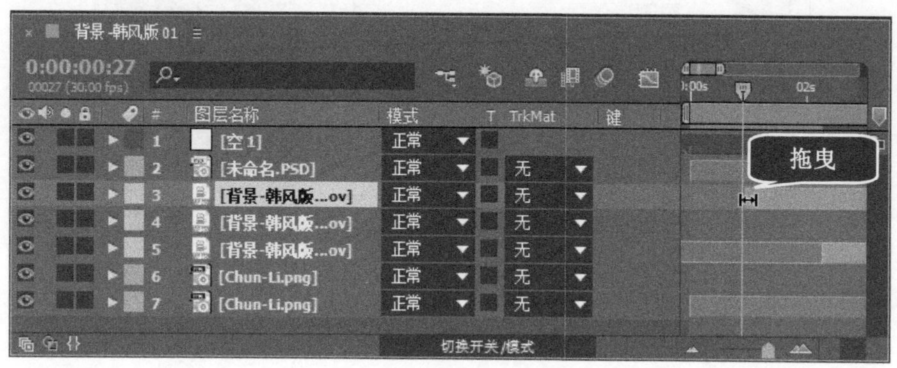

图 3-16

知识拓展：设置素材出、入点的快捷键

设置素材入点的快捷键为 Alt+[，设置出点的快捷键为 Alt+]。

3.2.6 拆分图层

拆分图层就是将一个图层在指定的时间处，拆分为多段图层。下面详细介绍拆分图层的操作方法。

操作步骤 >> Step by Step

第 1 步 选择需要拆分的图层，然后在【时间轴】面板中将当前时间指示滑块拖曳到需要分离的位置，如图 3-17 所示。

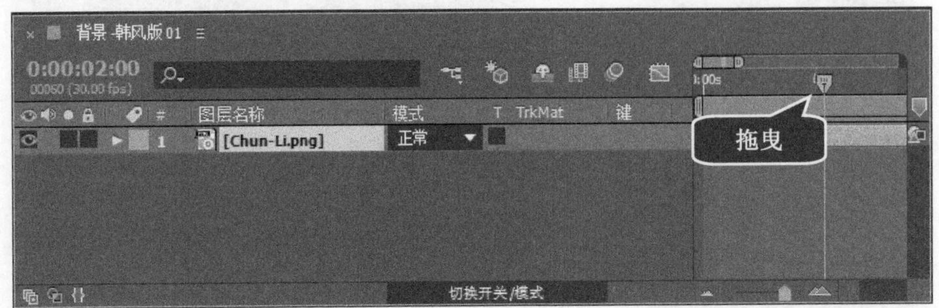

图 3–17

第 2 步 在菜单栏中选择【编辑】→【拆分图层】命令，或者按下键盘上的 Ctrl+Shift+D 组合键，如图 3-18 所示。

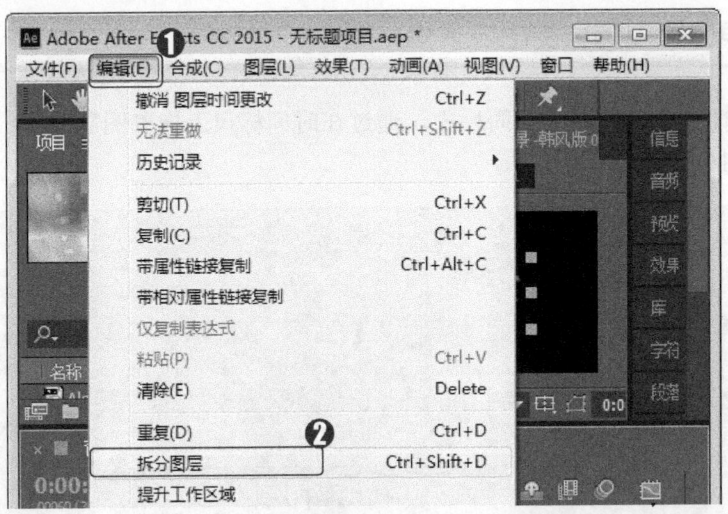

图 3–18

第 3 步 可以看到已经把图层在当前时间处分离开了，这样即可完成拆分图层的操作，如图 3-19 所示。

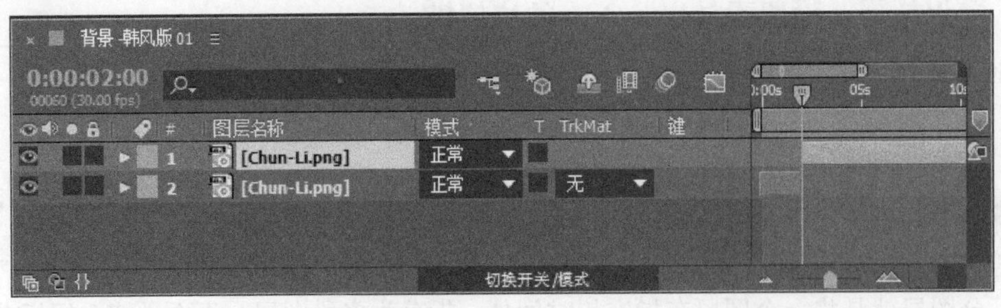

图 3–19

3.2.7 提升/提取图层

在一段视频中，有时候需要移除其中的某几个片段，这时就需要使用到【提升】和【提取】命令，下面详细介绍提升/提取图层的方法。

操作步骤 >> Step by Step

第 1 步 在【时间轴】面板中，拖曳时间标尺，以确定要提升或提取的片段，如图 3-20 所示。

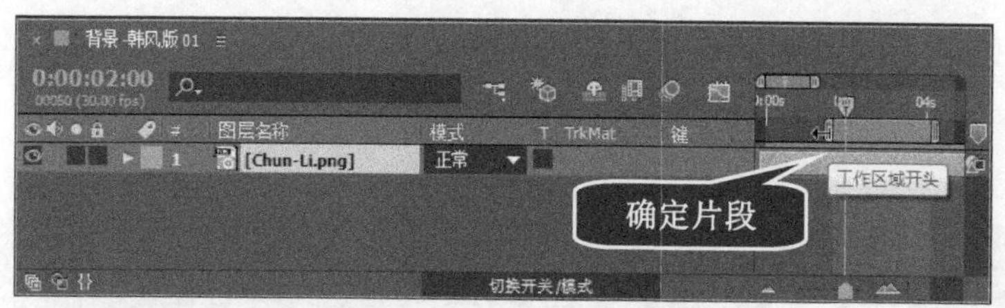

图 3-20

第 2 步 选择需要提升或提取的图层后，在菜单栏中选择【编辑】→【提升工作区域】或【提取工作区域】命令，即可进行相应的操作，如图 3-21 所示。

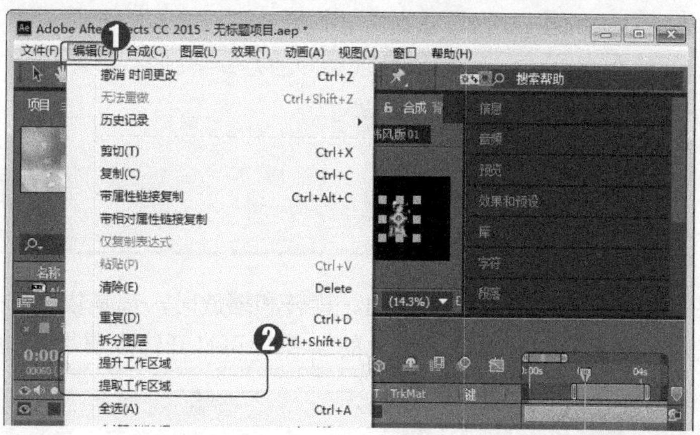

图 3-21

【提升工作区域】或【提取工作区域】这两个命令都具备移除部分镜头的功能，但是它们也有一定的区别。

使用【提升工作区域】命令可以移除工作区域内被选择图层的帧画面，但是被选择图层所构成的总时间长度不变，中间会保留删除后的空隙，如图 3-22 所示。

图 3-22

使用【提取工作区域】命令可以移除工作区域内被选择图层的帧画面，但是被选择图层所构成的总时间长度会缩短，同时，图层会被剪切成两段，后段的入点将连接前段的出点，不会留下任何空隙，如图 3-23 所示。

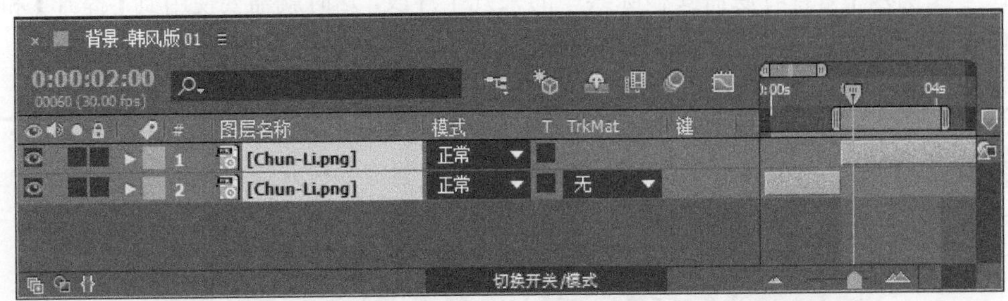

图 3-23

Section 3.3 图层的变化属性

展开一个图层，在没有添加遮罩或任何特效的情况下，只有一个变换属性组，这个属性组包含了一个图层最重要的 5 个属性，在制作动画特效时占据着非常重要的地位。本节将详细介绍图层变化属性的相关知识及操作方法。

3.3.1 锚点属性

无论一个层的面积多大，当其位置移动、旋转和缩放时，都是依据一个点来操作的，这个点就是锚点。选择需要的层，按键盘上的 A 键即可打开锚点属性，如图 3-24 所示。

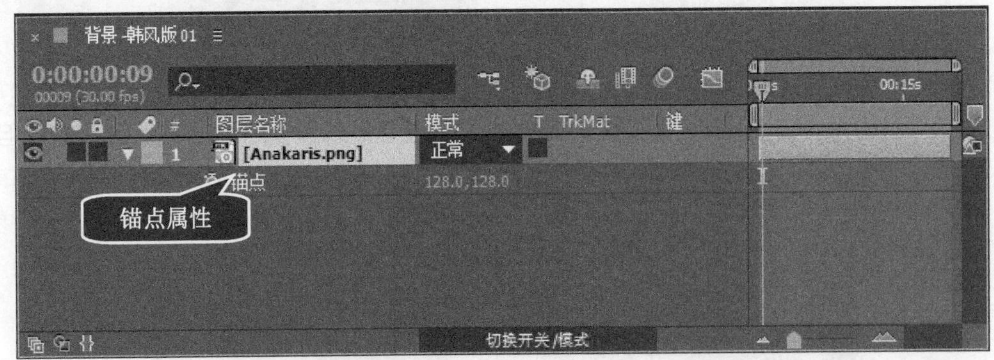

图 3-24

以锚点为基准，如图 3-25 所示；在进行旋转操作时，如图 3-26 所示；在进行缩放操作时，如图 3-27 所示。

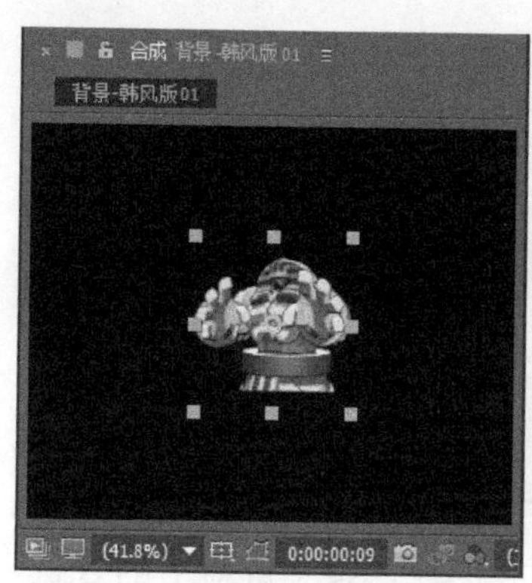

图 3-25

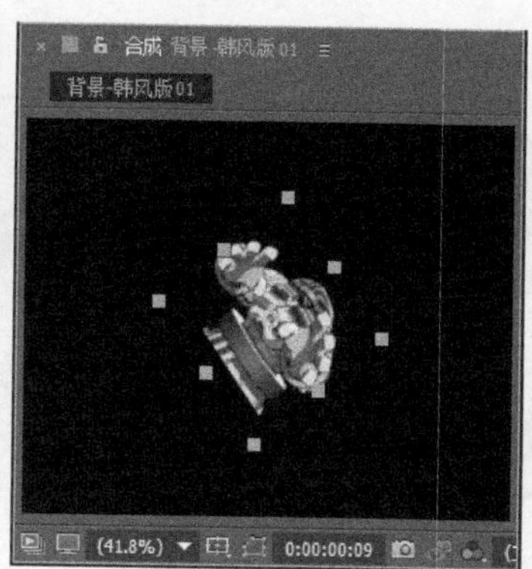

图 3-26

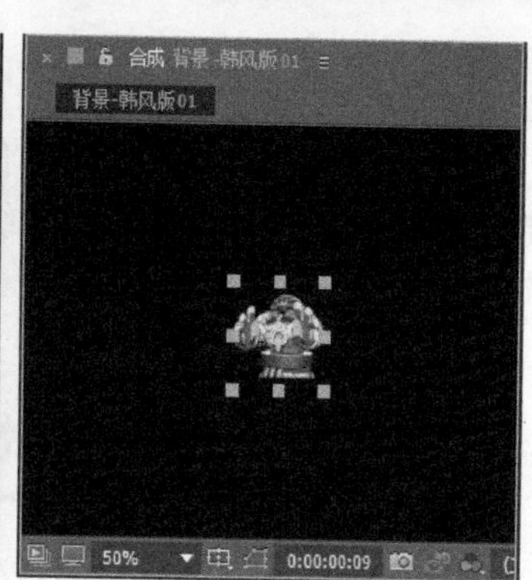

图 3-27

3.3.2 位置属性

位置属性主要用来制作图层的位移动画，选择需要的层，按下键盘上的 P 键，即可打开位置属性，如图 3-28 所示。以锚点为基准，如图 3-29 所示。

图 3-28

图 3-29

在层的位置属性后方的数值上拖曳鼠标(或直接输入需要的数值)，如图 3-30 所示。释放鼠标，效果如图 3-31 所示。普通二维层的位置属性由 x 轴向和 y 轴向两个参数组成，如果是三维层，则由 x 轴向、y 轴向和 z 轴向 3 个参数组成。

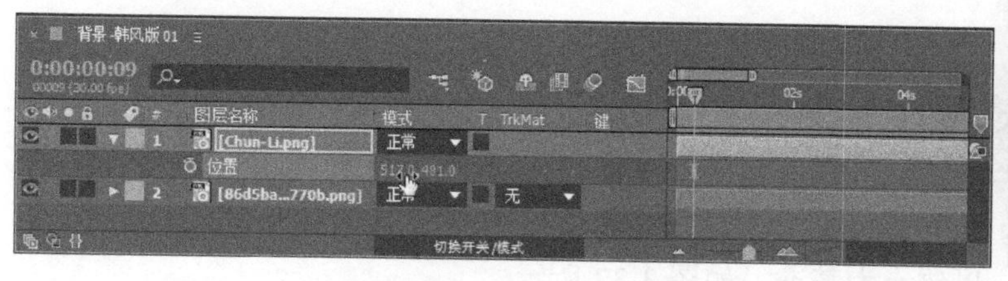

图 3-30

图 3-31

知识拓展：保持移动时的方向性

在制作位置动画时，为了保持移动时的方向性，可以在菜单栏中选择【图层】→【变换】→【自动定向】命令，系统会弹出【自动定向】对话框，选中【沿路径方向】单选按钮，再单击【确定】按钮即可。

3.3.3 缩放属性

缩放属性可以以锚点为基准来改变图层的大小。选择需要的层，按下键盘上的 S 键，即可打开缩放属性，如图 3-32 所示。以锚点为基准，如图 3-33 所示。

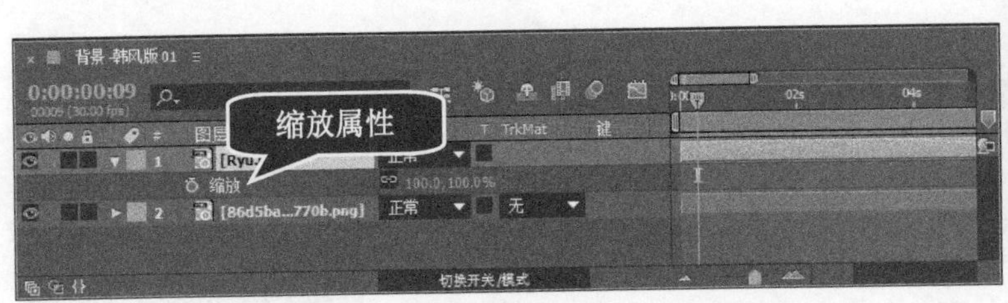

图 3-32

图 3-33

在层的缩放属性后面的数值上拖曳鼠标(或直接输入需要的数值)，如图 3-34 所示。释放鼠标，效果如图 3-35 所示。普通二维层缩放属性由 x 轴向和 y 轴向两个参数组成，如果是三维层，则由 x 轴向、y 轴向和 z 轴向 3 个参数组成。

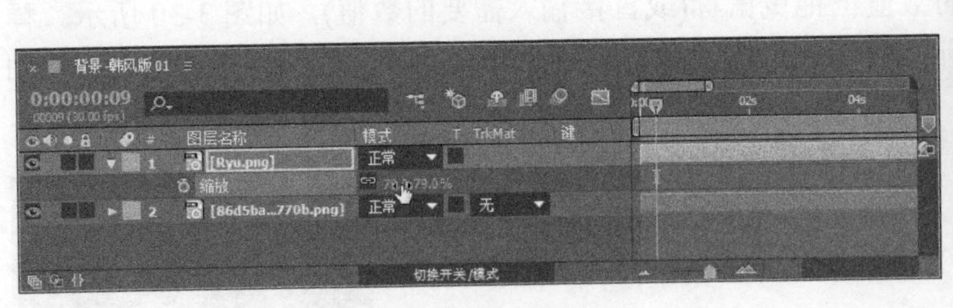

图 3-34

图 3-35

3.3.4 旋转属性

旋转属性是以锚点为基准旋转图层。选择需要的层，按下键盘上的 R 键，即可打开旋转属性，如图 3-36 所示。以锚点为基准，如图 3-37 所示。

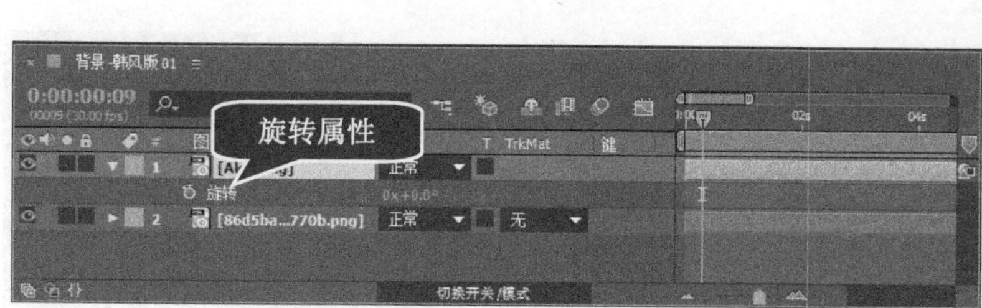

图 3-36

图 3-37

在图层的旋转属性后方的数值上拖曳鼠标(或单击输入需要的数值)，如图 3-38 所示。松开鼠标，效果如图 3-39 所示。

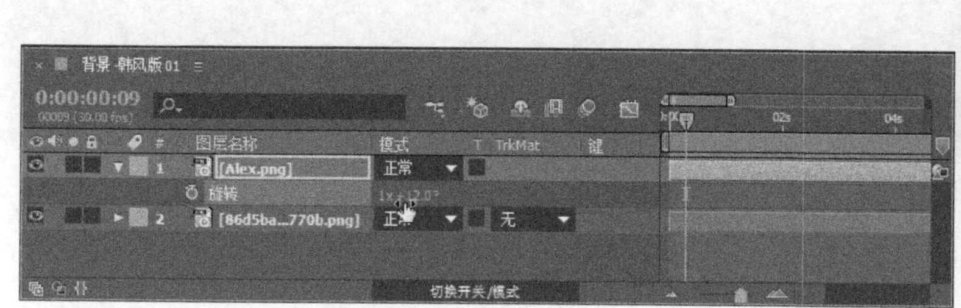
图 3-38

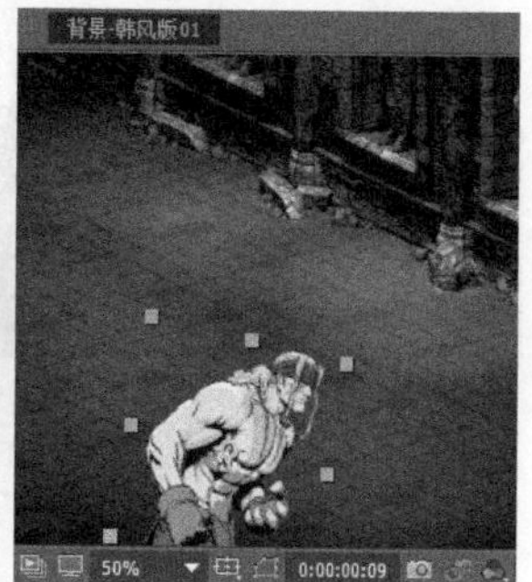
图 3-39

普通二维层旋转属性由圈数和度数两个参数组成，例如“1x+12°”。

如果是三维层，旋转属性将增加为 4 个：方向可以同时设定 x、y、z 三个轴向，x 轴旋转仅调整 x 轴向旋转，y 轴旋转仅调整 y 轴向旋转，z 轴旋转仅调整 z 轴向旋转。

3.3.5　不透明度属性

不透明度属性是以百分比的方式来调整图层的不透明度。选择需要的层，按下键盘上的 T 键，即可打开不透明度属性，如图 3-40 所示。以锚点为基准，如图 3-41 所示。

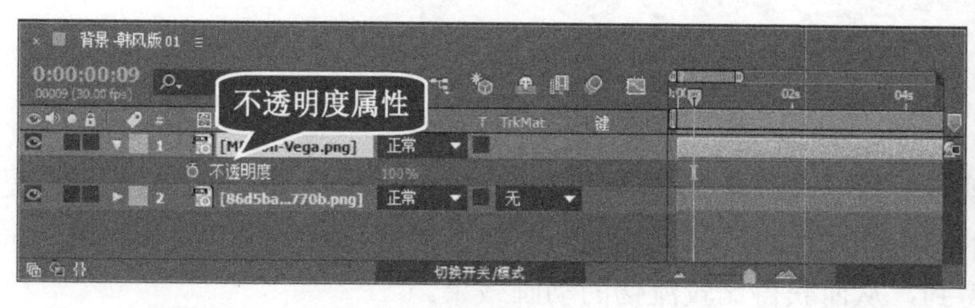

图 3-40

图 3-41

在层的不透明度属性后方的数值上拖曳鼠标(或单击输入需要的数值)，如图 3-42 所示。松开鼠标，效果如图 3-43 所示。

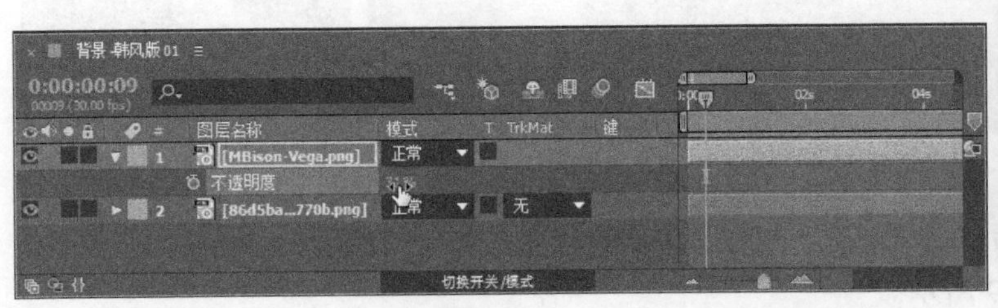

图 3-42

图 3-43

Section 3.4 关键帧动画

After Effects CC 除了合成以外，动画也是它的强项。这个动画的全名其实应该叫作关键帧动画，因此，如果需要在 After Effects CC 中创建动画，一般需要通过关键帧来产生。本节将详细介绍关键帧动画的相关知识及操作方法。

3.4.1 关于关键帧

微课堂 0 分 39 秒

关键帧的概念来源于传统的动画片制作。人们看到的视频画面，其实是一幅幅图像快速播放而产生的视觉欺骗，在早期的动画制作中，这些图像中的每一张都需要动画师绘制出来，如图 3-44 所示。

图 3-44

所谓关键帧动画，就是给需要动画效果的属性准备一组与时间相关的值，这些值都是在动画序列中比较关键的帧中提取出来的，而其他时间帧中的值，可以用这些关键值，采用特定的插值方法计算得到，从而获得比较流畅的动画效果。

动画是基于时间的变化，如果层的某个动画属性在不同时间产生不同的参数变化，并且被正确地记录下来，那么可以称这个动画为“关键帧动画”。

在 After Effects 的关键帧动画中，至少需要两个关键帧才能产生作用，第 1 个关键帧表示动画的初始状态，第 2 个关键帧表示动画的结束状态，而中间的动态则由计算机通过插值计算得出。比如，可以在 0 秒的位置设置不透明度属性为“0”，然后在 1 秒的位置设置不透明度属性为“100”，如果这个变化被正确地记录下来，那么图层就产生了不透明度在 0～1 秒从 0～100 的变化。

3.4.2 创建关键帧

在 After Effects 中，每个可以制作动画的图层参数前面都有一个【时间变化秒表】按钮，单击该按钮，使其呈凹陷状态就可以开始制作关键帧动画了。

一旦激活【时间变化秒表】按钮，在【时间轴】面板中的任何时间进程都将产生新的关键帧；关闭【时间变化秒表】按钮后，所有设置的关键帧属性都将消失，参数设置将保持当前时间的参数值。如图 3-45 所示分别为激活与未激活的【时间变化秒表】按钮。

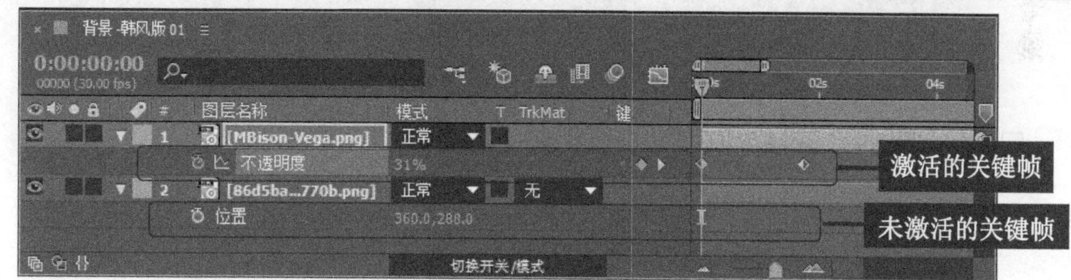

图 3-45

生成关键帧的方法主要有两种：一种是激活【时间变化秒表】按钮，如图 3-46 所示；另一种是制作动画曲线关键帧，如图 3-47 所示。

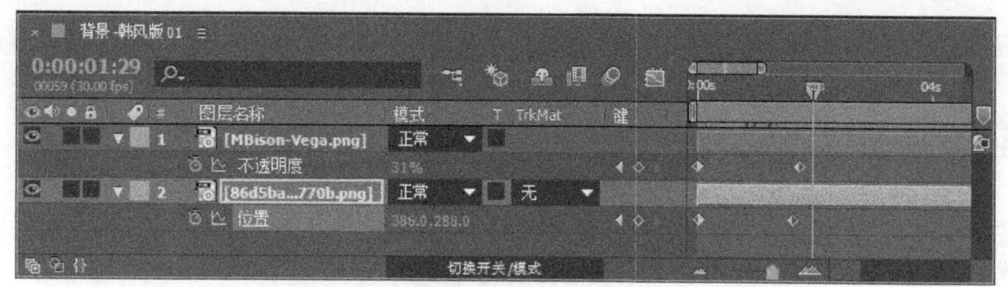

图 3-46

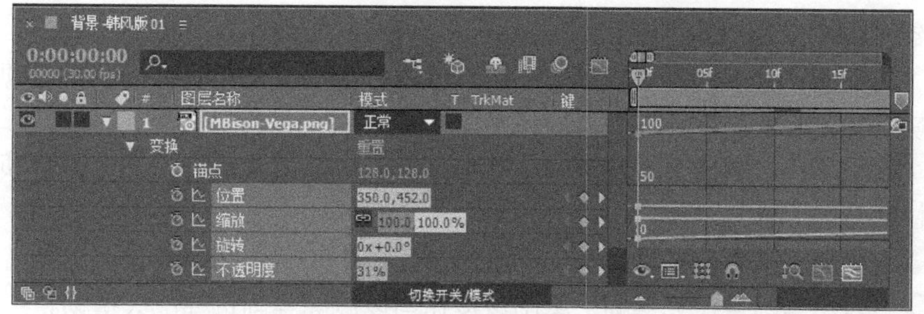

图 3-47

3.4.3 使用导航器

当为图层参数设置了第 1 个关键帧时，After Effects 会显示出关键帧导航器，通过导航器可以方便地从一个关键帧快速跳转到上一个或下一个关键帧，如图 3-48 所示。

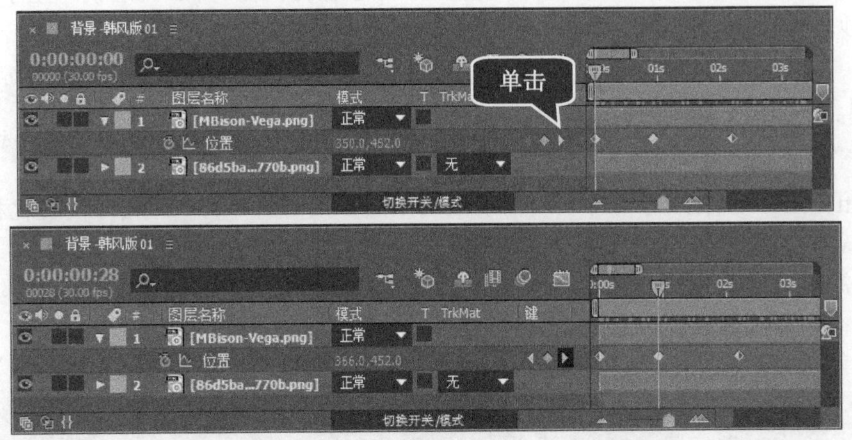

图 3-48

同时也可通过关键帧导航器来设置和删除关键帧，如图 3-49 所示。

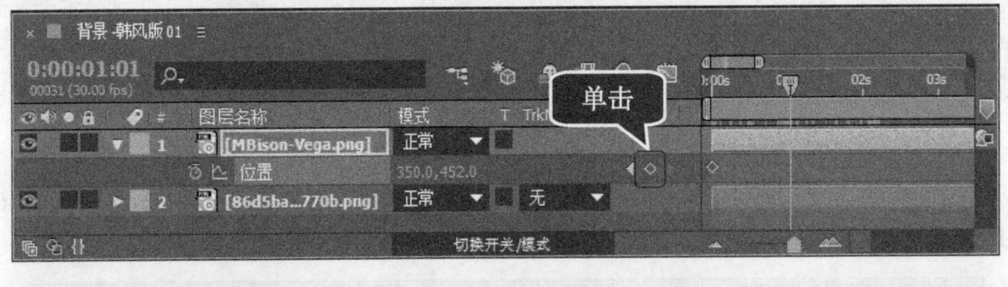

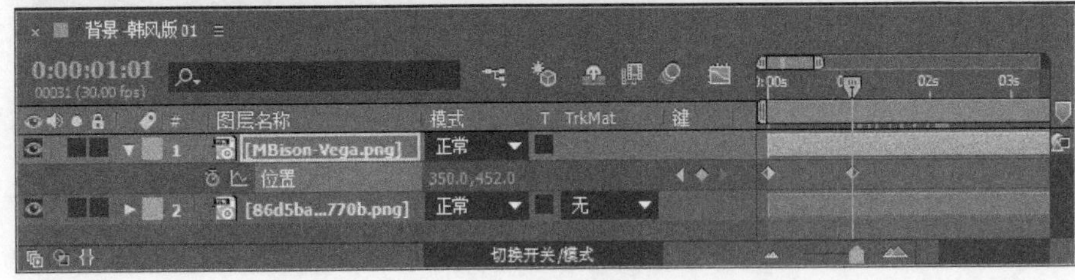

图 3-49

导航器上的参数介绍如下。

- 【转到上一个关键帧】按钮：单击该按钮，可以跳转到上一个关键帧的位置，快捷键为 J。
- 【转到下一个关键帧】按钮：单击该按钮，可以跳转到下一个关键帧的位置，快捷键为 K。
- ：表示当前没有关键帧，单击该按钮可以添加一个关键帧。
- ：表示当前存在关键帧，单击该按钮可以删除当前选择的关键帧。

知识拓展

关键帧导航器是针对当前属性的关键帧导航，而 J 键和 K 键是针对画面上展示的所有关键帧进行导航。

在【时间轴】面板中选择图层，然后按 U 键，可以展开该图层中的所有关键帧属性，再次按 U 键，将取消关键帧属性的显示。

如果在按住 Shift 键的同时移动当前的时间指针，那么时间指针将自动吸附对齐到关键帧上。同理，如果在按住 Shift 键的同时移动关键帧，那么关键帧将自动吸附对齐到当前时间指针处。

3.4.4 编辑关键帧

在设置关键帧动画时，会有很多设置技巧，让用户高效、快速地完成项目，也可以让用户制作出复杂、酷炫的特技效果。

1 选择关键帧

在选择关键帧时，主要有以下 5 种情况，这里将分别予以详细介绍。

(1) 如果要选择单个关键帧，只需要单击关键帧即可，如图 3-50 所示。

(2) 如果要选择多个关键帧，可以在按住 Shift 键的同时连续单击需要选择的关键帧，或是按住鼠标左键拉出一个选框，就能选择选框区域内的关键帧，如图 3-51 所示。

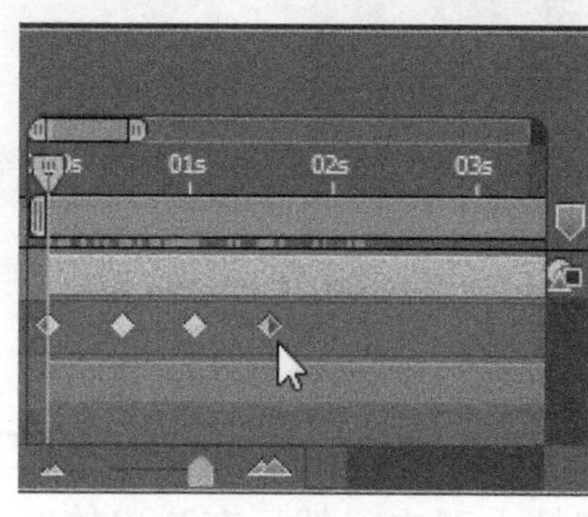

图 3-50

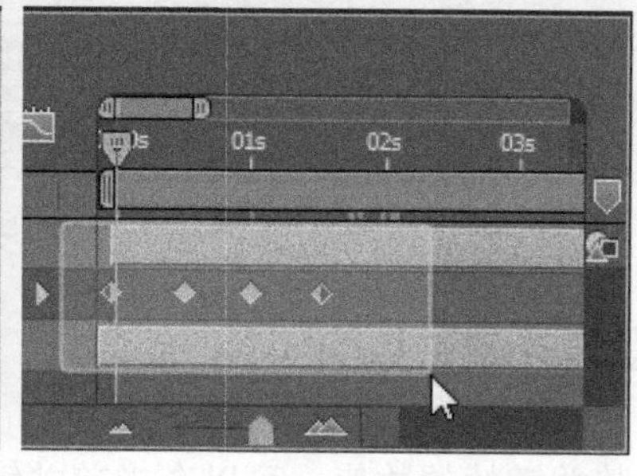

图 3-51

(3) 如果要选择图层属性中的所有关键帧，只需要单击【时间轴】面板中的图层属性的名字，如图 3-52 所示。

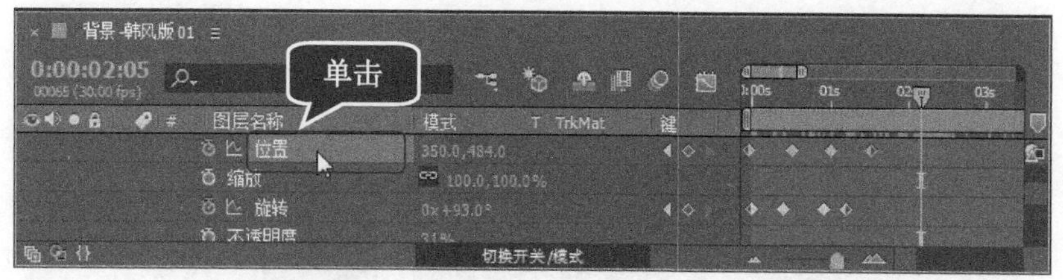

图 3-52

(4) 如果要选择一个图层中的属性里面数值相同的关键帧，只需要在其中一个关键帧上单击鼠标右键，然后在弹出的快捷菜单中选择【选择相同关键帧】命令即可，如图 3-53 所示。

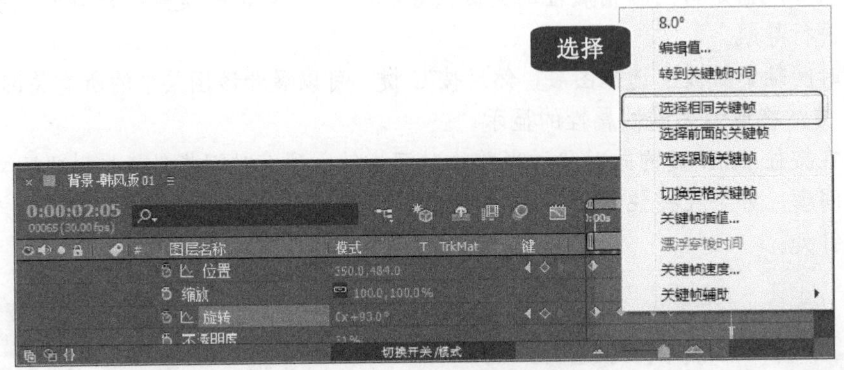

图 3-53

(5) 如果要选择某个关键帧之前或之后的所有关键，只需要在该关键帧上单击鼠标右键，然后在弹出的快捷菜单中选择【选择前面的关键帧】命令或【选择跟随关键帧】命令即可，如图 3-54 所示。

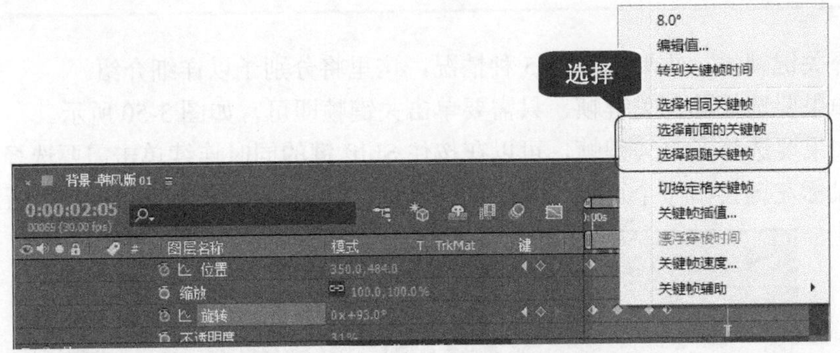

图 3-54

2 设置关键帧数值

如果要调整关键帧的数值，可以在当前关键帧上双击，然后在弹出的对话框中调整相应的数值即可，如图 3-55 所示。另外，在当前关键帧上单击鼠标右键，在弹出的快捷菜单中选择【编辑值】命令，也可以调整关键帧数值，如图 3-56 所示。

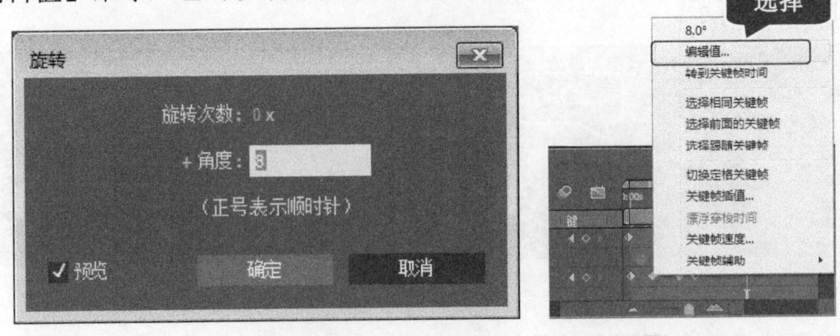

图 3-55　　图 3-56

3 移动关键帧

在【时间轴】面板中，单击鼠标左键选择准备移动的关键帧，如图 3-57 所示。

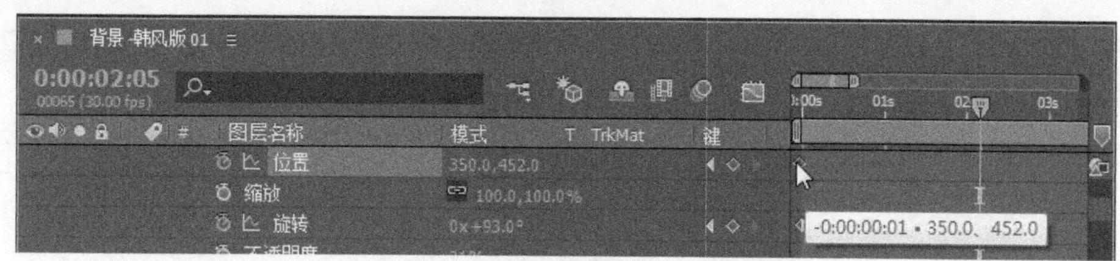

图 3-57

按住鼠标左键不放，在该属性上拖曳，将其拖曳到其他位置，即可完成移动关键帧的操作，如图 3-58 所示。

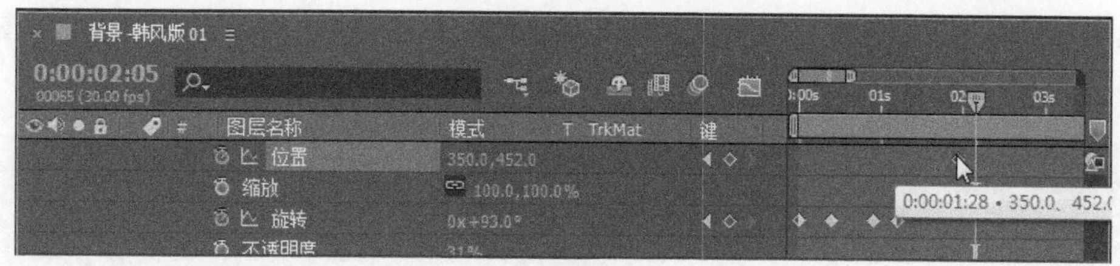

图 3-58

4 对一组关键帧进行时间整体缩放

在【时间轴】面板中，同时选择 3 个以上的关键帧，如图 3-59 所示。

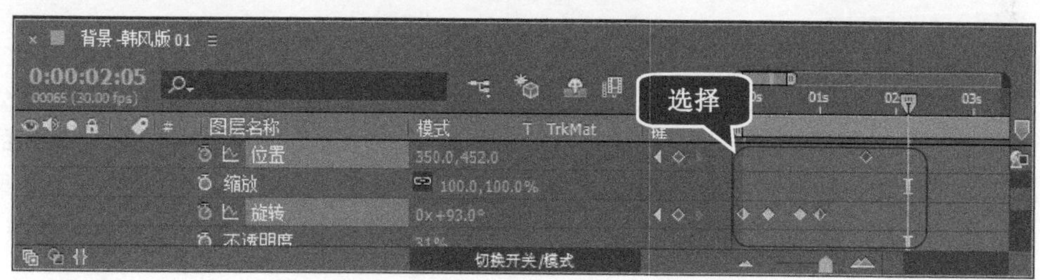

图 3-59

在按住 Alt 键的同时，使用鼠标左键拖曳第 1 个或最后 1 个关键帧，即可对这组关键帧进行时间整体缩放，如图 3-60 所示。

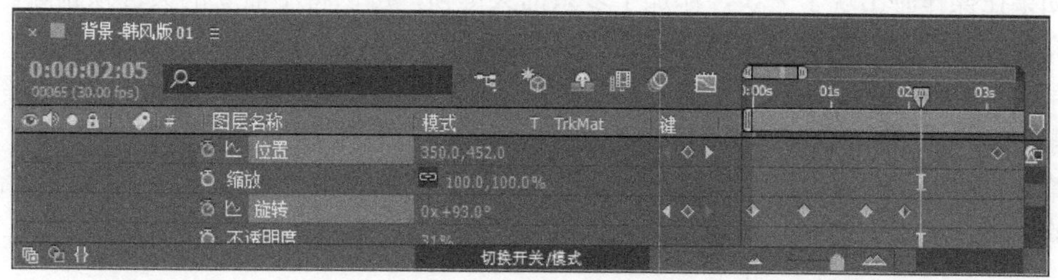

图 3-60

5 复制和粘贴关键帧

选择需要复制的关键帧，使用快捷键 Ctrl+C，即可将关键帧复制，如图 3-61 所示。

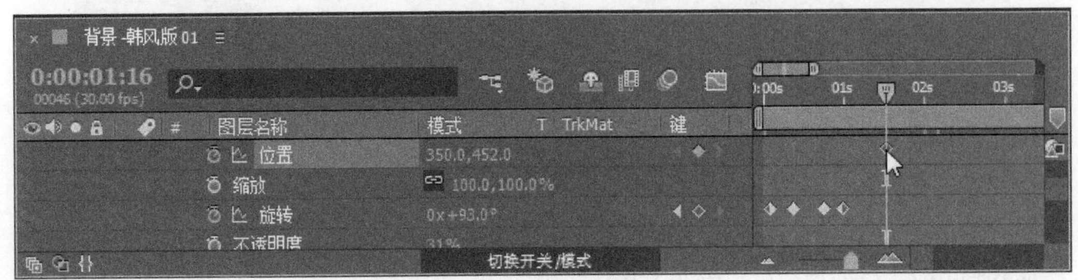

图 3-61

然后将时间指示标拖曳到新的时间点，使用快捷键 Ctrl+V 将关键帧粘贴，如图 3-62 所示。

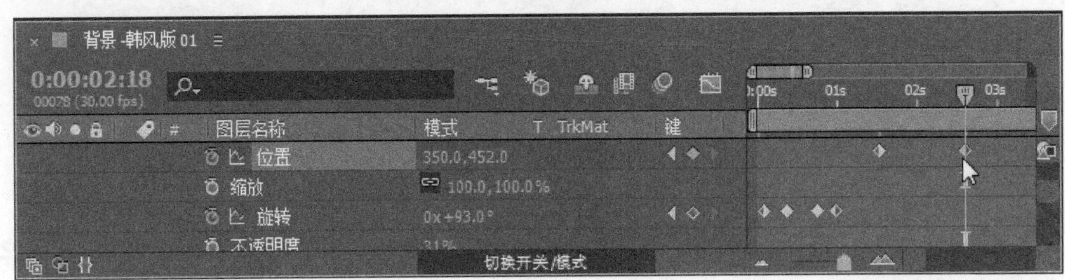

图 3-62

知识拓展

如果复制相同属性的关键帧，只需要选择目标图层就可以粘贴关键帧；如果复制的是不同属性的关键帧，需要选择目标图层的目标属性才能粘贴关键帧。应特别注意，如果粘贴的关键帧与目标图层上的关键帧在同一时间位置，将覆盖目标图层上原有的关键帧。

6 删除关键帧

如果在操作时出现了失误，添加了多余的关键帧，可以将不需要的关键帧删除。下面详细介绍几种删除关键帧的操作方法。

第 1 种：键盘删除。选择不需要的关键帧，按下键盘上的 Delete 键，即可将选择的关键帧删除。

第 2 种：菜单删除。选择不需要的关键帧。执行菜单栏中的【编辑】→【清除】命令，即可将选择的关键帧删除，如图 3-63 所示。

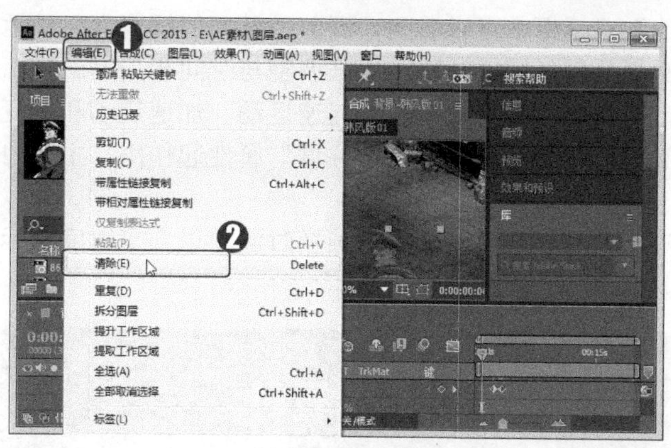

图 3-63

第 3 种：利用按钮删除。取消选择【时间变化秒表】按钮的激活状态，可以删除该属性点的所有关键帧，如图 3-64 所示。

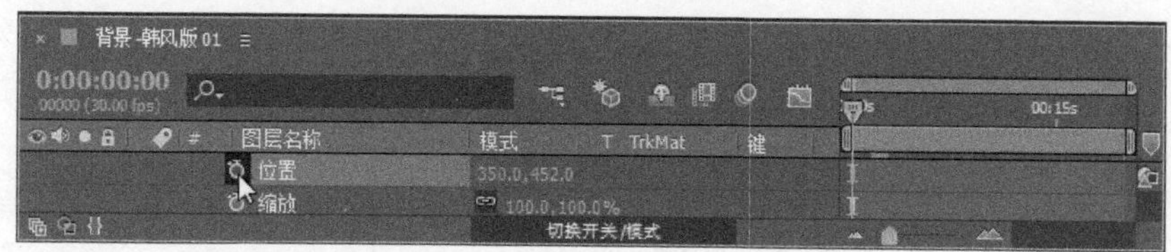

图 3-64

3.4.5 插值关键帧

插值就是在两个预知的数据之间以一定方式插入未知数据的过程，在数字视频制作中就意味着在两个关键帧之间插入新的数值，使用插值方法可以制作出更加自然的动画效果。

常见的插值方法有两种，分别是“线性”插值和“贝塞尔”插值。“线性”插值就是在关键帧之间对数据进行平均分配，“贝塞尔”插值是基于贝塞尔曲线的形状，来改变数值变化的速度。

如果要改变关键帧的插值方式，可以选择需要调整的一个或多个关键帧，然后在菜单栏中选择【动画】→【关键帧插值】命令，在弹出的【关键帧插值】对话框中可以进行详细的设置，如图 3-65 所示。

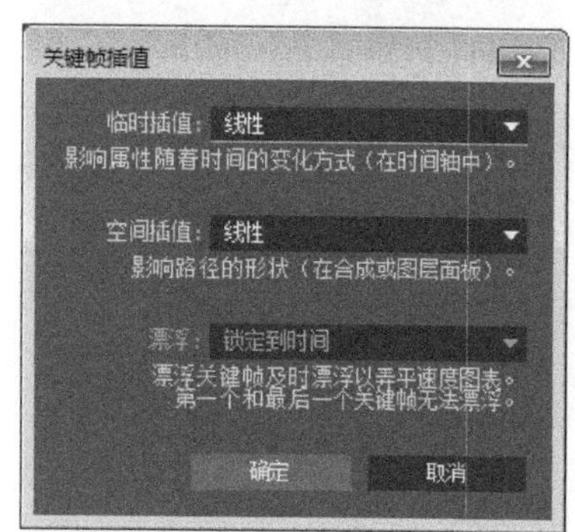

图 3-65

从【关键帧插值】对话框中可以看到，调节关键帧的插值有 3 种运算方法。

第 1 种："临时插值"运算方法可以用来调整与时间相关的属性、控制进入关键帧和离开关键帧时的速度变化，同时也可以实现匀速运动、加速运动和突变运动等。

第 2 种："空间插值"运算方法仅对"位置"属性起作用，主要用来控制空间运动的路径。

第 3 种："漂浮"运算方法对漂浮关键帧及时漂浮以弄平速度图标，第一个和最后一个关键帧无法漂浮。

Section 3.5 合成与嵌套的操作

合成是 After Effects 特效制作中的一个框架，不仅决定了输出文件的分辨率、制式、帧速率和时间等信息，而且所有素材都需要先转换为合成下的图层再进行处理，因此，合成对于特效处理来说是至关重要的。本节将详细介绍合成与嵌套的操作方法。

3.5.1 创建及设置合成

After Effects 启动后会自动建立一个项目，在任何时候用户都可以建立一个新合成。下面详细介绍创建及设置合成的操作方法。

1 设置项目

正确的项目设置可以帮助用户在输出影片时避免发生一些不必要的错误和结果，在菜单栏中选择【文件】→【项目设置】命令，打开【项目设置】对话框，如图 3-66 所示。

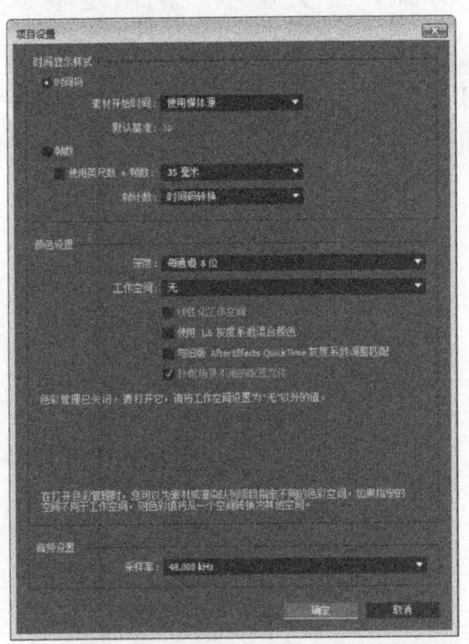

图 3-66

在【项目设置】对话框中的参数主要分为 3 部分，分别是【时间显示样式】、【颜色设置】和【音频设置】。其中，【颜色设置】是在设置项目时必须考虑的，因为它决定了导入素材的颜色将如何被解析，以及最终输出的视频颜色数据将如何被转换。

2　创建合成

创建合成的方法主要有 3 种，下面将分别予以详细介绍。

第 1 种：在菜单栏中选择【合成】→【新建合成】命令即可，如图 3-67 所示。

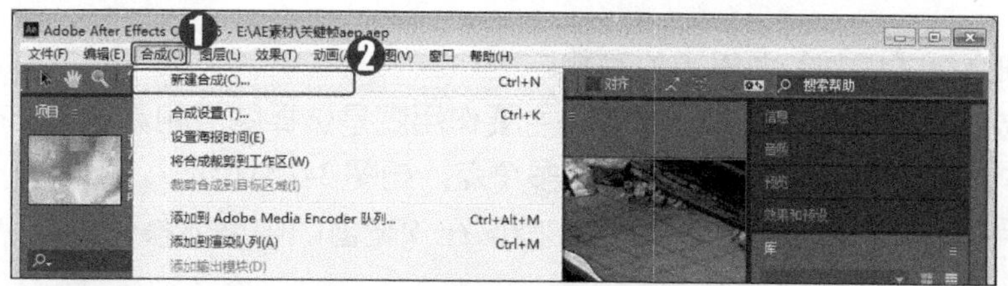

图 3-67

第 2 种：在【项目】面板中单击【新建合成工具】按钮，如图 3-68 所示。

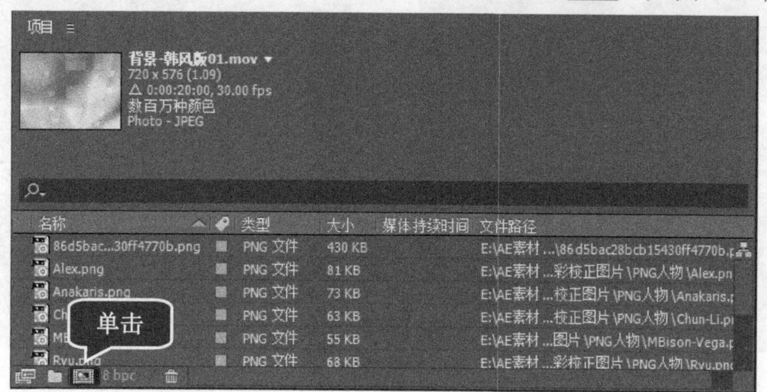

图 3-68

第 3 种：按下键盘上的 Ctrl+N 组合键，新建合成。创建合成时，系统会弹出【合成设置】对话框，默认显示基本参数设置，如图 3-69 所示。创建完合成后【项目】面板中就会显示创建的合成文件，如图 3-70 所示。

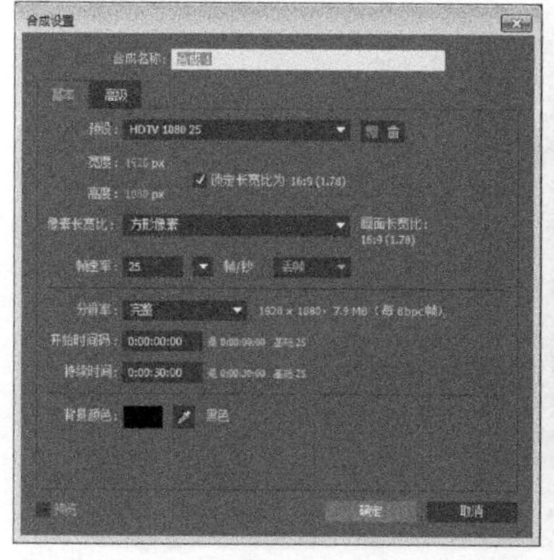

图 3-69

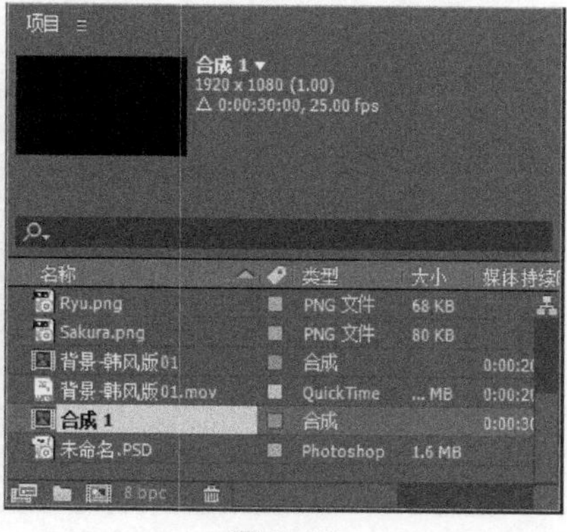

图 3-70

3.5.2 使用快捷工具

在制作项目的过程中，用户经常要用到【工具】面板中的一些工具，如图 3-71 所示。这些都是项目操作中使用频率极高的工具，用户必须熟练掌握。

图 3-71

下面详细介绍【工具】面板中的参数。

➢ 【选择工具】按钮(快捷键 V)：主要作用就是选择图层和素材等，在【合成】面板中，被选中的图层四周会出现多个点，如图 3-72 所示。

➢ 【手抓工具】按钮(快捷键 H)：能够在预览窗口中整体移动画面，如图 3-73 所示。

图 3-72

图 3-73

➢ 【缩放工具】按钮(快捷键 Z)：可以放大或缩小画面显示的功能，激活放大工具后，默认的是放大工具，鼠标指针呈状，用鼠标在预览窗口中单击后会放大画面，每次的单击都会 2 倍放大画面。如果要缩小画面，按住 Alt 键鼠标指针呈状，这时单击鼠标就会缩小画面，如图 3-74 所示。

图 3-74

知识拓展

双击【工具】面板中的【缩放工具】按钮，画面会 100%显示。

➢ 【旋转工具】按钮(快捷键 W)：该工具可以旋转选择的图层。激活该工具后将鼠标移动到合成显示区域，鼠标指针会呈状。将鼠标指针移动到选择的图层区域，按住鼠标左键并拖动，可以旋转图层，如图 3-75 所示。

图 3–75

➢ 【摄像机工具】按钮(快捷键 C)：在【工具】面板中有 4 个摄像机控制工具，分别用来调整摄像机的位移、旋转和推拉等操作，如图 3-76 所示。

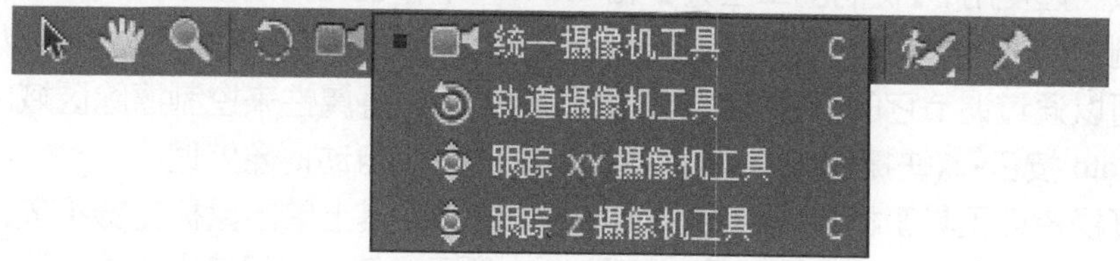

图 3–76

➢ 【轴心点工具】按钮(快捷键 Y)：主要用于改变图层中心点的位置。确定了中心点，就意味着将按照哪个轴点进行旋转、缩放等操作。

➢ 【矩形遮罩工具】按钮(快捷键 Q)：使用矩形遮罩工具可以创建相对比较规整的遮罩。在该工具上按住鼠标左键不放，将弹出子菜单，其中包含 5 个子工具，如图 3-77 所示。

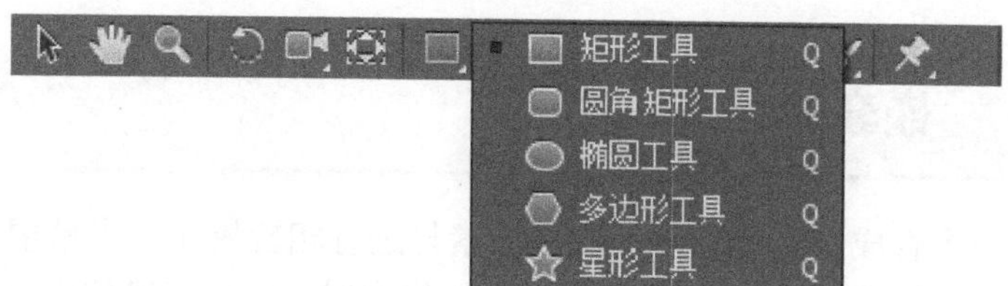

图 3–77

- 【钢笔工具】按钮(快捷键 G)：使用钢笔工具可以创建出任意形状的遮罩。在该工具上按住鼠标左键不放，将弹出子菜单，包含 5 个子工具，如图 3-78 所示。

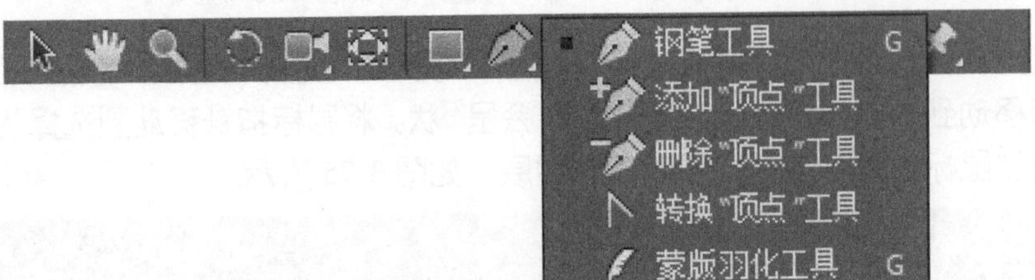

图 3-78

- 【文字工具】按钮(快捷键 Ctrl+T)：在该工具上按住鼠标左键不放，将弹出子菜单，其中包含两个子工具，分别为【横排文字工具】和【直排文字工具】，如图 3-79 所示。

图 3-79

- 绘图工具(快捷键 Ctrl+B)：绘图工具由【画笔工具】按钮、【仿制图章工具】按钮和【橡皮擦工具】按钮组成。使用【画笔工具】可以在图层上绘制出需要的图像，但【画笔工具】并不能单独使用，而是要配合【绘画】面板、【笔刷】面板一起使用；【仿制图章工具】和 Photoshop 中的【仿制图章工具】一样，可以复制需要的图像并应用到其他部分生成相同的内容；【橡皮擦工具】可以擦除图像，可以通过调节它的笔触大小、加宽或缩小区域等属性来控制擦除区域的大小。
- Roto 按钮(快捷键 Alt+W)：可以对画面进行自动抠像处理。
- 【操控点工具】按钮(快捷键 Ctrl+P)：在该工具上单击鼠标左键不放，会弹出子菜单，其中包含 3 个子工具，如图 3-80 所示。使用“操控点工具”可以为光栅图像或矢量图形快速创建出非常自然的动画。

图 3-80

3.5.3 嵌套的方法

嵌套就是将一个合成作为另外一个合成的素材进行相应操作，当希望对一个图层使用两次及以上的相同变换属性时(也就是说，在使用嵌套时，用户可以使用两次蒙版、效果和变换属性)，就需要使用嵌套功能。嵌套的方法主要有以下两种。

第 1 种：在【项目】面板中将某个合成项目作为一个图层拖曳到【时间轴】面板中的另一个合成中，如图 3-81 所示。

图 3-81

第 2 种：在【时间轴】面板中选择一个或多个图层，然后在菜单栏中选择【图层】→【预合成】命令，如图 3-82 所示。将弹出【预合成】对话框，设置好参数后，单击【确定】按钮，即可完成嵌套合成的操作，如图 3-83 所示。

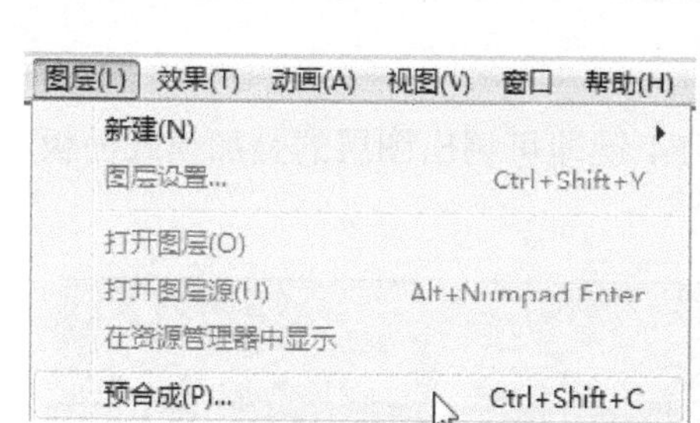

图 3-82

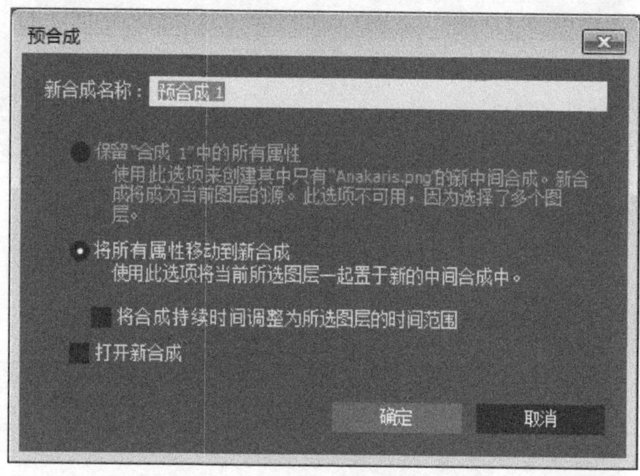

图 3-83

下面详细介绍【预合成】对话框中的参数。

➢ 【保留“合成 1”中的所有属性】单选按钮：将所有的属性、动画信息以及效果保留在合成中，只是将所选的图层进行简单的嵌套合成处理。

➢ 【将所有属性移动到新合成】单选按钮：将所有的属性、动画信息以及效果都移入到新建的合成中。

➢ 【打开新合成】复选框：执行完嵌套合成后，决定是否在【时间轴】面板中立刻打开新建的合成。

Section 3.6 专题课堂——混合模式

After Effects CC 提供了丰富的图层混合模式，用来定义当前图层与底图的作用模式。所谓图层混合就是将一个图层与其下面的图层发生叠加，以产生特殊的效果，最终将该效果显示在视频合成窗口中。本节将详细介绍图层混合模式的相关知识。

3.6.1 打开混合模式选项

在 After Effects CC 中，显示或隐藏混合模式选项的主要方法有以下两种。

第 1 种：在【时间轴】面板中，单击【切换开关/模式】按钮进行切换，可以显示或隐藏混合模式选项，如图 3-84 所示。

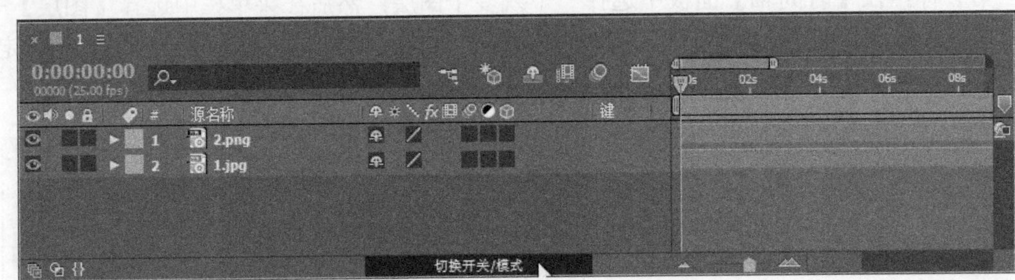

图 3–84

第 2 种：在【时间轴】面板中，按下键盘上的 F4 键即可调出图层的叠加模式面板，如图 3-85 所示。

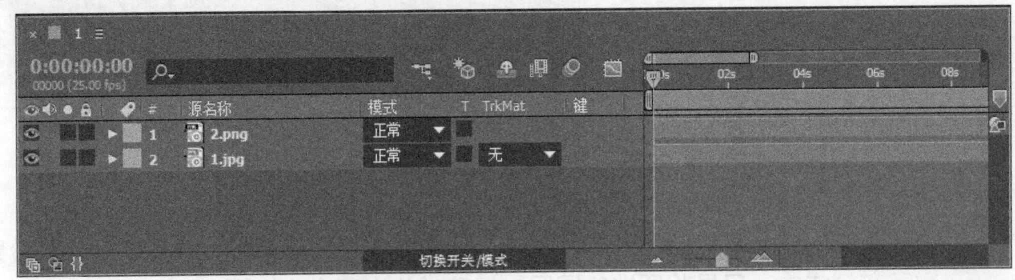

图 3–85

本小节将用两张素材来详细讲解 After Effects CC 的混合模式，一张作为底图素材图层，如图 3-86 所示。另一张作为叠加图层的源素材，如图 3-87 所示。

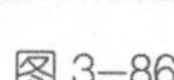

图 3–86

图 3–87

3.6.2 普通模式

在普通模式中主要包括“正常”“溶解”“动态抖动溶解”3 种混合模式。在没有透明度影响的前提下，这种类型的混合模式产生的最终效果的颜色不会受底层像素颜色的影响，除非层像素的不透明度小于源图层。下面将分别予以详细介绍。

1 “正常”模式

“正常”模式是 After Effects CC 的默认模式，当图层的不透明度为 100%时，合成将根据 Alpha 通道正常显示当前图层，并且不受其他图层的影响，如图 3-88 所示。当图层的不透明度小于 100%时，当前图层的每个像素点的颜色将受到其他图层的影响。

图 3–88

2 “溶解”模式

“溶解”模式是在图层有羽化边缘或不透明度小于 100%时，它才起作用。“溶解”模式是在上层选取部分像素，然后采用随机颗粒图案的方式用下层像素来取代，上层的不透明度越低，溶解效果越明显，如图 3-89 所示。

图 3–89

3 “动态抖动溶解”模式

“动态抖动溶解”模式和“溶解”模式的原理相似，只不过“动态抖动溶解”模式可以随时更新随机值，而“溶解”模式的颗粒随机值是不变的。

3.6.3 变暗模式

变暗模式包括“变暗”“相乘”“颜色加深”“经典颜色加深”“线性加深”和“较深的颜色”几种混合模式。这种类型的混合模式都可以使图像的整体颜色变暗。下面将分别予以详细介绍。

1 “变暗”模式

“变暗”模式是通过比较源图层和底图层的颜色亮度来保留较暗的颜色部分。比如一个全黑的图层和任何图层的变暗叠加效果都是全黑的，而白色图层和任何颜色图层的变暗叠加效果都是透明的，如图 3-90 所示。

图 3–90

2 “相乘”模式

“相乘”模式是一种减色模式，它将基色与叠加色相乘，形成一种光线透过两种叠加在一起的幻灯片的效果。任何颜色与黑色相乘都将产生黑色，与白色相乘都将保持不变，而与中间的亮度颜色相乘，可以得到一种更暗的效果，如图 3-91 所示。

图 3-91

3 “颜色加深”模式

“颜色加深”模式是通过增加对比度来使颜色变暗(如果叠加色为白色，则不产生变化)，以反映叠加色，如图 3-92 所示。

图 3-92

4 “经典颜色加深”模式

“经典颜色加深”模式是通过增加对比度来使颜色变暗，以反映叠加色，它要优于“颜色加深”模式，如图 3-93 所示。

图 3-93

5 “线性加深”模式

“线性加深”模式是比较基色和叠加色的颜色信息，通过降低基色的亮度来反映叠加

色。与“相乘”模式相比，“线性加深”模式可产生一种更暗的效果，如图 3-94 所示。

图 3-94

6 “较深的颜色”模式

“较深的颜色”模式与“变暗”模式效果相似，略有区别的是该模式不对单独的颜色通道起作用。

3.6.4 变亮模式

变亮模式包括“相加”“变亮”“屏幕”“线性减淡”“颜色减淡”“经典颜色减淡”和“变亮颜色”几种混合模式。这种类型的混合模式都可以使图像的整体颜色变亮。下面将分别予以详细介绍。

1 “相加”模式

“相加”模式是将上下层对应的像素进行加法运算，可以使画面变亮，如图 3-95 所示。

图 3-95

2 “变亮”模式

“变亮”模式与“变暗”模式相反，它可以查看每个通道中的颜色信息，并选择基色和叠加色中较亮的颜色作为结果色(比叠加色暗的像素将被替换掉，而比叠加色亮的像素将保持不变)，如图 3-96 所示。

图 3-96

3 “屏幕”模式

“屏幕”模式是一种加色混合模式，与“相乘模式”相反，可以将叠加色的互补色与基色相乘，以得到一种更亮的效果，如图 3-97 所示。

图 3-97

4 “线性减淡”模式

“线性减淡”模式可以查看每个通道的颜色信息，并通过增加亮度来使基色变亮，以反映叠加色(如果与黑色叠加则不发生变化)，如图 3-98 所示。

图 3-98

5 “颜色减淡”模式

“颜色减淡”模式是通过减小对比度来使颜色变亮，以反映叠加色(如果与黑色叠加则不发生变化)，如图 3-99 所示。

图 3-99

6 “经典颜色减淡”模式

“经典颜色减淡”模式是通过减小对比度来使颜色变亮，以反映叠加色，其效果要优于“颜色减淡”模式。

7 “变亮颜色”模式

“变亮颜色”模式与“变亮”模式相似，略有区别的是该模式不对单独的颜色通道起作用。

3.6.5 叠加模式

在叠加模式中，主要包括“叠加”“柔光”“强光”“线性光”“亮光”“点光”和“纯色混合”几种模式。在使用这种类型的混合模式时，都需要比较源图层颜色和底层颜色的亮度是否低于 50%的灰度，然后根据不同的叠加模式创建不同的混合效果。下面将分别予以详细介绍。

1 “叠加”模式

“叠加”模式可以增强图像的颜色，并保留底层图像的高光和暗调，如图 3-100 所示。“叠加”模式对中间色调的影响比较明显，对于高亮度区域和暗调区域的影响不大。

图 3-100

2　“柔光”模式

“柔光”模式可以使颜色变亮或变暗(具体效果要取决于叠加色)，这种效果与发散聚光灯照在图像上很相似，如图 3-101 所示。

图 3–101

3　“强光”模式

使用“强光”模式时，当前图层中比 50%灰色亮的像素会使图像变亮；比 50%灰色暗的像素会使图像变暗。这种模式产生的效果与耀眼的聚光灯在图像上很相似，如图 3-102 所示。

图 3–102

4　“线性光”模式

“线性光”模式可以通过减小或增大亮度来加深或减淡颜色，具体效果要取决于叠加色，如图 3-103 所示。

图 3–103

5 "亮光"模式

"亮光"模式可以通过增大或减小对比度来加深或减淡颜色，具体效果要取决于叠加色，如图 3-104 所示。

图 3-104

6 "点光"模式

"点光"模式可以替换图像的颜色。如果当前图层中的像素比 50%灰色亮，则替换暗的像素；如果当前图层中的像素比 50%灰色暗，则替换亮的像素，这在为图像添加特效时非常有用，如图 3-105 所示。

图 3-105

7 "纯色混合"模式

在使用"纯色混合"模式时，如果当前图层中的像素比 50%灰色亮，会使底层图像变亮；如果当前图层中的像素比 50%灰色暗，则会使底层图像变暗。这种模式通常会使图像产生色调分离的效果，如图 3-106 所示。

图 3-106

3.6.6　差值模式

差值模式包括“差值”“经典差值”“排除”“相减”和“相除”几种混合模式。这种类型的混合模式都是基于源图层和底层的颜色值来产生差异效果。下面将分别予以详细介绍。

1　“差值”模式

“差值”模式可以从基色中减去叠加色或从叠加色中减去基色，具体情况要取决于哪个颜色的亮度值更高，如图 3-107 所示。

图 3–107

2　“经典差值”模式

“经典差值”模式可以从基色中减去叠加色或从叠加色中减去基色，其效果要优于“差值”模式，如图 3-108 所示。

图 3–108

3　“排除”模式

“排除”模式与“差值”模式比较相似，但是该模式可以创建出对比度更低的叠加效果，如图 3-109 所示。

图 3-109

4 “相减”模式

“相减”模式是从基础颜色中减去源颜色，如果源颜色是黑色，则结果颜色是基础颜色，如图 3-110 所示。

图 3-110

5 “相除”模式

“相除”模式是基础颜色除以源颜色，如果源颜色是白色，则结果颜色是基础颜色，如图 3-111 所示。

图 3-111

3.6.7 色彩模式

色彩模式包括“色相”“饱和度”“颜色”和“发光度”等几种叠加模式。这种类型的混合模式会改变颜色的一个或多个色相、饱和度和不透明度值。下面将分别予以详细介绍。

1 “色相”模式

“色相”模式可以将当前图层的色相应用到底层图像的亮度和饱和度中，可以改变底层图像的色相，但不会影响其亮度和饱和度。对于黑色、白色和灰色区域，该模式将不起作用，如图 3-112 所示。

图 3-112

2 “饱和度”模式

“饱和度”模式可以将当前图层的饱和度应用到底层图像的亮度和饱和度中，可以改变底层图像的饱和度，但不会影响其亮度和色相，如图 3-113 所示。

图 3-113

3 “颜色”模式

“颜色”模式可以将当前图层的色相与饱和度应用到底层图像中，但保持底层图像的亮度不变，如图 3-114 所示。

图 3–114

4 “发光度”模式

“发光度”模式可以将当前图层的亮度应用到底层图像的颜色中，可以改变底层图像的亮度，但不会对其色相和饱和度产生影响，如图 3-115 所示。

图 3–115

3.6.8 蒙版模式

蒙版模式包括“蒙版 Alpha”“模板亮度”“轮廓 Alpha”和“轮廓亮度”等几种叠加模式。这种类型的混合模式可以将源图层转换为底层的一个遮罩。下面将分别予以详细介绍。

1 “蒙版 Alpha”模式

“蒙版 Alpha”模式可以穿过蒙版层的 Alpha 通道来显示多个图层，如图 3-116 所示。

图 3–116

2 “模板亮度”模式

“模板亮度”模式可以穿过蒙版层的像素亮度来显示多个图层，如图 3-117 所示。

图 3–117

3 “轮廓 Alpha”模式

“轮廓 Alpha”模式可以通过源图层的 Alpha 通道来影响底层图像，使受到影响的区域被剪切掉，如图 3-118 所示。

图 3–118

4 “轮廓亮度”模式

“轮廓亮度”模式可以通过源图层上的像素亮度来影响底层图像，使受到影响的像素被部分剪切或被全部剪切掉，如图 3-119 所示。

图 3–119

3.6.9 共享模式

在共享模式中，主要包括“Alpha 添加”和“冷光预乘”两个混合模式。这种类型的混合模式都可以使底层与源图层的 Alpha 通道或透明区域像素产生相互作用。下面将分别予以详细介绍。

1 “Alpha 添加”模式

“Alpha 添加”模式可以使底层与源图层的 Alpha 通道共同建立一个无痕迹的透明区域，如图 3-120 所示。

图 3-120

2 “冷光预乘”模式

“冷光预乘”模式可以使用源图层的透明区域像素与底层相互产生作用，可以使边缘产生透镜和光亮效果，如图 3-121 所示。

图 3-121

专家解读：快速切换图层的混合模式

使用快捷键 Shift+-或 Shift++组合键，可以快速地切换图层的混合模式。

Section 3.7 实践经验与技巧

在本节的学习过程中，将侧重介绍和讲解与本章知识点有关的实践经验及技巧，主要内容包括让层自动适合合成图像尺寸、给层添加标记和修改层标记等方面的知识与操作技巧。

3.7.1 让层自动适合合成图像尺寸

在 After Effects 软件中，用户可以让层自动适合合成图像尺寸，下面详细介绍其操作方法。

操作步骤 >> Step by Step

第 1 步 在菜单栏中，选择【图层】→【变换】→【适合复合】命令，或者按下键盘上的 Ctrl+Alt+F 组合键，可以使层尺寸完全配合图像尺寸，如图 3-122 所示。如果层的长宽比与合成图像长宽比不一致，那么将会导致图像变形。

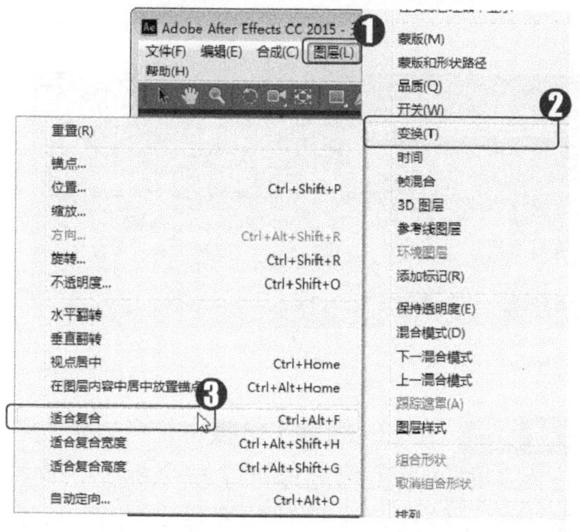

图 3-122

第 2 步 在菜单栏中，选择【图层】→【变换】→【适合复合宽度】命令，或者按下键盘上的 Ctrl+Alt+Shift+H 组合键，可以使层宽与合成图像的宽适配，如图 3-123 所示。

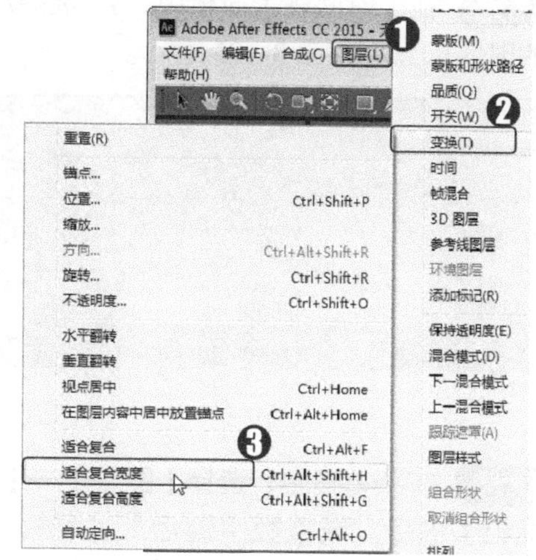

图 3-123

第 3 步 在菜单栏中，选择【图层】→【变换】→【适合复合高度】命令，或者按下键盘上的 Ctrl+Alt+Shift+G 组合键，可以使层高与合成图像的高适配，如图 3-124 所示。

■ 指点迷津

在视频创作过程中，视觉画面总是与音频匹配，选择背景音乐层，按数字键盘上的 0 键即可预听音乐。注意一边听一边在音乐变化时按数字键盘上的*键，设置标记作为后续动画关键帧位置参考。

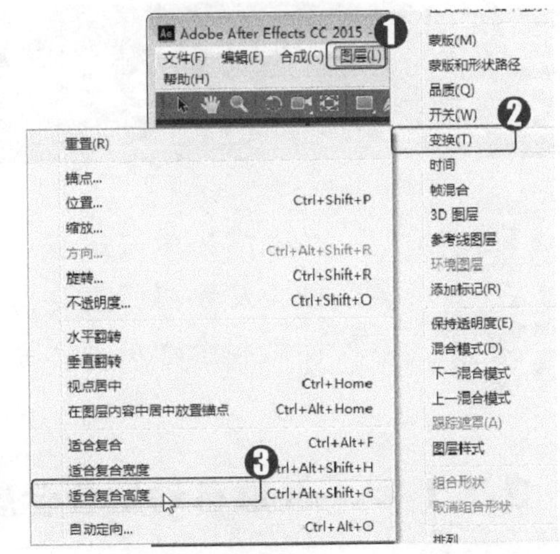

图 3-124

3.7.2 给层添加标记

标记功能对于声音素材来说有着特殊意义，例如，在某个高音，或者某个鼓点处，设置层标记，在整个创建过程中，可以快速、准确地知道某个时间位置发生了什么。下面详细介绍给层添加标记的操作方法。

操作步骤 >> Step by Step

第 1 步 在【时间轴】面板中，*1.* 选择准备进行标记的图层，*2.* 移动当前时间指针到指定的时间点上，如图 3-125 所示。

图 3-125

第 2 步 在菜单栏中，选择【图层】→【添加标记】命令，或按数字键盘上的*键，如图 3-126 所示。

第 3 步 在【时间轴】面板中，可以看到在指定的时间点上已经添加了一个标记，这样就完成了给层添加标记的操作，如图 3-127 所示。

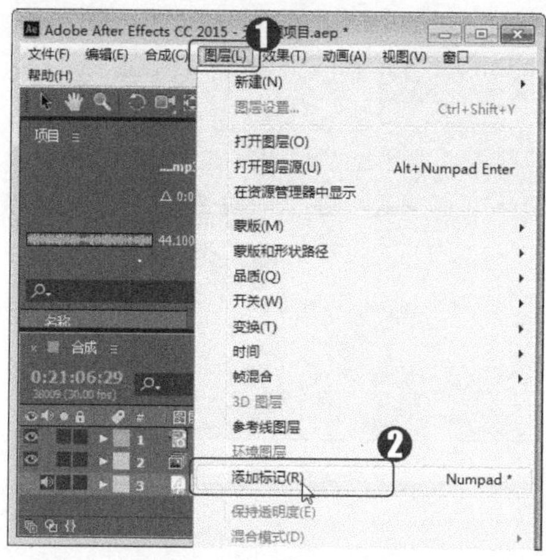

图 3–126

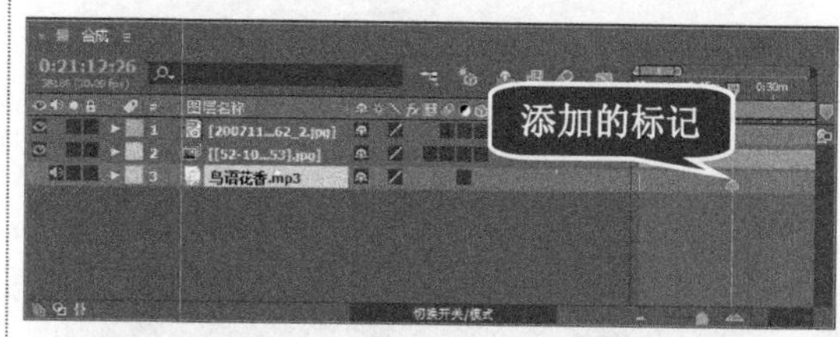

图 3–127

3.7.3 修改层标记

给层添加完标记后，为了更好地识别各个标记，可以给标记添加注释，或者重新修改标记的时间位置。下面详细介绍修改层标记的操作方法。

操作步骤 >> Step by Step

第 1 步 在【时间轴】面板中，双击添加的层标记，如图 3-128 所示。

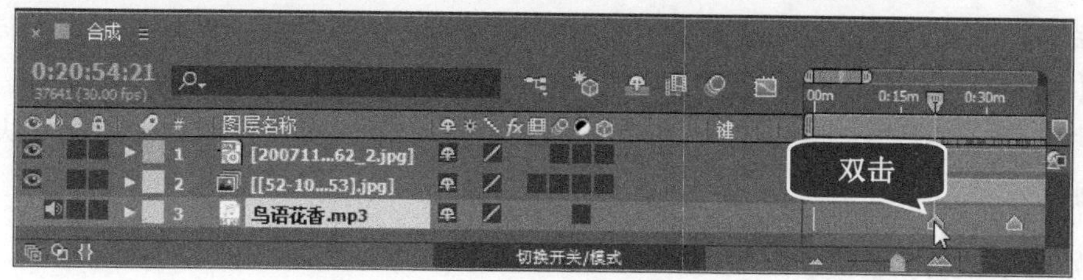

图 3–128

第 2 步 弹出【图层标记】对话框，***1.*** 在【时间】文本框中输入目标时间，精确修改层标记的时间位置，**2.** 在【注释】文本框中输入说明文字，如“开始标记”，如图 3-129 所示。

第 3 步 在【时间轴】面板中，可以看到标记点处会出现注释说明文字，这样就完成了修改层标记的操作，如图 3-130 所示。

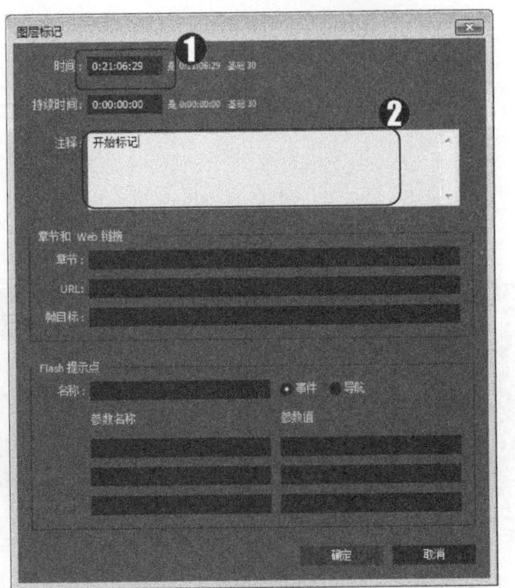

图 3-129

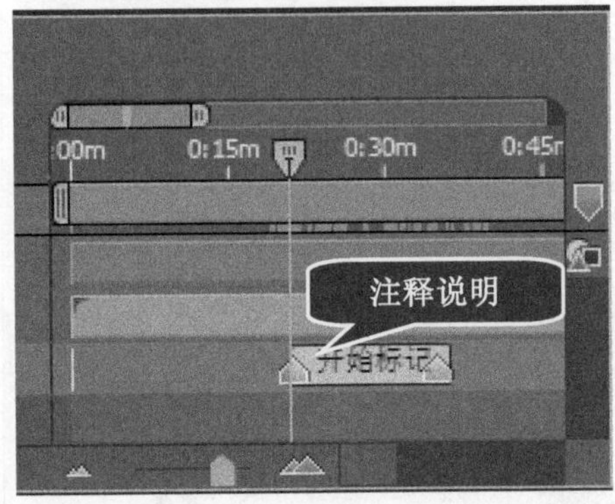

图 3-130

Section 3.8 有问必答

1. 如何删除层标记?

删除层标记的方法主要有两种,分别说明如下。

方法一:在目标标记上单击鼠标右键,在弹出的快捷菜单中,选择【删除此标记】命令或者【删除所有标记】命令即可。

方法二:在按住 Ctrl 键的同时,将鼠标指针移至标记处,当鼠标指针变为剪刀状时,单击即可删除标记。

2. 如何复制层和替换层?

复制层和替换层都有两种方法,下面将分别予以详细介绍。

复制层的方法一:选中层,在菜单栏中选择【编辑】→【复制】命令,或者按下键盘上的 Ctrl+C 组合键来复制层,然后在菜单栏中选择【编辑】→【粘贴】命令,或按键盘上的 Ctrl+V 组合键粘贴层,粘贴出来的新层将保持开始所选择层的所有属性。

复制层的方法二:选中层,在菜单栏中选择【编辑】→【重复】命令,或按下键盘上的 Ctrl+D 组合键快速复制层。

替换层的方法一:在【时间轴】面板中选择需要替换的层,在【项目】面板中,在按住 Alt 键的同时,拖曳替换的新素材到【时间轴】面板中即可,如图 3-131 所示。

图 3–131

替换层的方法二：在【时间轴】面板中选择需要替换的层，单击鼠标右键，在弹出的快捷菜单中选择【显示项目流程图中的图层】命令，打开【流程图】窗口。在【项目】面板中，将替换的新素材拖曳到【流程图】窗口中目标层图标上方即可，如图 3-132 所示。

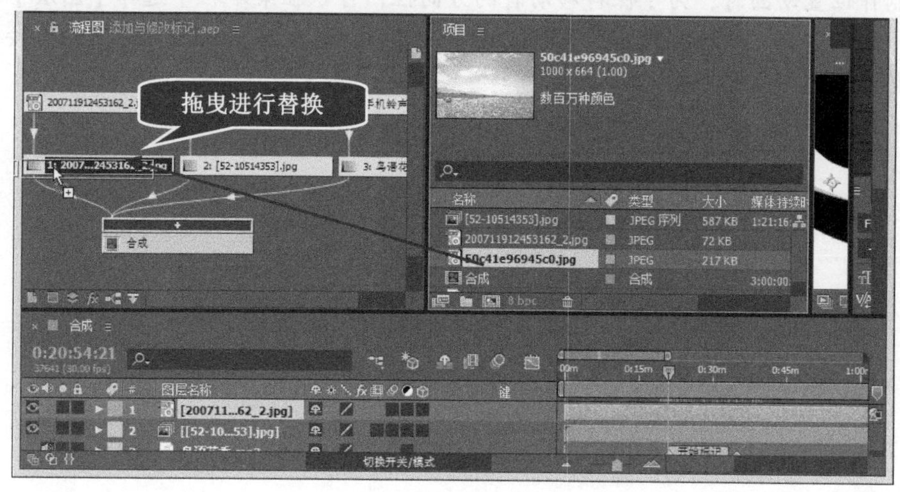

图 3–132

3. 如何优化显示质量？

在进行嵌套时，如果不继承原始合成项目的分辨率，那么在对被嵌套合成制作“缩放”之类的动画时就有可能产生马赛克效果，这时就需要开启【折叠变换/连续栅格化】功能，该功能可以使图层提高分辨率，使图层画面清晰。

如果要开启【折叠变换/连续栅格化】功能，可在【时间轴】面板的图层开关栏中单击【折叠变换/连续栅格化】按钮，如图 3-133 所示。

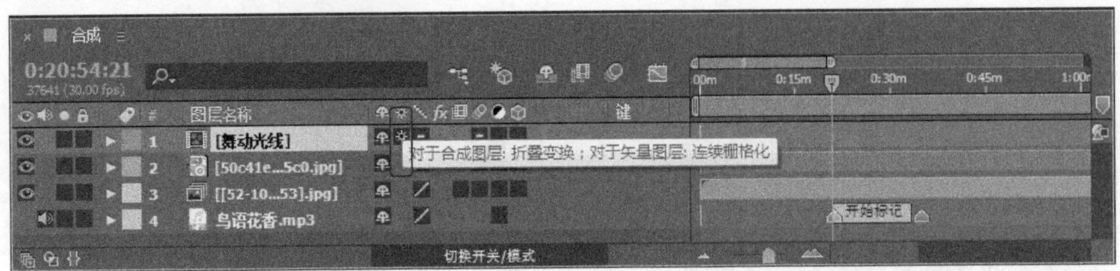

图 3–133

4. **如何延长音频预听时间?**

按数字键盘上的 0 键进行预听音乐的默认时间只有 30 秒，用户可以通过以下方法来延长音频预听时间：打开【首选项】对话框，切换到【预览】选项卡，在【音频试听】设置组的【持续时间】文本框中设置音频预听时间来延长预听时间。或在菜单栏中选择【合成】→【预览】→【音频预演(从当前处开始)】命令，或选择【合成】→【预览】→【音频预演(工作区域)】命令，来延长音频预听时间。

5. **在制作位置动画时，如何保持移动时的方向性?**

在制作位置动画时，为了保持移动时的方向性，可以在菜单栏中选择【图层】→【变化】→【自动定向】命令，弹出【自动定向】对话框，选中【沿路径定向】单选按钮，即可保持移动时的方向性。

第4章

蒙版与路径动画

本章要点

- ❖ 蒙版动画
- ❖ 形状的应用
- ❖ 绘画工具与路径动画
- ❖ 专题课堂——动画制作

本章主要内容

本章主要介绍蒙版动画、形状的应用和绘画工具与路径动画方面的知识与技巧，在本章的最后还针对实际的工作需求，讲解动画制作的方法。通过本章的学习，读者可以掌握蒙版与路径动画方面的知识，为深入学习 After Effects CC 入门与应用知识奠定基础。

Section 4.1 蒙版动画

蒙版主要用来制作背景的镂空透明和图像之间的平滑过渡等。蒙版有多种形状，在 After Effects 软件自带的工具栏中，可以利用相关的蒙版工具来创建，如方形、圆形和自由形状的蒙版工具。本节将详细介绍蒙版动画的相关知识及操作方法。

4.1.1 蒙版动画的原理

蒙版就是通过蒙版层中的图形或轮廓对象，透出下面图层的内容。简单地说，蒙版层就像一张纸，而蒙版图像就像是在这张纸上挖出的一个洞，通过这个洞来观察外界的事物。蒙版对图层的作用原理如图 4-1 所示。

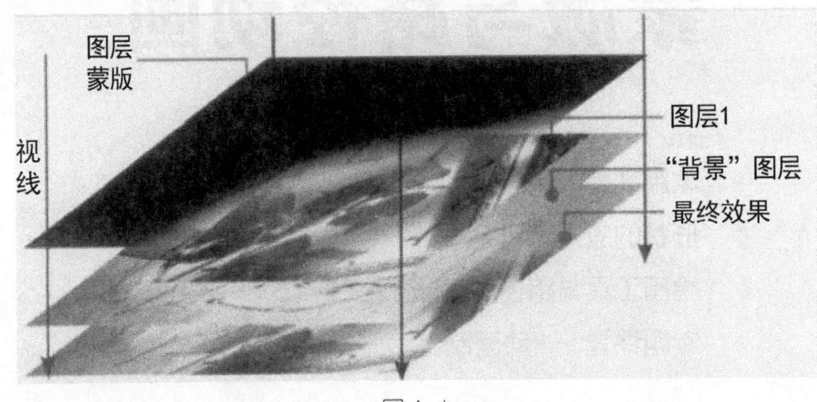

图 4–1

一般来说，蒙版需要有两个层，而在 After Effects 软件中，可以在一个图像层上绘制轮廓以制作蒙版，看上去像是一个层，但读者可以将其理解为两个层：一个是轮廓层，即蒙版层；另一个是被蒙版层，即蒙版下面的层。

蒙版层的轮廓形状决定着看到的图像形状，而被蒙版层决定看到的内容。蒙版动画可以理解为一个人拿着望远镜眺望远方，在眺望时不停地移动望远镜，看到的内容就会有不同的变化，这样就形成了蒙版动画。当然也可以理解为望远镜静止不动，而看到的画面在不停地移动，即被蒙版层不停地运动，以此来产生蒙版动画效果。总的两点为蒙版层做变化；被蒙版层做运动。

4.1.2 形状工具

在 After Effects 软件中，使用形状工具既可以创建形状图层，也可以创建形状遮罩。

形状工具包括【矩形工具】、【圆角矩形工具】、【椭圆工具】、【多边形工具】和【星形工具】，如图 4-2 所示。

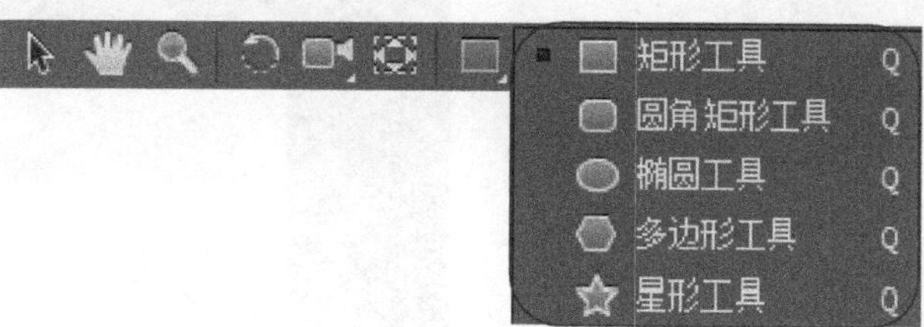

图 4–2

选择一个形状工具后，在【工具】面板中会出现创建形状或遮罩的选择按钮，分别是【工具创建形状】按钮和【工具创建遮罩】按钮，如图 4-3 所示。

图 4–3

在未选择任何图层的情况下，使用形状工具创建出来的是形状图层，而不是遮罩；如果选择的图层是形状图层，那么可以继续使用形状工具创建图形或是为当前图层创建遮罩；如果选择的图层是素材图层或固态层，那么使用形状工具只能创建遮罩。下面将分别详细介绍这几种形状工具。

1 矩形工具

使用【矩形工具】可以绘制出矩形和正方形，如图 4-4 所示，也可以为图层绘制遮罩，如图 4-5 所示。

图 4–4

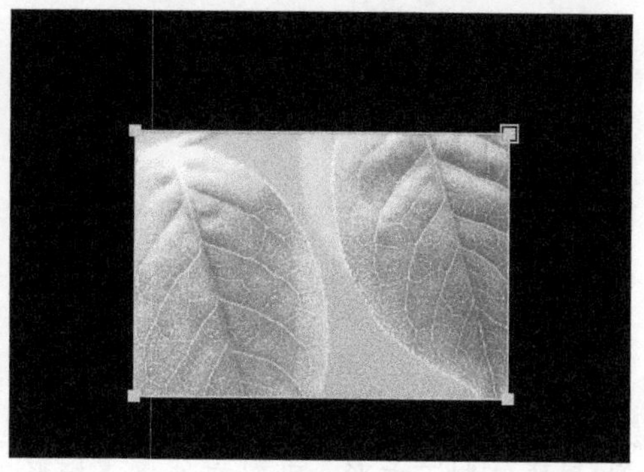

图 4–5

2 圆角矩形工具

使用【圆角矩形工具】可以绘制出圆角矩形和圆角正方形，如图 4-6 所示，也可以为图层绘制遮罩，如图 4-7 所示。

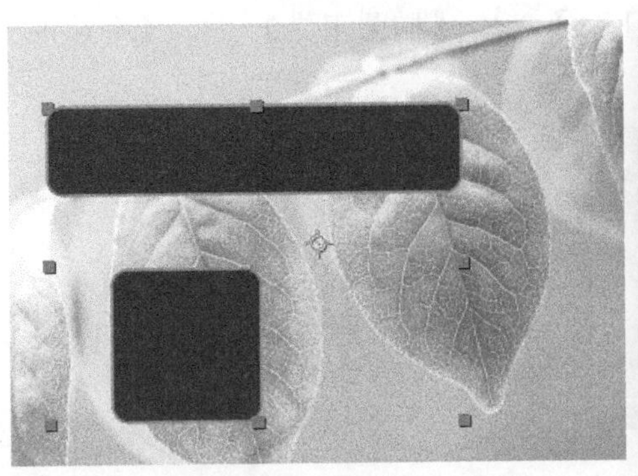

图 4-6

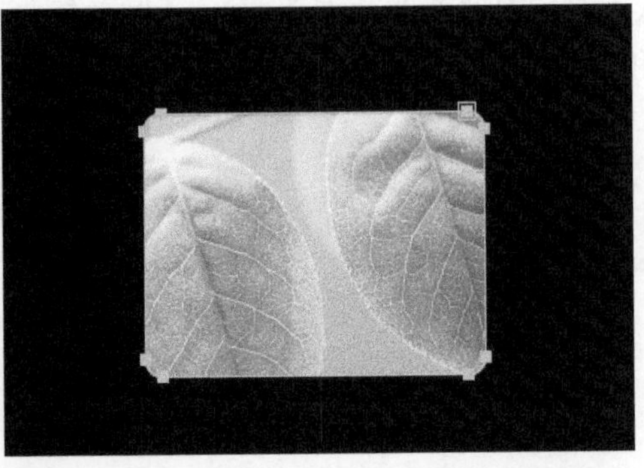

图 4-7

知识拓展：设置圆角半径大小

如果要设置圆角的半径大小，可以在形状图层的矩形路径选项组下修改【圆角】参数。

3 椭圆工具

使用【椭圆工具】可以绘制出椭圆和圆，如图 4-8 所示。也可以为图层绘制椭圆形和圆形的遮罩，如图 4-9 所示。

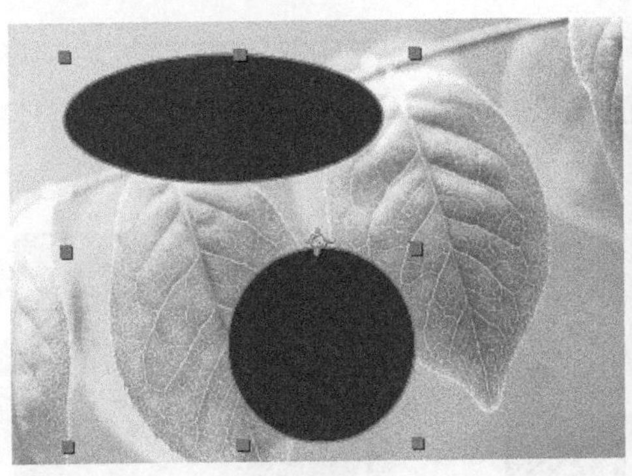

图 4-8

图 4-9

知识拓展：绘制正方形和圆形

如果要绘制正方形，可以在选择【矩形工具】后，按住 Shift 键的同时进行拖动绘制；如果要绘制圆形，可以在选择【椭圆工具】后，按住 Shift 键的同时进行拖动绘制。

4 多边形工具

使用【多边形工具】可以绘制出边数至少为 5 边的多边形路径和图形，如图 4-10 所示。也可以为图层绘制出多边形遮罩，如图 4-11 所示。

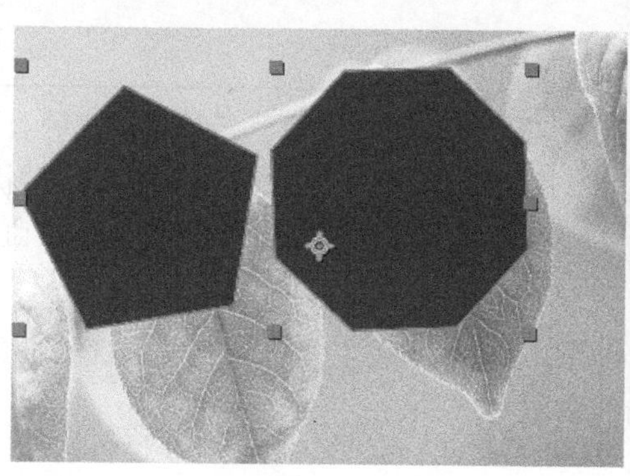

图 4-10

图 4-11

5 星形工具

使用【星形工具】可以绘制出边数至少为 3 边的星形路径和图形，如图 4-12 所示。也可以为图层绘制出星形遮罩，如图 4-13 所示。

图 4-12

图 4-13

4.1.3 钢笔工具

使用【钢笔工具】可以在合成或【图层】预览窗口中绘制出各种路径，它包含 4 个辅助工具，分别是【添加“顶点”工具】、【删除“顶点”工具】、【转换“顶点”工具】和【蒙版羽化工具】。在【工具】面板中选择【钢笔工具】后，在面板的右侧会出现一个 RotoBezier 复选框，如图 4-14 所示。

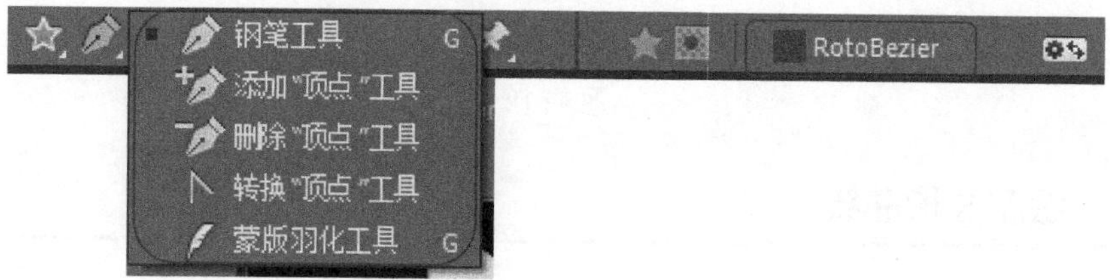

图 4-14

知识拓展

在默认情况下，RotoBezier 复选框处于关闭状态，这时使用【钢笔工具】绘制的贝塞尔曲线的顶点包含有控制手柄，可以通过调整控制手柄的位置来调整贝塞尔曲线的形状。

如果选中 RotoBezier 复选框，那么绘制出来的贝塞尔曲线将不包含控制手柄，曲线的顶点曲率是 After Effects 软件自动计算的。

在实际的工作中，使用【钢笔工具】绘制的贝塞尔曲线主要包含直线、U 形曲线和 S 形曲线 3 种，下面将分别详细介绍这 3 种曲线的绘制方法。

1 绘制直线

使用【钢笔工具】单击确定第 1 个点，然后在其他地方单击确定第 2 个点，这两个点形成的线就是一条直线。如果要绘制水平直线、垂直直线或是与 45° 成倍数的直线，可以在按住 Shift 键的同时进行绘制，如图 4-15 所示。

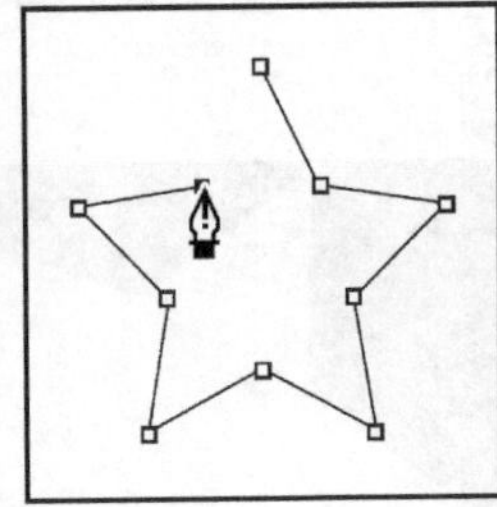

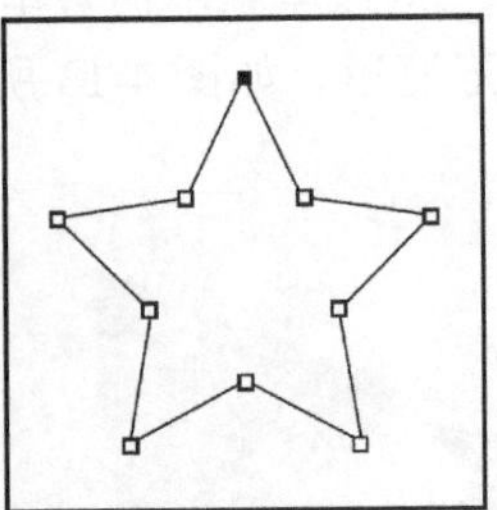

图 4-15

2 绘制 U 形曲线

如果要使用【钢笔工具】绘制 U 形的贝塞尔曲线，可以在确定好的第 2 个顶点后拖曳第 2 个顶点的控制手柄，使其方向与第 1 个顶点的控制手柄的方向相反，在图 4-16 中，A 图为开始拖曳第 2 个顶点时的状态，B 图是将第 2 个顶点的控制手柄调整成与第 1 个顶点的控制手柄方向相反时的状态，C 图为最终结果。

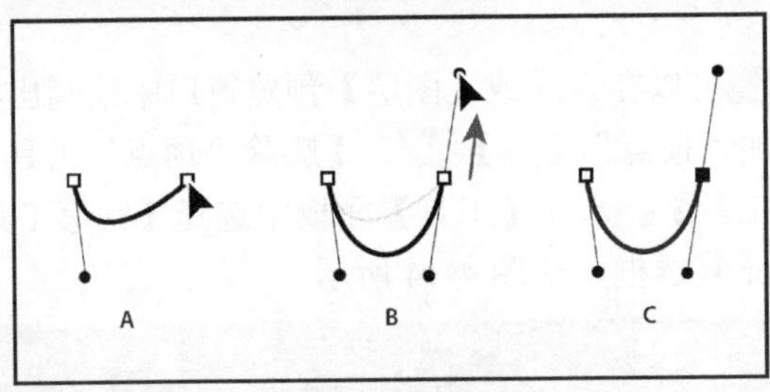

图 4-16

3 绘制 S 形曲线

如果要使用【钢笔工具】绘制 S 形的贝塞尔曲线，可以在确定好的第 2 个顶点后拖

曳第 2 个顶点的控制手柄，使其方向与第 1 个顶点控制手柄的方向相同，在图 4-17 中，A 图为开始拖曳第 2 个顶点时的状态，B 图是将第 2 个顶点的控制手柄调整成与第 1 个顶点的控制手柄方向相同时的状态，C 图为最终结果。

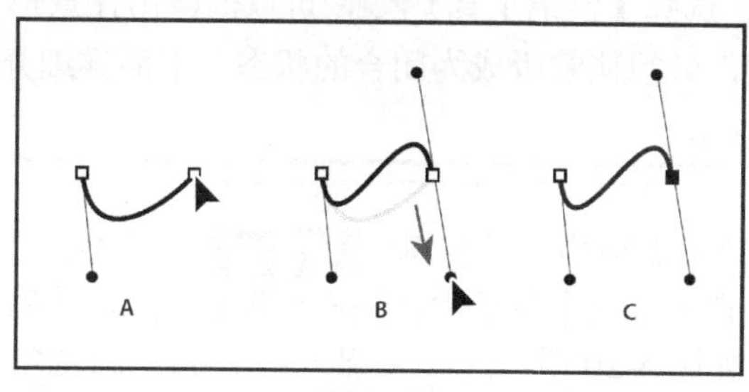

图 4–17

4.1.4　创建蒙版

蒙版有很多种创建方法和编辑技巧，通过【工具】面板中的按钮和菜单中的命令，都可以快速地创建和编辑蒙版，下面将介绍几种创建蒙版的方法。

1　使用形状工具创建蒙版

使用形状工具可以快速地创建出标准形状的蒙版，下面详细介绍使用形状工具创建蒙版的操作方法。

操作步骤 >> Step by Step

第 1 步　*1.* 在【时间轴】面板中，选择需要创建蒙版的图层，*2.* 在【工具】面板中，选择合适的形状工具，如图 4-18 所示。

图 4–18

第 2 步　保持对蒙版工具的选择，在【合成】面板中，单击鼠标左键并拖曳，就可以创建出蒙版了，如图 4-19 所示。

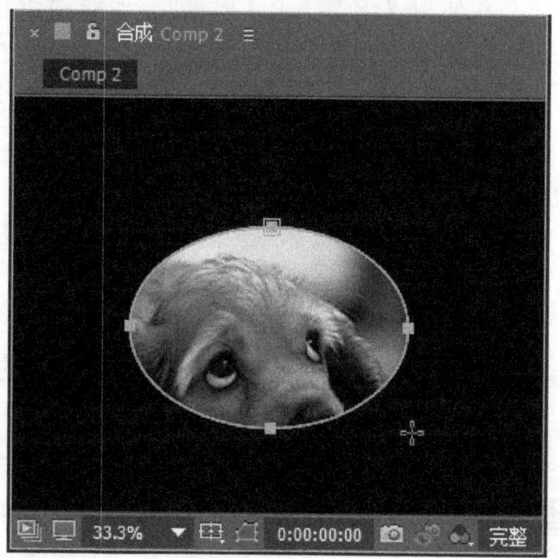

图 4–19

2 使用【钢笔工具】创建蒙版

在【工具】面板中，选择【钢笔工具】，可以创建出任意形状的蒙版，在使用【钢笔工具】创建蒙版时，必须使蒙版成为闭合的状态，下面详细介绍其操作方法。

操作步骤 >> Step by Step

第 1 步 *1.* 在【时间轴】面板中，选择需要创建蒙版的图层，**2.** 在【工具】面板中，选择【钢笔工具】，如图 4-20 所示。

图 4-20

第 2 步 在【合成】面板中，单击鼠标左键确定第 1 个点，然后继续单击鼠标左键绘制出一个闭合的贝塞尔曲线，如图 4-21 所示。

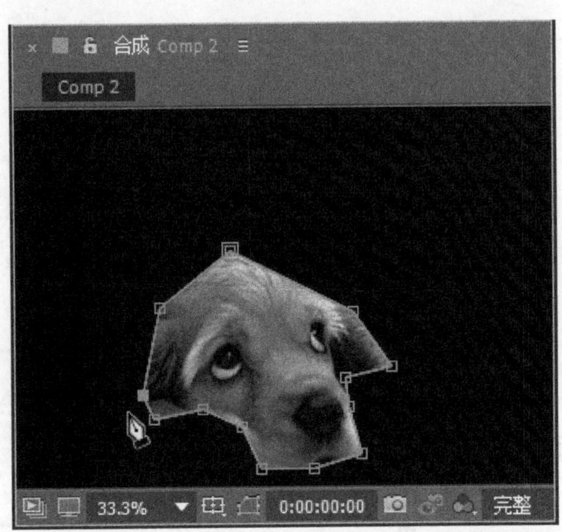

图 4-21

知识拓展

在使用【钢笔工具】创建曲线的过程中，如果需要在闭合的曲线上添加点，可以使用【添加“顶点”工具】；如果需要在闭合的曲线上减少点，可以使用【删除“顶点”工具】；如果需要对曲线的点进行贝塞尔控制调整，可以使用【转换“顶点”工具】；如果需要对创建的曲线进行羽化，可以使用【蒙版羽化工具】。

3 使用【新建蒙版】命令创建蒙版

使用【新建蒙版】命令创建出的蒙版形状都比较单一，与蒙版工具的效果相似，下面详细介绍使用【新建蒙版】命令创建蒙版的操作方法。

操作步骤 >> Step by Step

第 1 步 选择需要创建蒙版的图层后，在菜单栏中选择【图层】→【蒙版】→【新建蒙版】命令，如图 4-22 所示。

第 2 步 在【合成】面板中，可以看到已经创建出一个与图层大小一致的矩形蒙版，如图 4-23 所示。

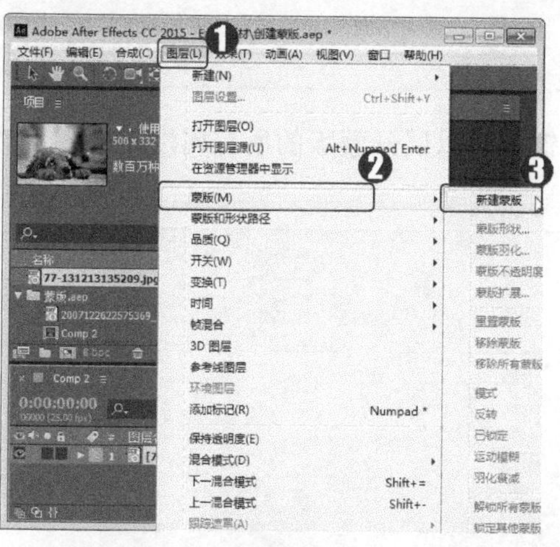
图 4–22

图 4–23

第 3 步 如果需要对蒙版进行调整，可以选择蒙版，然后在菜单栏中选择【图层】→【蒙版】→【蒙版形状】命令，如图 4-24 所示。

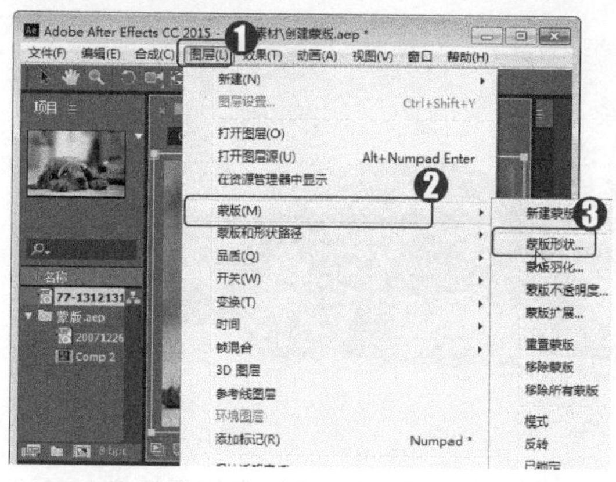
图 4–24

第 4 步 弹出【蒙版形状】对话框，**1.** 对蒙版的位置、单位和形状进行调整，**2.** 单击【确定】按钮 确定 ，如图 4-25 所示。

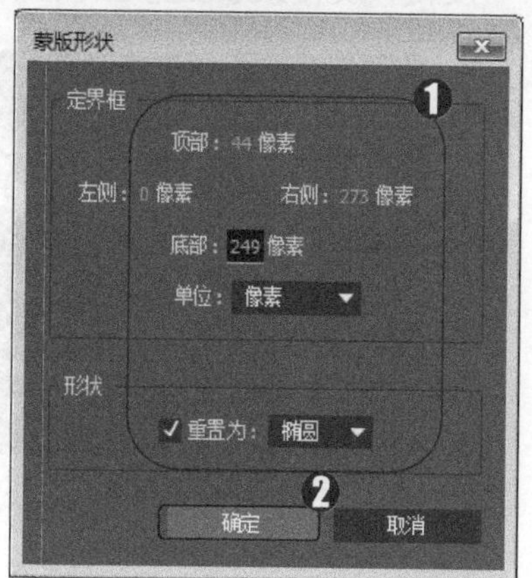

图 4–25

第 5 步 通过以上步骤即可完成使用【新建蒙版】命令创建蒙版的操作，如图 4-26 所示。

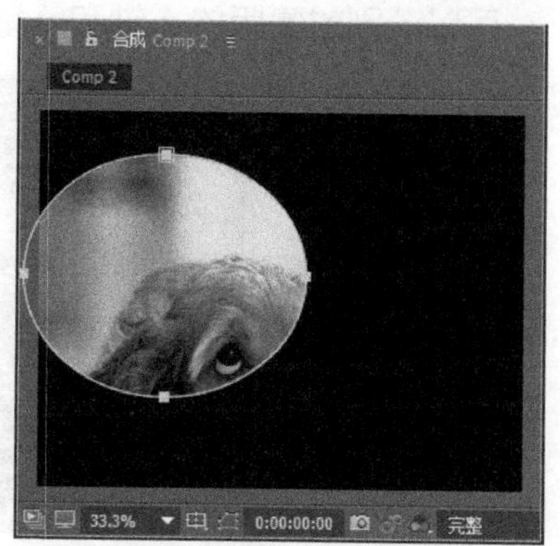
图 4–26

■ 指点迷津

在【蒙版形状】对话框中，可以在【重置为】下拉列表框中选择【矩形】和【椭圆】两种形式。

4.1.5 编辑蒙版属性

在【时间轴】面板中连续按下键盘上的 M 键，可以展开蒙版的所有属性，如图 4-27 所示。

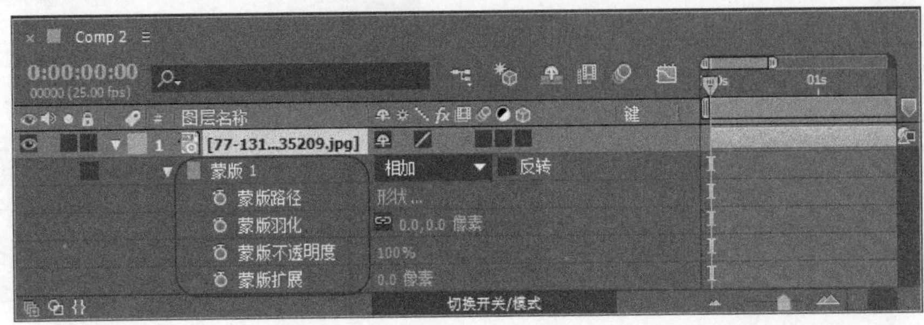

图 4-27

下面详细介绍蒙版属性的参数。

- ➢ 蒙版路径：设置蒙版的路径范围和形状，也可以为蒙版节点制作关键帧动画。
- ➢ 反转：反转蒙版的路径范围和形状，如图 4-28 所示。

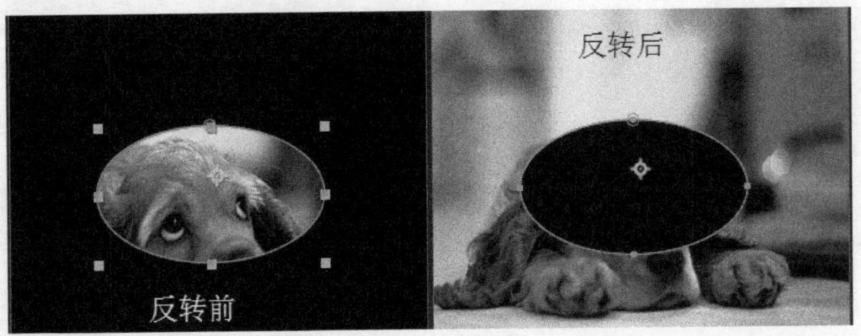

图 4-28

- ➢ 蒙版羽化：设置蒙版边缘的羽化效果，这样可以使蒙版边缘与底层图像完美地融合在一起，如图 4-29 所示。单击【锁定】按钮，将其设置为【解锁】状态后，可以分别对蒙版的 x 轴和 y 轴进行羽化。

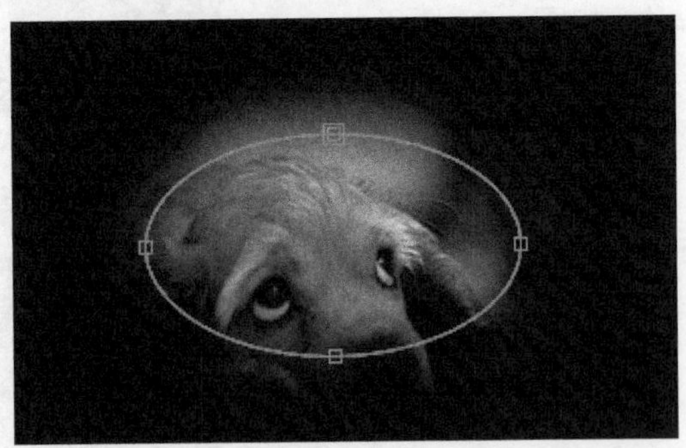

图 4-29

➢ 蒙版不透明度：设置蒙版的不透明度，如图 4-30 所示。

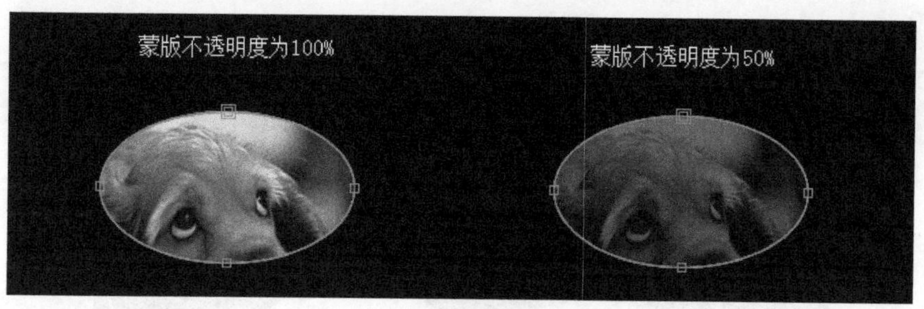

图 4–30

➢ 蒙版扩展：设置蒙版的扩展程度。正值为扩展蒙版区域，负值为收缩蒙版区域，如图 4-31 所示。

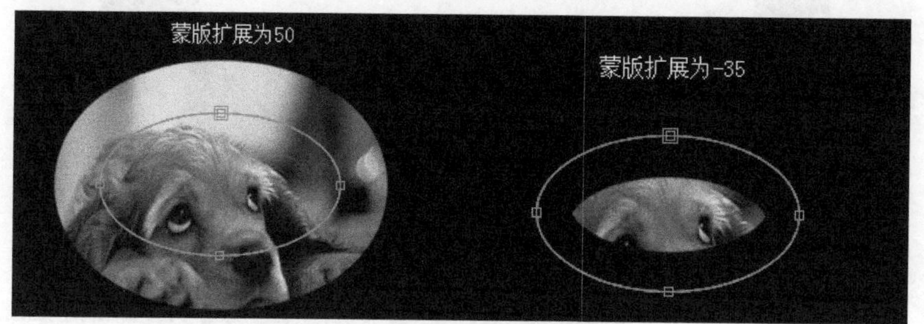

图 4–31

4.1.6　叠加蒙版

当一个图层中具有多个蒙版时，这时就可以通过选择各种混合模式，来使蒙版之间产生叠加效果，如图 4-32 所示。

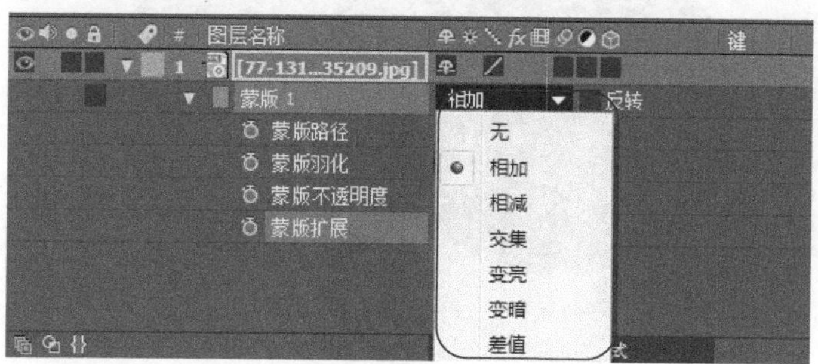

图 4–32

下面详细介绍蒙版的混合模式相关参数。

1　无

选择【无】模式，路径不起蒙版作用，只作为路径存在，可以对路径进行描边、光线

动画或路径动画的辅助。

2 相加

默认情况下，蒙版使用的是【相加】模式，如果绘制的蒙版中有两个或两个以上的图形，可以清楚地看到两个蒙版以相加的形式显示效果，如图 4-33 所示。

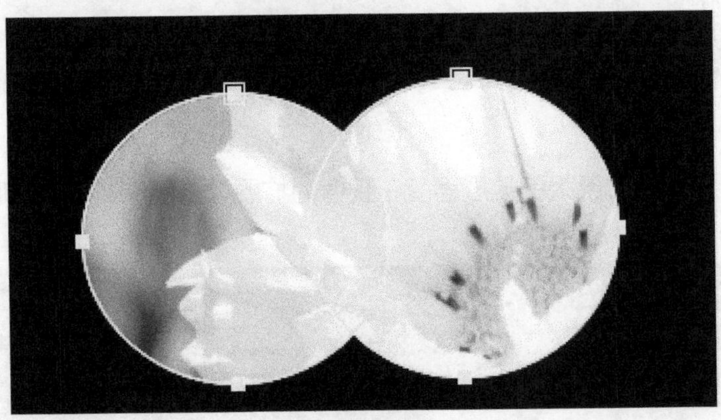

图 4–33

3 相减

如果选择【相减】模式，蒙版的显示将变成镂空的效果，这与选择蒙版 1 右侧的【反转】命令相同，如图 4-34 所示。

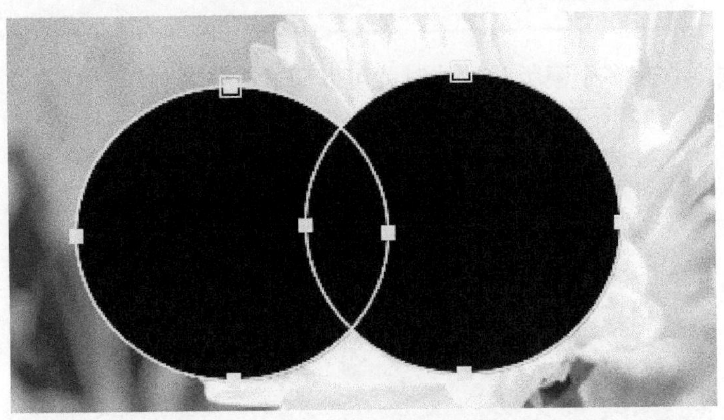

图 4–34

4 交集

如果选择【交集】模式，则只显示当前蒙版与上面所有蒙版的组合结果相交的部分，如图 4-35 所示。

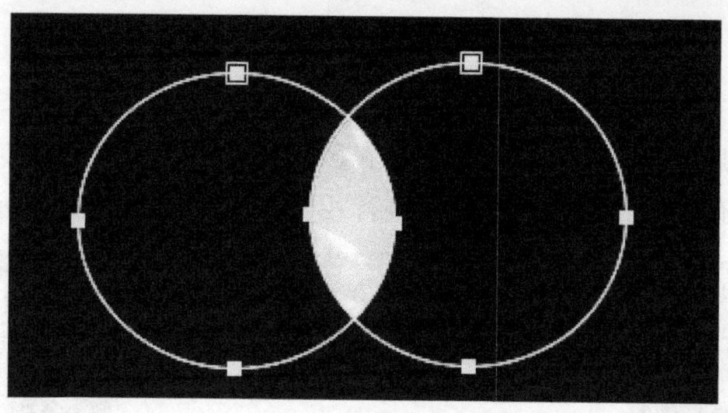

图 4-35

5 变亮

【变亮】模式与【相加】模式相同，对于蒙版重叠处的不透明度采用不透明度较高的值，如图 4-36 所示。

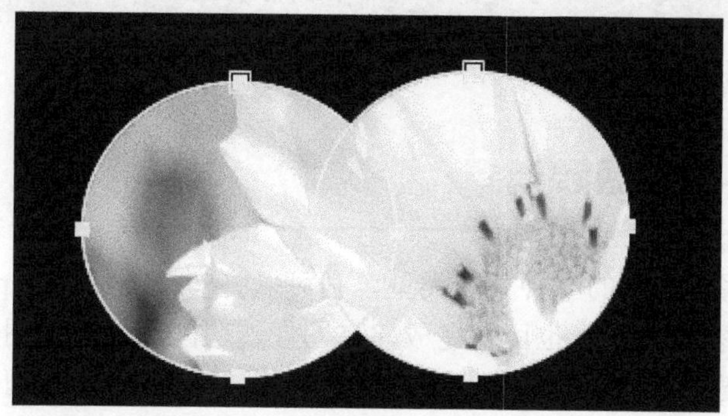

图 4-36

6 变暗

【变暗】模式对于可视范围区域来讲，同【交集】模式。但对于重叠处的不透明度，则采用不透明度较低的值，如图 4-37 所示。

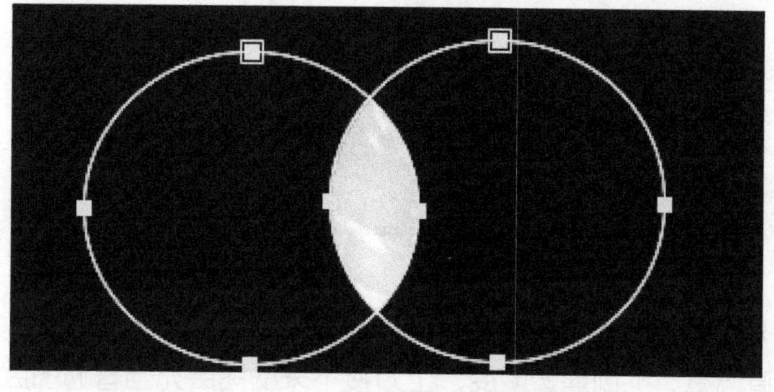

图 4-37

7 差值

【差值】模式是采取并集减去交集的方式，也就是说，先将所有蒙版的组合进行并集运算，然后再将所有蒙版组合的相交部分进行相减运算，如图 4-38 所示。

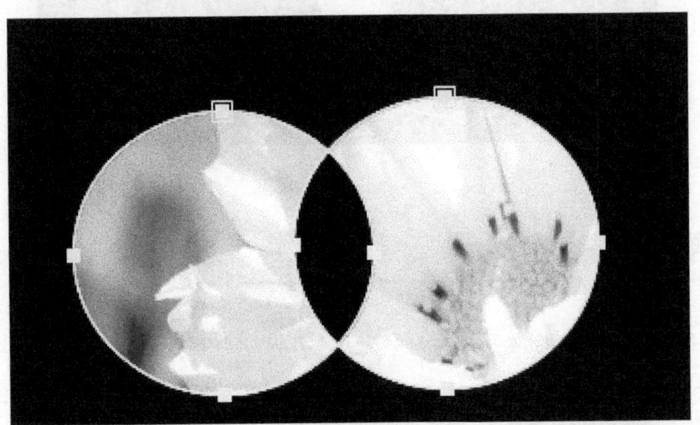

图 4-38

4.1.7 创建跟踪遮罩

“跟踪遮罩”属于特殊的一种蒙版类型，它可以将一个图层的 Alpha 信息或亮度信息作为另一个图层的透明度信息，也可以完成建立图像透明区域或限制图像局部显示的工作。

当遇到有特殊要求的时候(如在运动的文字轮廓内显示图像)，则可以通过“跟踪遮罩”来完成镜头的制作。

在【时间轴】面板中，单击【切换开关/模式】按钮，在 TrkMat 下面的下拉列表中，选择遮罩的类型，可使合成产生不同的效果，如图 4-39 所示。

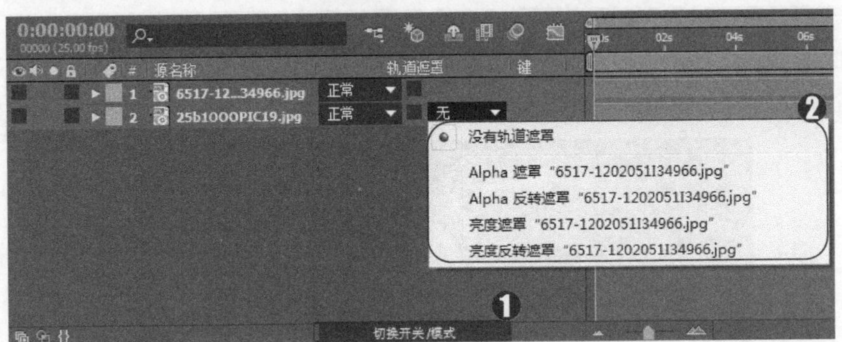

图 4-39

下面将详细介绍跟踪遮罩的一些参数说明。

- 没有轨道遮罩：不创建透明度，上方接下来的图层充当普通图层。
- Alpha 遮罩：将蒙版图层的 Alpha 通道信息作为最终显示图层的蒙版参考。
- Alpha 反转遮罩：与 Alpha 遮罩结果相反。

➢ 亮度遮罩：将蒙版图层的亮度信息作为最终显示图层的蒙版参考。
➢ 亮度反转遮罩：与【亮度遮罩】结果相反。

知识拓展

使用"跟踪遮罩"时，蒙版图层必须位于最终显示图层的上一图层，并且在应用了轨道遮罩后，将关闭蒙版图层的可视性。另外，在移动图层顺序时一定要将蒙版图层和最终显示的图层一起进行移动。

Section 4.2 形状的应用

使用形状工具可以很容易地绘制出矢量图形，并且可以为这些形状制作动画效果。形状工具的升级与优化为我们在影片制作中提供了无限的可能，尤其是形状组中的颜料属性和路径变形属性，本节将详细介绍形状应用的相关知识。

4.2.1 关于形状

形状工具可以处理矢量图形、光栅图像和路径等，如果绘制的路径是封闭的，可将封闭的路径作为蒙版，因此形状工具常用于绘制蒙版和路径。

1 矢量图形

构成矢量图形的直线或曲线都是由计算机中的数学算法来定义的，数学算法采用几何学的特征来描述这些形状。After Effects 的路径、文字以及形状都是矢量图形，将这些图形放大 N 倍，仍然可以清楚地观察到图形的边缘是光滑平整的，如图 4-40 所示。

图 4-40

2 光栅图像

光栅图像是由许多带有不同颜色信息的像素点构成的，其图像质量取决于图像的分辨率。图像的分辨率越高，图像看起来就越清晰，图像文件需要的存储空间也越大，所以当放大光栅图像时，图像的边缘会出现锯齿现象，如图 4-41 所示。

图 4-41

知识拓展

After Effects 可以导入其他软件生成的矢量图形文件，在导入这些文件后，After Effects 会自动地将这些矢量图形光栅化。

3 路径

After Effects 中的遮罩和形状都是基于路径的概念。一条路径是由点和线构成的，线可以是直线也可以是曲线，由线来连接点，而点则定义了线的起点和终点。

在 After Effects 中，可以使用形状工具来绘制标准的集合形状路径，也可以使用【钢笔工具】来绘制复杂的形状路径，通过调整路径上的点或调整点的控制手柄，可以改变路径的形状，如图 4-42 所示。

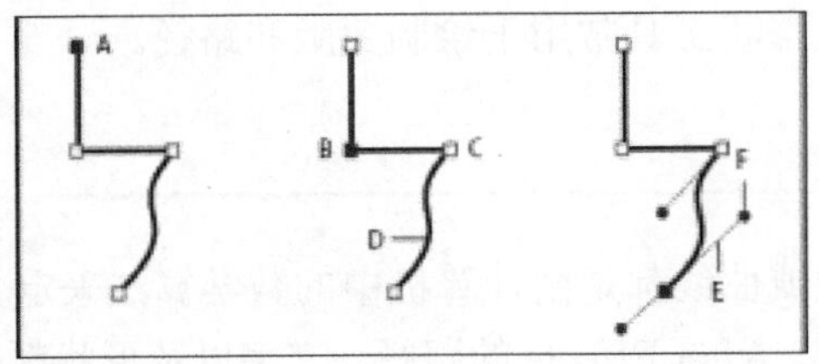

图 4-42

在图 4-42 中，A 为选定的顶点，B 为选定的顶点，C 为未选定的顶点，D 为曲线路径段，E 为方向线(切线)，F 为方向手柄。

路径有两种顶点：边角点和平滑点。在平滑点上，路径段被连接成一条光滑曲线；传入和传出方向线在同一直线上。在边角点上，路径突然更改方向；传入和传出方向线在不同直线上。用户可以使用边角点和平滑点的任意组合绘制路径，如果绘制了错误种类的边角点，以后可进行更改，如图 4-43 所示。

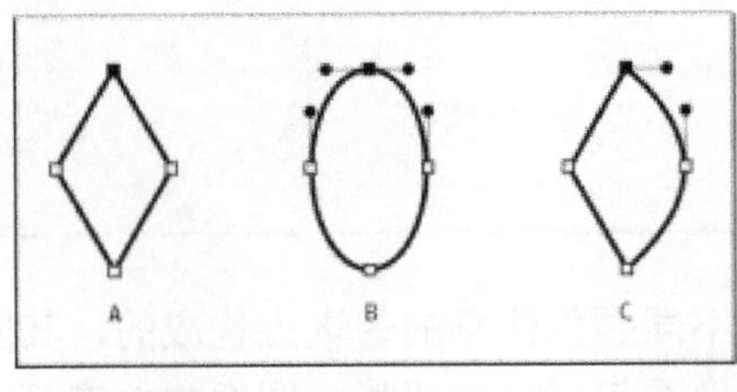

图 4-43

在图 4-43 中，A 为四个边角点，B 为四个平滑点，C 为边角点和平滑点的组合。

当移动平滑点的方向线时，点两边上的曲线会同时调整；相反，当移动边角点的方向线时，只调整与方向线在该点的相同边上的曲线；如图 4-44 所示。

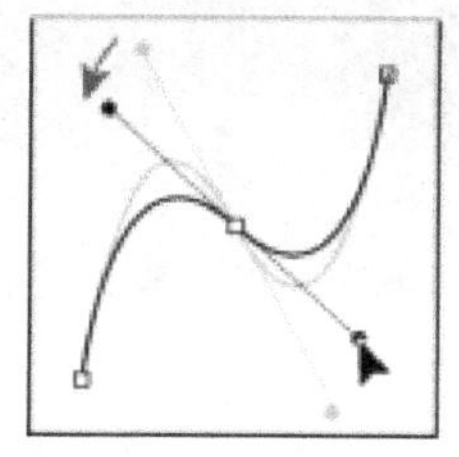

(a) 调整平滑点的方向线

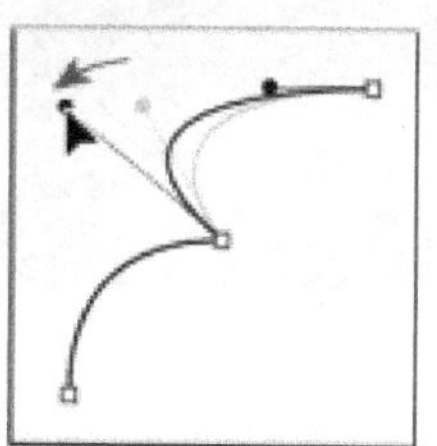

(b) 调整边角点的方向线

图 4-44

4.2.2 创建文字轮廓形状

在 After Effects 中，可以将文字的外形轮廓提取出来，形状路径将作为一个新图层出现在【时间轴】面板中，新生成的轮廓图形会继承源文字图层的变换属性、图层样式、滤镜和表达式等。

如果要将一个文字图层的文字轮廓提取出来，可以先选择该文字图层，然后选择【图层】→【从文本创建形状】命令即可，其创建的前后效果如图 4-45 所示。

图 4-45

知识拓展

要将文字图层中的所有文字的轮廓提取出来，可以选择该图层，然后选择【图层】→【从文本创建形状】命令。要将某个文字的轮廓单独提取出来，可以先在【合成】面板中的预览窗口中选择该文字，然后选择【图层】→【从文本创建形状】命令即可。

4.2.3 设置形状组

在 After Effects 中，每条路径都是一个形状，而每个形状都包含一个单独的【填充】属性和一个【描边】属性，这些属性都在形状图层的【内容】选项组下，如图 4-46 所示。

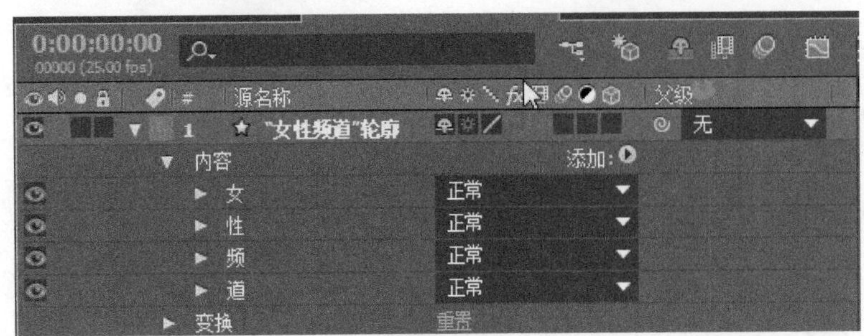

图 4-46

在实际工作中，有时需要绘制比较复杂的路径，比如在绘制字母 i 时，至少需要绘制两条路径才能完成操作，而一般制作形状动画都是针对整个形状来进行的。因此，如果要为单独的路径制作动画，那将是相当困难的，这时就需要使用到“组”功能。

如果要为路径创建组，可以先选择相应的路径，然后按 Ctrl+G 快捷键将其进行群组操作(解散组的快捷键为 Ctrl+Shift+G)，当然，也可以通过在菜单栏中选择【图层】→【组合形状】命令来完成。

完成群组操作后，群组的路径就会被归入到相应的组中，另外，还会增加一个【变换：组 1】属性，如图 4-47 所示。

图 4-47

群组路径形状还有另外一种方法。先单击【添加】选项后面的按钮，然后在弹出的菜单中选择【组(空)】命令，这时创建的组是一个空组，里面不包含任何对象。接着将需要群组的形状路径拖曳到空组中即可，如图 4-48 所示。

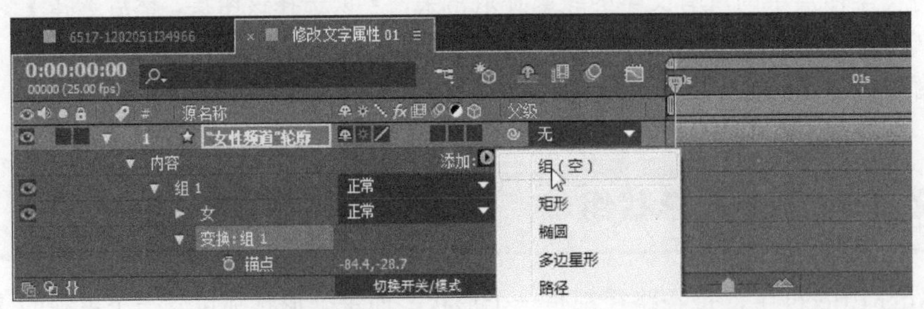

图 4-48

从图 4-47 中的【变换：组 1】属性中可以看到，处于组里面的所有形状路径都拥有一些相同的变换属性，如果对这些属性制作动画，那么处于该组中的所有形状路径都将拥有动画属性，这样就大大减少了制作形状路径动画的工作量。

4.2.4 编辑形状属性

创建完一个形状后，可以在时间线面板中或工具栏中使用【添加】选项后面的按钮为形状或形状组添加属性，如图 4-49 所示。

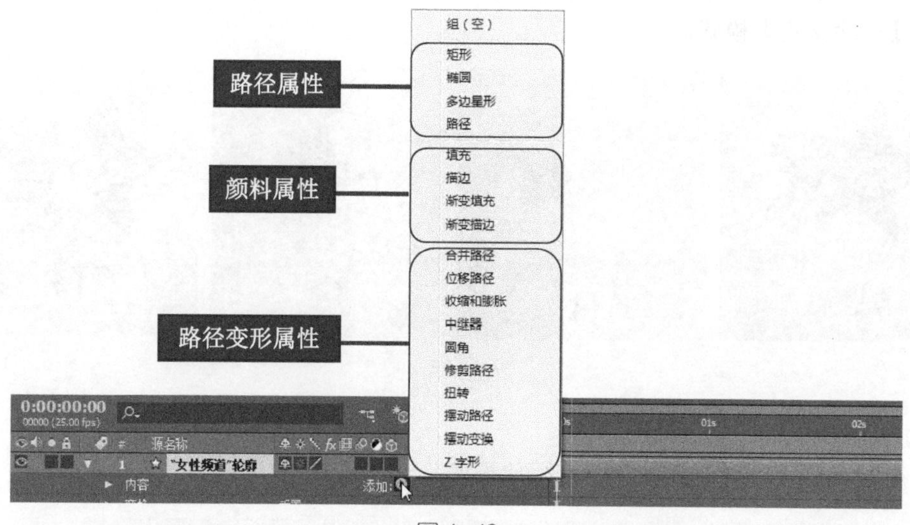

图 4-49

路径属性在前面的内容中已经涉及，在这里就不再进行讲解了，下面只针对颜料属性和路径变形属性进行详解。

1 颜料属性

颜料属性包含【填充】、【描边】、【渐变填充】和【渐变描边】4 种。其中【填充】属性主要用来设置图形内部的固态填充颜色；【描边】属性主要用来为路径进行描边；【渐变填充】属性主要用来为图形内部填充渐变颜色；【渐变描边】属性主要用来为路径设置渐变描边色，如图 4-50 所示。

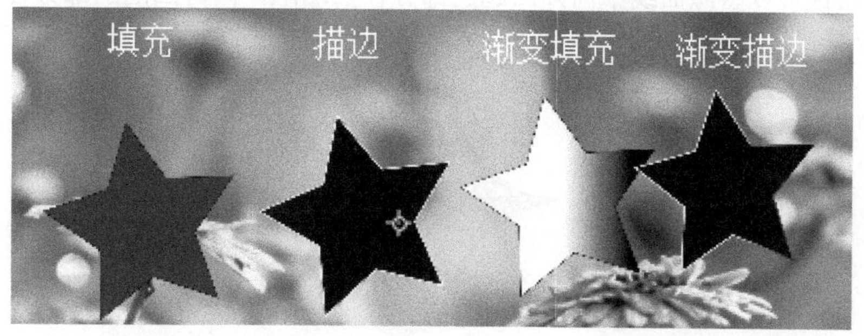

图 4-50

2 路径变形属性

在同一群组中，路径变形属性可以对位于其上的所有路径起作用，另外，可以对路径变形属性进行复制、剪切、粘贴等操作。下面将分别详细介绍其属性参数。

(1) 合并路径。

该属性主要针对群组形状，为一个路径添加该属性后，可以运用特定的运算方法将群组里面的路径合并起来。为群组添加【合并路径】属性后，可以为群组设置 4 种不同的模式，如图 4-51 所示，A 图为【相加】模式，B 图为【相减】模式，C 图为【相交】模式，D 图为【排除交集】模式。

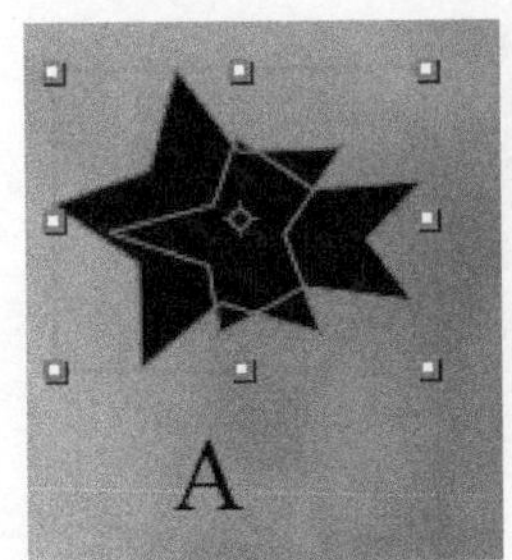

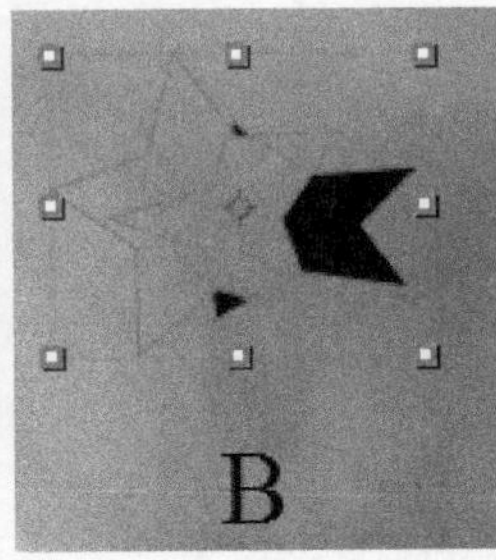

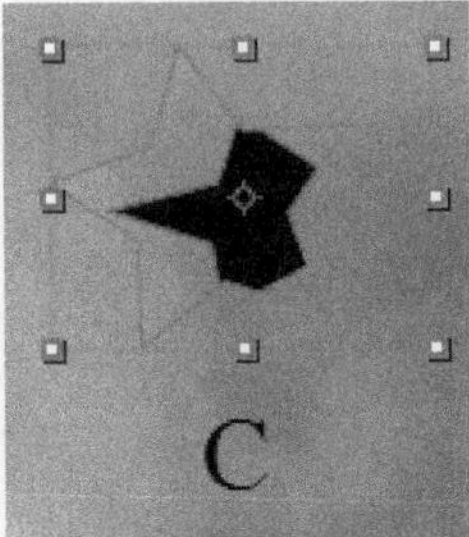

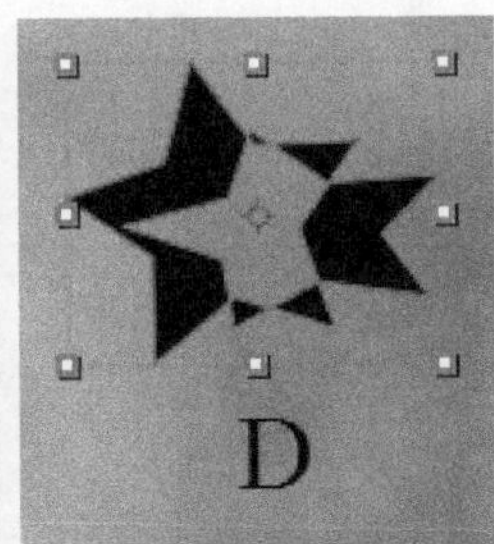

图 4–51

(2) 位移路径。

使用该属性可以对原始路径进行缩放操作，如图 4-52 所示。

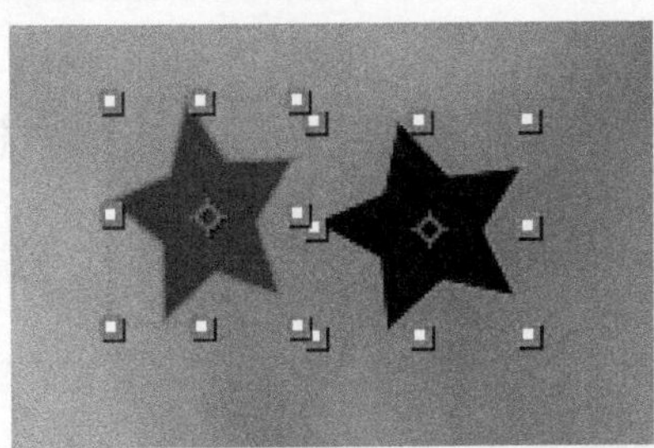
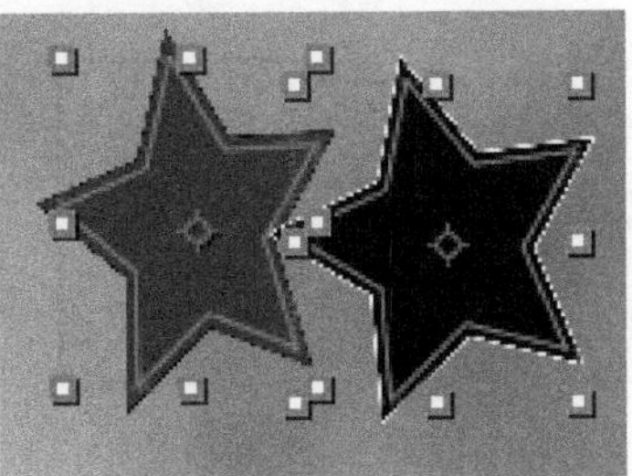

图 4–52

(3) 收缩和膨胀。

使用该属性可以将源曲线中向外凸起的部分往内塌陷，向内凹陷的部分往外凸出，如图 4-53 所示。

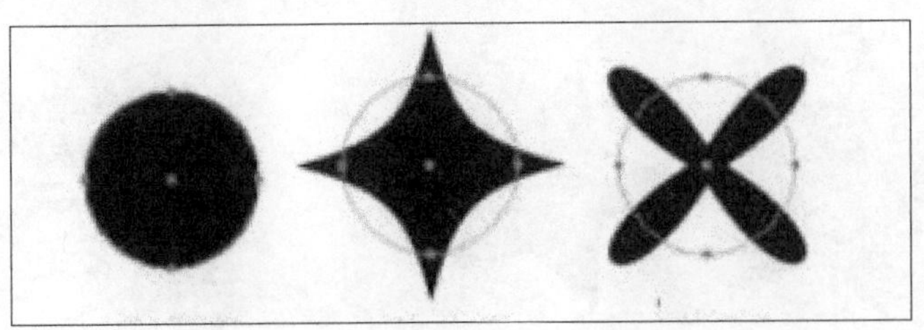

图 4–53

(4) 中继器。

使用该属性可以复制一个形状，然后为每个复制对象应用指定的变换属性，如图 4-54 所示。

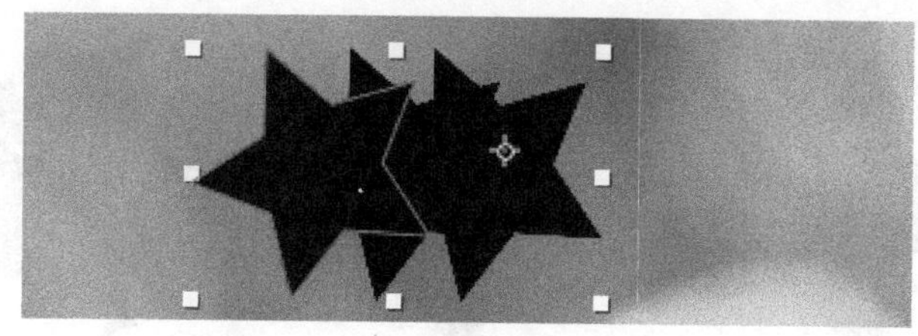

图 4-54

(5) 圆角。

使用该属性可以对图形中尖锐的拐角点进行圆滑处理，如图 4-55 所示。

图 4-55

(6) 修剪路径。

该属性主要用来为路径制作生长动画，如图 4-56 所示。

图 4-56

(7) 扭转。

使用该属性可以以形状中心为圆心来对图形进行扭曲操作。正值可以使形状按照顺时针方向进行扭曲，负值可以使形状按照逆时针方向进行扭曲，如图 4-57 所示。

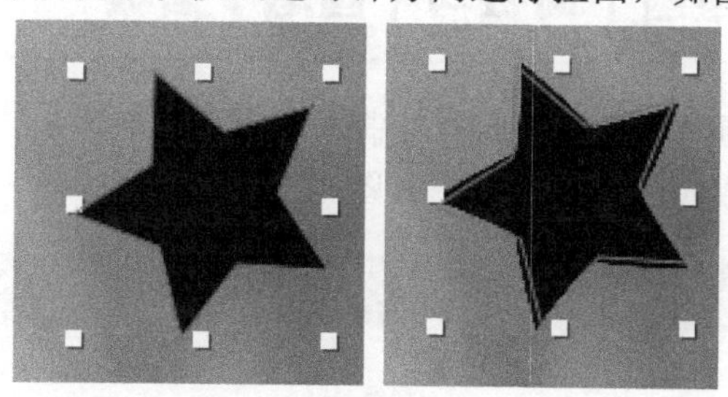

图 4-57

(8) 摆动路径。

该属性可以将路径形状变成各种效果的锯齿形状路径，并且该属性会自动记录下动画，如图 4-58 所示。

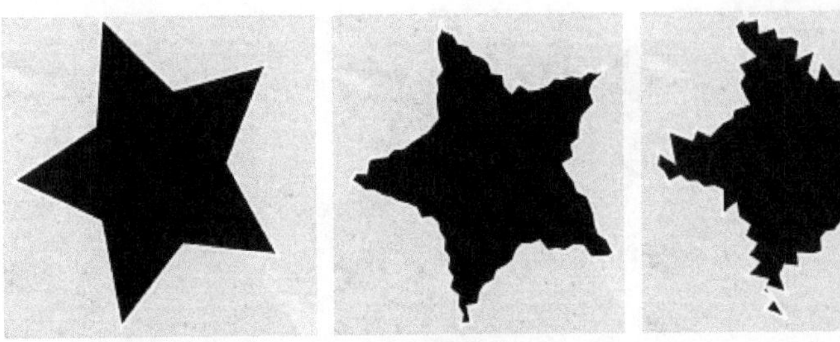

图 4-58

(9) Z 字形。

该属性可以将路径变成具有统一规律的锯齿形状路径，如图 4-59 所示。

图 4-59

Section 4.3 绘画工具与路径动画

After Effects 中提供的绘画工具是以 Photoshop 的绘画工具为原理的，可以对指定的素材进行润色、逐帧加工以及创建新的图像元素。在使用绘画工具进行创作时，每一步的操作都可以被记录成动画，并能实现动画的回放。使用绘画工具还可以制作出一些独特的、变化多端的图案或花纹。

4.3.1 【绘画】面板与【画笔】面板

【绘画】面板与【画笔】面板是进行绘制时必须用到的面板，要打开【绘画】面板，必须先在工具栏中选择相应的绘画工具，如图 4-60 所示。

图 4-60

下面将分别详细介绍【绘画】面板与【画笔】面板的相关知识。

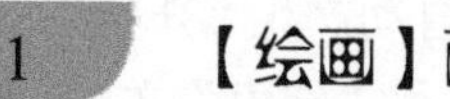

1　【绘画】面板

每个绘画工具的【绘画】面板都具有一些共同的特征。【绘画】面板主要用来设置各个绘画工具的笔触不透明度、流量、混合模式、通道以及持续方式等，如图 4-61 所示。

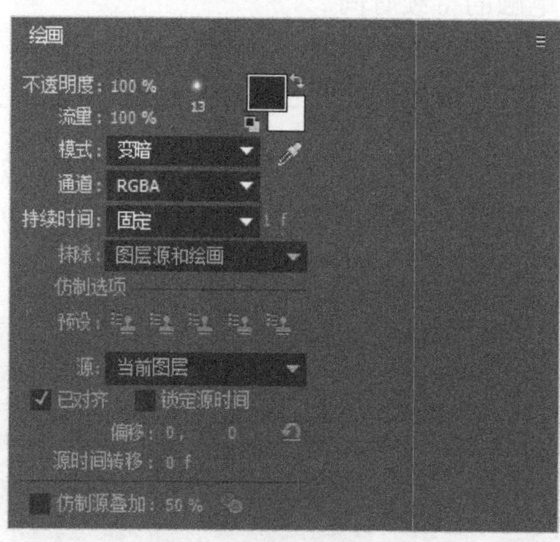

图 4-61

下面将分别详细介绍【绘画】面板中的参数。

- 不透明度：对于【画笔工具】和【仿制图章工具】，【不透明度】属性主要是用来设置画笔笔触和仿制笔画的最大不透明度。对于【橡皮擦工具】，【不透明度】属性主要是用来设置擦除图层颜色的最大量。
- 流量：对于【画笔工具】和【仿制图章工具】，【流量】属性主要用来设置画笔的流量；对于【橡皮擦工具】，【流量】属性主要用来设置擦除像素的速度。
- 模式：设置画笔或仿制笔触的混合模式，这与图层中的混合模式是相同的。
- 通道：设置绘画工具影响的图层通道，如果选择 Alpha 通道，那么绘画工具只影响图层的透明区域。

知识拓展

如果使用纯黑色的【画笔工具】在 Alpha 通道中绘画，就相当于使用【橡皮擦工具】擦除图像。

- 持续时间：设置笔触的持续时间，共有以下 4 个选项，如图 4-62 所示。

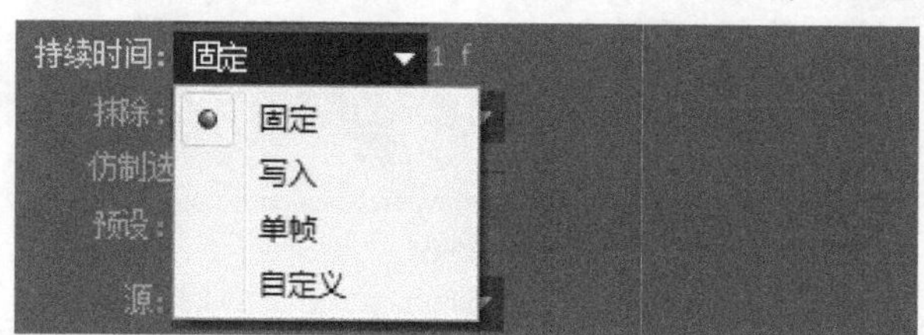

图 4-62

① 固定：使笔触在整个笔触时间段都能显示出来。

② 写入：根据手写时的速度再现手写动画的过程。其原理是自动产生“开始”和“结束”关键帧，可以在【时间轴】面板中对图层绘画属性的“开始”和“结束”关键帧进行设置。

③ 单帧：仅显示当前帧的笔触。

④ 自定义：自定义笔触的持续时间。

2 【画笔】面板

在【画笔】面板中可以选择绘画工具预设的一些笔触效果，如果对预设的笔触不是很满意，还可以自定义笔触的形状，通过修改笔触的参数值，可以方便快捷地设置笔触的尺寸、角度和边缘羽化等属性，如图 4-63 所示。

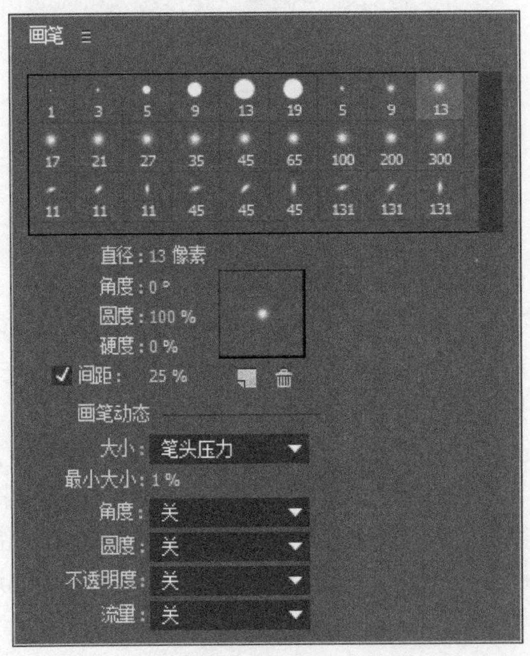

图 4-63

下面将分别详细介绍【画笔】面板中的参数说明。

➢ 直径：设置笔触的直径，单位为像素，图 4-64 所示的是使用不同直径的绘画效果。

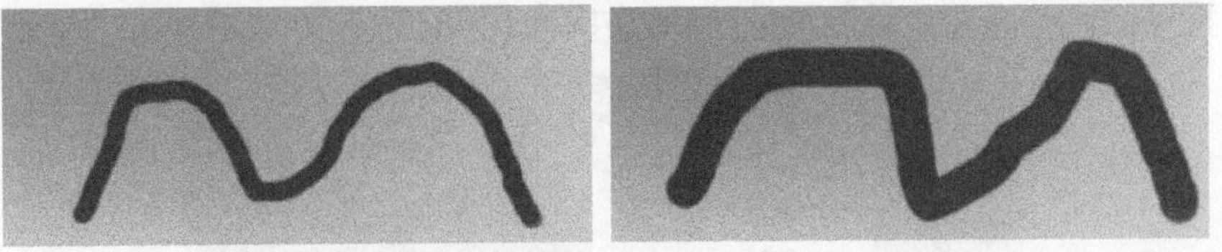

图 4-64

➢ 角度：设置椭圆形笔刷的旋转角度，单位为度，图 4-65 所示是笔刷旋转角度为 45° 和-45° 时的绘画效果。

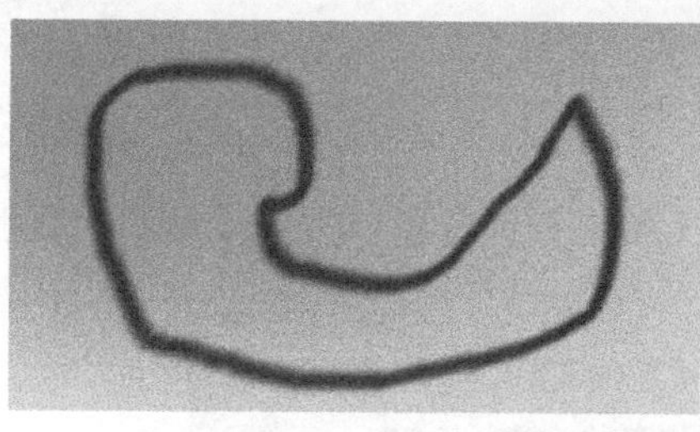
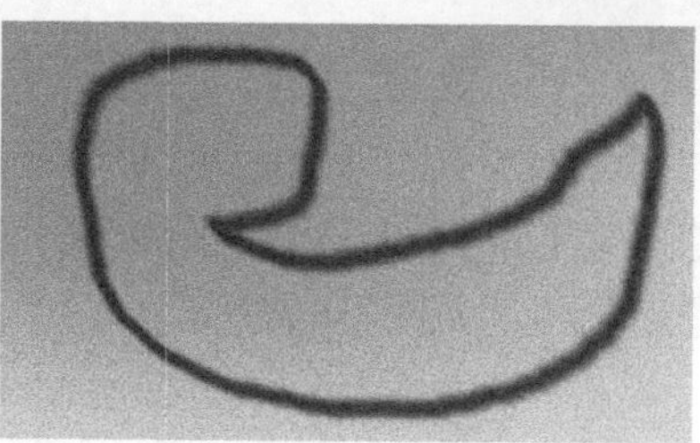

图 4-65

➢ 圆度：设置笔刷形状的长轴和短轴比例。其中正圆笔刷为 100%，线形笔刷为 0%，介于 0%～100%的笔刷为椭圆形笔刷，如图 4-66 所示。

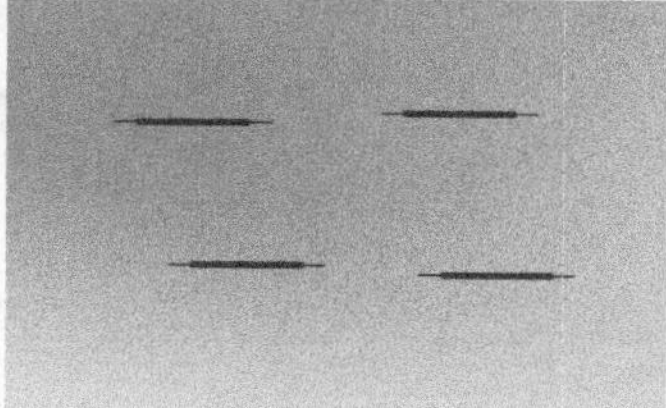

图 4-66

➢ 硬度：设置画笔中心硬度的大小。该值越小，画笔的边缘越柔和，如图 4-67 所示。

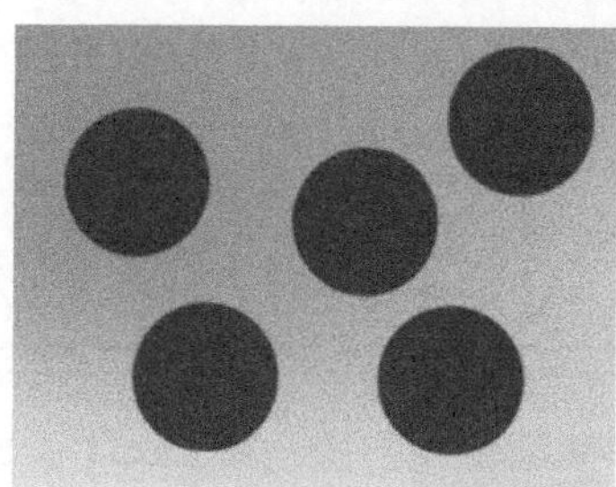
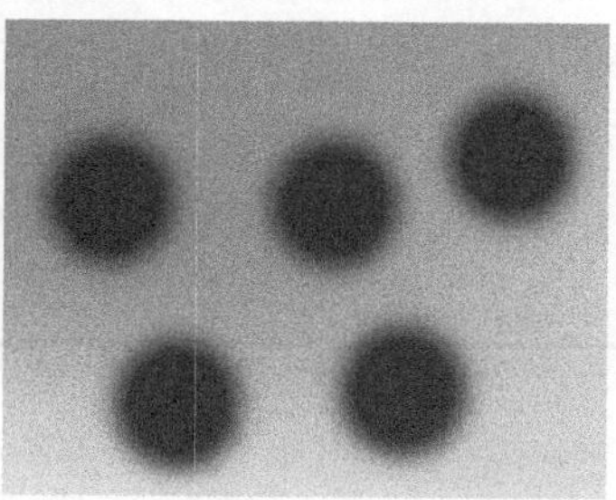

图 4-67

➢ 间距：设置笔触的间隔距离(鼠标绘图速度也会影响笔触的间距大小)，如图 4-68 所示。

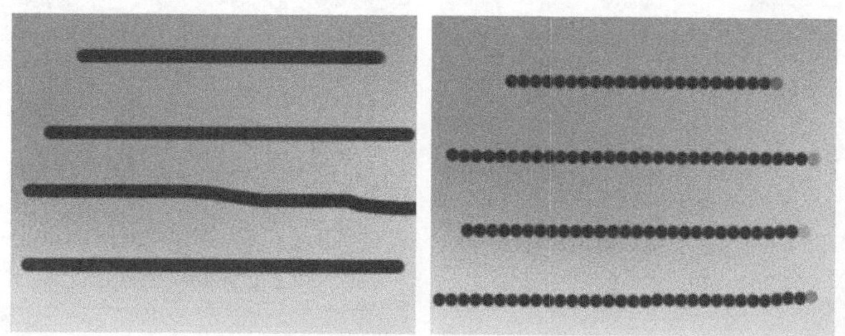

图 4-68

➢ 画笔动态：当使用手绘板进行绘画时，该属性可以用来设置对手绘板的压笔感应。

4.3.2 画笔工具

使用【画笔工具】可以在当前图层的【图层】预览窗口中以【绘画】面板中设置的前景颜色进行绘画，如图 4-69 所示。

图 4-69

1 使用【画笔工具】进行绘画的流程

下面详细介绍使用【画笔工具】进行绘画的操作方法。

操作步骤 >> Step by Step

第 1 步 在【时间轴】面板中双击要进行绘画的图层，如图 4-70 所示。

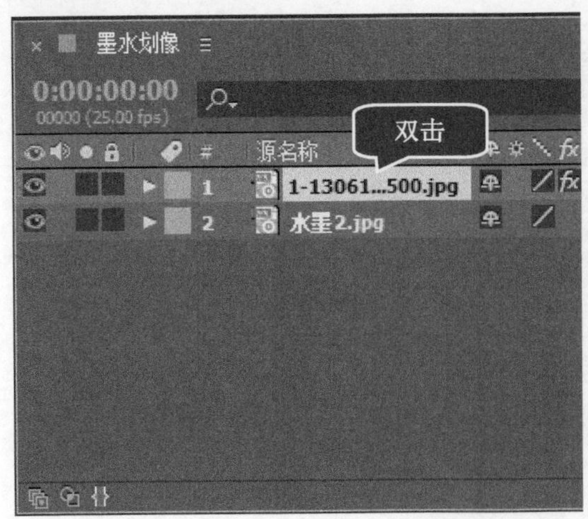

图 4-70

第 2 步 将该图层在【图层】窗口中打开，如图 4-71 所示。

图 4-71

第 3 步 *1.* 在工具栏中选择【画笔工具】，*2.* 单击工具栏右侧的【切换绘画面板】按钮，如图 4-72 所示。

图 4-72

第 4 步 系统会打开【画笔】面板和【绘画】面板。在【画笔】面板中选择预设的笔刷或是自定义笔刷的形状，如图 4-73 所示。

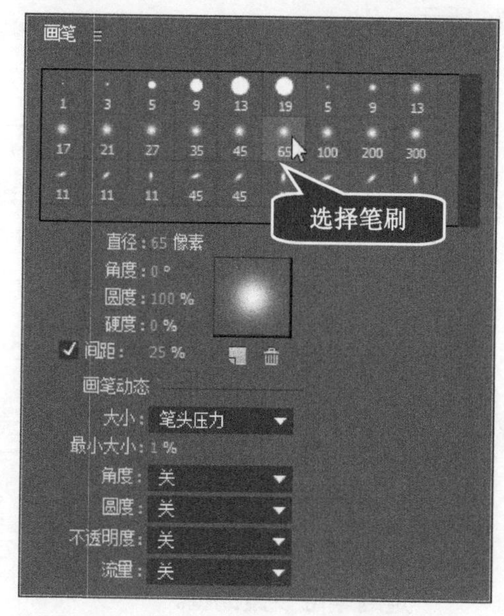

图 4-73

第 5 步 在【绘画】面板中设置好画笔的颜色、不透明度、流量以及混合模式等参数，如图 4-74 所示。

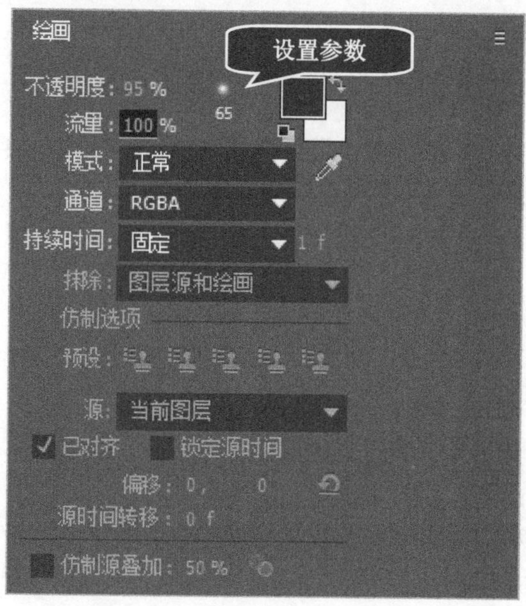

图 4-74

第 6 步 使用【画笔工具】在【图层】窗口中进行绘制，每次松开鼠标左键即可完成一个笔触效果，如图 4-75 所示。

图 4-75

第 7 步 每次绘制的笔触效果都会在图层的【绘画】属性栏下以列表的形式显示出来(连续按两次 P 键即可展开笔触列表)，如图 4-76 所示。

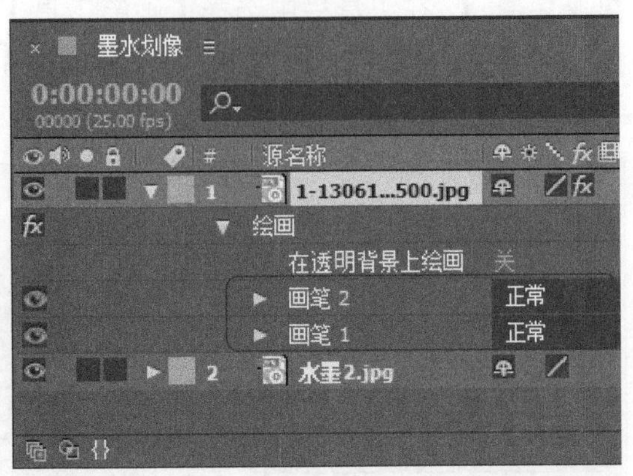

图 4-76

■ 指点迷津

如果在工具栏中选择了【自动打开面板】选项，那么在工具栏中选择【画笔工具】时，系统就可以自动打开【绘画】面板和【画笔】面板。

2 使用【画笔工具】的注意事项

在使用【画笔工具】进行绘画时，需要注意以下 6 点。

- 第 1 点：在绘制好笔触效果后，可以在【时间轴】面板中对笔触效果进行修改或是对笔触设置动画。
- 第 2 点：如果要改变笔刷的直径，可以在【图层】窗口中按住 Ctrl 键的同时拖曳鼠标左键。
- 第 3 点：如果要设置画笔的颜色，可以在【绘画】面板中单击【设置前景色】或【设置背景色】图标，然后在弹出的对话框中设置颜色。当然，也可以使用【吸管工具】吸取界面中的颜色作为前景色或背景色。
- 第 4 点：按住 Shift 键的同时使用【画笔工具】，可以继续在先前绘制的笔触效果上进行绘制。注意，如果没有在先前的笔触上进行绘制，那么按住 Shift 键可以绘制出直线笔触效果。
- 第 5 点：连续按两次 P 键，可以在【时间轴】面板中展开已经绘制好的各种笔触列表。
- 第 6 点：连续按两次 S 键，可以在【时间轴】面板中展开当前正在绘制的笔触列表。

4.3.3 仿制图章工具

使用【仿制图章工具】可以将某一时间某一位置的像素复制并应用到另一时间的另一位置中。【仿制图章工具】拥有笔刷一样的属性，如笔触形状和持续时间等，在使用【仿制图章工具】前，也需要设置绘画参数和笔刷参数，在仿制操作完成后，也可以在【时间轴】面板中的【仿制】属性中制作动画，如图 4-77 所示为【仿制图章工具】的特有参数。

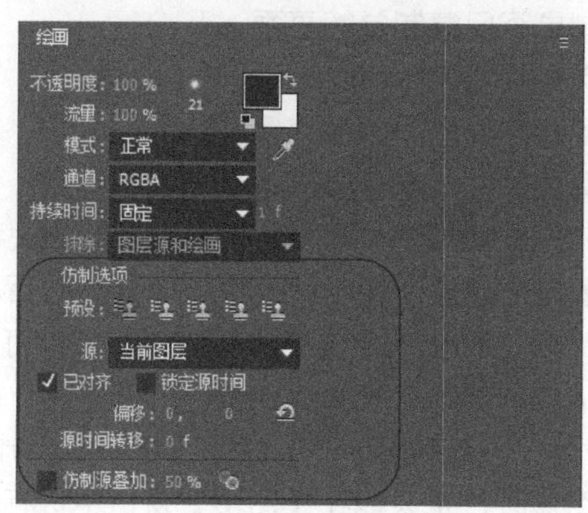

图 4–77

下面将详细介绍【仿制图章工具】中的参数。

➢ 预设：仿制图章的预设选项共有 5 种，如图 4-78 所示。

图 4–78

➢ 源：选择仿制的源图层。

➢ 已对齐：设置不同笔画采样点仿制位置的对齐方式，选中该复选框与未选中该复选框时的对比效果如图 4-79 所示。

选中【已对齐】复选框

未选中【已对齐】复选框

图 4–79

- 锁定源时间：控制是否只复制单帧画面。
- 偏移：设置取样点的位置。
- 源时间转移：设置源图层的时间偏移量。
- 仿制源叠加：设置源画面与目标画面的叠加混合程度。

下面详细介绍在使用【仿制图章工具】时需要注意的相关事项及操作技巧。

(1) 【仿制图章工具】是通过取样源图层中的像素，然后将取样的像素值复制应用到目标图层中，目标图层可以是同一个合成中的其他图层，也可以是源图层自身。

(2) 在工具栏中选择【仿制图章工具】，然后在【图层】窗口中按住 Alt 键对采样点进行取样，设置好的采样点会自动显示在【偏移】中。【仿制图章工具】作为绘画工具中的一员，使用它仿制图像时，也只能在【图层】窗口中进行操作，并且使用该工具制作的效果也是非破坏性的，因为它是以滤镜的方式在图层上进行操作的。如果对仿制效果不满意，还可以修改图层滤镜属性下的仿制参数。

(3) 如果仿制的源图层和目标图层在同一个合成中，这时为了工作方便，就需要将目标图层和源图层在整个工作界面中同时显示出来。选择好两个或多个图层后，按下键盘上的 Ctrl+Shift+Alt+N 组合键，就可以将这些图层在不同的【图层】窗口同时显示在操作界面中。

4.3.4 橡皮擦工具

使用【橡皮擦工具】可以擦除图层上的图像或笔触，还可以选择仅擦除当前的笔触。如果设置为擦除源图层像素或是笔触，那么擦除像素的每个操作都会在【时间轴】面板中的【绘画】属性下留下擦除记录，这些擦除记录对擦除素材没有任何破坏性，可以对其进行删除、修改或是改变擦除顺序等操作；如果设置为擦除当前笔触，那么擦除操作仅针对当前笔触，并且不会在时间线面板中的【绘画】属性下记录擦除记录。

选择【橡皮擦工具】后，在【绘画】面板中可以设置擦除图像的模式，如图 4-80 所示。

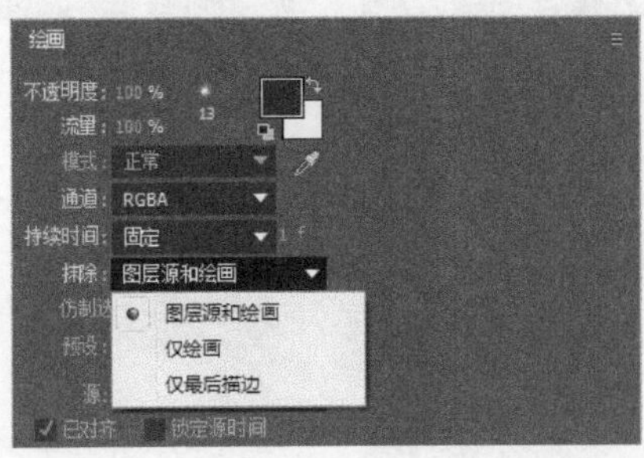

图 4-80

知识拓展

如果当前正在使用【画笔工具】进行绘画，要将当前的【画笔工具】切换为【橡皮擦工具】的【仅最后描边】擦除模式，可以按 Ctrl+Shift 组合键进行切换。

下面详细介绍其参数。

➢ 图层源和绘画：擦除源图层中的像素和绘画笔触效果。
➢ 仅绘画：仅擦除绘画笔触效果。
➢ 仅最后描边：仅擦除先前的绘画笔触效果。

Section 4.4 专题课堂——动画制作

本节将详细介绍一些动画制作案例，来巩固本章内容的学习，包括制作望远镜动画效果和制作更换窗外风景动画等。

4.4.1 制作望远镜动画效果

本章学习了蒙版动画的相关知识，本例将详细介绍如何制作望远镜效果，来巩固和提高本章学习的技能。

操作步骤 >> Step by Step

第 1 步　在【项目】面板中，**1.** 单击鼠标右键，**2.** 在弹出的快捷菜单中选择【新建合成】命令，如图 4-81 所示。

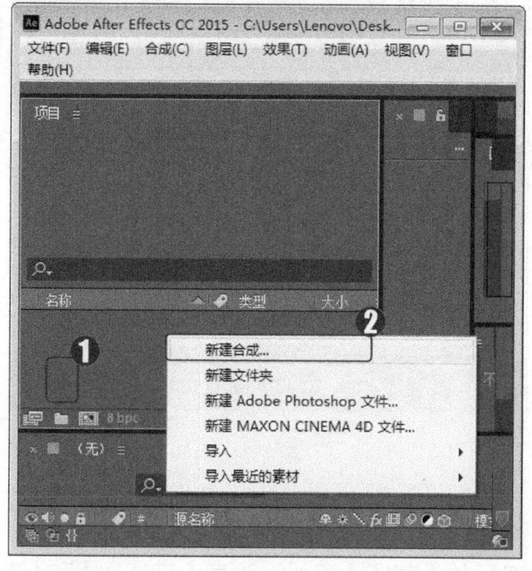

图 4-81

第 2 步　在弹出的【合成设置】对话框中，**1.** 设置合成名称为“合成 1”，**2.** 宽、高分别为 1024、768，**3.** 帧速率为 25，**4.** 持续时间为 5 秒，**5.** 单击【确定】按钮 确定 ，如图 4-82 所示。

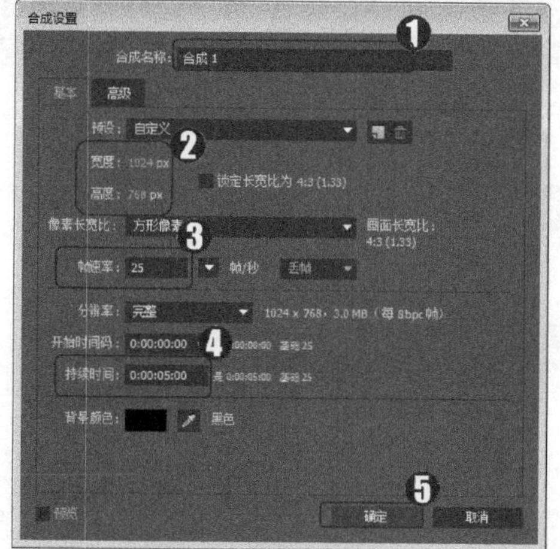

图 4-82

第 3 步 在【项目】面板中的空白处双击鼠标左键，在弹出的对话框中选择需要的素材文件，然后单击【导入】按钮 导入 ，如图 4-83 所示。

图 4–83

第 4 步 将【项目】面板中的素材文件拖曳到【时间轴】面板中，并设置位置为(512,607)，如图 4-84 所示。

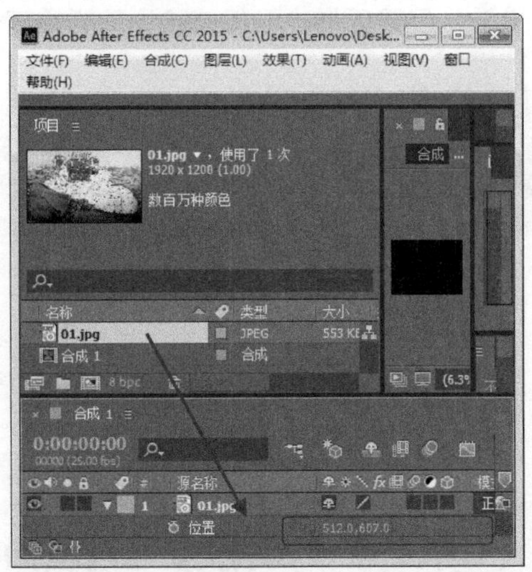

图 4–84

第 5 步 在【时间轴】面板中单击鼠标右键，在弹出的快捷菜单中选择【新建】→【纯色】命令，如图 4-85 所示。

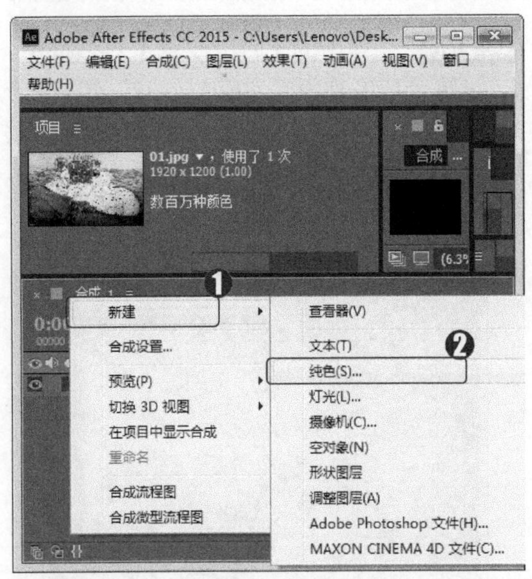

图 4–85

第 6 步 在弹出的对话框中，***1.*** 设置名称为“黑色”，***2.*** 宽、高分别为 1024、768，***3.*** 颜色为黑色(R：0, G：0, B：0)，***4.***单击【确定】按钮 确定 ，如图 4-86 所示。

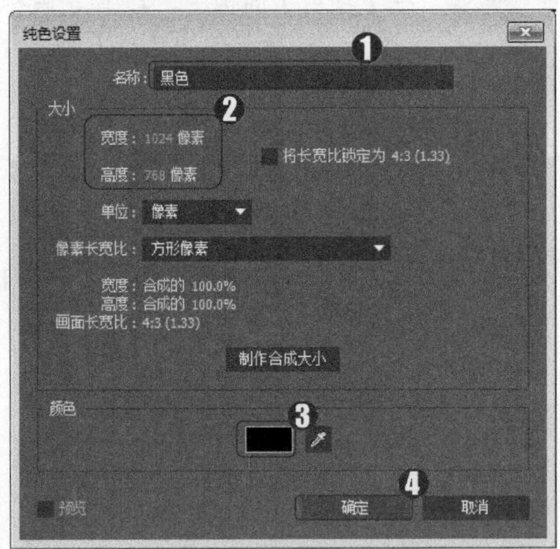

图 4–86

第 7 步 选择【椭圆工具】，在【黑色】图层上绘制两个相交的正圆遮罩，如图 4-87 所示。

第 8 步 在【时间轴】面板中，打开【黑色】图层的【蒙版】属性，设置【蒙版 1】和【蒙版 2】的模式为【相减】，如图 4-88 所示。

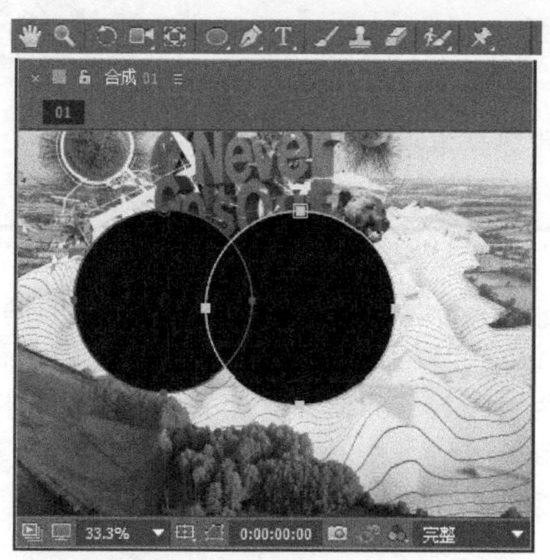

图 4–87

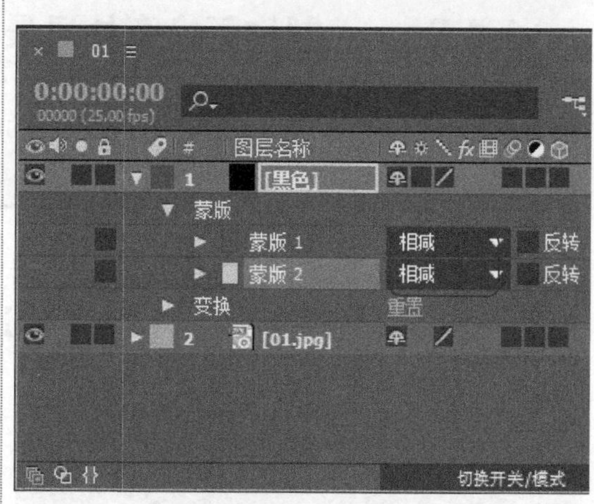

图 4–88

第 9 步 在【时间轴】面板中，拖动时间线滑块到 0 秒处，为【蒙版 1】和【蒙版 2】分别添加关键帧，设置【不透明度】为 0%，如图 4-89 所示。

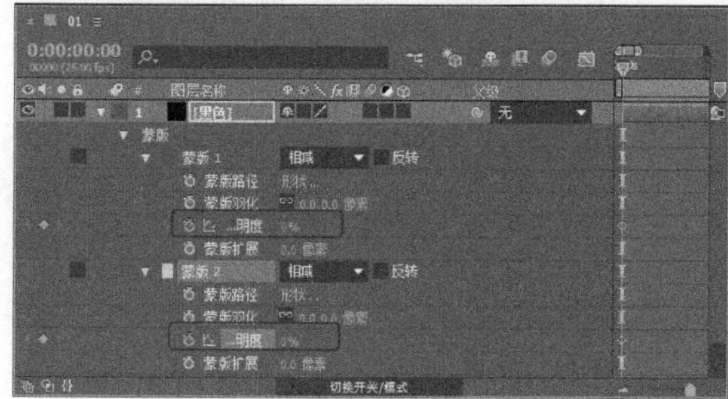

图 4–89

第 10 步 在【时间轴】面板中，拖动时间线滑块到 4 秒 20，为【蒙版 1】和【蒙版 2】添加关键帧，设置【不透明度】为 100%，如图 4-90 所示。

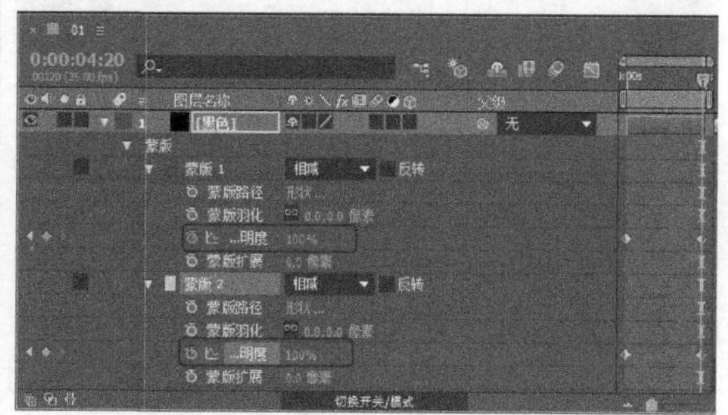

图 4–90

第 11 步 此时拖动时间线滑块，即可查看最终制作的望远镜效果，如图 4-91 所示。

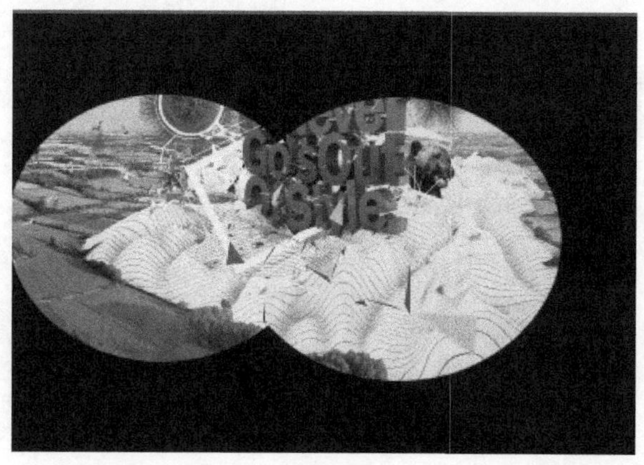

图 4–91

4.4.2 制作更换窗外风景动画

本例将详细介绍更换窗外风景效果，来巩固和提高本章学习的技能。

操作步骤 >> Step by Step

第 1 步 *1.* 在【项目】面板中单击鼠标右键，*2.* 在弹出的快捷菜单中选择【新建合成】命令，如图 4-92 所示。

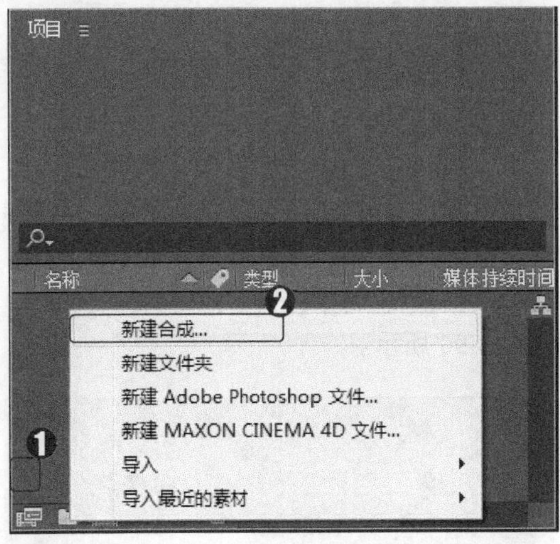

图 4–92

第 2 步 在弹出的【合成设置】对话框中，*1.* 设置合成名称为“合成 1”，*2.* 宽、高分别为 1024、768，*3.* 帧速率为 25，*4.* 持续时间为 5 秒，*5.* 单击【确定】按钮 确定，如图 4-93 所示。

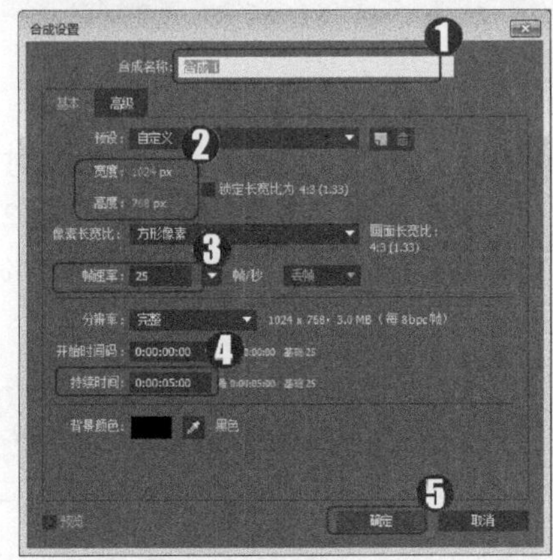

图 4–93

第 3 步 在【项目】面板的空白处，双击鼠标左键，在弹出的对话框中选择需要的素材文件，然后单击【导入】按钮 导入 ，如图 4-94 所示。

图 4–94

第 4 步 将【项目】面板中的“窗.jpg”素材文件拖曳到时间线面板中，设置【缩放】为 64，如图 4-95 所示。

图 4–95

第 5 步 此时拖动时间线滑块，可以查看到效果，如图 4-96 所示。

图 4-96

第 6 步 选择【钢笔工具】，按照窗口的边缘绘制一个遮罩，如图 4-97 所示。

图 4-97

第 7 步 打开【窗.jpg】图层下的【蒙版 1】属性，设置模式为【相减】，如图 4-98 所示。

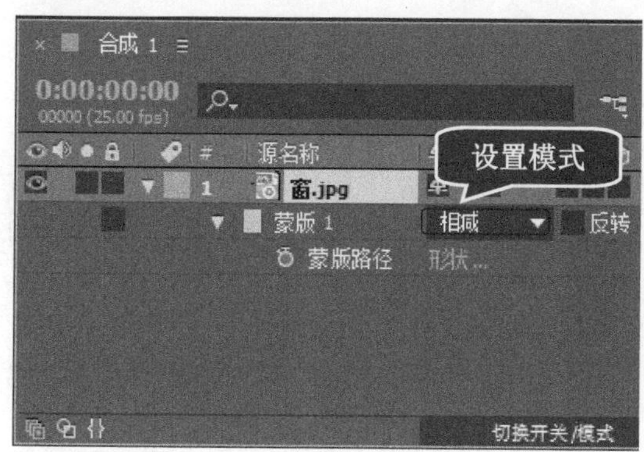

图 4-98

第 8 步 将【项目】面板中的“风景.jpg”素材文件拖曳到时间线面板底部，拖动时间线滑块到 0 秒处，添加【位置】和【缩放】关键帧，如图 4-99 所示。

图 4-99

第 9 步 拖动时间线滑块到 4 秒 20 处，设置【位置】为(527,241)，【缩放】为 45，如图 4-100 所示。

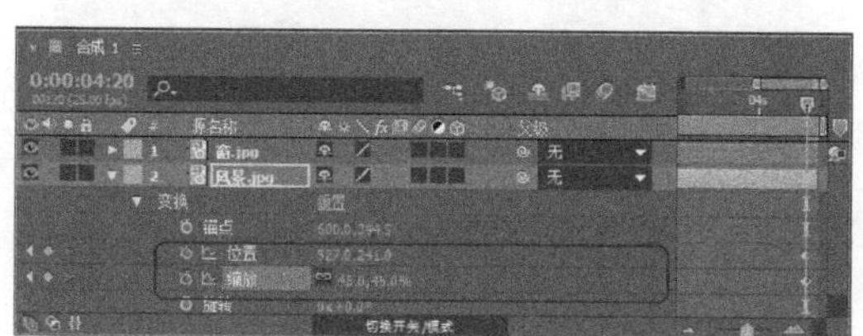

图 4-100

第 10 步 此时拖动时间线滑块，即可查看更换窗外风景的效果，如图 4-101 所示。

图 4-101

专家解读

将节点全部选中，然后选择【图层】→【蒙版与形状路径】→【自由变换点】命令，或按键盘上的 Ctrl+T 组合键，会出现控制框。

Section 4.5 实践经验与技巧

在本节的学习过程中，将侧重介绍和讲解与本章知识点有关的实践经验及技巧，主要内容将包括墨水划像动画、手写字动画和人像阵列动画等方面的知识与操作技巧。

4.5.1 墨水划像动画

本章学习了绘画应用的相关知识，本例将详细介绍如何制作墨水划像动画，来巩固和提高学到的技能。

操作步骤 >> Step by Step

第 1 步 按下键盘上的 Ctrl+N 快捷键，新建一个名称为“墨水”的合成，具体参数设置如图 4-102 所示。

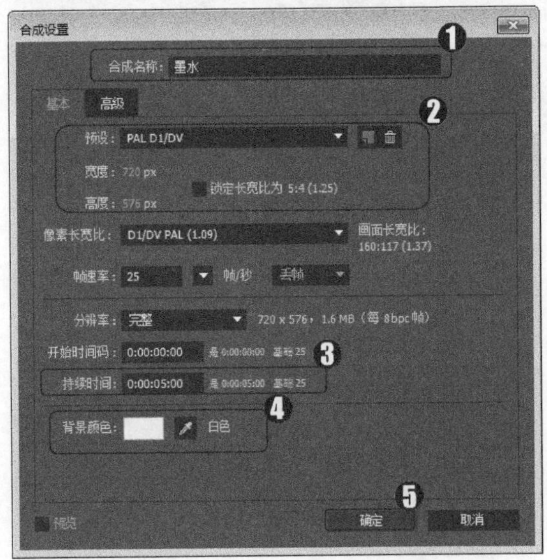

图 4-102

第 2 步 新建一个白色的纯色层(尺寸与合成大小一致)，然后在时间线面板中双击该固态层，打开该图层的预览窗口，接着在工具栏中选择【画笔工具】，再打开【画笔】与【绘画】面板，具体参数设置如图 4-103 所示。

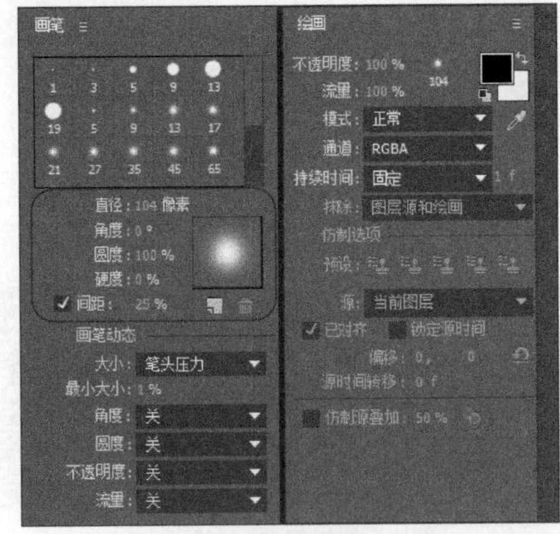

图 4-103

第 3 步　使用【画笔工具】，在【图层】窗口中绘制出图案，第一次拖曳笔刷绘制水墨线条，第二次绘制水墨圆点，在【效果】面板中开启【绘画】滤镜下的【在透明背景上绘画】选项，如图 4-104 所示。

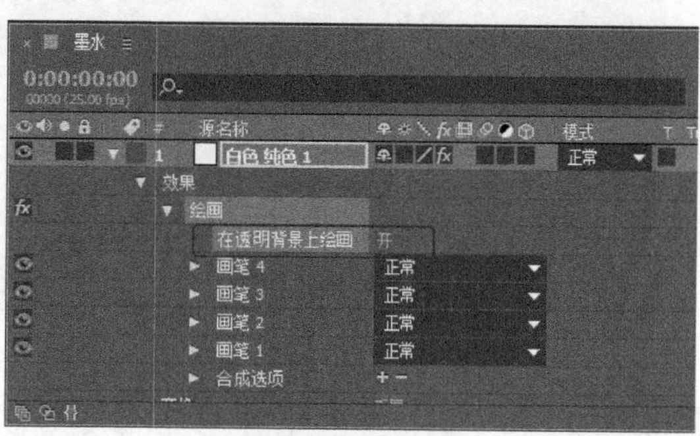

图 4-104

第 4 步　在时间线面板中，连续按两次 P 键，展开画笔的【绘画】属性，然后在第 0:00:00:00 时间位置设置【画笔 1】的【结束】关键帧数值为 0%；在第 0:00:00:17 时间位置设置【画笔 1】的【结束】关键帧数值为 100%；在第 0:00:00:17 时间位置设置【画笔 2】的【结束】关键帧数值为 0%；然后在第 0:00:01:13 时间设置【画笔 2】的【结束】关键帧数值为 100%，如图 4-105 所示。

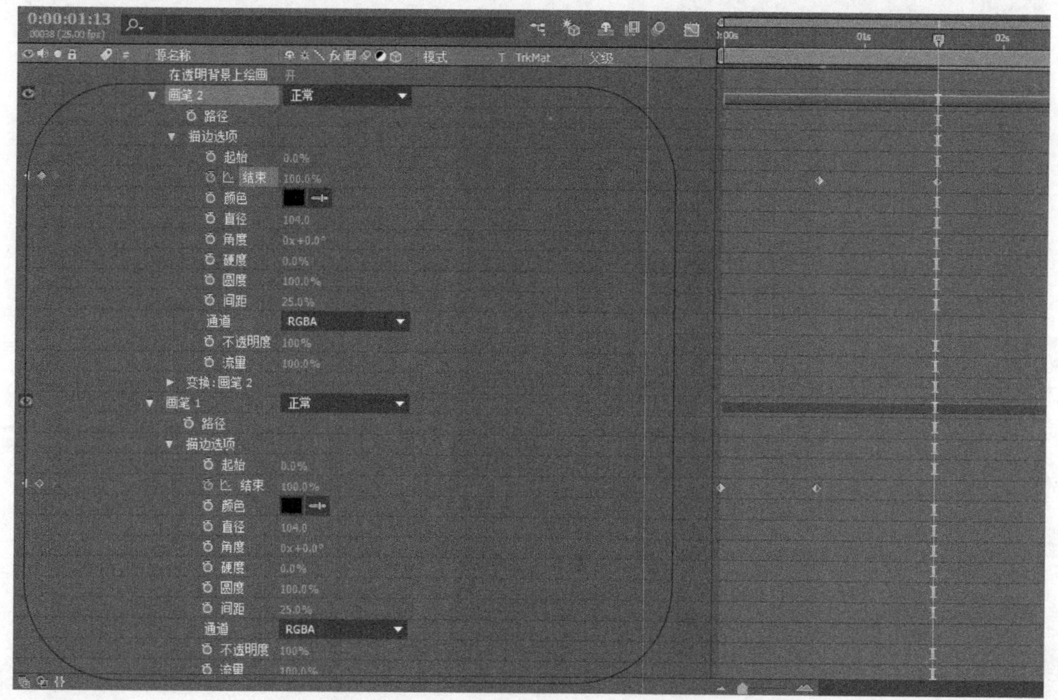

图 4-105

第 5 步　为纯色层添加一个【毛边】滤镜，然后设置【边缘类型】为【影印】模式，接着在第 0:00:00:00 时间位置设置【演化】属性关键帧数值为 0x+0°，最后在第 0:00:04:24 时间位置设置【演化】属性关键帧数值为 1x+0°，具体参数设置如图 4-106 所示。

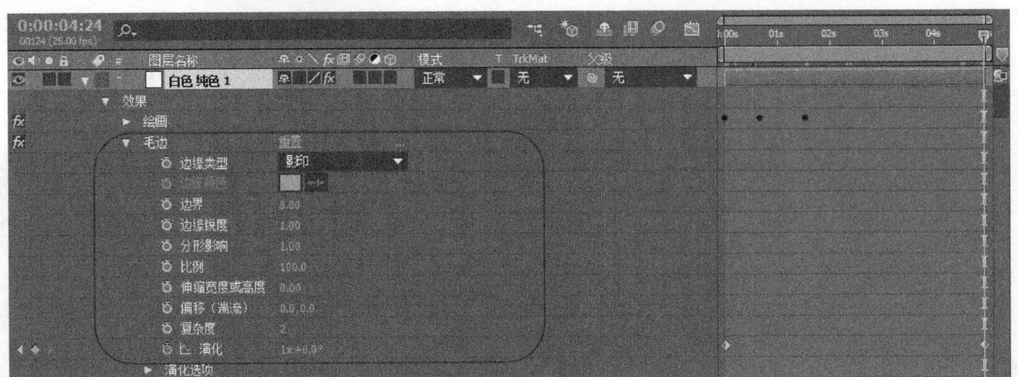

图 4–106

第 6 步 按下键盘上的 Ctrl+D 快捷键复制一个纯色图层，修改【边缘类型】为【粗糙化】，将【边界】值修改为 7.5，【边缘锐度】值修改为 0.58，【比例】值修改为 873，【偏移(湍流)】值设置为(0, 17)，【复杂度】值修改为 3，最后删除【演化】属性的关键帧，将【演化】属性的值设置为 0x+15° 即可，如图 4-107 所示。

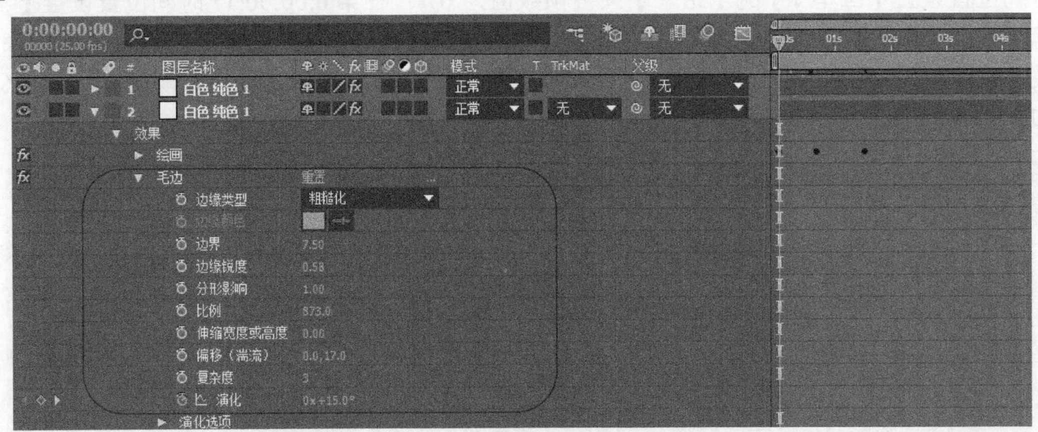

图 4–107

第 7 步 选择【毛边】滤镜，按 Ctrl+D 快捷键复制。接着修改【毛边】滤镜的参数，具体参数设置如图 4-108 所示。

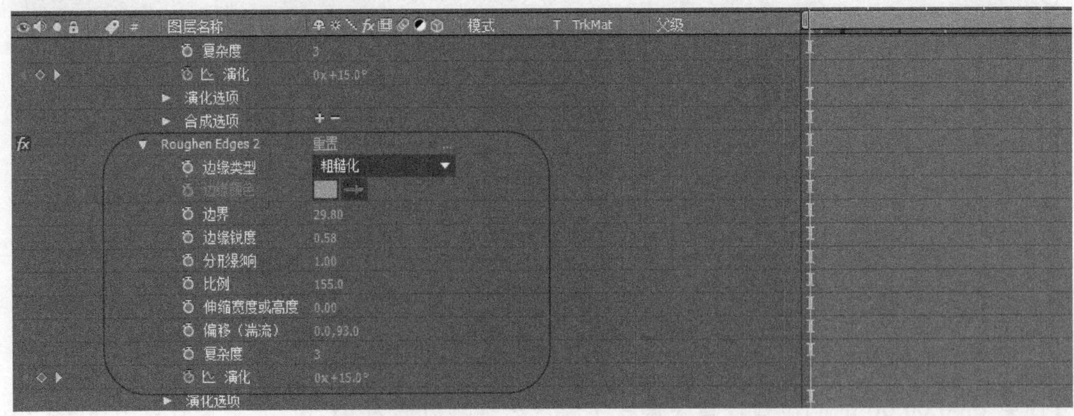

图 4–108

第 8 步　选择第二次复制的纯色图层，按键盘上的 Ctrl+D 快捷键再复制一次，保留一个【毛边】滤镜，然后修改相关的参数，具体参数设置如图 4-109 所示。

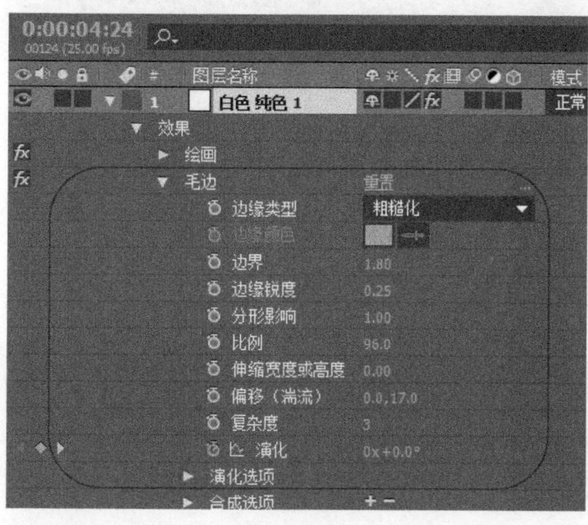

图 4-109

第 9 步　按下键盘上的 Ctrl+N 快捷键新建一个名称为“墨水划像”的合成，具体参数设置如图 4-110 所示。

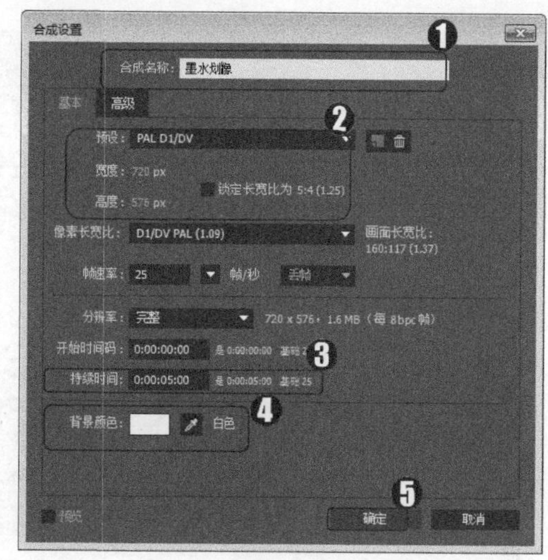

图 4-110

第 10 步　导入本书素材“水墨 1.jpg”和“水墨 2.jpg”文件，然后将它们拖曳到【墨水划像】合成中，并将【水墨 2.jpg】图层放置在【水墨 1.jpg】图层的下一层，如图 4-111 所示。

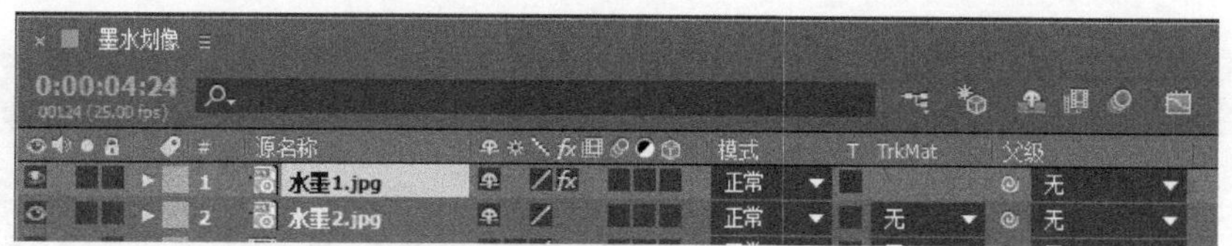

图 4-111

第 11 步　选择【水墨 1.jpg】图层，然后为其添加一个【色相/饱和度】滤镜，并将图像调整成橘黄色，接着在第 0:00:00:12 时间位置设置【着色亮度】关键帧数值为-100，最后在第 0:00:01:00 时间位置设置【着色亮度】关键帧数值为 0，具体参数设置，如图 4-112 所示。

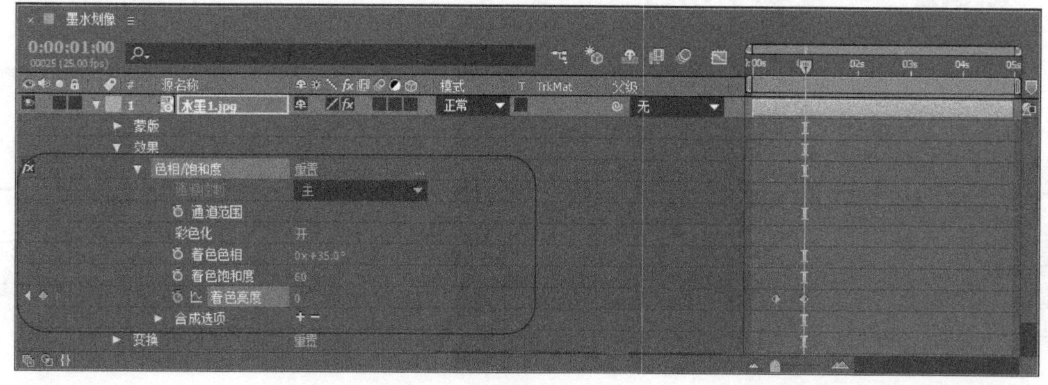

图 4-112

第 12 步　将【墨水】合成拖曳到【墨水划像】合成中，然后将其放置在最上层，接着将【墨水】图层设置为【水墨 1.jpg】图层的 Alpha 通道蒙版，并关闭【墨水】图层的显示，如图 4-113 所示。

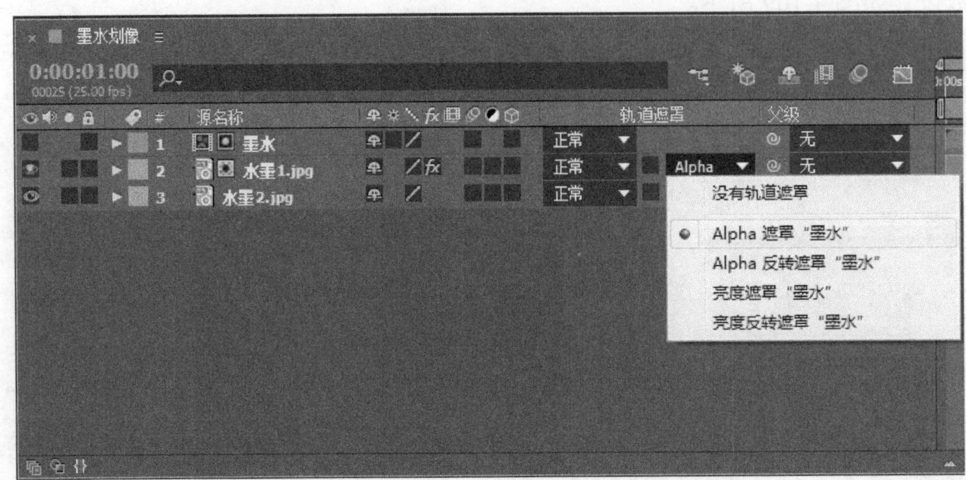

图 4–113

第 13 步　选择【墨水】图层，然后在第 0:00:00:20 时间位置设置【缩放】关键帧数值为 100，接着在第 0:00:01:00 时间位置设置【缩放】关键帧数值为 509，最后渲染并输出动画，最终效果如图 4-114 所示。

图 4–114

4.5.2　手写字动画

本章学习了绘画与形状的相关知识，本例将详细介绍制作手写字动画，来巩固和提高本章学习的内容。

操作步骤 >> Step by Step

第 1 步　按下键盘上的 Ctrl+N 快捷键，新建一个名称为 "手写字动画" 的合成，具体参数设置如图 4-115 所示。

第 2 步　导入本书素材文件 "文字.png" "江南人家.psd"，然后将它们拖曳到【手写字动画】合成中，如图 4-116 所示。

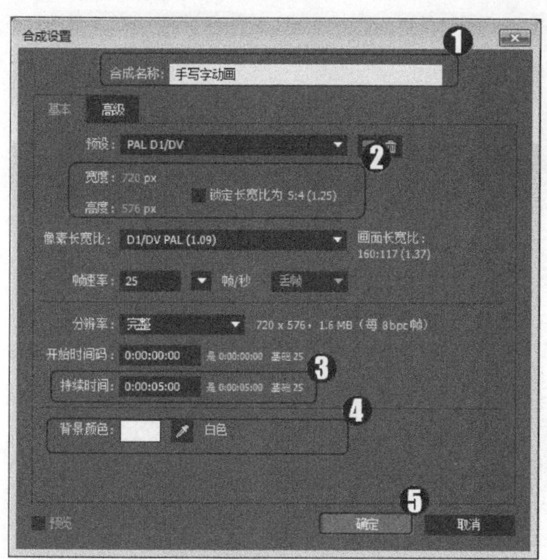
图 4-115

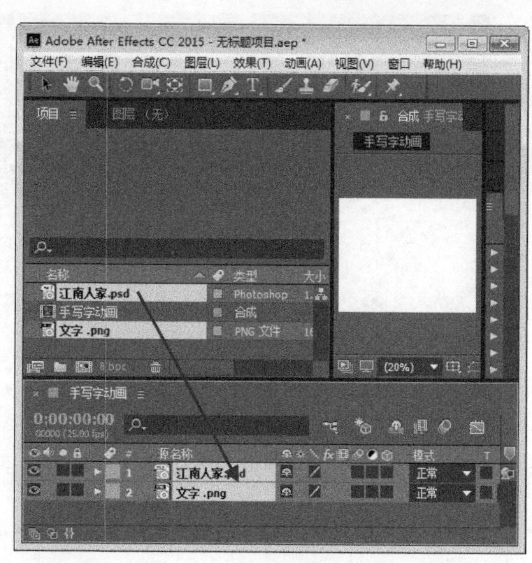
图 4-116

第 3 步 双击【文字.png】图层，打开其图层预览窗口，然后在工具栏中选择【画笔工具】，接着在【画笔】与【绘画】面板中进行如图 4-117 所示的设置。

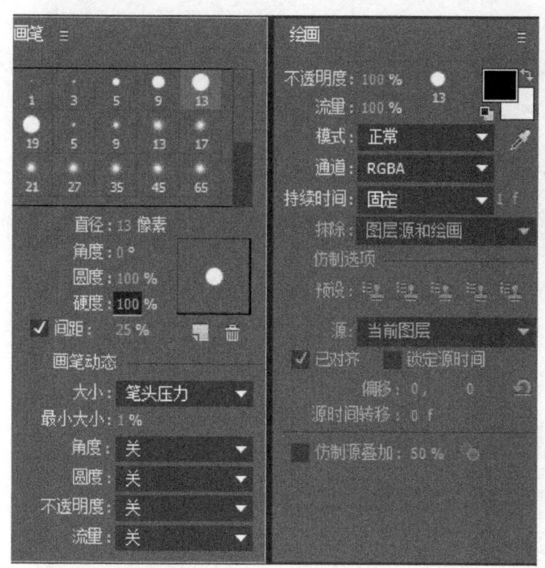
图 4-117

第 4 步 使用【画笔工具】，按照"江"字的笔画顺序将其勾勒出来(这里共用了 4 个笔触)。然后每隔 6 帧为每个笔画的【结束】属性设置关键帧动画(数值分别为 0%和 100%)，这样可以控制勾勒笔画的速度和节奏(本例设定的是一秒写完一个文字)，如图 4-118 所示。

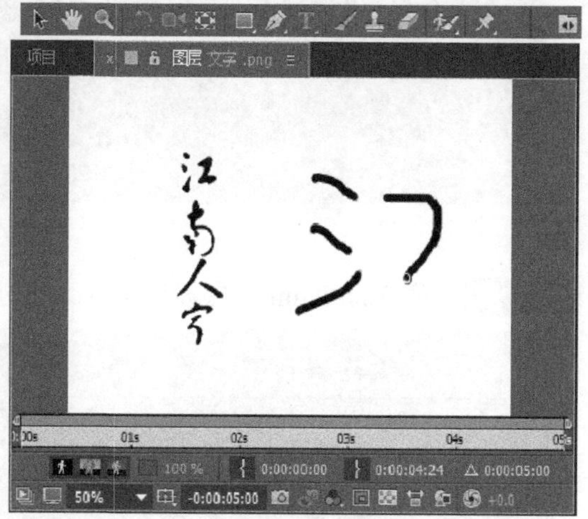
图 4-118

第 5 步 采用与步骤 4 相同的方法写完剩下的 3 个字，并开启【绘画】滤镜中的【在透明背景上绘画】选项，如图 4-119 所示。

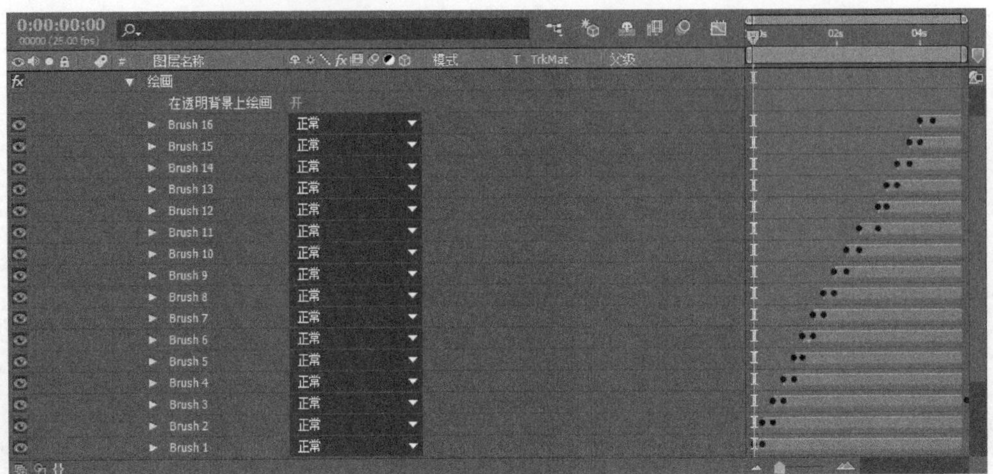

图 4-119

第 6 步 选择【文字.png】图层，按下键盘上的 Ctrl+D 快捷键复制，将复制后的图层命名为 Text Paint。重新命名【文字.png】图层为 Text，并删除该图层上的【绘画】滤镜，最后为该图层添加一个【毛边】滤镜，并设置【边界】为 2.5，如图 4-120 所示。

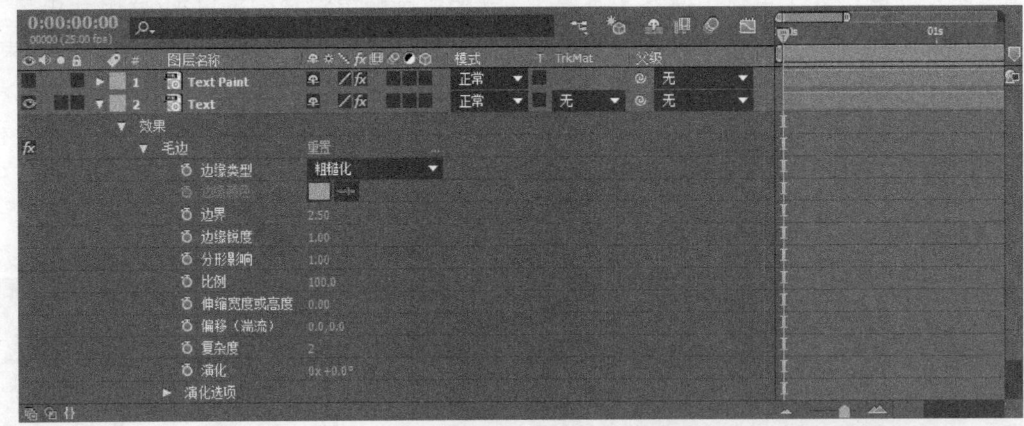

图 4-120

第 7 步 将 Text Paint 图层设置为 Text 图层的 Alpha 蒙版，如图 4-121 所示。

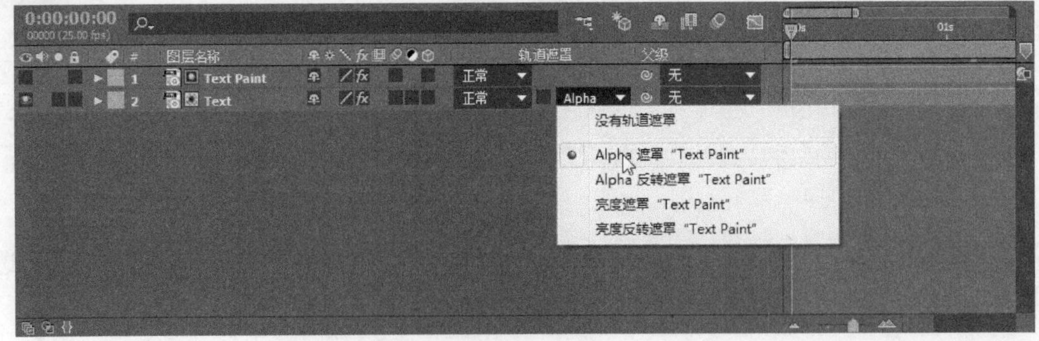

图 4-121

第 8 步 选择 Text Paint 图层和 Text 图层，然后按下键盘上的 Ctrl+Shift+C 快捷键进行预合成，如图 4-122 所示。

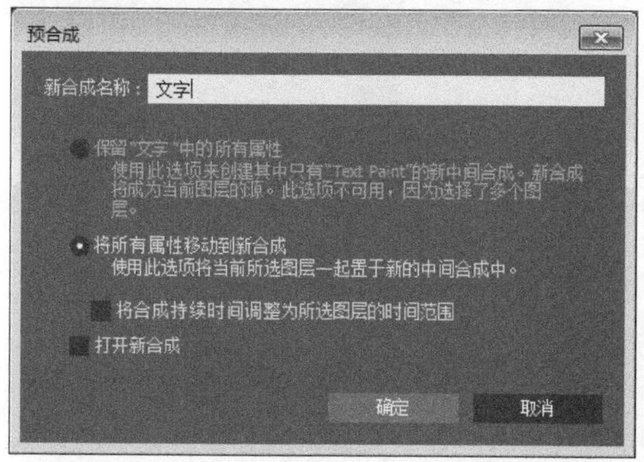

图 4-122

第 9 步 为【文字】图层设置一个简单的【缩放】和【位置】关键帧动画，然后渲染并输出动画，最终效果如图 4-123 所示。

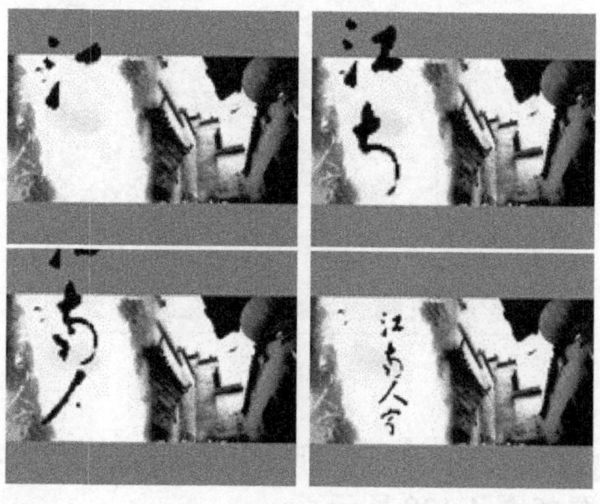

图 4-123

4.5.3 人像阵列动画

本章学习了绘画与形状的相关知识，本例将详细介绍如何制作人像阵列动画，来巩固和提高本章学习的技能。

操作步骤 >> Step by Step

第 1 步 按下键盘上的 Ctrl+N 快捷键，新建一个名称为“人像阵列”的合成，具体参数设置如图 4-124 所示。

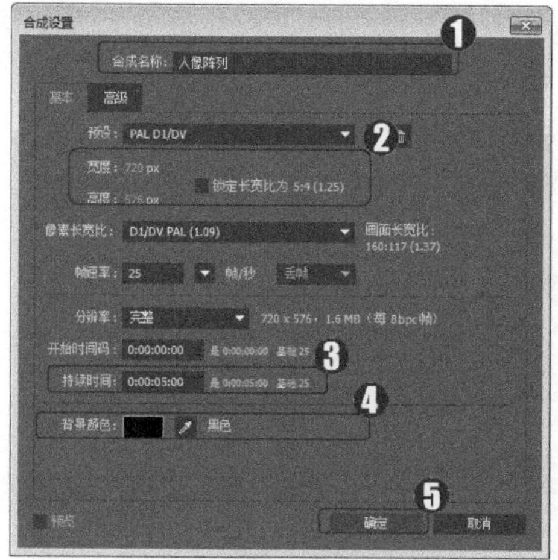

图 4-124

第 2 步 导入素材文件“人物跑动.jpg”，然后将其拖曳到【人像阵列】合成中，如图 4-125 所示。

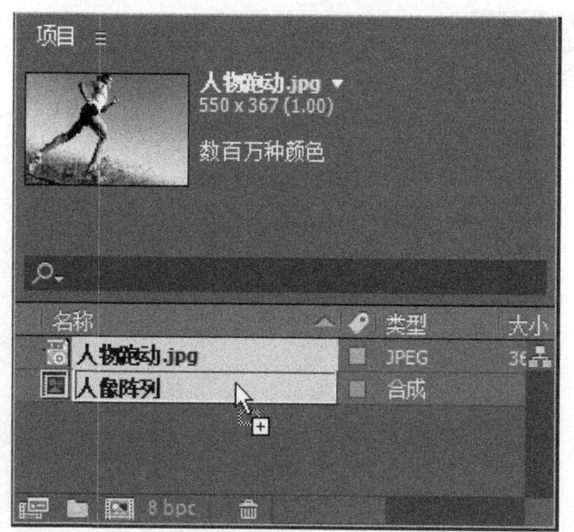

图 4-125

第 3 步 在工具栏中选择【钢笔工具】，然后关闭【填充】颜色选项，并设置【描边】为 2 像素，如图 4-126 所示。

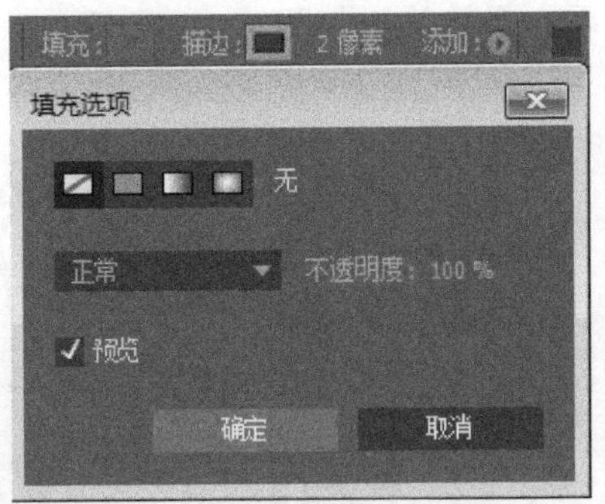

图 4-126

第 4 步 在【时间轴】面板中，按下 Ctrl+Shift+A 组合键，然后使用【钢笔工具】将人物的边缘轮廓勾勒出来，如图 4-127 所示。

图 4-127

第 5 步 在【时间轴】面板中，展开形状图层的【描边 1】和【填充 1】属性，具体参数设置如图 4-128 所示。

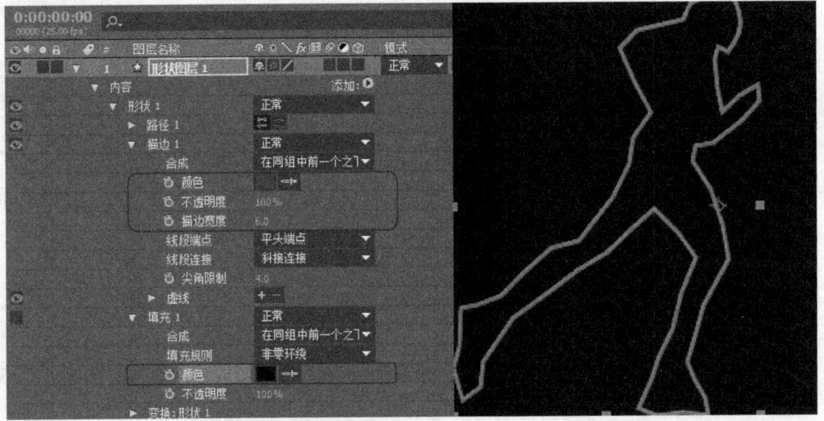

图 4-128

第 6 步 选择形状图层，***1.*** 单击工具栏右侧的【添加】按钮，***2.*** 在弹出的菜单中选择【中继器】命令，如图 4-129 所示。

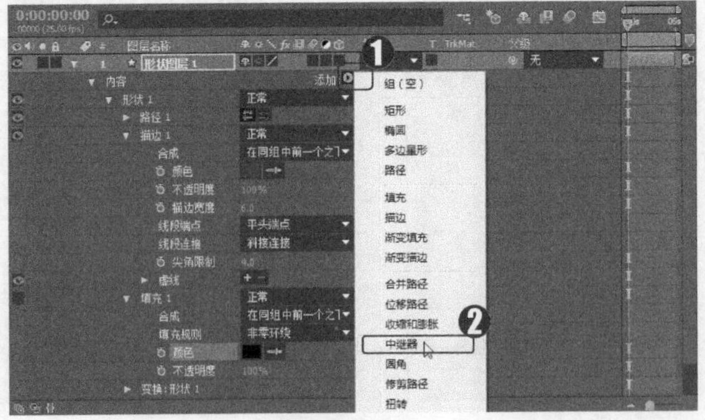

图 4-129

第 7 步　为形状图层添加一个【中继器】属性，详细的参数设置如图 4-130 所示。

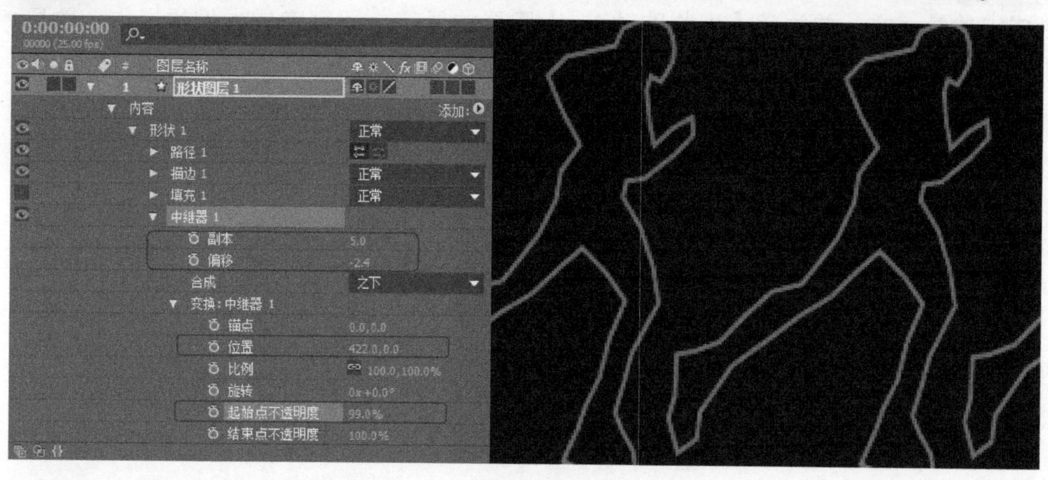

图 4–130

第 8 步　再次为形状图层添加一个【中继器】属性，然后在 0 秒时间位置设置【副本】关键帧数值为 1，在第 4 秒时间位置设置【副本】关键帧数值为 8，详细的参数设置如图 4-131 所示。

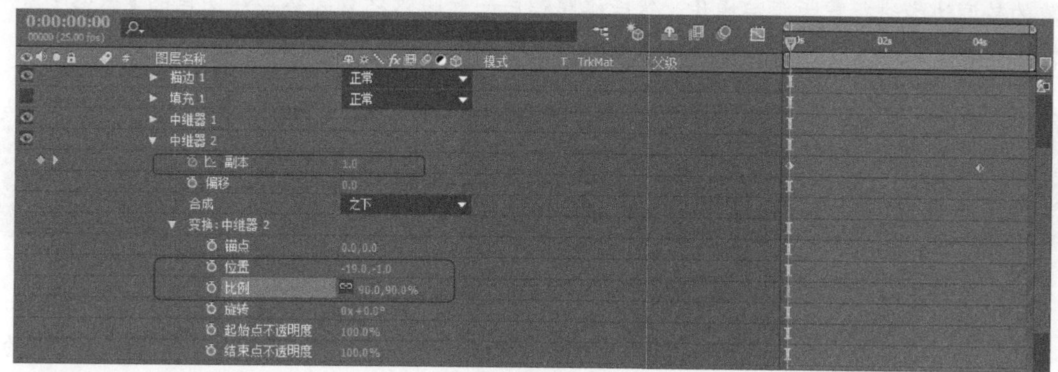

图 4–131

第 9 步　复制一个形状图层，并将其更名为 Reflect，详细的参数设置如图 4-132 所示。

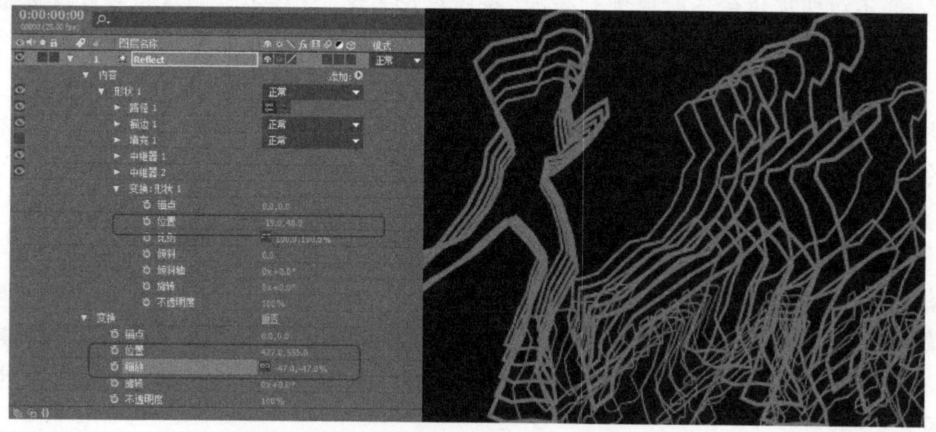

图 4–132

第 10 步 最后，导入本书配套素材中的“背景.jpg”文件，然后将其拖曳到【人像阵列】合成中的最下方，并关闭【人物跑动.jpg】图层的显示，即可完成本例的操作，效果如图 4-133 所示。

图 4-133

一点即通

因为本例使用的是一张静帧素材，所以可以直接使用【钢笔工具】来勾勒形状。如果是动态素材，要获得运动轮廓，可以先选择【图层】→【自动追踪】命令，对运动对象的轮廓边缘进行蒙版跟踪操作，然后将跟踪后的蒙版路径复制给形状图层的【路径】属性，这样就可以制作出动态的形状图层。

Section 4.6 有问必答

1. 【绘画】面板中的【不透明度】和【流量】这两个参数的区别有哪些？

【不透明度】参数主要用来设置绘制区域所能达到的最大不透明度，如果设置其值为 50%，那么以后不管经过多少次绘画操作，笔刷的最大不透明度都只能达到 50%。

【流量】参数主要用来设置涂抹时的流量，如果在同一个区域不断地使用绘画工具进行涂抹，其不透明度值会不断地进行叠加，按照理论来说，最终不透明度值可以接近 100%。

2. 使用绘画工具后，会不会对源素材文件造成破坏？

使用绘画工具可以在图层中添加或擦除像素，但是这些操作只影响最终结果，不会对图层的源素材造成破坏，并且可以对笔刷进行删除或制作位移动画。

3. 蒙版的排列顺序对叠加蒙版有没有影响？处理蒙版的顺序的规则是什么？

蒙版的排列顺序对最终的叠加结果有很大影响，After Effects 在处理蒙版的顺序时，是按照蒙版的排列顺序从上往下依次进行处理的，也就是说，先处理最上面的蒙版及其叠加效果，再将结果与下面的蒙版和混合模式进行计算。另外，蒙版不透明度也是需要考虑的必要因素之一。

第5章

创建文字与文字动画

本章要点

- ❖ 创建与编辑文字
- ❖ 创建文字动画
- ❖ 专题课堂——文字的应用

本章主要内容

本章主要介绍创建与编辑文字和创建文字动画方面的知识与技巧，在本章的最后还针对实际的工作需求，讲解文字的应用方法。通过本章的学习，读者可以掌握创建文字与文字动画方面的操作知识，为深入学习 After Effects CC 入门与应用奠定基础。

Section 5.1 创建与编辑文字

在影视后期合成中，文字不仅仅担负着补充画面信息和媒介交流的角色，而且设计师们也常常用来作为视觉设计的辅助元素，本节将详细介绍创建与编辑文字的相关知识及操作方法。

5.1.1 应用文字工具输入

在【工具】面板中，单击【文字工具】按钮T，即可进行文字创建，下面详细介绍应用文字工具输入文本的操作方法。

操作步骤 >> Step by Step

第 1 步 新建一个【文字】合成文件后，单击【工具】面板中的【文字工具】按钮T，如图 5-1 所示。

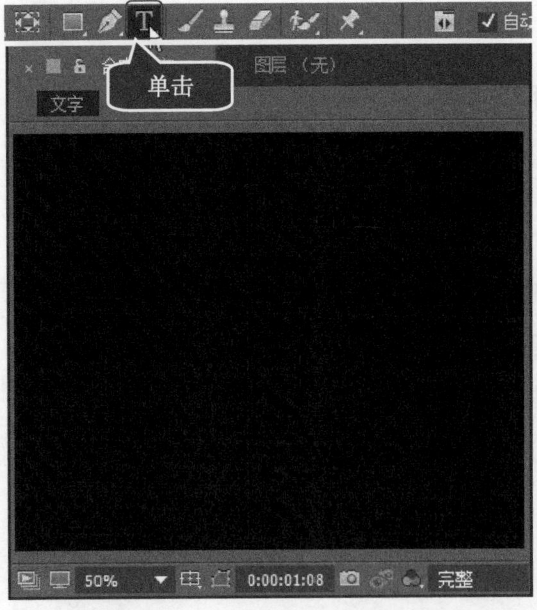

图 5–1

第 2 步 在【合成】窗口中单击鼠标左键，在视图中确定文字输入的起始位置，如图 5-2 所示。

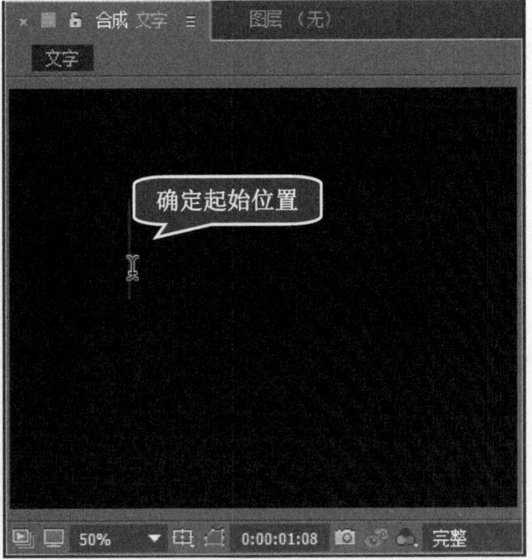

图 5–2

第 3 步 在【合成】窗口中输入文字“After Effects”，即可完成应用文字工具输入文本的操作，如图 5-3 所示。

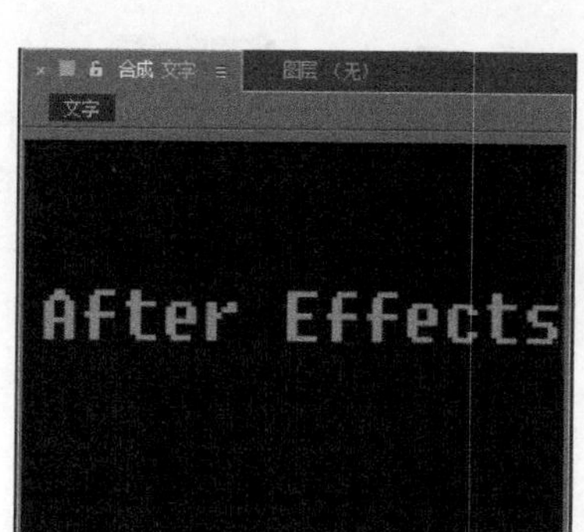

图 5-3

5.1.2 字符与动画

在【字符】面板中可以对文本的字体进行详细设置，新建完文字后，用户还可以对其设置动画，下面详细介绍应用字符与动画的操作方法。

操作步骤 >> Step by Step

第 1 步 在文本编辑状态下切换至【字符】面板，可以设置字体、颜色、像素等参数，如图 5-4 所示。

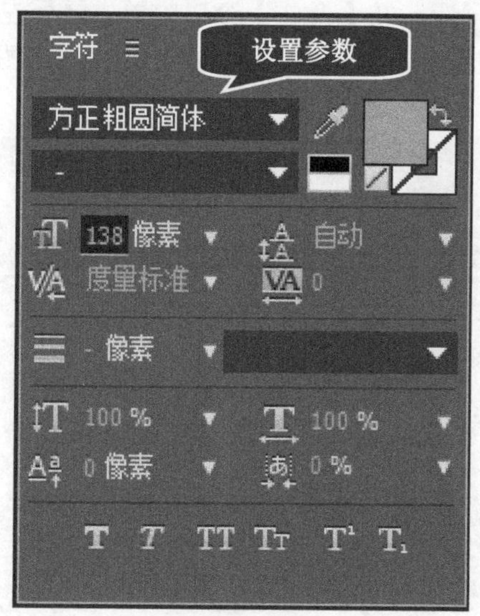

图 5-4

第 2 步 在【工具】面板中，*1.* 单击【选择工具】按钮，*2.* 在【合成】窗口中，选择文本，调整其位置与尺寸，如图 5-5 所示。

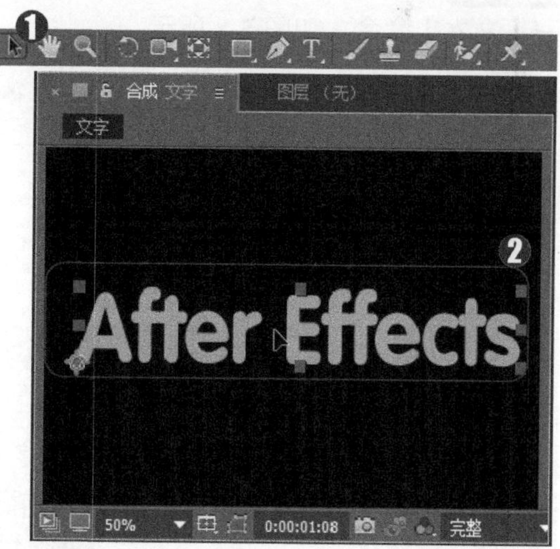

图 5-5

第 3 步 如果准备设置文本动画，可以在【时间轴】面板中，单击卷展栏按钮▶展开文字层属性，如图 5-6 所示。

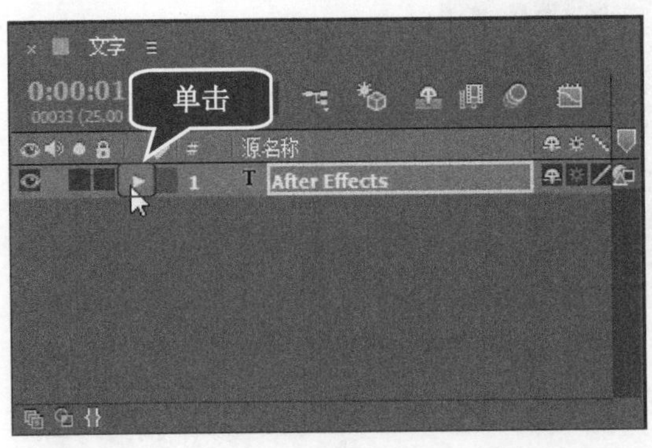

图 5-6

第 4 步 在【动画制作工具】选项中，用户可以控制文本的位置、缩放、倾斜、旋转、不透明度、颜色等动画，如图 5-7 所示。

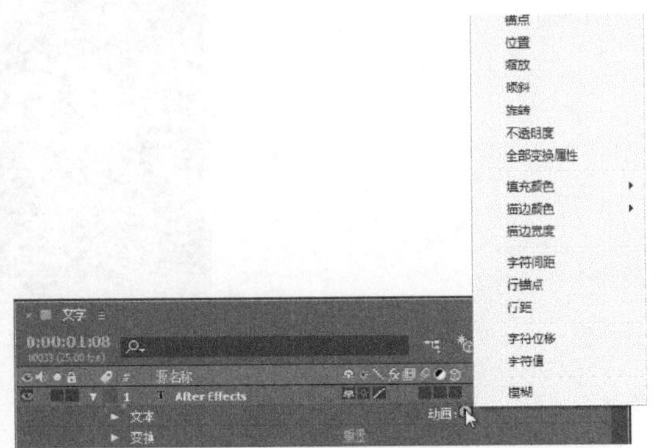

图 5-7

5.1.3 通过菜单新建文本层

使用 After Effects CC 软件，有很多方法可以创建文本，下面详细介绍通过菜单新建文本层的操作方法。

操作步骤 >> Step by Step

第 1 步 在菜单栏中选择【图层】→【新建】→【文本】命令，如图 5-8 所示。

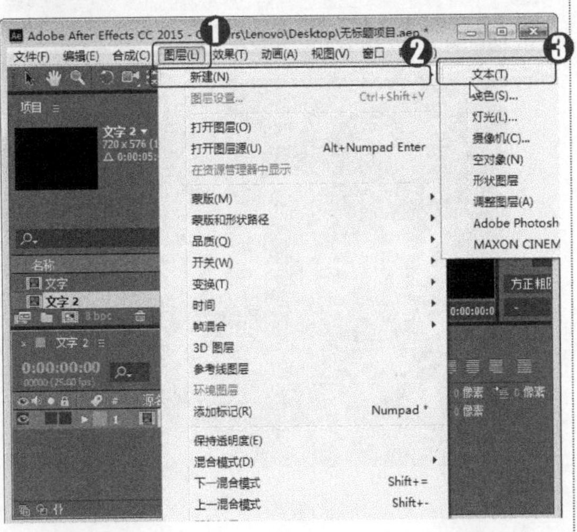

图 5-8

第 2 步 在【合成】窗口中单击鼠标左键，在视图中确定文字输入的起始位置，如图 5-9 所示。

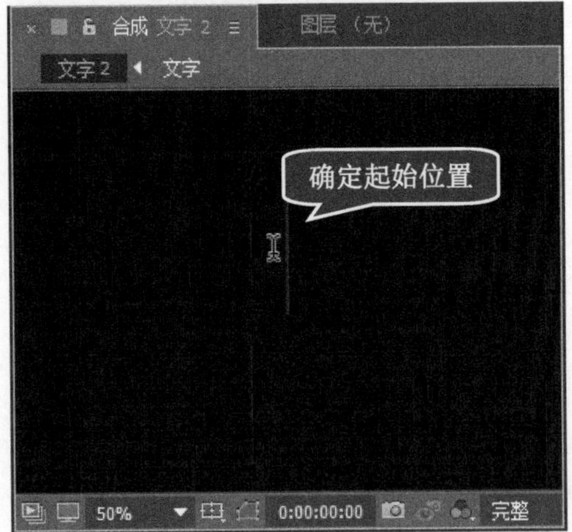

图 5-9

第 3 步 确定输入的位置后，在【合成】窗口中输入文字“AE”，即可完成通过菜单新建文本层的操作，如图 5-10 所示。

■ 指点迷津

在【时间轴】面板的空白处，单击鼠标右键，在弹出的快捷菜单中，选择【新建】→【文本】命令，也可以快速新建一个文本。

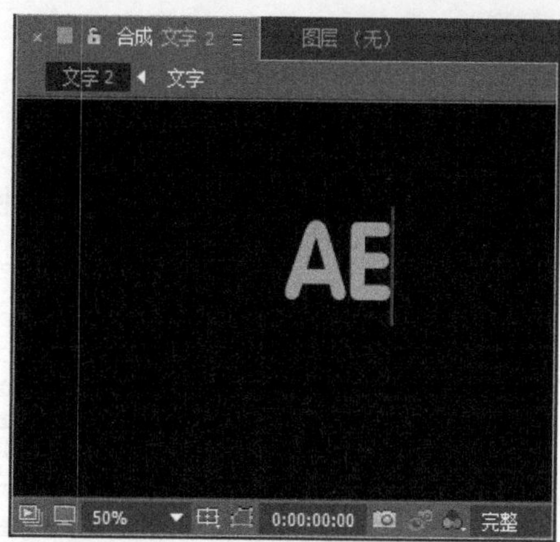

图 5-10

Section 5.2 创建文字动画

After Effects CC 软件的文字图层具有丰富的属性，通过设置属性和添加效果，可以制作出丰富多彩的文字特效，使得影片画面更加鲜活，更具有生命力，本节将详细介绍创建文字动画的相关知识及操作方法。

5.2.1 使用图层属性制作动画

使用【源文本】属性可以对文字的内容、段落格式等属性制作动画，不过这种动画只能是突变性的动画，片长较短的视频字幕可使用该方法来制作。

5.2.2 动画制作工具

创建一个文字图层以后，可以使用【动画制作工具】功能方便快速地创建出复杂的动画效果，一个【动画制作工具】组中可以包含一个或多个动画选择器以及动画属性，如图 5-11 所示。

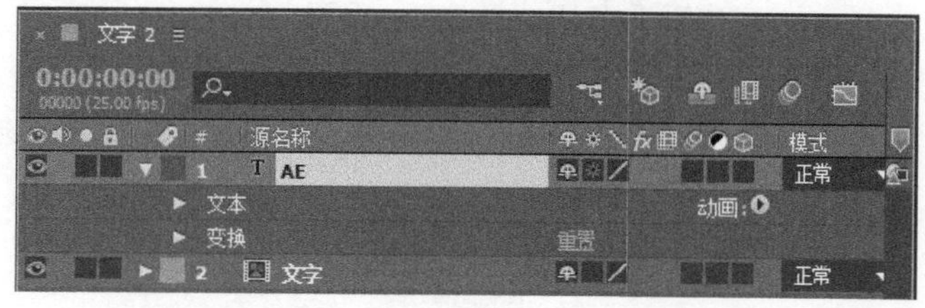

图 5-11

1 动画属性

单击【动画】选项后面的◐按钮，即可打开【动画属性】菜单，【动画属性】主要用来设置文字动画的主要参数(所有的动画属性都可以单独对文字产生动画效果)，如图 5-12 所示。

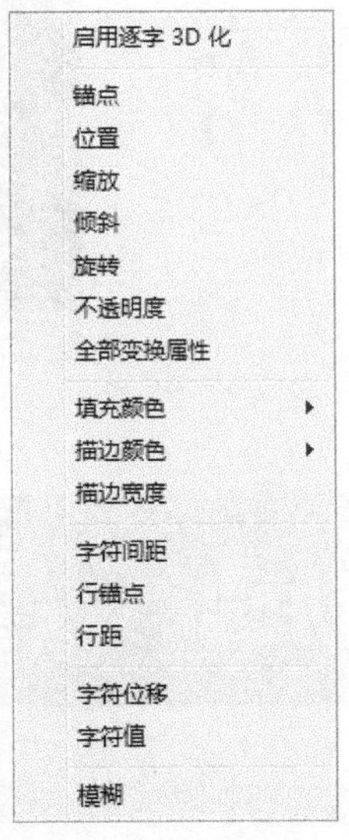

图 5-12

下面详细介绍【动画属性】菜单中的参数。

- 启用逐字 3D 化：控制是否开启三维文字功能。如果开启了该功能，在文字图层属性中将新增一个【材质选项】，用来设置文字的漫反射、高光，以及是否产生阴影等效果，同时【变换】属性也会从二维变换属性转换为三维变换属性。
- 锚点：用于制作文字中心定位点的变换动画。
- 位置：用于制作文字的位移动画。
- 缩放：用于制作文字的缩放动画。
- 倾斜：用于制作文字的倾斜动画。
- 旋转：用于制作文字的旋转动画。
- 不透明度：用于制作文字的不透明度变化动画。
- 全部变换属性：将所有的属性一次性添加到【动画制作工具】中。
- 填充颜色：用于制作文字的颜色变化动画，包括 RGB、色相、饱和度、亮度和不透明度 5 个选项，如图 5-13 所示。

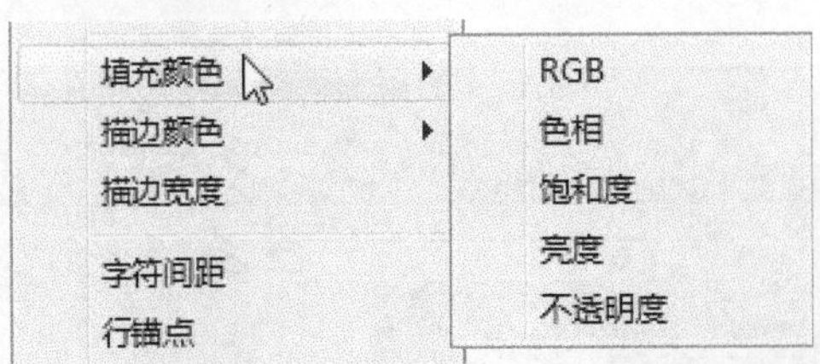

图 5-13

- 描边颜色：用于设置描边的颜色。
- 描边宽度：用于制作文字描边粗细的变化动画。
- 字符间距：用于制作文字之间的间距变化动画。
- 行锚点：用于制作文字的对齐动画。值为 0%时，表示左对齐；值为 50%时，表示居中对齐；值为 100%时，表示右对齐。
- 行距：用于制作多行文字的行距变化动画。
- 字符位移：按照统一的字符编码标准(即 Unicode 标准)为选择的文字制作偏移动画。比如设置英文 bathell 的【字符位移】为 5，那么最终显示的英文就是 gfymjqq (按字母表顺序从 b 往后数，第 5 个字母是 g；从字母 a 往后数，第 5 个字母是 f，以此类推)，如图 5-14 所示。

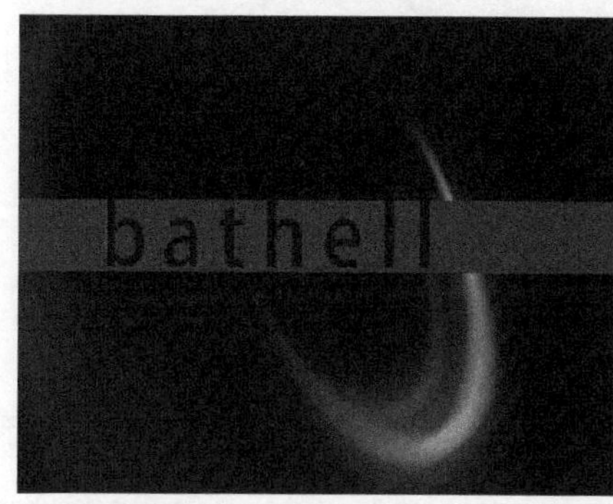

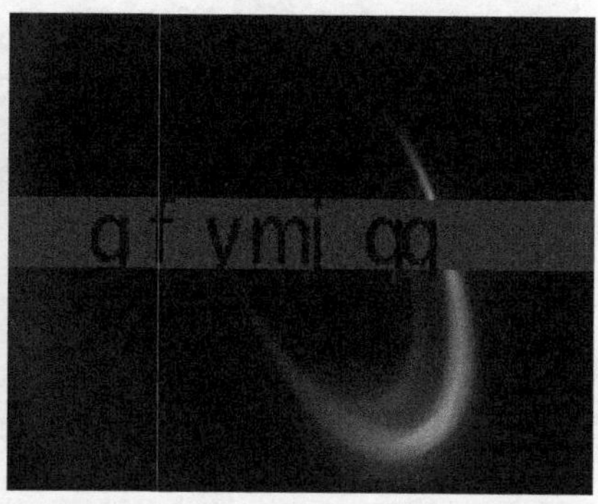

图 5-14

- 字符值：按照 Unicode 文字编码形式将设置的【字符值】所代表的字符统一，将原来的文字进行替换。比如设置【字符值】为 100，那么使用文字工具输入的文字都将以字母 d 进行替换，如图 5-15 所示。

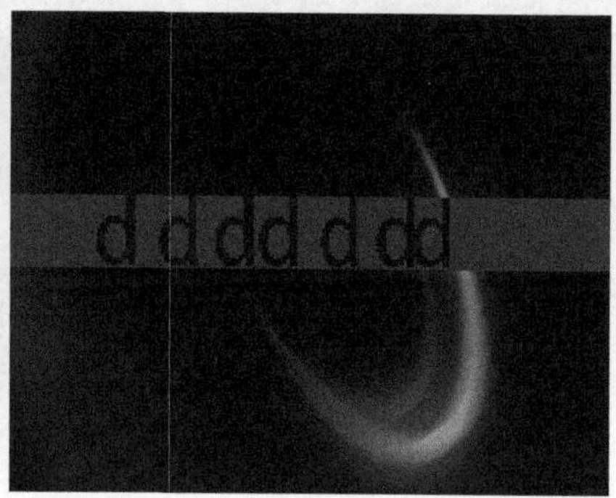

图 5-15

- 模糊：用于制作文字的模糊动画，可以单独设置文字在水平和垂直方向的模糊数值。

2 动画选择器

每个【动画制作工具】组中都包含一个【范围选择器】，可以在一个【动画制作工具】组中继续添加【选择器】，或者在一个【选择器】中添加多个动画属性。如果在一个【动画制作工具】组中添加了多个【选择器】，那么可以在这个动画器中对各个选择器进行调整，这样可以控制各个选择器之间相互作用的方式。

添加选择器的方法是在【时间轴】面板中选择一个【动画制作工具】组，然后在其右边的【添加】选项后面单击按钮，接着在弹出的菜单中选择需要添加的选择器，包括范围选择器、摆动选择器和表达式选择器 3 种，如图 5-16 所示。

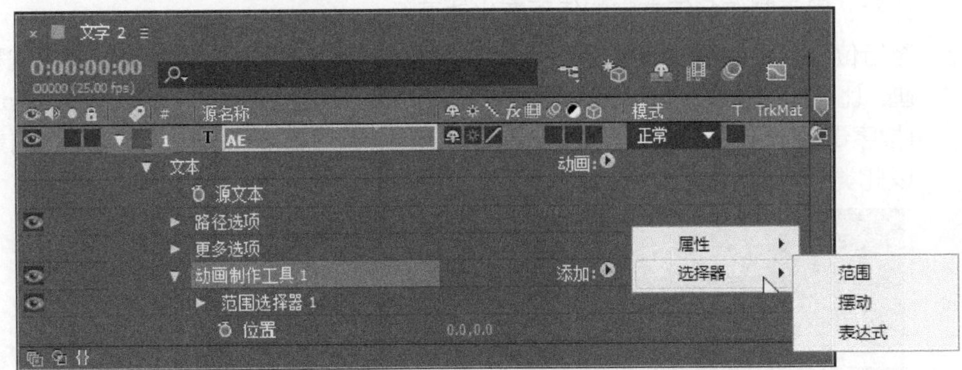

图 5-16

1) 范围选择器

【范围选择器】可以使文字按照特定的顺序进行移动和缩放，如图 5-17 所示。

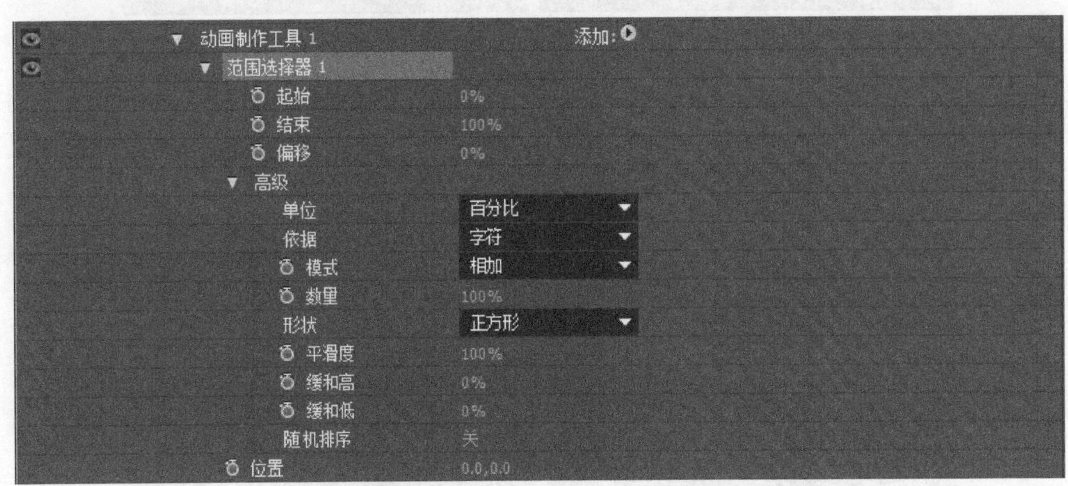

图 5-17

下面详细介绍【范围选择器】中的参数。

- 起始：设置选择器的开始位置，与字符、词或行的数量以及【单位】、【依据】选项的设置有关。
- 结束：设置选择器的结束位置。
- 偏移：设置选择器的整体偏移量。
- 单位：设置选择范围的单位，有【百分比】和【索引】两种，如图 5-18 所示。

图 5-18

➢ 依据：设置选择器动画基于的模式，包含字符、不包含空格的字符、词、行 4 种，如图 5-19 所示。

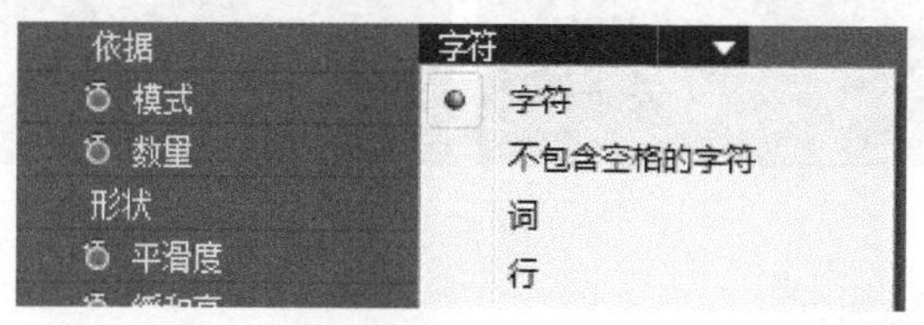

图 5-19

➢ 模式：设置多个选择器范围的混合模式，包括相加、相减、相交、最小值、最大值和差值 6 种模式，如图 5-20 所示。

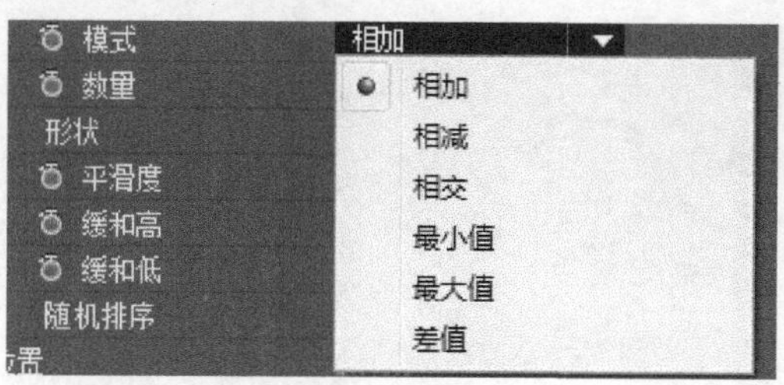

图 5-20

➢ 数量：设置【属性】动画参数对选择器文字的影响程度。0%表示动画参数对选择器文字没有任何作用，50%表示动画参数只能对选择器文字产生一半的影响。
➢ 形状：设置选择器边缘的过渡方式，包括正方形、上斜坡、下斜坡、三角形、圆形和平滑 6 种方式。
➢ 平滑度：在设置【形状】类型为正方形方式时，该选项才起作用，它决定了一个字符到另一个字符过渡的动画时间。
➢ 缓和高：特效缓入设置。例如，当设置缓和高值为 100%时，文字特效从完全选择状态进入部分选择状态的过程就很平稳；当设置缓和高值为-100%时，文字特效从完全选择状态到部分选择状态的过程就会很快。
➢ 缓和低：原始状态缓出设置。例如，当设置缓和低值为 100%时，文字从部分选择状态进入完全不选择状态的过程就很平缓；当设置缓和低值为-100%时，文字从部分选择状态进入完全不选择状态的过程就会很快。
➢ 随机排序：决定是否启用随机设置。

2) 摆动选择器

使用【摆动选择器】可以让选择器在指定的时间段产生摇摆动画，如图 5-21 所示。

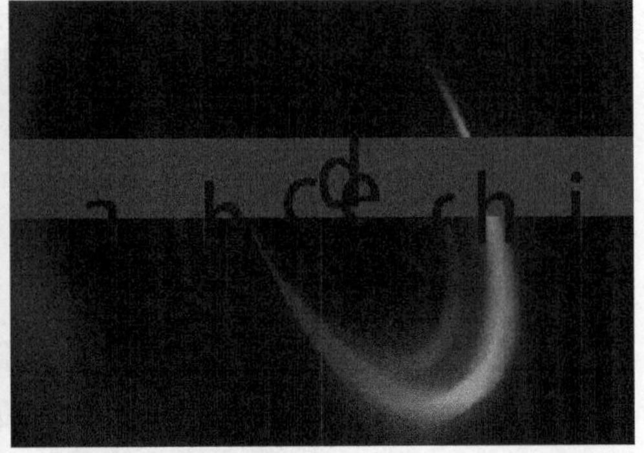

图 5-21

其参数选项如图 5-22 所示。

▼ 动画制作工具 1	添加：
▼ 摆动选择器 1	
模式	相加
最大量	100%
最小量	-100%
依据	字符
摇摆/秒	2.0
关联	50%
时间相位	0x+0.0°
空间相位	0x+0.0°
锁定维度	关
随机植入	0

图 5-22

下面详细介绍【摆动选择器】的参数。

➢ 模式：设置【摆动选择器】与其上层选择器之间的混合模式，类似于多重遮罩的混合设置。
➢ 最大/最小量：设定选择器的最大/最小变化幅度。
➢ 依据：选择文字摇摆动画基于的模式，包括字符、不包含空格的字符、词、行 4 种模式。
➢ 摇摆/秒：设置文字摇摆的变化频率。
➢ 关联：设置每个字符变化的关联性。当其值为 100%时，所有字符在相同时间内的摆动幅度都是一致的；当其值为 0%时，所有字符在相同时间内的摆动幅度都互不影响。
➢ 时间/空间相位：设置字符基于时间还是基于空间的相位大小。
➢ 锁定维度：设置是否让不同维度的摆动幅度拥有相同的数值。
➢ 随机植入：设置随机的变数。

3) 表达式选择器

在使用表达式选择器时，可以很方便地使用动态方法来设置动画属性对文本的影响范围。可以在一个【动画制作工具】组中使用多个【表达式选择器】，并且每个选择器也可以包含多个动画属性，如图 5-23 所示。

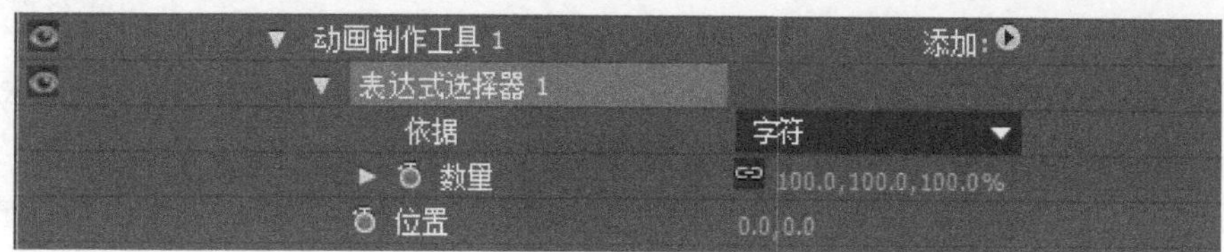

图 5-23

下面详细介绍【表达式选择器】中的参数。

➢ 依据：设置选择器基于的方式，包括字符、不包含空格的字符、词、行 4 种模式。

➢ 数量：设定动画属性对表达式选择器的影响范围。0%表示动画属性对选择器文字没有任何影响；50%表示动画属性对选择器文字有一半的影响。

5.2.3 创建文字路径动画

如果在文字图层中创建了一个蒙版，那么就可以利用这个蒙版作为一个文字的路径来制作动画。作为路径的蒙版可以是封闭的，也可以是开放的，但是必须注意一点，如果使用闭合的蒙版作为路径，必须设置蒙版的模式为【无】。

在文字图层下展开文字属性下面的【路径选项】参数，如图 5-24 所示。

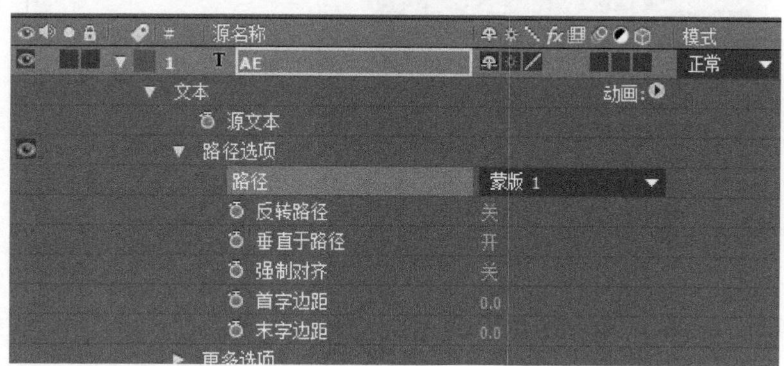

图 5-24

下面详细介绍【路径选项】的参数。

➢ 路径：在后面的下拉列表框中选择作为路径的蒙版。

➢ 反转路径：控制是否反转路径。

➢ 垂直于路径：控制是否让文字垂直于路径。

➢ 强制对齐：将第 1 个文字和路径的起点强制对齐，或与设置的【首字边距】对齐，同时让最后 1 个文字和路径的结尾点对齐，或与设置的【末字边距】对齐。

➢ 首字边距：设置第 1 个文字相对于路径起点处的位置，单位为像素。

➢ 末字边距：设置最后 1 个文字相对于路径结尾处的位置，单位为像素。

5.2.4 调用文字的预置动画

预置的文字动画就是系统预先做好的文字动画，用户可以直接调用这些文字动画效果。此外，用户还可以借助 Adobe Bridge 软件可视化地预览这些预置文字动画。

在【时间轴】面板中，选择需要应用文字动画的【文字】图层，将时间指针放到动画开始的时间点上，如图 5-25 所示。

图 5-25

在菜单栏中，选择【窗口】→【效果和预设】命令，打开【效果和预设】面板，如图 5-26 所示。

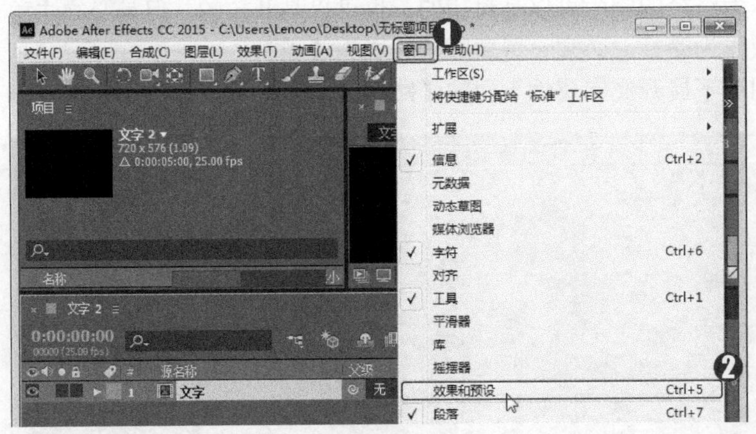

图 5-26

在【效果和预设】面板中，找到合适的文字动画，直接拖曳到第一步选择的【文字】图层上即可。如图 5-27 所示。

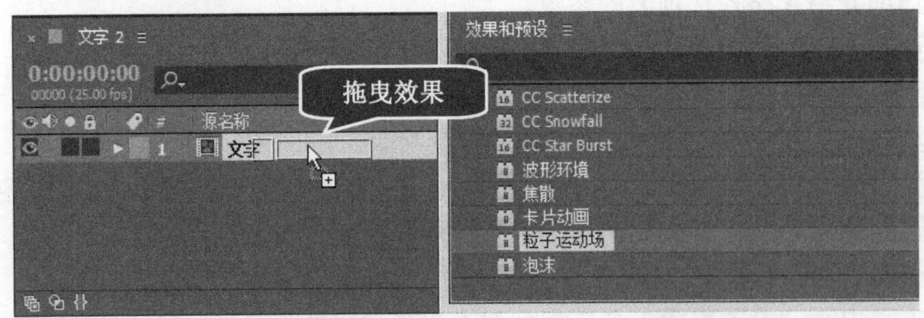

图 5-27

如果用户想要更加直观和方便地看到预置的文字动画效果，可以通过选择【动画】→【浏览预设】命令，打开 Adobe Bridge 软件，就可以动态浏览各种文字动画的效果了。最后在合适的文字动画效果上双击鼠标左键，就可以将动画添加到选择的【文字】图层上了，如图 5-28 所示。

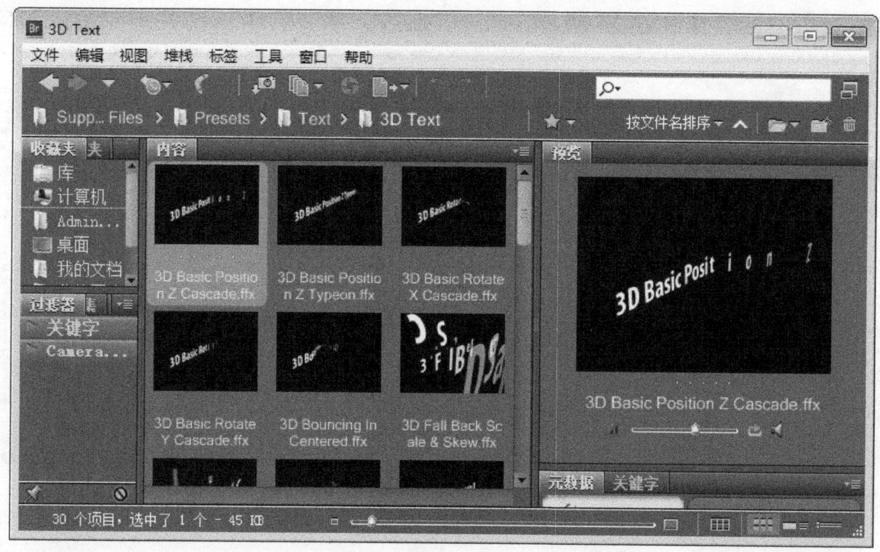

图 5-28

知识拓展

在【效果和预设】面板中，预置了大量精彩的文字动画效果。【效果和预设】面板中的文字动画效果存储的是【动画制作工具】组中的信息，可以将认为满意的文字动画效果存储到【效果和预设】面板中，随需使用。

Section 5.3 专题课堂——文字的应用

After Effects 旧版本中的【创建外轮廓】命令，在新版本中被分成了【从文本创建蒙版】和【从文本创建形状】两个命令。本节将详细介绍使用这两个命令进行文字应用的方法。

5.3.1 使用文字创建蒙版

After Effects 新版中的【从文本创建蒙版】命令的功能和使用方法与原来的【创建外轮廓】命令完全一样，下面详细介绍使用文字创建蒙版的操作方法。

操作步骤 >> Step by Step

第 1 步 在【时间轴】面板中，**1.** 选择文本图层，**2.** 在菜单栏中，选择【图层】→【从文本创建蒙版】命令，如图 5-29 所示。

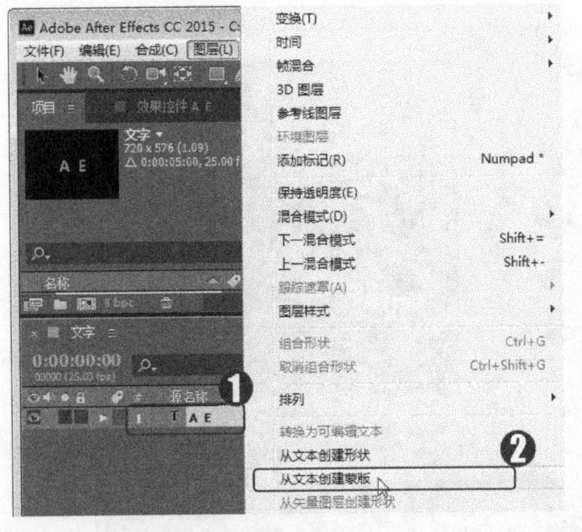

图 5-29

第 2 步 系统会自动生成一个白色的固态图层，并将蒙版创建到这个图层上，同时原始的文字图层将自动关闭显示，这样即完成了使用文字创建蒙版的操作，如图 5-30 所示。

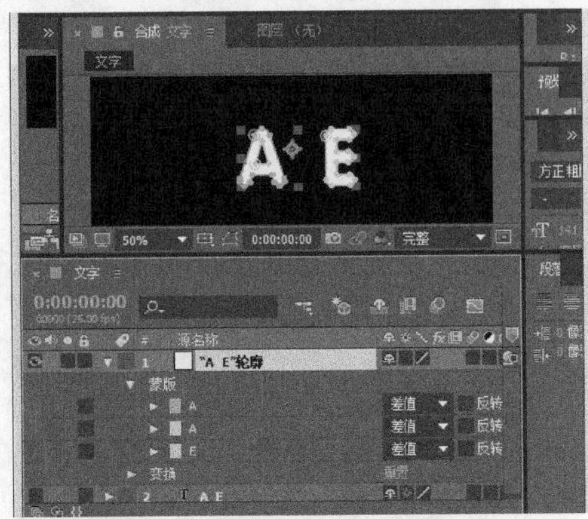

图 5-30

5.3.2 创建文字形状动画

After Effects 新版中的【从文本创建形状】命令，可以创建一个以文字轮廓为形状的形状图层，下面详细介绍创建文字形状动画的操作方法。

操作步骤 >> Step by Step

第 1 步 在【时间轴】面板中，**1.** 选择文本图层，**2.** 在菜单栏中，选择【图层】→【从文本创建形状】命令，如图 5-31 所示。

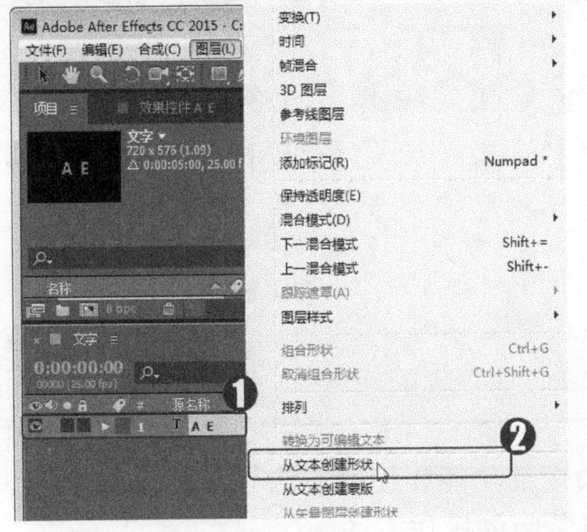

图 5-31

第 2 步 系统会自动生成一个新的文字形状轮廓图层，同时，原始的文字图层将自动关闭显示，这样即完成了创建文字形状动画的操作，如图 5-32 所示。

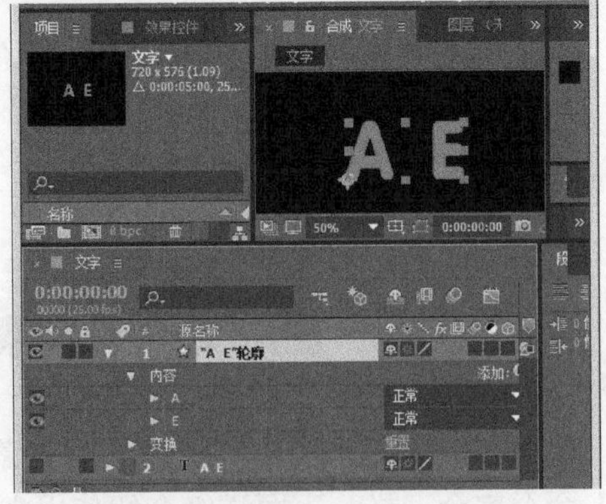

图 5-32

专家解读

在 After Effects 中，【从文本创建蒙版】的功能非常实用，可以在转化后的蒙版图层上应用各种特效，还可以将转化后的蒙版赋予其他图层使用。

Section 5.4 实践经验与技巧

在本节的学习过程中，将侧重介绍和讲解与本章知识点有关的实践经验及技巧，主要内容将包括制作文字渐隐的效果、制作文字随机动画和制作轮廓文字动画等方面的知识和操作技巧。

5.4.1 制作文字渐隐的效果

使用【动画制作工具】组配合文字工具是创建文字动画最主要的方式。可以通过设置【动画制作工具】组中的【不透明度】属性以及【范围选择器】的【结束】属性来制作文字渐隐的动画效果，下面详细介绍制作文字渐隐效果的操作方法。

操作步骤 >> Step by Step

第 1 步 打开素材文件“制作文字渐隐素材.aep”，首先使用【文字工具】T，输入“文字渐隐效果”字样，如图 5-33 所示。

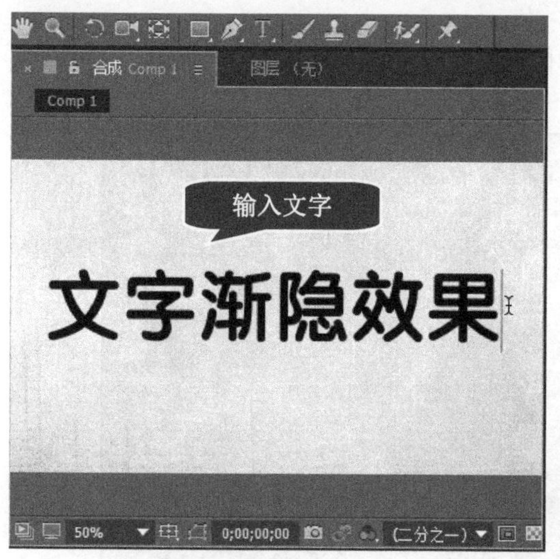

图 5–33

第 2 步 单击【动画】选项后面的▶按钮，然后在弹出的快捷菜单中选择【不透明度】命令，如图 5-34 所示。

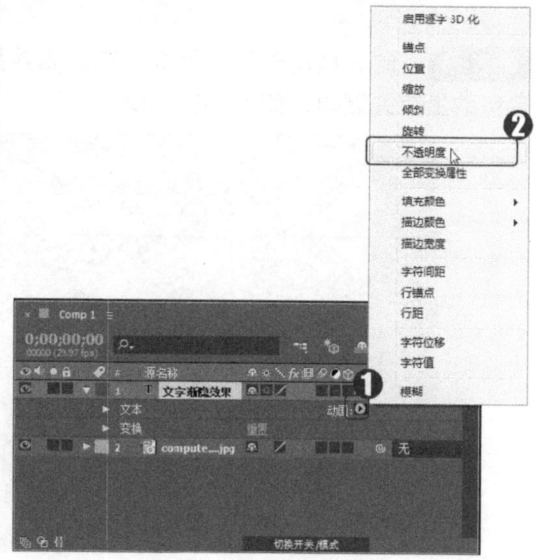

图 5–34

第 3 步 将【动画制作工具 1】组中的【不透明度】属性设置为 0%，使文字层完全透明，如图 5-35 所示。

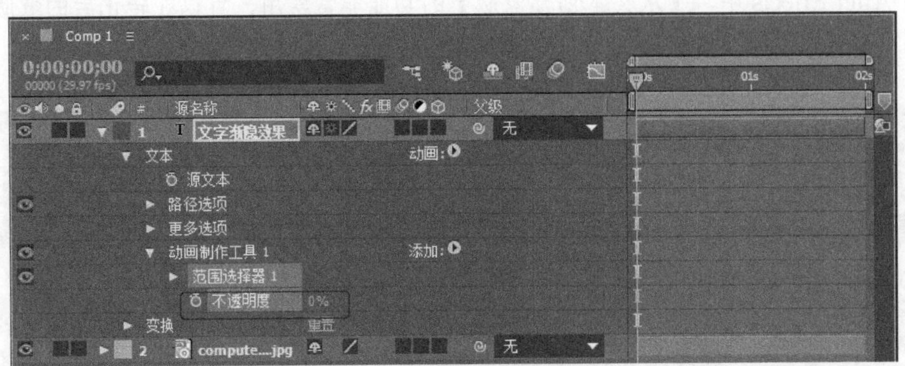

图 5–35

第 4 步 在准备添加渐隐效果的开始位置，将【范围选择器 1】的【结束】属性设置为 0%，并将其记录为关键帧，如图 5-36 所示。

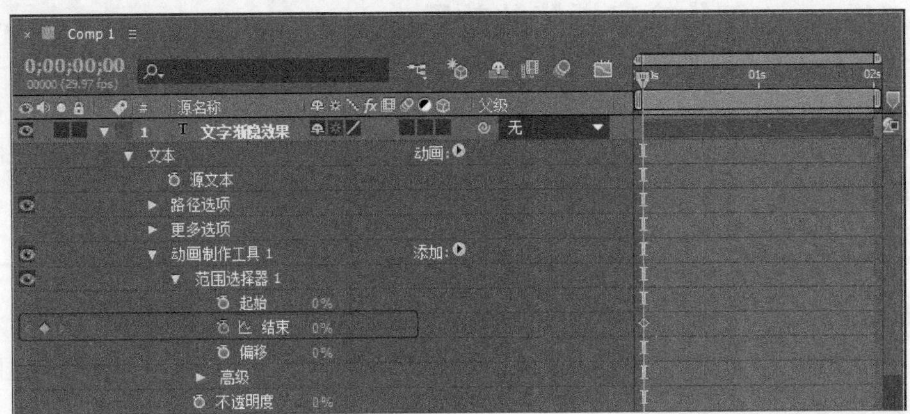

图 5–36

第 5 步 向右拖动时间指示标，在渐隐效果的结束位置将【结束】属性设置为 100%，会自动生成关键帧，如图 5-37 所示。

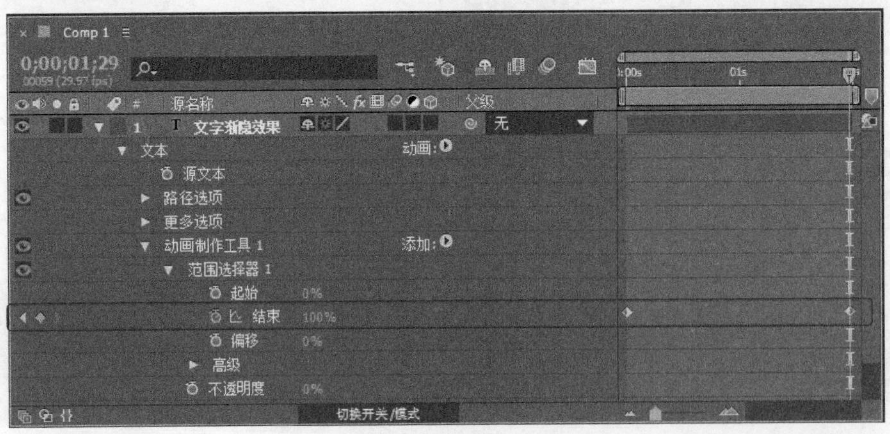

图 5–37

第 6 步　此时，拖动时间线滑块，即可观察制作好的文字渐隐效果，通过以上步骤即完成了文字渐隐效果的制作，如图 5-38 所示。

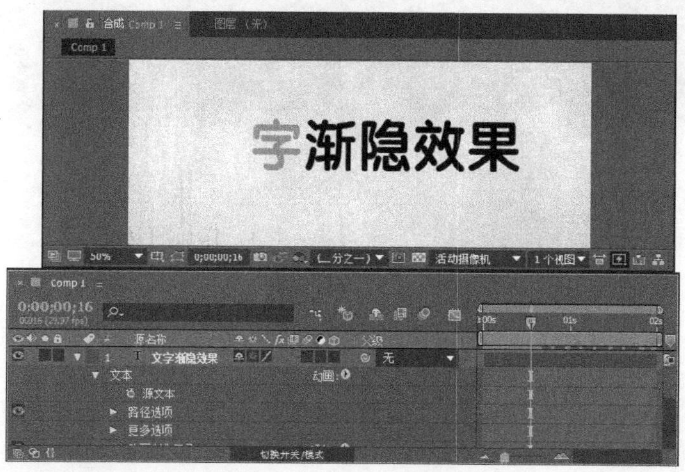

图 5-38

5.4.2　制作文字随机动画

在制作文字随机动画方面，【摆动选择器】比【范围选择器】要方便得多，只需要设置其各个参数，通过运算随机选择文字，无须设置关键帧。下面详细介绍其操作方法。

操作步骤 >> Step by Step

第 1 步　打开素材文件“文字随机动画素材.aep”，使用文字工具T，输入“GO GO GO ！！！”字样，如图 5-39 所示。

图 5-39

第 2 步　单击【动画】选项后面的按钮，然后在弹出的快捷菜单中选择【填充颜色】→RGB 命令，如图 5-40 所示。

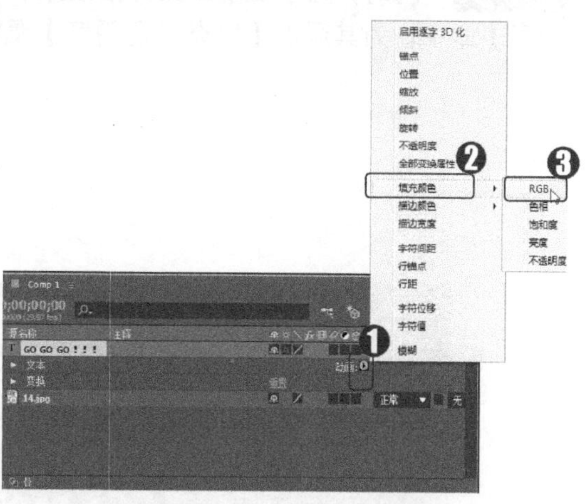

图 5-40

第 3 步　此时可以在【合成】窗口中看到添加后的文字效果，如图 5-41 所示。

图 5-41

第 4 步 单击【添加】选项后面的按钮，在弹出的快捷菜单中，选择【属性】→【位置】命令，添加一个【位置】属性，如图 5-42 所示。

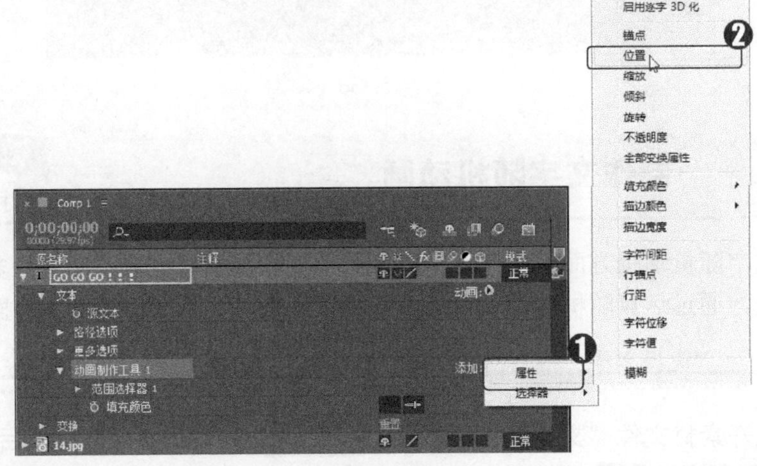

图 5-42

第 5 步 同时，为了让动画更为活泼柔和，可以选择【属性】→【填充颜色】→【不透明度】命令，为其添加【填充不透明度】属性，如图 5-43 所示。

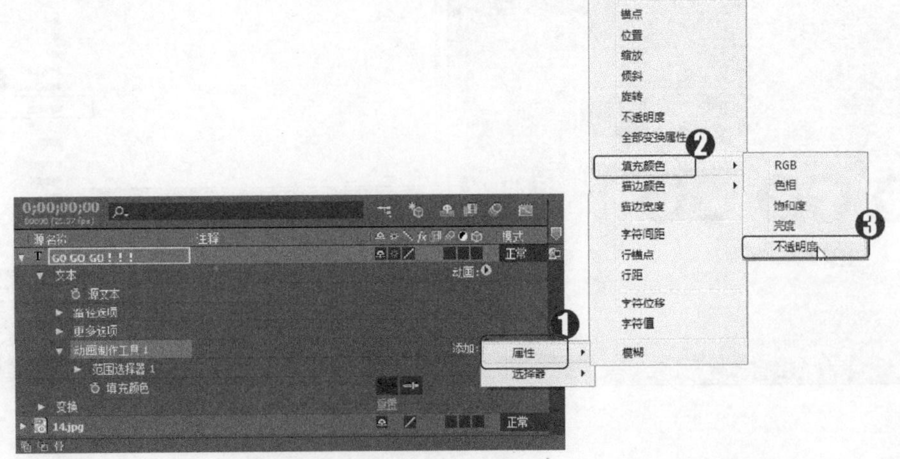

图 5-43

第 6 步 默认状态下，【动画制作工具】组的默认选择器为【范围选择器】，所以要通过菜单命令手动为【动画制作工具】组增加一个“摆动选择器”，如图 5-44 所示。

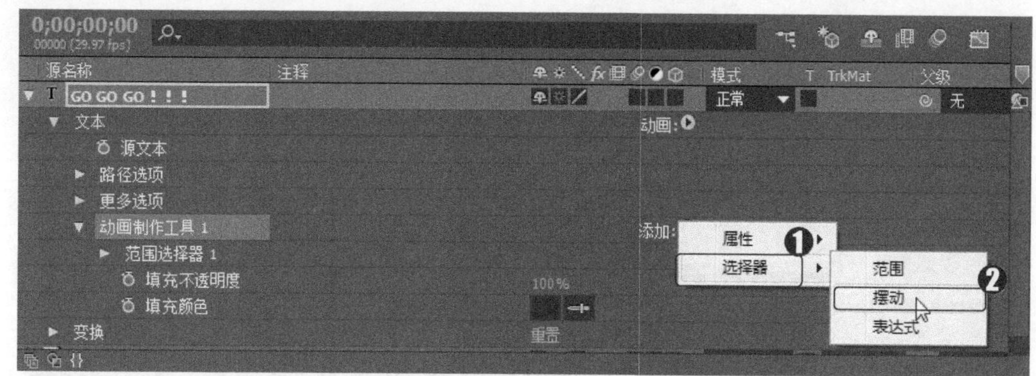

图 5–44

第 7 步 根据需要将【位置】属性的纵轴数值设置为正值，同时将【填充不透明度】属性的数值设置为 0%，如图 5-45 所示。

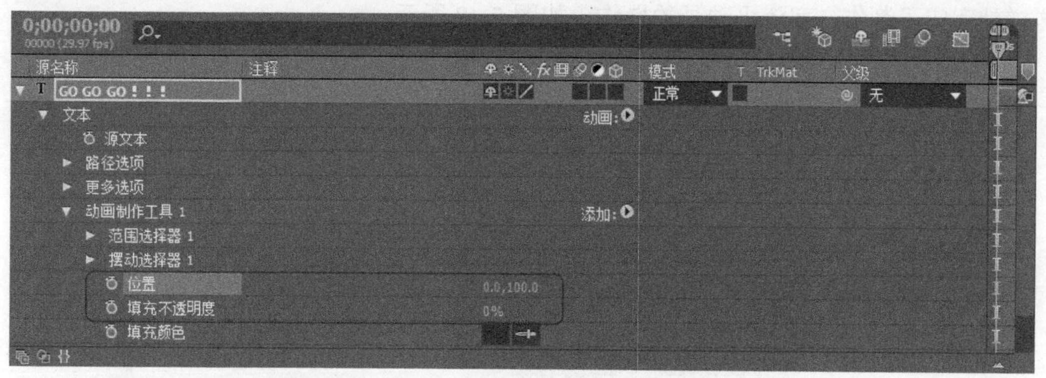

图 5–45

第 8 步 配合“摆动选择器”的选择作用，可以生成文字随机跳动并随机缺隐的效果，如图 5-46 所示。

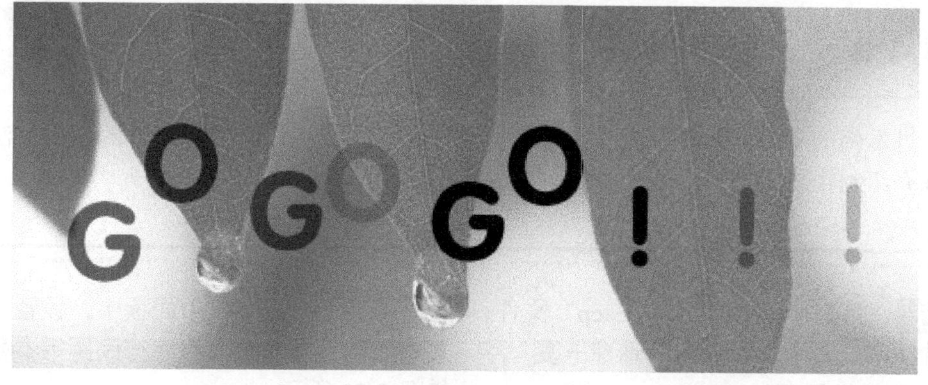

图 5–46

第 9 步 效果已经基本制作完成，用户还可以继续设置【摆动选择器 1】的各项属性参数，可以设置【摆动选择器 1】选取文字区域的叠加模式、选取单位、随机选取速率以及空间相位等多个属性，使随机选择的方式更符合文字动画效果的需求，如图 5-47 所示。

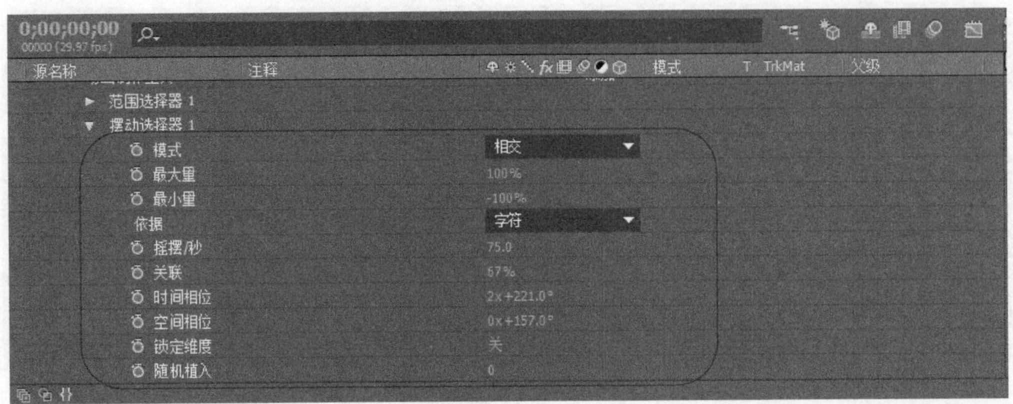

图 5-47

第 10 步 由于【摆动选择器 1】无须设置关键帧，所以已经生成了文字随机变色的效果，这样就完成了制作文字随机动画的操作，如图 5-48 所示。

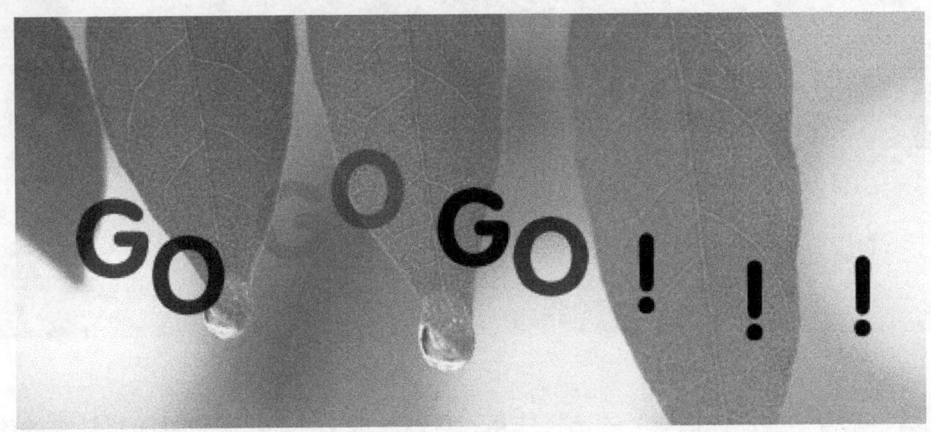

图 5-48

5.4.3 制作轮廓文字动画

通过本例的学习，读者可以掌握【修剪路径】属性在制作文字特效时的应用方法，下面详细介绍制作轮廓文字动画的操作方法。

操作步骤 >> Step by Step

第 1 步 打开“轮廓文字素材.aep”文件，使用【文字工具】T，输入“清凉一夏”字样，如图 5-49 所示。

第 2 步 在【字符】面板中，设置字体、文本颜色、文本大小和字符间距等参数值，如图 5-50 所示。

图 5–49

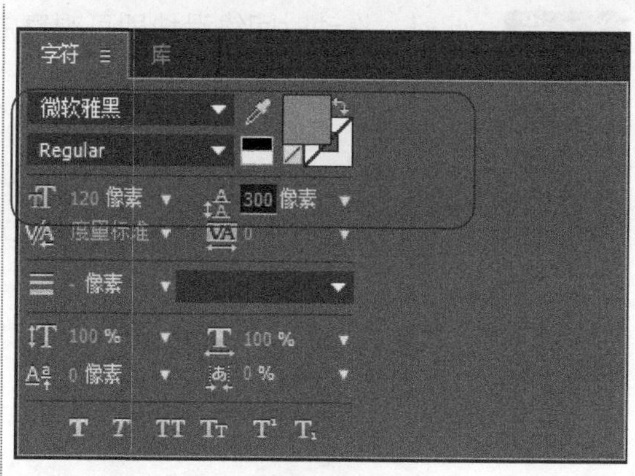

图 5–50

第 3 步　选择【清凉一夏】图层，然后选择【图层】→【从文本创建形状】命令，如图 5-51 所示。

图 5–51

第 4 步　展开轮廓图层，单击【内容】选项组后面的【添加】按钮，在弹出的菜单中选择【修剪路径】命令，如图 5-52 所示。

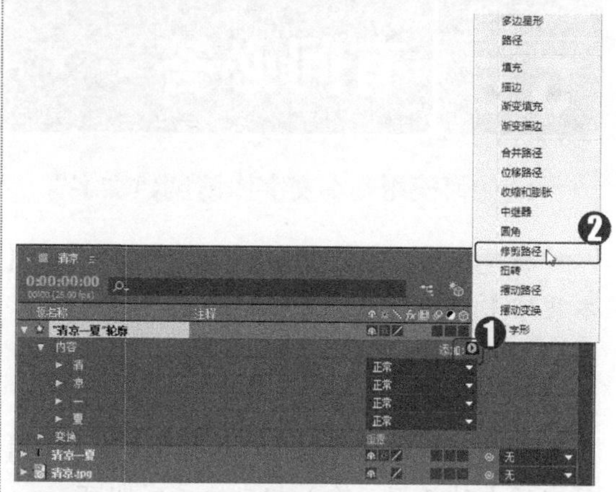

图 5–52

第 5 步　展开【内容】→【修剪路径 1】，在第 0 帧处设置关键帧动画的【结束】属性为 0%，在第 4 秒处，设置其为 100%，然后在【修剪多重形状】选项中选择【单独】属性，如图 5-53 所示。

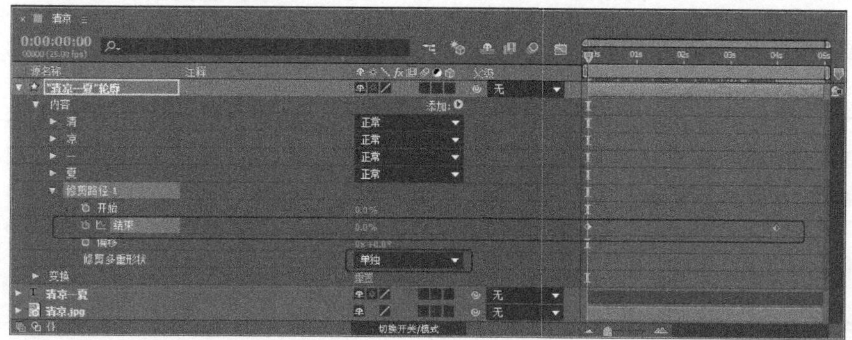

图 5–53

第 6 步 此时，拖动时间线滑块即可观察制作好的轮廓文字动画效果，这样就完成了制作轮廓文字动画的操作，如图 5-54 所示。

图 5-54

Section 5.5 有问必答

1. 如何使用基本文字滤镜创建文字?

新建一个纯色层，然后选择【效果】→【过时】→【基本文字】命令，系统会弹出【基本文字】对话框，输入相应的文字即可。

2. 如何使用路径文字滤镜创建文字?

新建一个纯色层，然后选择【效果】→【过时】→【路径文本】命令，系统会弹出【路径文字】对话框，输入相应的文字即可。

3. 如何使用编号滤镜创建文字?

新建一个纯色层，然后选择【效果】→【文本】→【编号】命令，系统会弹出【编号】对话框，详细地设置一些选项参数后，单击【确定】按钮 确定 即可。

4. 如何使用时间码滤镜创建文字?

新建一个纯色层，然后选择【效果】→【文本】→【时间码】命令，在【效果控件】面板中，可以对文字设置显示格式、时间源、自定义、文本位置、文字大小、文字颜色、方框颜色和不透明度等属性。

5. 如何改变文字的转角类型?

在【字符】面板中，单击鼠标右键，在弹出的快捷菜单中选择【线段连接】→【尖角/圆角/斜角】命令，即可将转角类型分别设置为尖角、圆角或斜角。

第6章 时间轴

本章要点

- ❖ 操作时间轴
- ❖ 设置时间
- ❖ 专题课堂——图形编辑器

本章主要内容

本章主要介绍操作时间轴和设置时间方面的知识与技巧，在本章的最后还针对实际的工作需求，讲解图形编辑器的使用方法。通过本章的学习，读者可以掌握时间轴基础操作方面的知识，为深入学习 After Effects CC 入门与应用知识奠定基础。

Section 6.1 操作时间轴

通过控制时间轴，可以把以正常速度播放的画面加速或减慢，甚至反向播放，还可以产生一些非常有趣的或者富有戏剧性的动态图像效果，本节将详细介绍操作时间轴的相关方法。

6.1.1 使用时间轴控制速度

在【时间轴】面板中，单击按钮，展开时间拉伸属性，如图 6-1 所示。伸缩属性可以加快或者放慢动态素材层的时间，默认情况下伸缩值为 100%，代表以正常速度播放片段；小于 100%时，会加快播放速度；大于 100%时，将减慢播放速度。不过时间拉伸不可以形成关键帧，因此不能制作时间变速的动画特效。

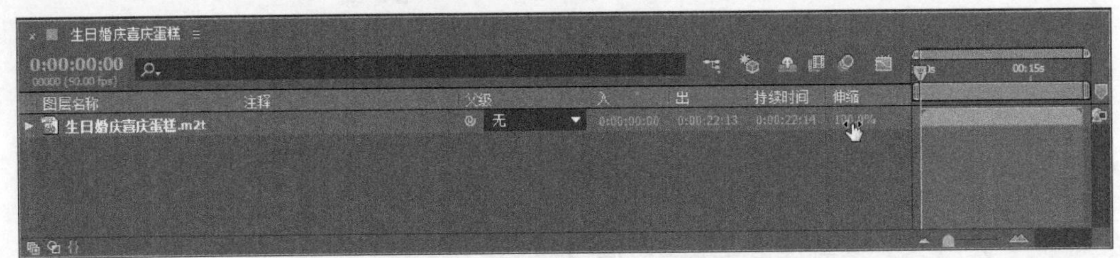

图 6-1

6.1.2 设置声音的时间轴属性

除了视频，在 After Effects 中还可以对音频应用伸缩功能。调整音频层的伸缩值，随着伸缩值的变化，可以听到声音的变化，如图 6-2 所示。

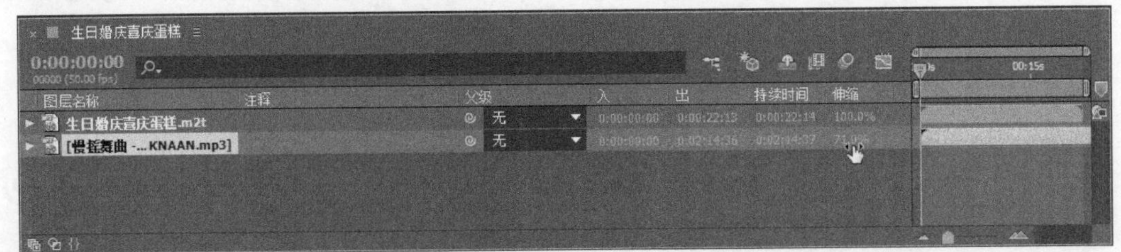

图 6-2

如果某个素材层同时包含音频和视频信息，在调整伸缩速度时，希望只影响视频信息，而音频信息保持正常速度播放，就需要将该素材层复制一份，两个层中一个层关闭视频信息，但保留音频部分，不改变伸缩速度；另一个关闭音频信息，保留视频部分，调整伸缩速度即可。

6.1.3 使用入点和出点控制面板

入点和出点参数面板不但可以方便地控制层的入点和出点信息，而且隐藏了一些快捷功能，通过它们，同样可以改变素材片段的播放速度和伸缩值。

在【时间轴】面板中，调整当前时间线滑块到某个时间位置，在按住 Ctrl 键的同时，单击入点或者出点参数，即可改变素材片段播放的速度，如图 6-3 所示。

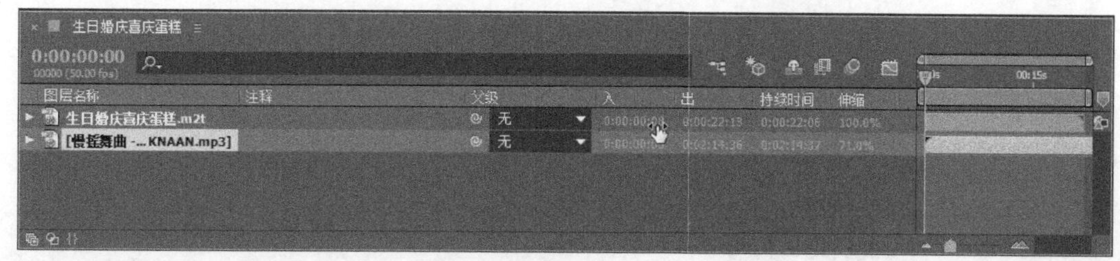

图 6-3

6.1.4 时间轴上的关键帧

如果素材层上已经制作了关键帧动画，那么在改变其伸缩值时，不仅会影响本身的播放速度，关键帧之间的时间距离还会随之改变。例如，将伸缩值设置为 50%，原来关键帧之间的距离就会缩短一半，关键帧动画速度同样也会加快一倍，如图 6-4 所示。

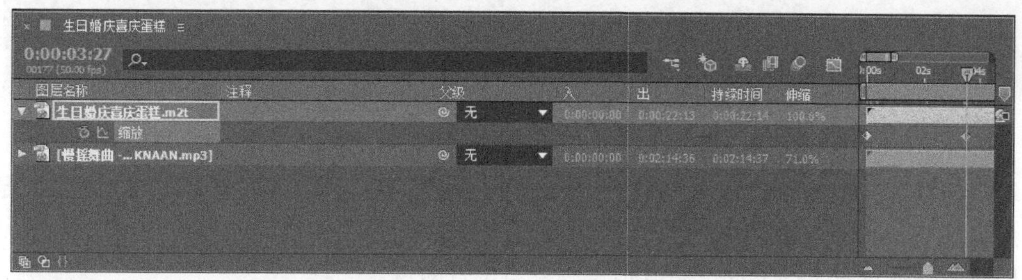

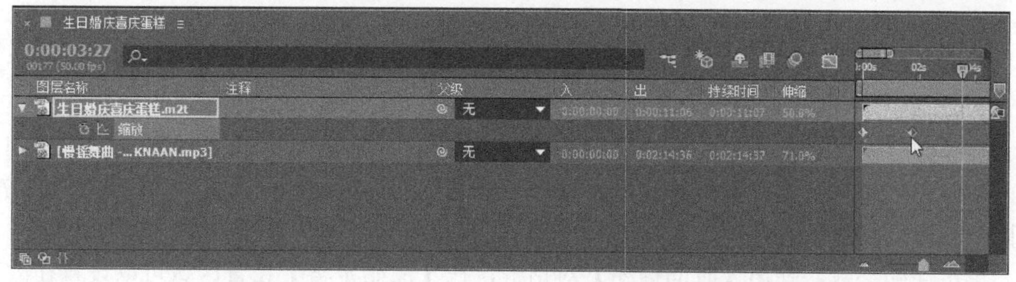

图 6-4

如果不希望改变伸缩值时影响关键帧时间位置，则需要全选当前层的所有关键帧，然后选择【编辑】→【剪切】命令，或按下键盘上的 Ctrl+X 组合键，暂时将关键帧信息剪切到系统剪贴板中，调整伸缩值，在改变素材层的播放速度后，选取使用关键帧的属性，再选择【编辑】→【粘贴】命令，或按下键盘上的 Ctrl+V 组合键，将关键帧粘贴回当前层。

Section 6.2 设置时间

在【时间轴】面板中，还可以进行一些关于时间的设置，例如颠倒时间、确定时间调整基准点和应用重置时间命令等，本节将详细介绍设置时间的相关知识及操作方法。

6.2.1 颠倒时间

在视频节目中，经常会看到倒放的动态影像，把伸缩值调整为负值即可实现，例如，保持片段原来的播放速度，只是倒放，将伸缩值设置为-100%即可，如图 6-5 所示。

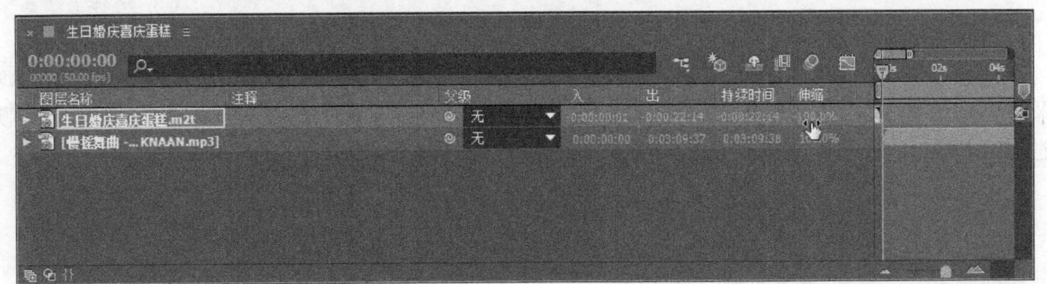

图 6-5

当伸缩属性设置为负值时，图层上会出现红色的斜线，这表示已经颠倒了时间。但是，图层会移动到其他地方，这是因为在颠倒时间过程中，是以图层的入点为变化基准，所以反向时会导致位置上的变动，将其拖曳到合适位置即可。

6.2.2 确定时间调整基准点

在拉伸时间的过程中，发现变化时的基准点在默认情况下是以入点为标准的，特别是在颠倒时间的练习中更明显地感受到了这一点。其实在 After Effects 中，时间调整的基准点同样是可以改变的。

单击伸缩参数，弹出【时间伸缩】对话框，在【原始定格】设置区域可以设置在改变时间拉伸值时层变化的基准点，如图 6-6 所示。

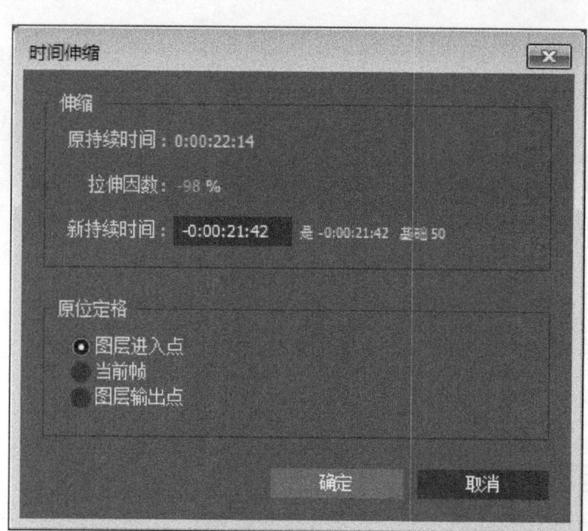

图 6-6

- 图层进入点：以层入点为基准，也就是在调整过程中，固定入点位置。
- 当前帧：以当前时间指针为基准，也就是在调整过程中，同时影响入点和出点的位置。
- 图层输出点：以层出点为基准，也就是在调整过程中，固定出点的位置。

6.2.3 应用重置时间命令

重置时间可以随时重新设置素材片段的播放速度。与伸缩不同的是，它可以设置关键帧，创作各种时间变速动画。重置时间可以应用在动态素材上，如视频素材层、音频素材层和嵌套合成等。

在【时间轴】面板中选择视频素材层，然后在菜单栏中选择【图层】→【时间】→【启用时间重映射】命令，或者按下键盘上的 Ctrl+Alt+T 组合键，激活【时间重映射】属性，如图 6-7 所示。

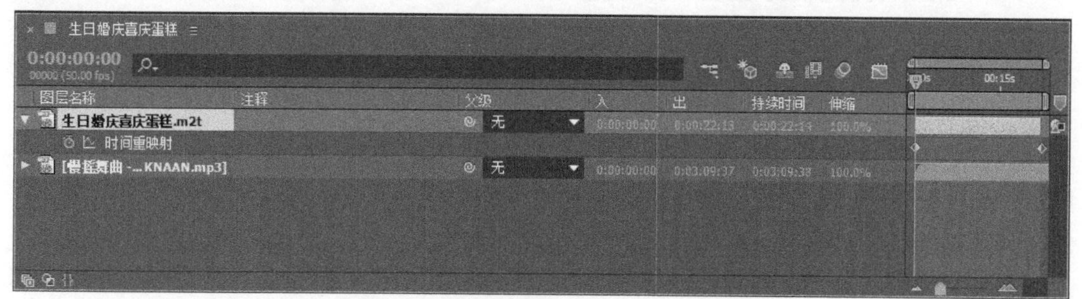

图 6-7

添加【时间重映射】后，会自动在视频层的入点和出点位置加入两个关键帧，入点位置关键帧记录了片段起始帧时间，出点位置关键帧记录了片段最后的时间。

Section 6.3 专题课堂——图形编辑器

图形编辑器是 After Effects 在整合以往版本的速率图表基础上，提供的更丰富、更人性化的控制动画的一个全新功能模块，本节将详细介绍图形编辑器的相关知识。

6.3.1 调整图形编辑器视图

用户可以单击【图表编辑器】按钮，在关键帧编辑器和动画曲线编辑器之间切换，如图 6-8 所示。

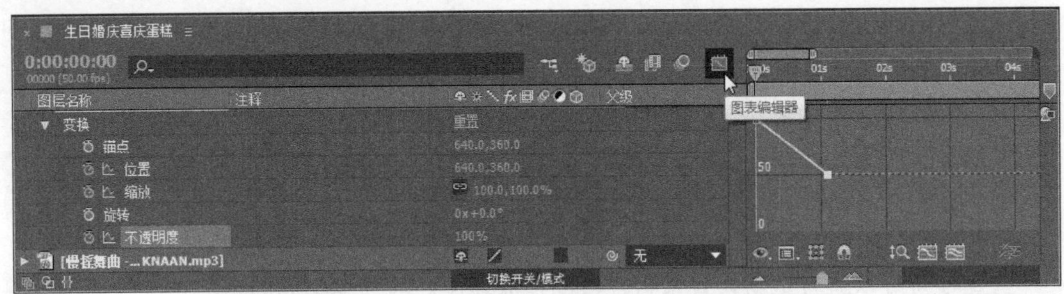

图 6-8

图形编辑器有非常方便的视图控制能力，最常用的有以下 3 种按钮工具。

➢ 【自动缩放图表高度】按钮：以曲线高度为基准自动缩放视图。
➢ 【使用选择适于查看】按钮：选择的曲线或关键帧显示自动匹配到视图范围。
➢ 【使所有图表适于查看】按钮：所有的曲线显示自动匹配到视图范围。

6.3.2 数值和速度变化曲线

数值变化曲线往上伸展代表属性值增大，往下伸展代表属性值减小，如果是水平延伸，则代表属性值无变化；平缓的斜线代表属性值慢速变化，陡峭的斜线代表属性快速变化，弧线代表属性值加速或减速变化。

速度变化曲线主要反映属性变化的速率，因此无论怎么调整，都不会影响实际的属性值，如果是水平延伸，则代表匀速运动，曲线则代表变速运动。

6.3.3 在图形编辑器中移动关键帧

单击按钮，激活关键帧编辑框。当选中多个关键帧时，多个关键帧就会形成一个编

辑框，可以调整整体，甚至可以对多个关键帧位置和值进行成比例缩放。因为编辑框中关键帧的位置是相对位置，彻底打破了过去编辑多个关键时固定间距的局限，该功能可以整体缩短一段复杂的关键帧动画或者整体改变动画幅度，如图 6-9 所示。

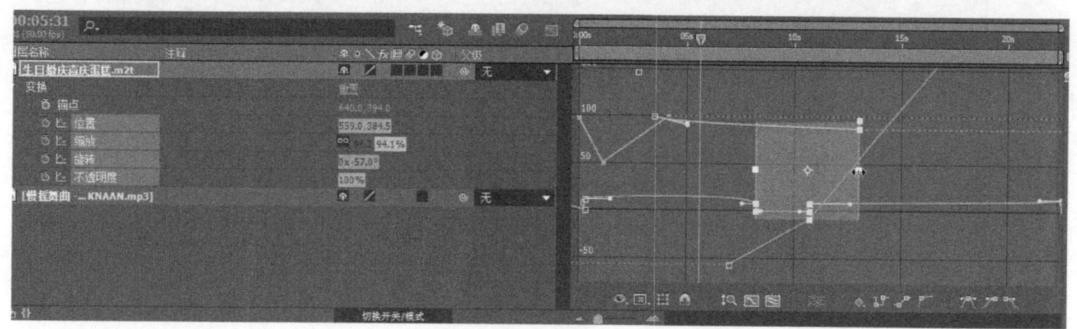

图 6-9

在图形编辑器中有非常方便的自动吸附功能，并且更为强大和丰富，可以将关键帧与入点、出点、标记、当前时间指针、其他关键帧等进行自动吸附对齐操作，单击【对齐】按钮即可激活此功能，如图 6-10 所示。

图 6-10

在图形编辑器中，有一些可以快速实现关键帧“时间插值运算”方式的按钮，只要先选中一个或多个关键帧，通过这些按钮，可选择诸如线性、自动曲线、静态的插值方式。

➢ ：关键帧菜单，相当于在关键帧上单击鼠标右键。
➢ ：将选定的关键帧转换为静态方式。
➢ ：将选定的关键帧转换为线性方式。
➢ ：将选定的关键帧转换为自动曲线方式。

如果这些预置的算法不能满足需求，可以手动调整速度曲线达到个性化的效果，或者运用其中另外 3 个关键帧的助手按钮，快速实现一些通用的时间速率特效。

➢ 【缓动】按钮：同时平滑关键帧入和出的速率，一般为减速度入关键帧，加速度出关键帧。
➢ 【缓入】按钮：仅平滑关键帧入时的速率，一般为减速度入关键帧。
➢ 【缓出】按钮：仅平滑关键帧出时的速率，一般为加速度出关键帧。

若采用更数据化的调整关键帧“时间插值”的方法，则单击按钮，在弹出的列表中选择【关键帧速度】选项，在弹出的对话框中可以用精确的数字调整，如图 6-11 所示。

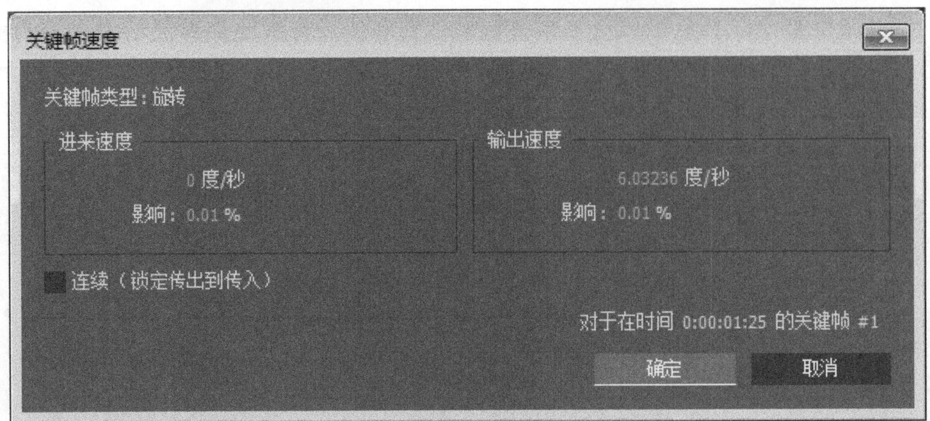

图 6-11

【关键帧速度】对话框分为【进来速度】和【输出速度】两个区块。

数值框中设置速度值，单位为变化单位/秒，这里的变化单位根据属性不同而有所不同。

- 影响：上面设置的速度影响范围。
- 连续：是否将放点速度与出点速度设为相同。

Section 6.4 实践经验与技巧

在本节的学习过程中，将侧重介绍和讲解与本章知识点有关的实践经验及技巧，主要内容将包括如何制作“粒子汇集”文字、制作风车旋转动画、制作流动的云彩等方面的知识与操作技巧。

6.4.1 制作“粒子汇集”文字

本例将学习输入文字，在文字上添加滤镜效果和动画倒放效果，来制作粒子汇集文字。

操作步骤 >> Step by Step

第 1 步 按下键盘上的 Ctrl+N 组合键，打开【合成设置】对话框，在【合成名称】文本框中输入文字“粒子发散”，并设置如图 6-12 所示的参数，创建一个新的合成【粒子发散】。

第 2 步 选择【横排文字】按钮 T，在【合成】窗口中，输入文字“After Effects”，如图 6-13 所示。

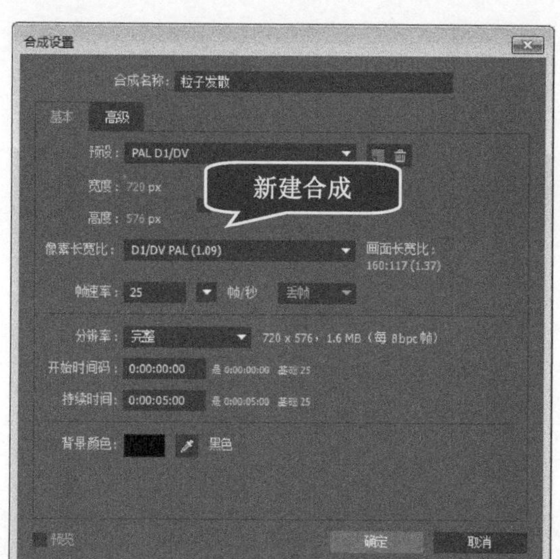

图 6-12

图 6-13

第 3 步 选中文字，在【字符】面板中设置文字参数，如图 6-14 所示。

图 6-14

第 4 步 此时可以看到【合成】窗口中的效果，如图 6-15 所示。

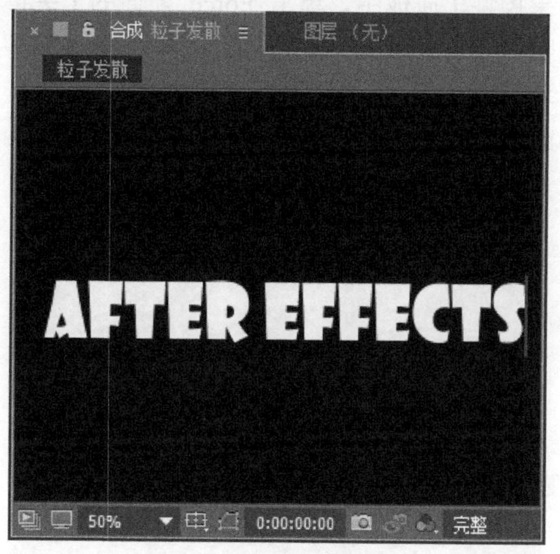

图 6-15

第 5 步 选中【文字】层，在菜单栏中，选择【效果】→【模拟】→CC Pixel Polly 命令，在【效果控件】面板中进行详细的参数设置，如图 6-16 所示。

第 6 步 此时可以看到【合成】窗口中的效果，如图 6-17 所示。

图 6–16

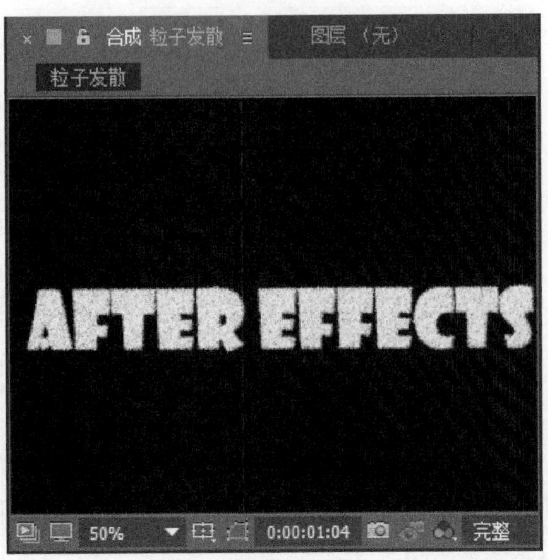

图 6–17

第 7 步 选中【文字】层，在【时间轴】面板中将时间滑块放置到 0 秒的位置，在【效果控件】面板中，单击 Force 前面的【关键帧自动记录器】按钮，记录第 1 个关键帧，如图 6-18 所示。

第 8 步 将时间滑块放置到 4:24 的位置，在【效果控件】面板中，设置 Force 为−0.6，记录第 2 个关键帧，如图 6-19 所示。

图 6–18

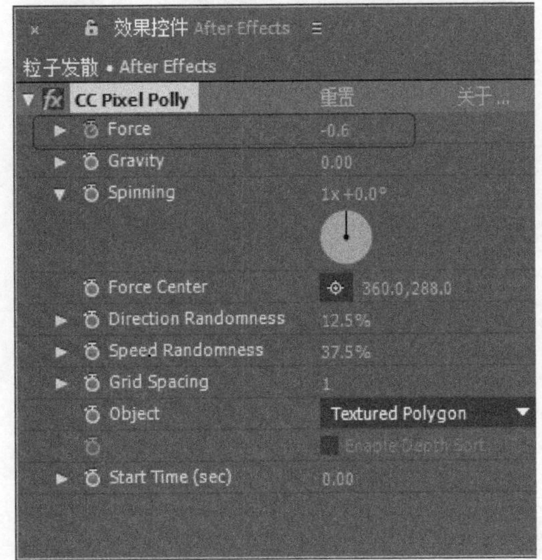

图 6–19

第 9 步 选中【文字】层，将时间滑块放置在 3 秒的位置，在【效果控件】面板中，单击 Gravity 前面的【关键帧自动记录器】按钮，记录第 1 个关键帧，如图 6-20 所示。

第 10 步 将时间滑块放置到 4 秒的位置，在【效果控件】面板中，设置 Gravity 为 3，记录第 2 个关键帧，如图 6-21 所示。

图 6-20

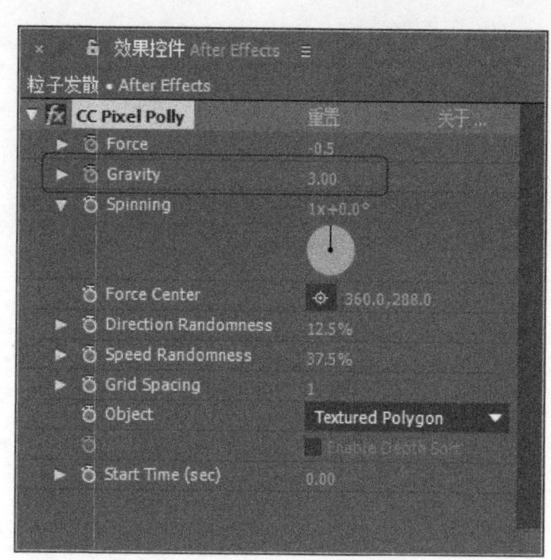

图 6-21

第 11 步　选中【文字】层，在菜单栏中，选择【效果】→【风格化】→【发光】命令，在【效果控件】面板中，设置【颜色 A】为红色(R、G、B 的值分别为 255、0、0)，【颜色 B】为黄色(R、G、B 的值分别为 255、254、130)，其他参数设置如图 6-22 所示。

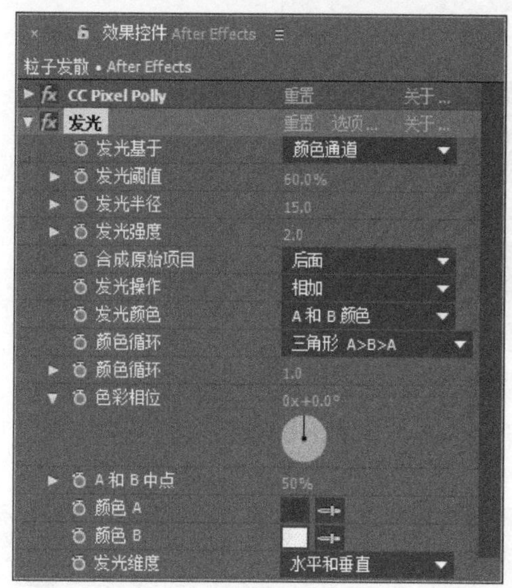

图 6-22

第 12 步　此时可以看到【合成】窗口中的效果，如图 6-23 所示。

图 6-23

第 13 步　按下键盘上的 Ctrl+N 组合键，打开【合成设置】对话框，在【合成名称】文本框中输入文字“粒子汇集”，并设置如图 6-24 所示的参数，创建一个新的合成【粒子汇集】。

第 14 步　导入本例的素材文件“星空.jpg”，并将【粒子发散】合成和“星空.jpg”文件拖曳到【时间轴】面板中，如图 6-25 所示。

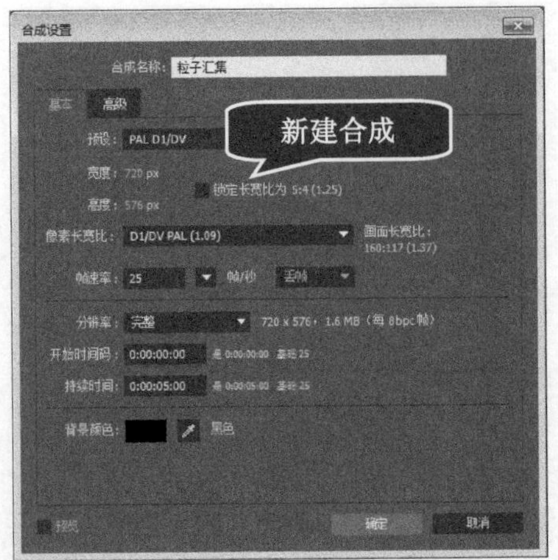

图 6–24

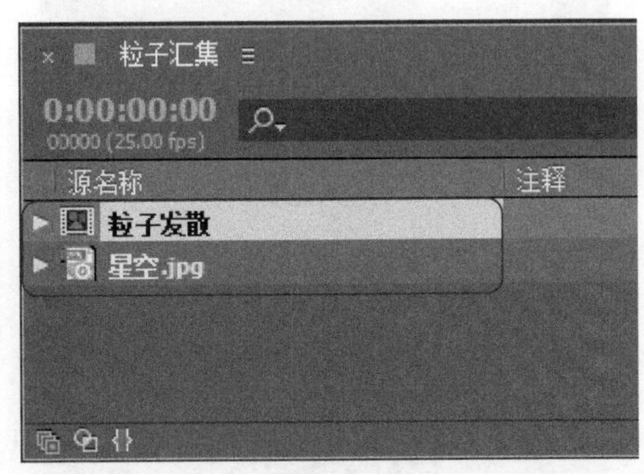

图 6–25

第 15 步　选中【粒子发散】层，在菜单栏中选择【图层】→【时间】→【时间伸缩】命令，弹出【时间伸缩】对话框，在对话框中设置【拉伸因数】为-100，单击【确定】按钮 确定 ，如图 6-26 所示。

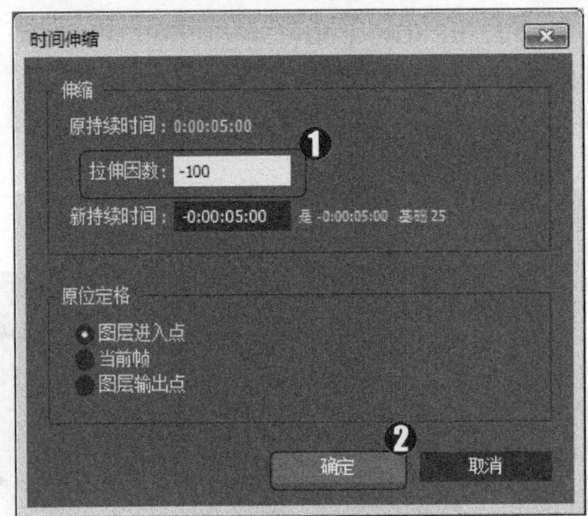

图 6–26

第 16 步　时间滑块会自动移动到 0 帧位置，按下键盘上的[键，将素材对齐，实现倒放功能，如图 6-27 所示。

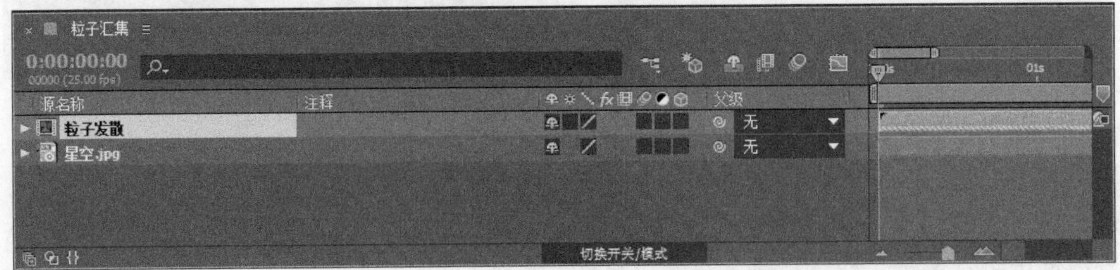

图 6–27

第 17 步　通过以上步骤即完成了“粒子汇集”文字的制作，如图 6-28 所示。

图 6–28

6.4.2 制作风车旋转动画

可以利用【旋转属性】制作一个风车旋转动画的效果，本例详细介绍通过关键帧制作风车旋转动画的操作方法。

操作步骤 >> Step by Step

第 1 步 在【项目】面板中，*1.* 单击鼠标右键，*2.* 在弹出的快捷菜单中选择【新建合成】命令，如图 6-29 所示。

图 6–29

第 2 步 在弹出的【合成设置】对话框中，设置【合成名称】为“合成 1”，并设置如图 6-30 所示的参数，创建一个新的合成【合成 1】。

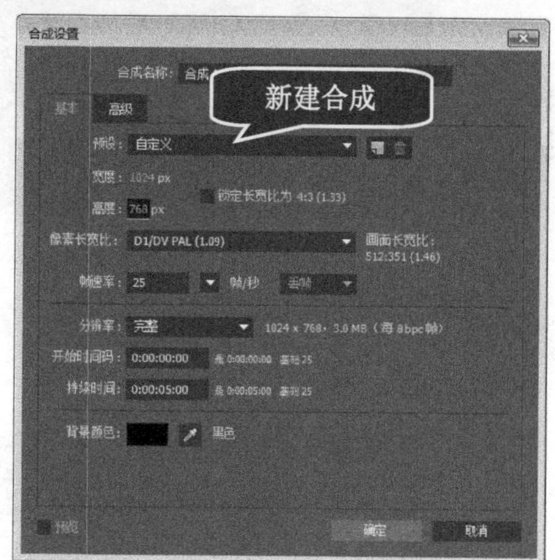

图 6–30

第 3 步 在【项目】面板空白处中双击鼠标左键，*1.* 在弹出的对话框中选择需要的素材文件，*2.* 然后单击【导入】按钮 导入 ，如图 6-31 所示。

第 4 步 将【项目】面板中的素材文件按顺序拖曳到时间线面板中，如图 6-32 所示。

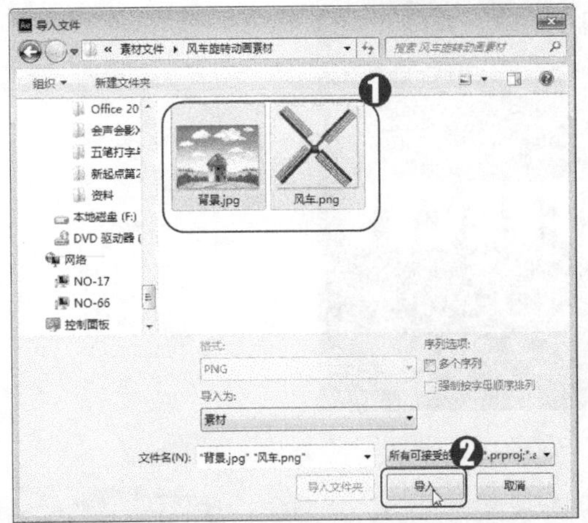

图 6–31

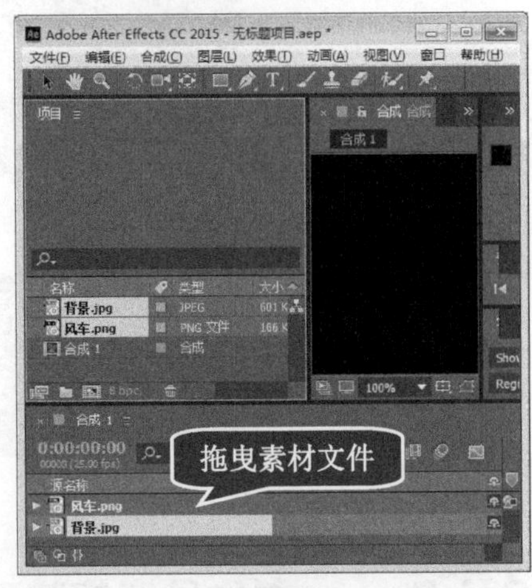

图 6–32

第 5 步 设置【风车.png】图层的【锚点】为(387,407)，【位置】为(514,409)，【缩放】为 50，如图 6-33 所示。

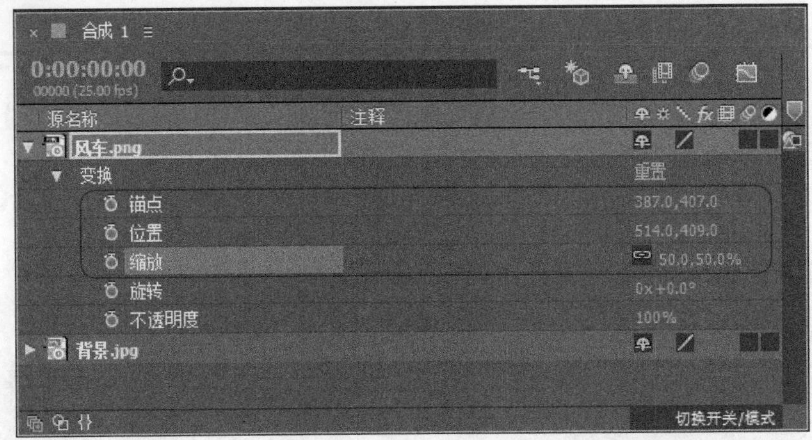

图 6–33

第 6 步 将时间线拖到起始帧的位置，开启【风车.png】图层下【旋转】的自动关键帧，并设置【旋转】为 0°，如图 6-34 所示。

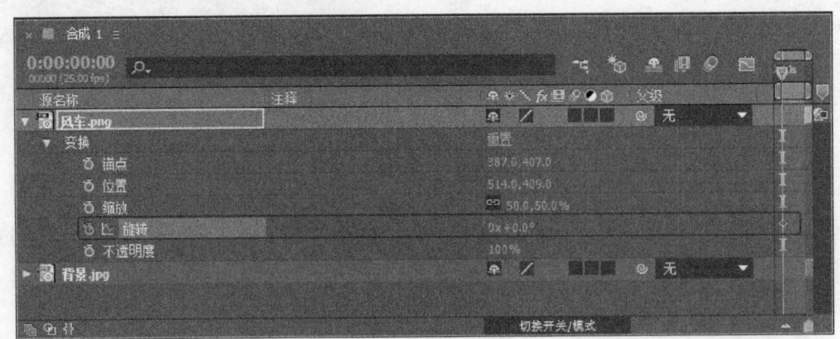

图 6–34

第 7 步 将时间线拖到结束帧的位置，并设置【旋转】为 3x+75°，如图 6-35 所示。

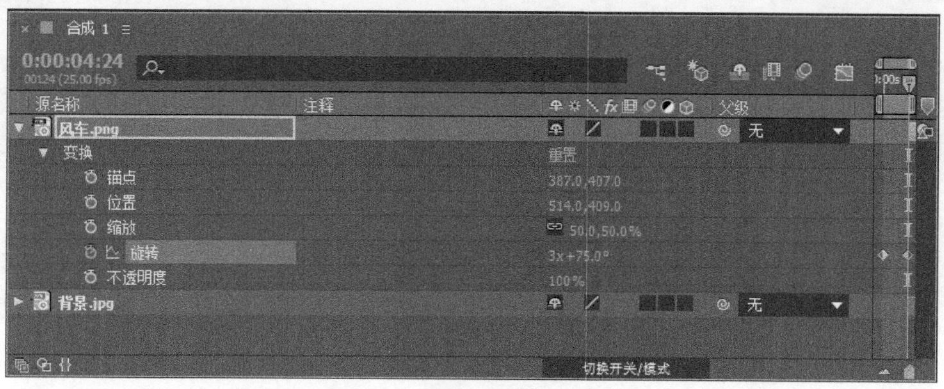

图 6-35

第 8 步 此时拖动时间线滑块，可以查看到最终效果，如图 6-36 所示。

图 6-36

6.4.3 制作流动的云彩

本例主要应用【启用时间重映射】和【缓入】命令来制作流动的云彩动画，下面详细介绍制作流动的云彩的操作方法。

操作步骤 >> Step by Step

第 1 步 打开素材文件"流动的云彩.aep"，加载【流动的云彩】合成，如图 6-37 所示。

图 6-37

第 2 步 选择【流云素材】图层，然后在菜单栏中，选择【图层】→【时间】→【启用时间重映射】命令，如图 6-38 所示。

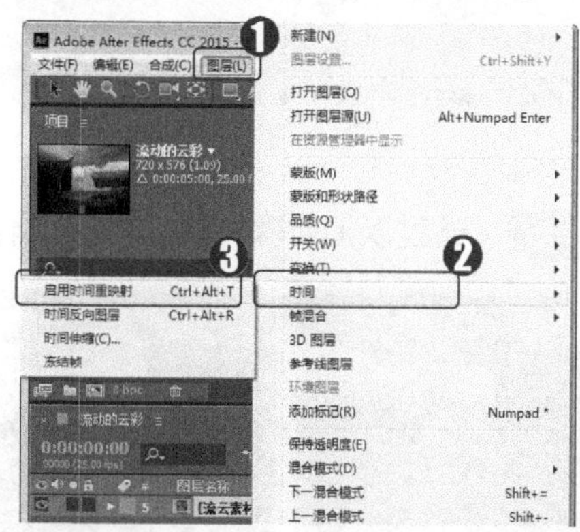

图 6-38

第 3 步 此时在【时间轴】面板中，可以看到已经添加了入点和出点的关键帧，如图 6-39 所示。

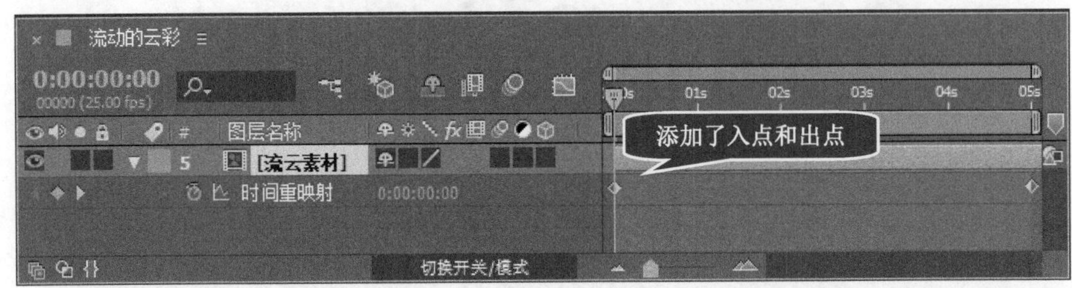

图 6-39

第 4 步 移动关键帧，使播放时间压缩，单击【图表编辑器】按钮，如图 6-40 所示。

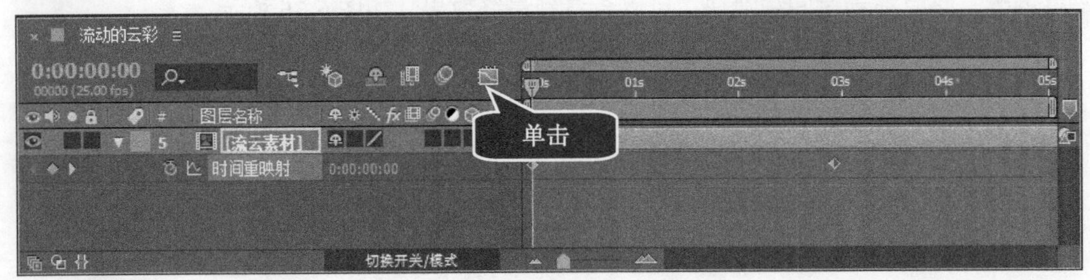

图 6-40

第 5 步 切换到图形编辑器视图后，单击【缓入】按钮，使素材能够平滑地进行过渡，如图 6-41 所示。

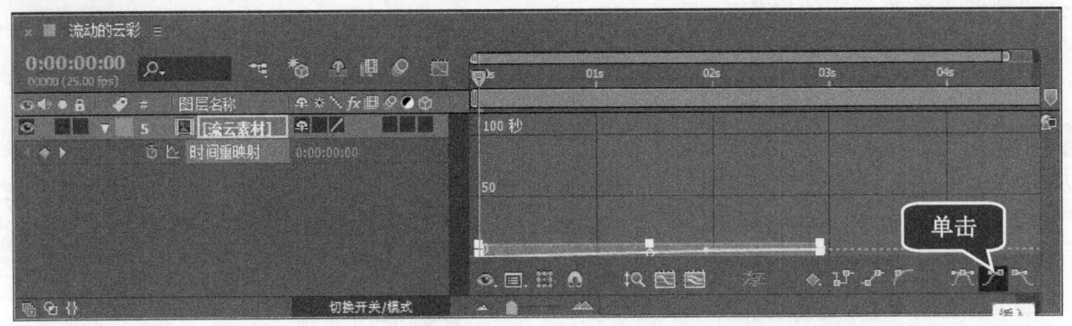

图 6-41

第 6 步 通过以上步骤，即完成了制作流动的云彩，效果如图 6-42 所示。

图 6-42

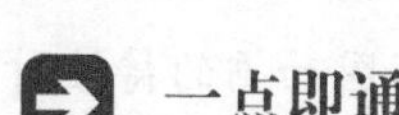

一点即通

在【时间轴】面板中选择图层，然后按下键盘上的 U 键，可以展开该图层中的所有关键帧属性，再次按下键盘上的 U 键将取消关键帧属性的显示。

Section 6.5 有问必答

1. 如何开启运动模糊?

在 After Effects 的时间线上要想开启运动模糊，需要有以下 3 个条件。

(1) 图层的运动必须由关键帧产生。

(2) 要激活合成的运动模糊开关。

(3) 要激活图层的运动模糊开关。

以上 3 个条件，缺少其中任何一个都不会产生运动模糊效果。合成的运动模糊开关与层的运动模糊开关在【时间轴】面板中，单击即可激活，如图 6-43 所示为开启合成的运动模糊开关，即该合成允许运动模糊效果。

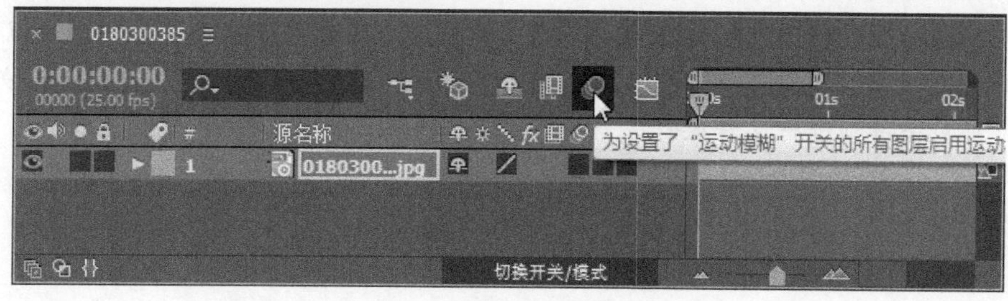

图 6-43

如图 6-44 所示为开启图层的运动模糊开关，即该层开启运动模糊效果。

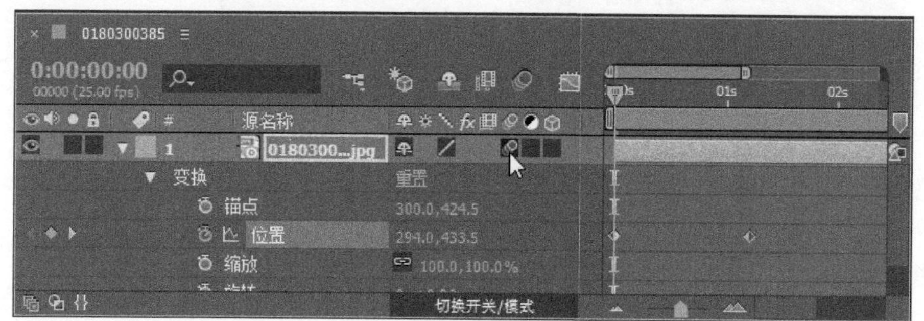

图 6-44

2. 如何创建动态草图?

使用鼠标拖曳图层在【合成】面板中移动，移动的路径即为关键帧的运动路径。需要用【动态草图】面板来完成上述操作。具体方法为：选择【时间轴】面板中需要创建运动草图的图层。在【时间轴】面板中设置工作区，这个工作区时间即运动草图动画的持续时间，可以使用B键和N键定义工作区的起点与终点。在菜单栏中选择【窗口】→【动态草图】命令，系统即可开启【动态】面板，单击【开始捕捉】按钮，即可开始创建动态草图。

3. 如何使关键帧产生的动画效果更流畅?

如果需要使关键帧产生的动画效果更流畅，可以对关键帧进行平滑处理，具体方法为：选择某个属性需要平滑的关键帧。选择单一属性的多个关键帧才可以进行平滑操作。在菜单栏中选择【窗口】→【平滑器】命令，系统即可开启【平滑器】面板，在其中设置相关的平滑参数。设置【容差】参数后，单击【应用】按钮，即可对关键帧应用平滑效果。

4. 如何使关键帧产生的动画产生随机变化的效果?

如果需要使关键帧产生的动画产生随机变化的效果，可以对关键帧进行抖动处理，具体方法为：选择某个属性需要进行随机化处理的关键帧。选择单一属性的多个关键帧才可以进行抖动操作。在菜单栏中选择【窗口】→【摇摆器】命令，系统即可开启【摇摆器】面板，在其中设置相关参数，单击【应用】按钮，即可确定抖动变化效果。

5. 如何对关键帧产生的动画进行倒放处理?

如果准备对关键帧进行反转操作，即对关键帧产生的动画进行倒放处理，可以选择需要反转的关键帧，然后在菜单栏中选择【动画】→ 【关键帧辅助】→【时间反向关键帧】命令，即可对关键帧进行反转操作。

第7章

常用视频特效

本章要点

- 效果应用基础
- 过渡特效滤镜
- 模糊特效滤镜
- 常规特效滤镜
- 专题课堂——透视特效

本章主要内容

本章主要介绍效果应用基础、过渡特效滤镜、模糊特效滤镜和常规特效滤镜方面的知识与技巧，在本章的最后，还针对实际的工作需求，讲解透视特效滤镜的相关知识。通过本章的学习，读者可以掌握常用视频特效基础操作方面的知识，为深入学习 After Effects CC 入门与应用知识奠定基础。

Section 7.1 效果应用基础

在影视作品中，一般都离不开效果的使用。所谓视频效果，就是为视频文件添加特殊处理，使其产生丰富多彩的视频效果，以更好地表现出作品主题，达到制作视频的目的，本节将详细介绍效果的应用基础操作知识。

7.1.1 添加滤镜

要想制作出好的视频作品，首先要了解添加滤镜的基本操作，在 After Effects 软件中，为图层添加效果的方法有 4 种。下面将分别详细介绍。

1 使用菜单

在【时间轴】面板中选择要使用效果的图层，选择【效果】菜单，然后从子菜单中选择要使用的某个效果命令即可，【效果】菜单如图 7-1 所示。

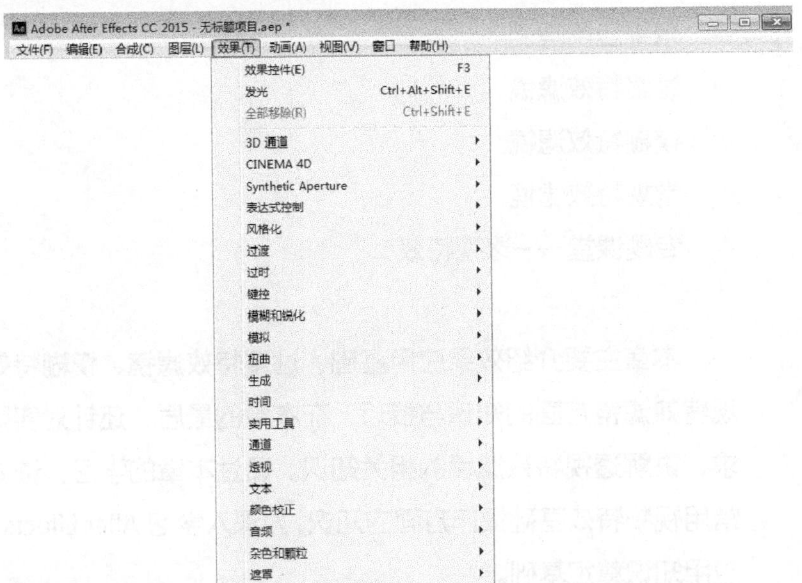

图 7-1

2 使用【效果和预设】面板

在【时间轴】面板中选择要使用效果的图层，然后打开【效果和预设】面板，在该面板中双击需要的效果即可。【效果和预设】面板如图 7-2 所示。

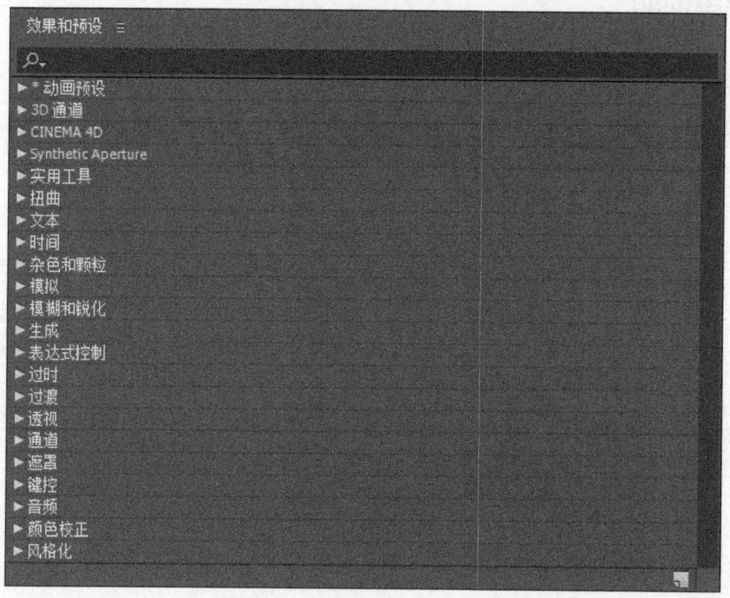

图 7–2

3　使用右键

在【时间轴】面板中，在要使用效果的图层上单击鼠标右键，然后在弹出的快捷菜单中选择【效果】子菜单中的特效命令即可，如图 7-3 所示。

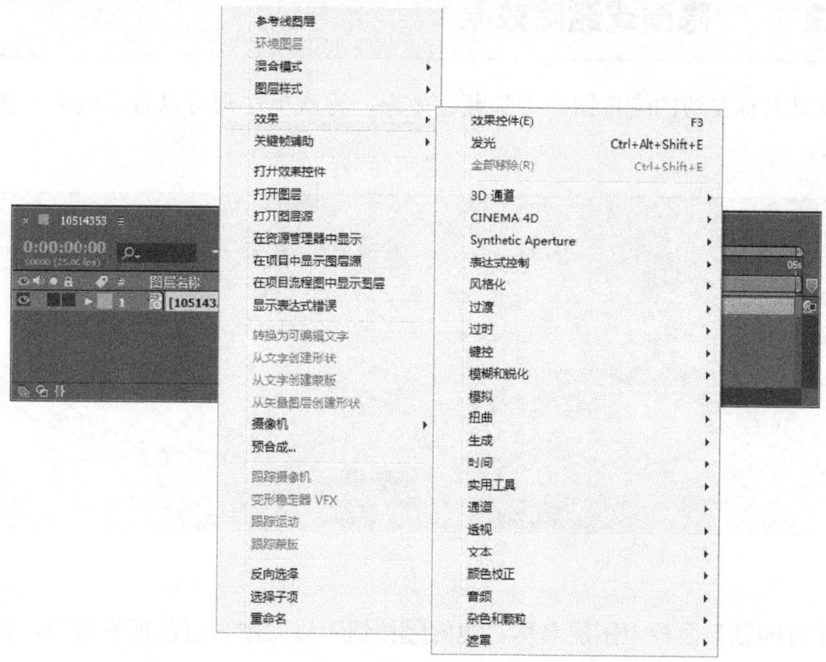

图 7–3

4 使用拖动

从【效果和预设】面板中选择某个效果，然后将其拖动到时间线面板中要应用效果的图层上即可，如图 7-4 所示。

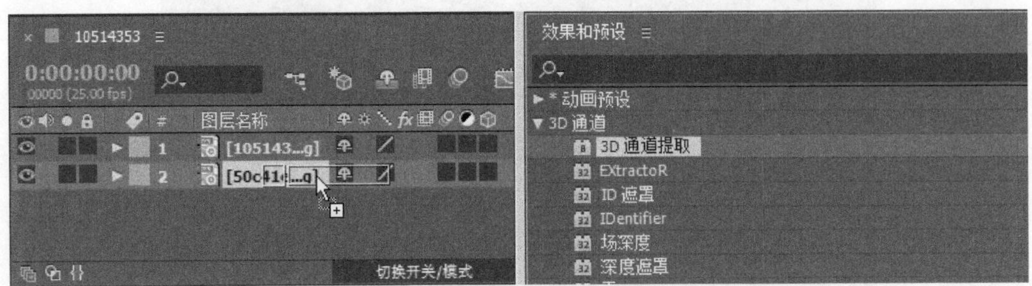

图 7-4

知识拓展

当某图层应用多个特效时，特效会按照使用的先后顺序从上到下排列，即新添加的特效位于原特效的下方，如果想更改特效的位置，可以在【效果和预设】面板中通过直接拖动的方法，将某个特效上移或下移。不过需要注意的是，特效应用的顺序不同，产生的效果也会不同。

7.1.2 隐藏或删除效果

单击效果名称左边的fx按钮即可隐藏该效果，再次单击则可以将该效果重新开启，如图 7-5 所示。

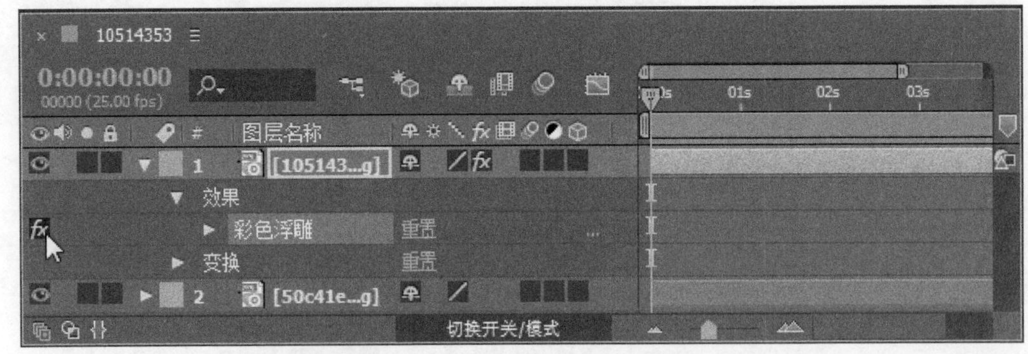

图 7-5

单击【时间轴】面板上图层名称右边的fx按钮可以隐藏该层的所有效果，再次单击则可以将效果重新开启，如图 7-6 所示。

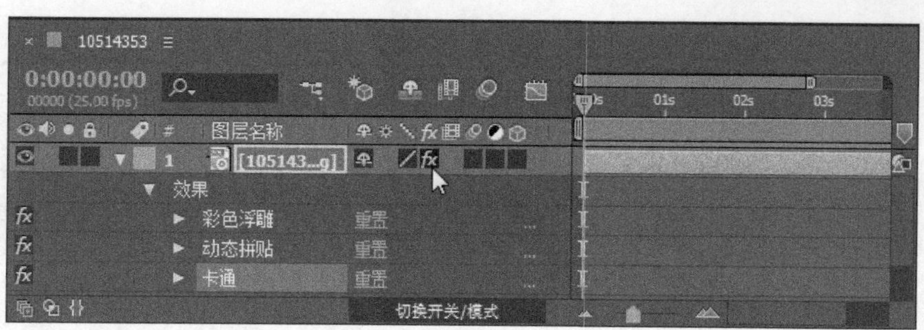

图 7–6

选择需要删除的效果，然后按下键盘上的 Delete 键即可将其删除。如果需要删除所有添加的效果，用户需要选择准备删除的效果图层，然后在菜单栏中选择【效果】→【全部移除】命令即可，如图 7-7 所示。

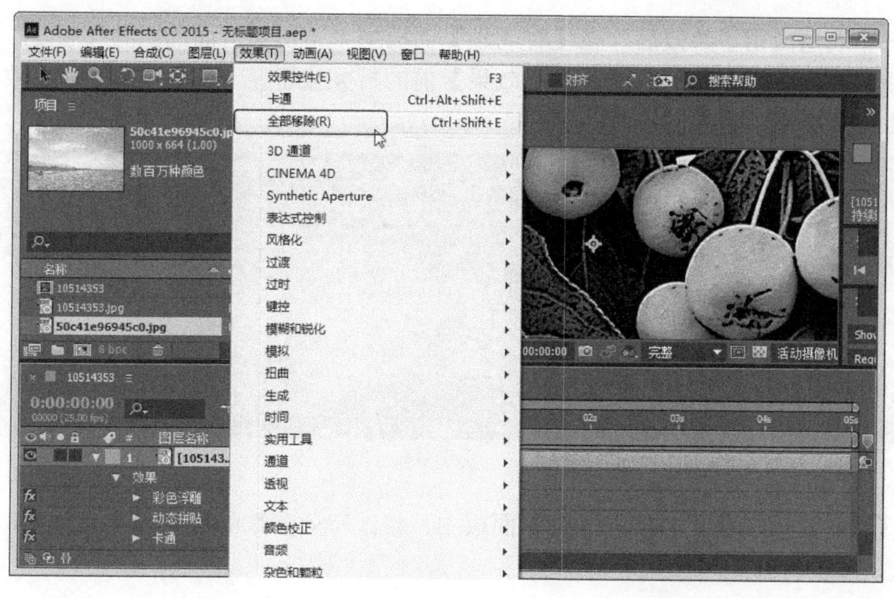

图 7–7

7.1.3　效果参数的调整

在为图层添加效果后，一般特效产生的效果并不能恰恰是想要的效果，这时就要对特效的参数进行再次调整，调整参数可以在两个位置来实现，下面将分别予以详细介绍。

1　使用【效果控件】面板

在启动了 After Effects CC 软件时，【效果控件】面板默认为打开状态，如果不小心将它关闭了，可以在菜单栏中选择【窗口】→【效果控件】命令，将该面板打开。选择添加特效后的图层，该图层使用的特效就会在该面板中显示出来，通过单击折叠按钮▶，可以将特效中的参数展开，并进行修改，如图 7-8 所示。

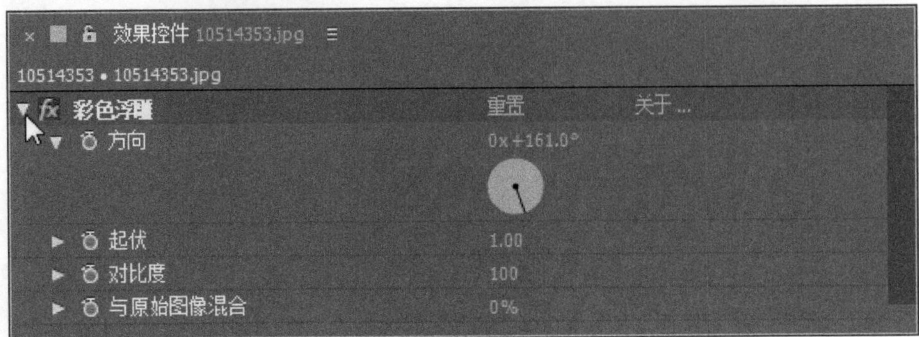

图 7–8

2 使用【时间轴】面板

当一个图层应用了特效后，在【时间轴】面板中单击图层前面的折叠按钮，即可将图层列表展开，使用同样的方法单击【效果】前的折叠按钮，即可展开特效参数并进行修改，如图 7-9 所示。

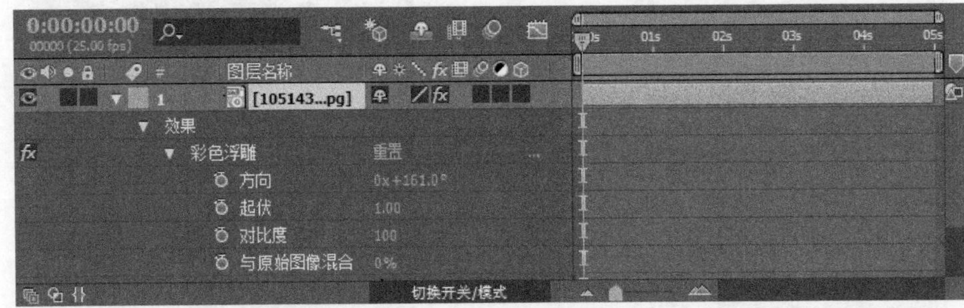

图 7–9

在【效果控件】面板和【时间轴】面板中，修改特效参数的常用方法有 4 种，下面将分别予以详细介绍。

(1) 菜单法。

通过单击参数选项右侧的选项区，如单击 Repeat 下拉按钮，在弹出来的下拉列表中，选择要修改的选项即可，如图 7-10 所示。

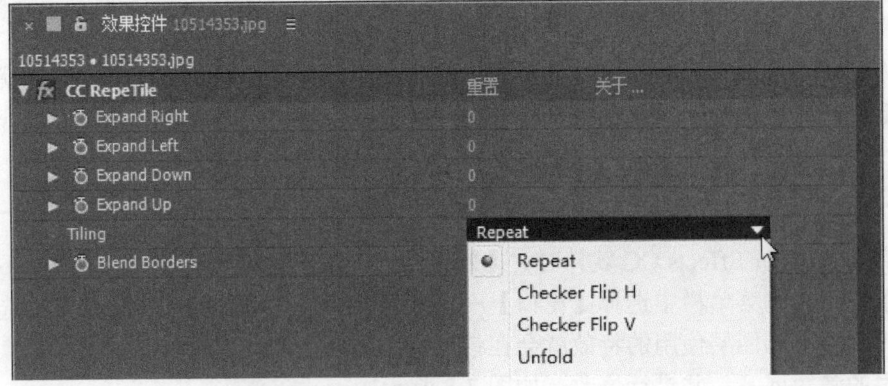

图 7–10

(2) 定位点法。

一般常用于修改特效的位置，单击选项右侧的⊕按钮，然后在【合成】窗口中需要的位置单击即可，如图 7-11 所示。

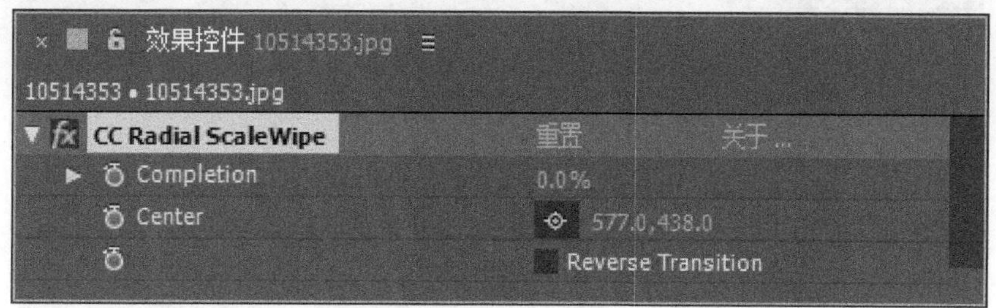

图 7–11

(3) 拖动或输入法。

在特效选项的右侧出现数字类的参数，将鼠标放置在上面会出现一个双箭头，按住鼠标拖动或直接单击该数字，激活状态下直接输入数字即可，如图 7-12 所示。

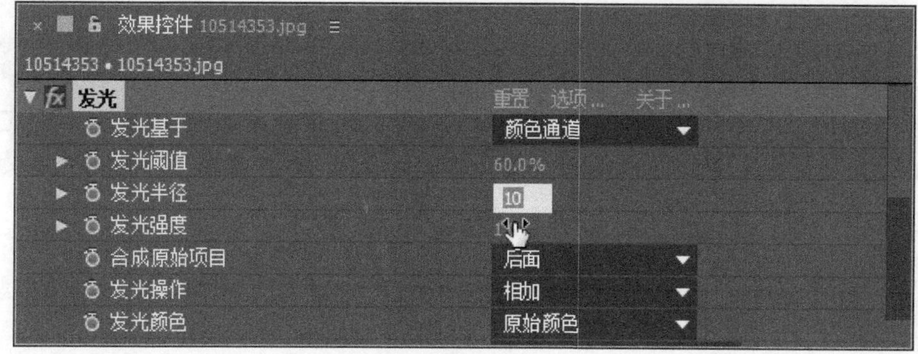

图 7–12

(4) 颜色修改法。

单击选项右侧的色块按钮□，即可打开拾色器对话框，直接在该对话框中选取需要的颜色，如图 7-13 所示。

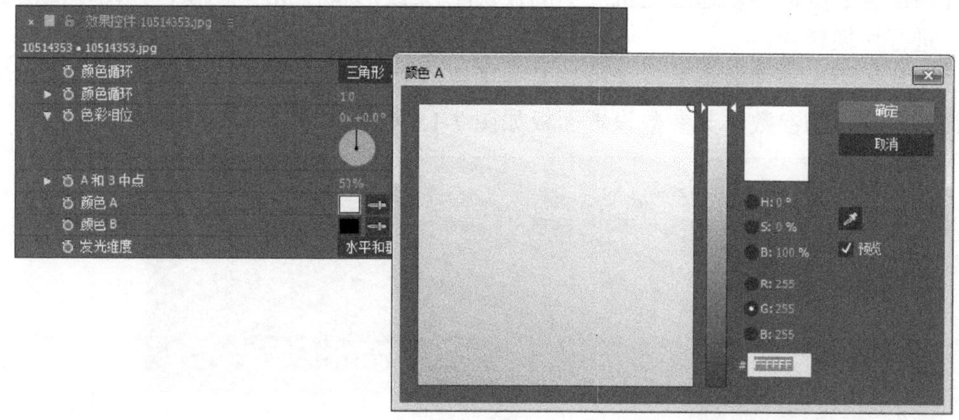

图 7–13

用户还可以单击【吸管】按钮，在【合成】窗口中的图像上，单击吸取需要的颜色即可，如图 7-14 所示。

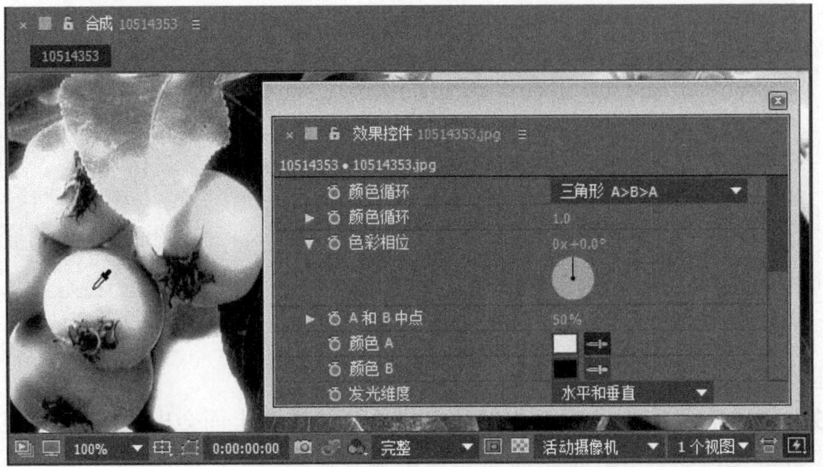

图 7-14

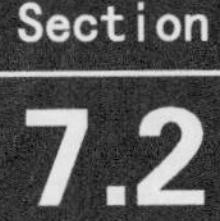

Section 7.2

过渡特效滤镜

过渡特效滤镜主要用来制作图像间的过渡效果，主要有块溶解、卡片擦除、线性擦除和百叶窗等滤镜，本节将详细介绍过渡特效滤镜的相关知识。

7.2.1 块溶解

微课堂 0 分 25 秒

【块溶解】滤镜可以通过随机产生的板块(或条纹形状)来溶解图像，在两个图层的重叠部分进行切换转场。

在菜单栏中选择【效果】→【过渡】→【块溶解】命令，在【效果控件】面板中展开【块溶解】滤镜的参数，其参数设置面板如图 7-15 所示。

效果控件 728da9773912b31b624dcd288418367adab4e18a.jpg

效果 • 728da9773912b31b624dcd288418367adab4e18a.jpg

块溶解	重置	关于...
过渡完成	26%	
块宽度	3.0	
块高度	3.0	
羽化	2.0	
	✓ 柔化边缘（最佳品质）	

图 7-15

通过以上参数的设置，前后效果如图 7-16 所示。

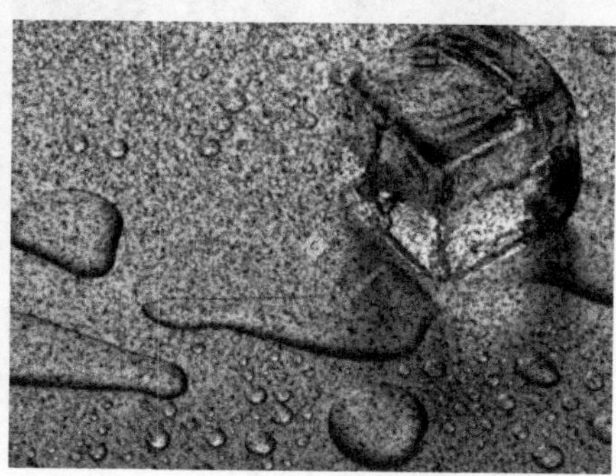

图 7–16

该特效的各项参数含义如下。

- 过渡完成：用来设置图像过渡的程度。
- 块宽度：用来设置块的宽度。
- 块高度：用来设置块的高度。
- 羽化：用来设置块的羽化程度。
- 柔化边缘：选中该复选框，将高质量地柔化边缘。

7.2.2 卡片擦除

【卡片擦除】滤镜可以模拟卡片的翻转并通过擦除切换到另一个画面。

在菜单栏中选择【效果】→【过渡】→【卡片擦除】命令，在【效果控件】面板中展开【卡片擦除】滤镜的参数，其参数设置面板如图 7-17 所示。

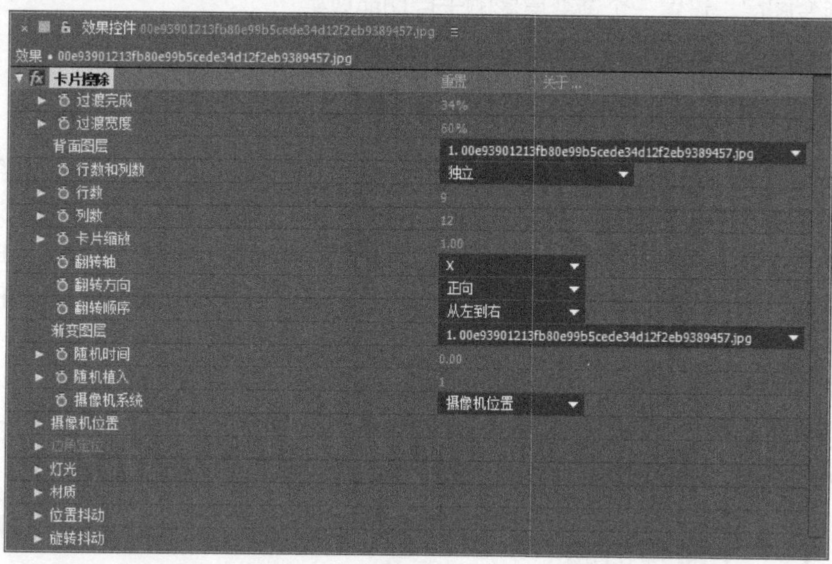

图 7–17

通过以上参数的设置，前后效果如图 7-18 所示。

图 7-18

该特效的基本参数含义如下。

- 过渡完成：控制转场完成的百分比，值为 0 时，完全显示当前图层画面；值为 100% 时，完全显示切换层画面。
- 过渡宽度：控制卡片擦拭宽度。
- 背面图层：在下拉列表框中设置一个与当前图层进行切换的背景。
- 行数和列数：在【独立】方式下，【行数】和【列数】参数是相互独立的；在【列数受行数限制】方式下，【列数】参数由【行数】控制。
- 行/列数：设置卡片行/列的值，当在【列数受行数限制】方式下无效。
- 卡片缩放：控制卡片的尺寸大小。
- 翻转轴：在下拉列表框中设置卡片翻转的坐标轴向。x/y 分别控制卡片在 x 轴或者 y 轴翻转，【随机】设置在 x 轴和 y 轴上无序翻转。
- 翻转方向：在下拉列表框中设置卡片翻转的方向。【正向】设置卡片正向翻转，【反向】设置卡片反向翻转，【随机】设置随机翻转。
- 翻转顺序：设置卡片翻转的顺序。
- 渐变图层：设置一个渐变层影响卡片切换效果。
- 随机时间：可以对卡片进行随机定时设置，使所有的卡片翻转时间产生一定偏差，而不是同时翻转。
- 随机植入：设置卡片以随机切换，不同的随机值将产生不同的效果。
- 摄像机系统：控制用于滤镜的摄像机系统。选择不同的摄像机系统其效果也不同。选择【摄像机位置】后可以通过下方的【摄像机位置】参数控制摄像机观察效果；选择【边角定位】后将由【边角定位】参数控制摄像机效果；选择【合成摄像机】则通过合成图像中的摄像机控制其效果，比较适用于当滤镜层为 3D 层时的情况。
- 位置抖动：可以对卡片的位置进行抖动设置，使卡片产生颤动的效果。在其属性中可以设置卡片在 x 轴、y 轴、z 轴的偏移颤动以及【抖动量】，还可以控制【抖动速度】。
- 旋转抖动：可以对卡片的旋转进行抖动设置，属性控制与【位置抖动】类似。

7.2.3 线性擦除

【线性擦除】滤镜可以以一条直线为界线进行切换，产生线性擦除的效果。

在菜单栏中选择【效果】→【过渡】→【线性擦除】命令，在【效果控件】面板中展开【线性擦除】滤镜的参数，其参数设置面板如图 7-19 所示。

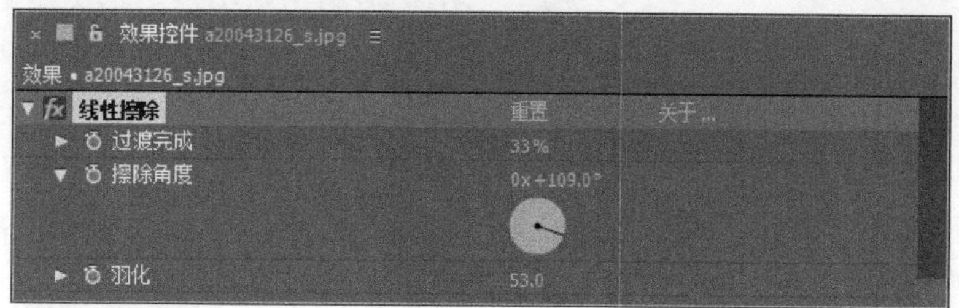

图 7-19

通过以上参数的设置，前后效果如图 7-20 所示。

图 7-20

该特效的各项参数含义如下。

- 过渡完成：用来设置图像擦除的程度。
- 擦除角度：用来设置线性擦除的角度。
- 羽化：用来设置擦除时的边缘羽化程度。

7.2.4 百叶窗

【百叶窗】滤镜通过分割的方式对图像进行擦拭，以达到切换转场的目的，就如同生活中的百叶窗闭合一样。

在菜单栏中选择【效果】→【过渡】→【百叶窗】命令，在【效果控件】面板中展开【百叶窗】滤镜的参数，其参数设置面板如图 7-21 所示。

效果控件 50c41e96945c0.jpg
效果 • 50c41e96945c0.jpg
百叶窗　重置　关于...
过渡完成　21 %
方向　0x+9.0°
宽度　20
羽化　5.0

图 7-21

通过以上参数的设置，前后效果如图 7-22 所示。

图 7–22

该特效的各项参数含义如下。

- 过渡完成：用来设置图像擦除的程度。
- 方向：设置百叶窗切换的方向。
- 宽度：设置百叶窗叶片的宽度。
- 羽化：设置擦除时的边缘羽化程度。

Section 7.3 模糊特效滤镜

在【模糊与锐化】滤镜组中，主要学习快速模糊、高斯模糊、摄像机镜头模糊和径向模糊等滤镜的方法，通过使用这些滤镜，可以使图层产生模糊效果，这样，即使是平面素材的后期合成处理，也能给人以对比和空间感，获得更好的视觉感受。

7.3.1 快速模糊

【快速模糊】滤镜用于设置图像的模糊程度，它在大面积应用时的实现速度很快，效果也很明显。

在菜单栏中选择【效果】→【模糊与锐化】→【快速模糊】命令，在【效果控件】面板中展开【快速模糊】滤镜的参数，其参数设置面板如图 7-23 所示。

图 7–23

通过以上参数的设置，前后效果如图 7-24 所示。

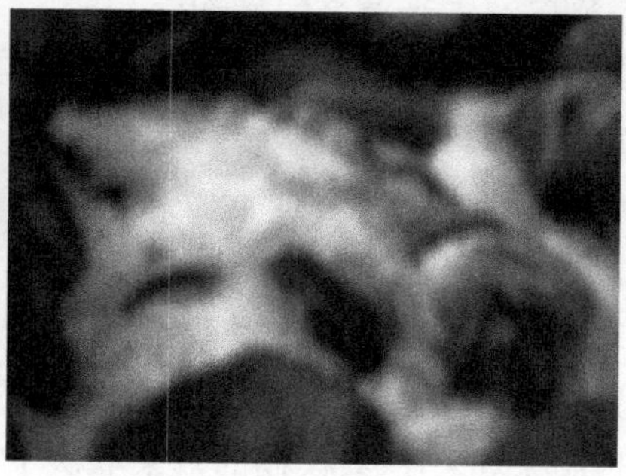

图 7–24

该特效的各项参数含义如下。

➢ 模糊度：用来调整模糊的程度。
➢ 模糊方向：从右侧的下拉菜单中，可以选择模糊的方向设置，包括水平和垂直、水平、垂直 3 个选项。
➢ 重复边缘像素：选中该复选框，可以排除图像边缘模糊。

7.3.2 高斯模糊

【高斯模糊】和【快速模糊】这两个滤镜的参数都差不多，都可以用来模糊和柔化图像，去除画面中的杂点。

在菜单栏中选择【效果】→【模糊与锐化】→【高斯模糊】命令，在【效果控件】面板中展开【高斯模糊】滤镜的参数，其参数设置面板如图 7-25 所示。

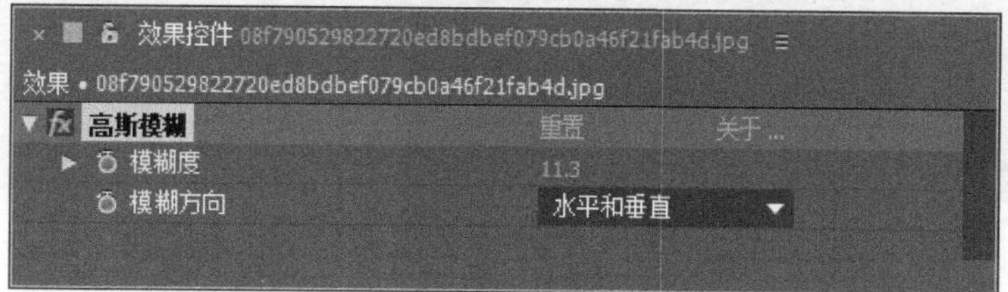

图 7–25

通过以上参数的设置，前后效果如图 7-26 所示。

图 7–26

该特效各项参数的含义如下。

- 模糊度：用来调整模糊的程度。
- 模糊方向：从右侧的下拉菜单中，可以选择模糊的方向设置，包括水平和垂直、水平、垂直 3 个选项。

7.3.3 摄像机镜头模糊

【摄像机镜头模糊】滤镜可以用来模拟不在摄像机聚焦平面内物体的模糊效果(即用来模拟画面的景深效果)，其模糊的效果取决于【光圈属性】和【模糊图】的设置。

在菜单栏中选择【效果】→【模糊与锐化】→【摄像机镜头模糊】命令，在【效果控件】面板中展开【摄像机镜头模糊】滤镜的参数，其参数设置面板如图 7-27 所示。

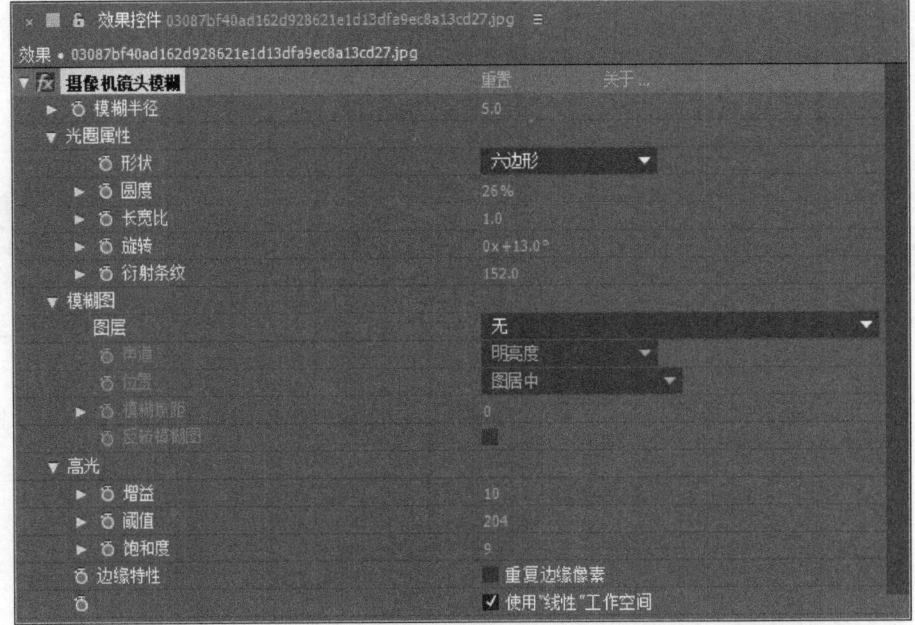

图 7-27

通过以上参数的设置，前后效果如图 7-28 所示。

图 7-28

该特效的基本参数含义如下。

- 模糊半径：设置镜头模糊的半径大小。
- 光圈属性：设置摄像机镜头的属性。
- 形状：用来控制摄像机镜头的形状。一共有三角形、正方形、五边形、六边形、七边形、八边形、九边形和十边形 8 种。
- 圆度：用来设置镜头的圆滑度。
- 长宽比：用来设置镜头的画面比率。
- 模糊图：用来读取模糊图像的相关信息。
- 图层：指定设置镜头模糊的参考图层。
- 声道：指定模糊图像的图层通道。
- 位置：指定模糊图像的位置。
- 模糊焦距：指定模糊图像焦点的距离。
- 反转模糊图：用来反转图像的焦点。
- 高光：用来设置镜头的高光属性。
- 增益：用来设置图像的增益值。
- 阈值：用来设置图像的阈值。
- 饱和度：用来设置图像的饱和度。

7.3.4 径向模糊

【径向模糊】滤镜围绕自定义的一个点产生模糊效果，常用来模拟镜头的推拉和旋转效果。在图层高质量开关打开的情况下，可以指定抗锯齿的程度，在草图质量下没有抗锯齿作用。

在菜单栏中选择【效果】→【模糊与锐化】→【径向模糊】命令，在【效果控件】面板中展开【径向模糊】滤镜的参数，其参数设置面板如图 7-29 所示。

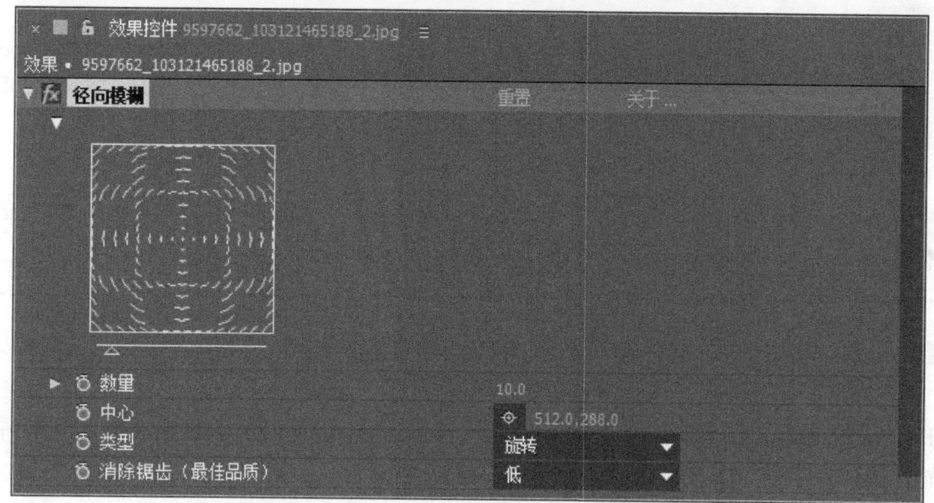

图 7–29

通过以上参数的设置，前后效果如图 7-30 所示。

图 7-30

该特效各项参数的含义如下。

➢ 数量：设置径向模糊的强度。
➢ 中心：设置径向模糊的中心位置。
➢ 类型：设置径向模糊的样式，共有两种样式。
  旋转——围绕自定义的位置点，模拟镜头旋转的效果。
  缩放——围绕自定义的位置点，模拟镜头推拉的效果。
➢ 消除锯齿(最佳品质)：设置图像的质量，共有两种质量。
  低——设置图像的质量为草图级别(低级别)。
  高——设置图像的质量为高质量。

Section 7.4 常规特效滤镜

在常规组中，主要学习【生成】滤镜组下的【渐变】滤镜、【勾画】滤镜和【四色渐变】滤镜，以及【风格化】滤镜组下的【发光】滤镜等，使用这些滤镜，可以让图层产生渐变和发光的效果。

7.4.1 发光

【发光】滤镜经常用于图像中的文字、Logo 和带有 Alpha 通道的图像，产生发光的效果。

在菜单栏中选择【效果】→【风格化】→【发光】命令，在【效果控件】面板中展开【发光】滤镜的参数，其参数设置面板如图 7-31 所示。

通过以上参数的设置，前后效果如图 7-32 所示。

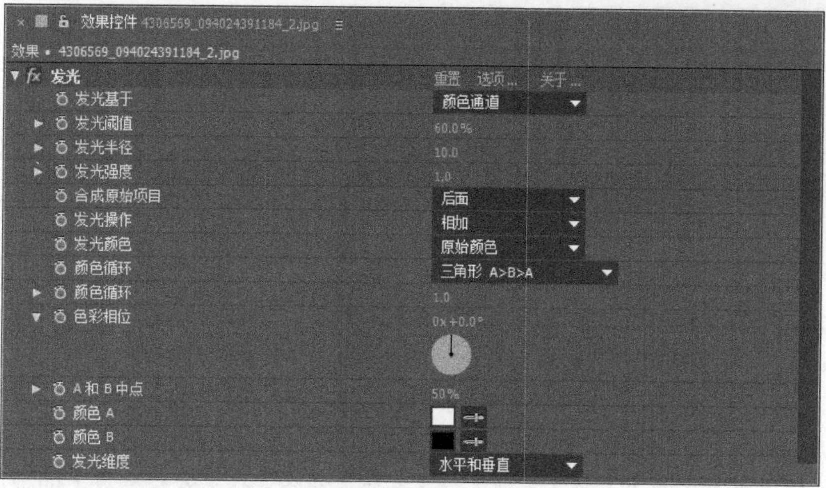

图 7-31

图 7-32

该特效各项参数的含义如下。

- 发光基于：设置光晕基于的通道，有以下两种类型。
  Alpha 通道——基于 Alpha 通道的信息产生光晕。
  颜色通道——基于颜色通道的信息产生光晕。
- 发光阈值：用来设置光晕的容差值。
- 发光半径：设置光晕的半径大小。
- 发光强度：设置光晕发光的强度值。
- 合成原始项目：用来设置源图层与光晕合成的位置顺序，有以下 3 种类型。
  顶端——源图层颜色信息在光晕的上面。
  后面——源图层颜色信息在光晕的后面。
  无——无。
- 发光操作：用来设置发光的模式，类似层模式的选择。
- 发光颜色：用来设置光晕颜色的控制方式，有以下 3 种类型。
  原始颜色——光晕的颜色信息来源于图像的自身颜色。
  A 和 B 颜色——光晕的颜色信息来源于自定义的 A 和 B 的颜色。
  任意映射——光晕的颜色信息来源于任意图像。

- 颜色循环：设置光晕颜色的循环控制方式。
- 颜色循环：设置光晕的颜色循环。
- 色彩相位：设置光晕的颜色相位。
- A 和 B 中点：设置颜色 A 和 B 的中点百分比。
- 颜色 A：颜色 A 的颜色设置。
- 颜色 B：颜色 B 的颜色设置。
- 发光维度：设置光晕的作用方向。

7.4.2 勾画

【勾画】滤镜可在对象周围生成航行灯和其他基于路径的脉冲动画。

在菜单栏中选择【效果】→【生成】→【勾画】命令，在【效果控件】面板中展开【勾画】滤镜的参数，其参数设置面板如图 7-33 所示。

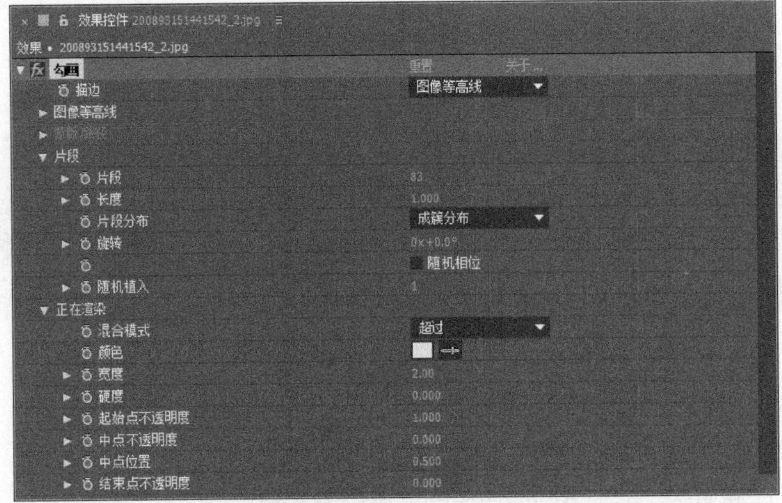

图 7–33

通过以上参数的设置，前后效果如图 7-34 所示。

图 7–34

该特效各项参数的含义如下。

- 描边：描边基于的对象有【图像等高线】或【蒙版/路径】。
- 图像等高线：如果在【描边】菜单中选择【图像等高线】，则指定在其中获取图像等高线的图层，以及如何解释输入图层。

- 输入图层：使用其图像等高线的图层。高对比度、灰度图层和 Alpha 通道均适用，且易于处理。
- 反转输入：创建描边前反转输入图层。
- 如果图层大小不同：确定输入图层的大小与应用有勾画效果的图层大小不同时，调整图层的方式。【居中】用于将输入图层以其原始大小居中放置在合成图层中。【伸缩以适合】用于伸缩输入图层以匹配应用有勾画效果的图层。
- 通道：用于定义等高线输入图层的颜色属性。
- 阈值：将低于或高于它的值映射到白色或黑色所使用的百分比值。
- 预模糊：在对阈值采样之前使输入图层平滑。
- 容差：定义描边适合输入图层的紧密程度。高值导致锐化转角，而低值使描边对杂色敏感。
- 渲染：指定是将效果应用到图层中的所选等高线还是所有等高线。
- 选定等高线：指定在【渲染】菜单中选择【选定等高线】时使用的等高线。
- 设置较短的等高线：指定较短等高线的分段是否较少。默认情况下，效果将每个等高线分为相同数量的分段。
- 蒙版/路径：用于描边的蒙版或路径。可以使用闭合或断开的蒙版。
- 片段：指定创建各描边等高线所用的段数。
- 长度：确定与可能最大的长度有关的区段的描边长度。
- 片段分布：确定区段的间距。
- 旋转：为等高线周围的区段设置动画。
- 随机植入：指定每个等高线的描边起始点都不同。默认情况下，效果在屏幕上的最高点对等高线开端描边。如果高度相同，则从最左边的最高点开始。
- 正在渲染：用于设置描边的外观。
- 混合模式：确定描边应用到图层的方式。【透明】用于在透明背景上创建效果；【上面】用于将描边放置在现有图层上面；【下面】用于将描边放置在现有图层后面；【模板】用于使用描边作为 Alpha 通道蒙版，并使用原始图层的像素填充描边。
- 颜色：在不选择【模板】作为【混合模式】时，指定描边的颜色。
- 宽度：指定描边的宽度，以像素为单位。支持小数值。
- 硬度：确定描边边缘的锐化程度或模糊程度。值为 1，可创建略微模糊的效果；值为 0.0，可使线条变模糊。
- 起始点/中点/结束点不透明度：指定描边起始点、中点或结束点的不透明度。
- 中点位置：指定区段内中点的位置，值越低，中点越接近起始点；值越高，中点越接近结束点。

7.4.3　四色渐变

【四色渐变】滤镜可以在图像上创建一个 4 色渐变效果，用来模拟霓虹灯、流光溢彩等迷幻效果。

在菜单栏中选择【效果】→【生成】→【四色渐变】命令，在【效果控件】面板中展开【四色渐变】滤镜的参数，其参数设置面板如图 7-35 所示。

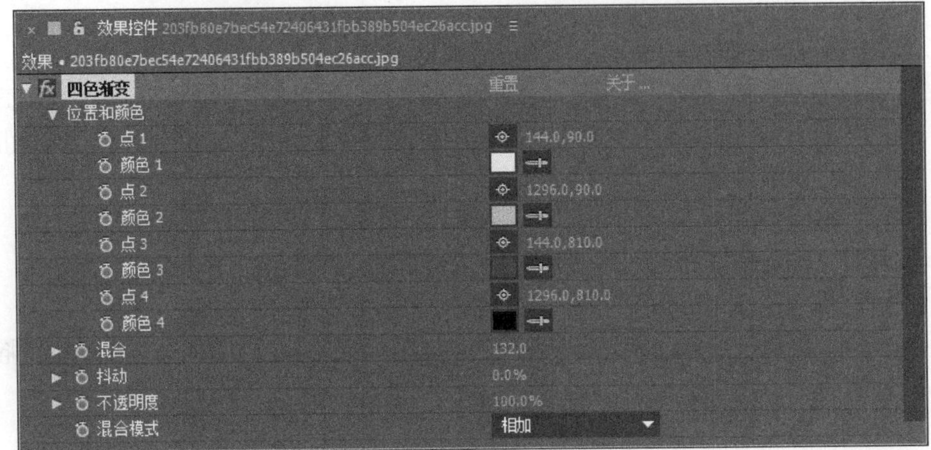

图 7–35

通过以上参数的设置，前后效果如图 7-36 所示。

图 7–36

该特效各项参数的含义如下。

- 位置和颜色：用来设置 4 种颜色的中心点和各自的颜色。可以通过其选项中的点 1/2/3/4 来设置颜色的位置，通过颜色 1/2/3/4 来设置 4 种颜色。
- 混合：设置 4 种颜色间的融合度。
- 抖动：设置各种颜色的杂点效果。值越大，产生的杂点越多。
- 不透明度：设置 4 种颜色的不透明度。
- 混合模式：设置渐变色与源图像间的叠加模式，与图层的混合模式用法相同。

7.4.4 梯度渐变

【梯度渐变】滤镜可以用来创建色彩过渡的效果，其应用频率非常高。

在菜单栏中选择【效果】→【生成】→【梯度渐变】命令，在【效果控件】面板中展开【梯度渐变】滤镜的参数，其参数设置面板如图 7-37 所示。

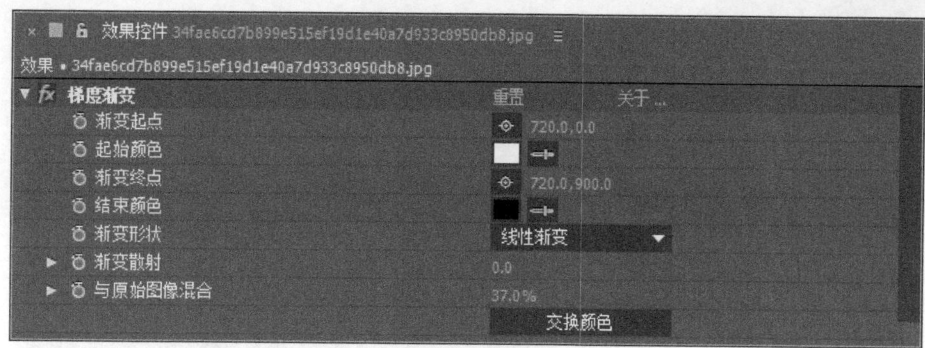

图 7-37

通过以上参数的设置，前后效果如图 7-38 所示。

图 7-38

该特效各项参数的含义如下。

- 渐变起点：用来设置渐变的起点位置。
- 起始颜色：用来设置渐变开始位置的颜色。
- 渐变终点：用来设置渐变的终点位置。
- 结束颜色：用来设置渐变终点位置的颜色。
- 渐变形状：用来设置渐变的类型。
- 线性渐变：沿着一根轴线(水平或垂直)改变颜色，从起点到终点颜色进行顺序渐变。
- 径向渐变：从起点到终点颜色从内到外进行圆形渐变。
- 渐变散射：用来设置渐变颜色的颗粒效果(或扩展效果)。
- 与原始图像混合：用来设置与源图像融合的百分比。
- 交换颜色：使【渐变起点】和【渐变终点】的颜色交换。

7.4.5 分形杂色

【分形杂色】滤镜用于创建自然景观背景、置换图和纹理的灰度杂色，或模拟云、火、熔岩、蒸汽、流水等效果。

在菜单栏中选择【效果】→【杂色和颗粒】→【分形杂色】命令，在【效果控件】面

板中展开【分形杂色】滤镜的参数，其参数设置面板如图 7-39 所示。

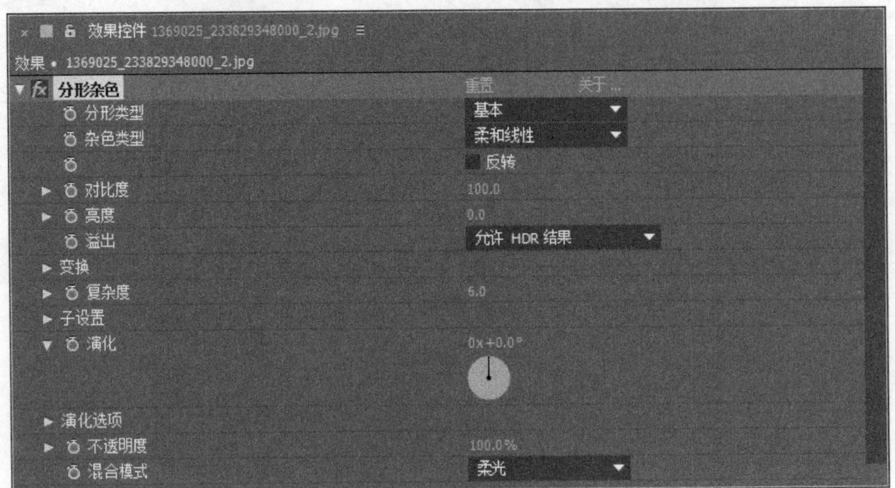

图 7-39

通过以上参数的设置，前后效果如图 7-40 所示。

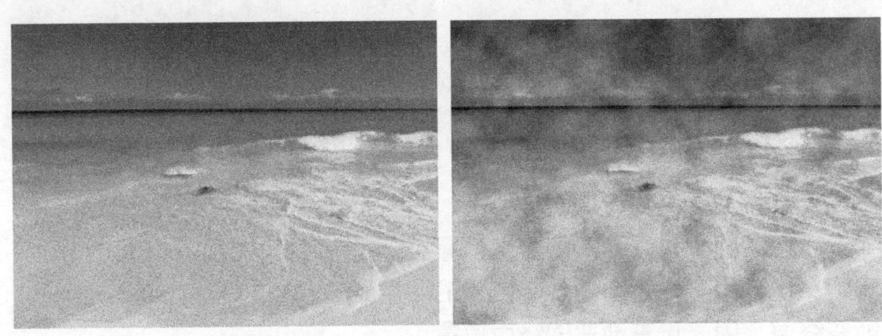

图 7-40

该特效各项参数的含义如下。

➢ 分形类型：分形杂色是通过为每个杂色图层生成随机编号的网格来创建的。
➢ 杂色类型：在杂色网格中的随机值之间使用的插值的类型。
➢ 对比度：默认值为 100，较高的值可创建较大的、定义更严格的杂色黑白区域，通常显示不太精细的细节，较低的值可生成更多灰色区域，以使杂色柔和。
➢ 溢出：重映射 0～1.0 之外的颜色值，包括以下 4 个参数。

  剪切——重映射值，以使高于 1.0 的所有值显示为纯白色，低于 0 的所有值显示为纯黑色。

  柔和固定——在无穷曲线上重映射值，以使所有值均在范围内。

  反绕——三角形式的重映射，以使高于 1.0 的值或低于 0 的值退回到范围内。

  允许 HDR 结果——不执行重映射，保留 0～1.0 以外的值。
➢ 变换：用于旋转、缩放和定位杂色图层的设置。如果选择【透视位移】，则图层看起来像在不同深度一样。

➢ 复杂度：为创建分形杂色合并(根据【子设置】)的杂色图层的数量，增加此数量将增加杂色的外观深度和细节数量。
➢ 子设置：用于控制此合并方式，以及杂色图层的属性彼此偏移的方式，包括以下 3 个参数。
子影响——每个连续图层对合并杂色的影响。值为 100%，所有迭代的影响均相同。值为 50%，每个迭代的影响均为前一个迭代的一半。值为 0%，则使效果看起来就像【复杂度】为 1 时的效果一样。
子缩放/旋转/位移——相对于前一个杂色图层的缩放百分比、角度和位置。
中心辅助比例——从与前一个图层相同的点计算每个杂色图层。此设置可生成彼此堆叠的重复杂色图层的外观。
➢ 演化：使用渐进式旋转，以继续使用每次添加的旋转更改图像。
➢ 演化选项：【演化】的选项。
➢ 循环演化：创建在指定时间内循环的演化循环。
➢ 循环(旋转次数)：指定重复前杂色循环使用的旋转次数。
➢ 随机植入：设置生成杂色使用的随机值。

Section 7.5 专题课堂——透视特效

在透视组中，主要学习【透视】滤镜组中的【斜面 Alpha】、【投影】和【径向阴影】滤镜的使用方法，通过使用这些滤镜，可以使图层产生光影等立体效果。

7.5.1 斜面

【斜面 Alpha】滤镜，通过二维的 Alpha(通道)使图像出现分界，从而形成假三维的倒角效果。

在菜单栏中选择【效果】→【透视】→【斜面 Alpha】命令，在【效果控件】面板中展开【斜面 Alpha】滤镜的参数，其参数设置面板如图 7-41 所示。

图 7-41

通过以上参数的设置，前后效果如图 7-42 所示。

图 7–42

该特效各项参数的含义如下。

- ➢ 边缘厚度：设置边缘斜角的厚度。
- ➢ 灯光角度：设置模拟灯光的角度。
- ➢ 灯光颜色：选择模拟灯光的颜色。
- ➢ 灯光强度：设置灯光照射的强度。

7.5.2 投影

【投影】滤镜可以为图像添加阴影效果，一般应用在多层文件中。

在菜单栏中选择【效果】→【透视】→【投影】命令，在【效果控件】面板中展开【投影】滤镜的参数，其参数设置面板如图 7-43 所示。

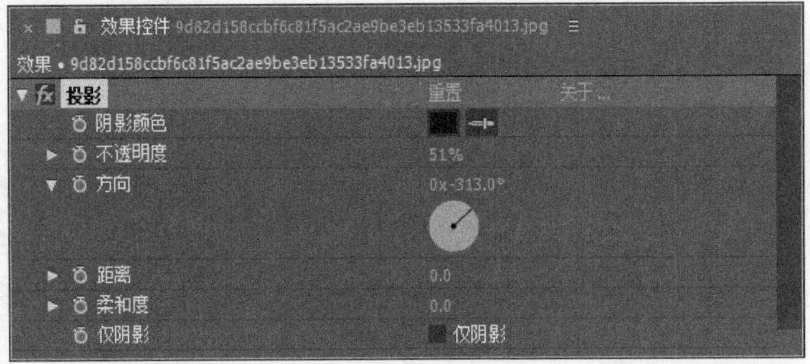

图 7–43

通过以上参数的设置，前后效果如图 7-44 所示。

图 7–44

该特效各项参数的含义如下。

- ➢ 阴影颜色：设置图像中阴影的颜色。
- ➢ 不透明度：设置阴影的不透明度。
- ➢ 方向：设置阴影的方向。
- ➢ 距离：设置阴影离原图像的距离。
- ➢ 柔和度：设置阴影的柔和程度。
- ➢ 仅阴影：选中【仅阴影】复选框，将只显示阴影而隐藏投射阴影的图像。

7.5.3 径向阴影

【径向阴影】滤镜与【投影】滤镜相似，也可以为图像添加阴影效果，但比投影特效在控制上有更多的选择。【径向阴影】滤镜根据模拟的灯光投射阴影，看上去更加符合现实中的灯光阴影效果。

在菜单栏中选择【效果】→【透视】→【径向阴影】命令，在【效果控件】面板中展开【径向阴影】滤镜的参数，其参数设置面板如图 7-45 所示。

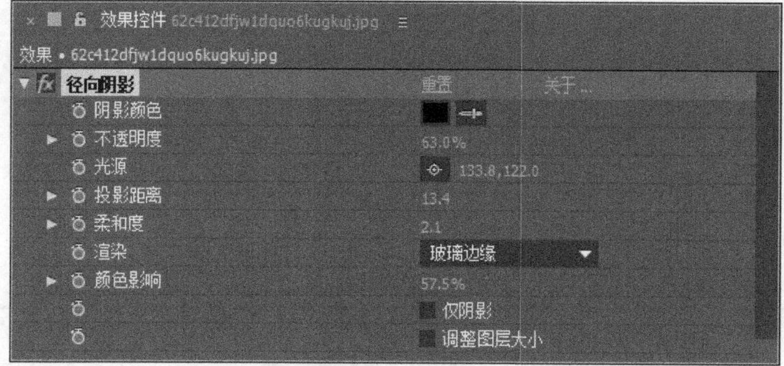

图 7-45

通过以上参数的设置，前后效果如图 7-46 所示。

图 7-46

该特效的各项参数含义如下。

- ➢ 阴影颜色：设置图像中阴影的颜色。
- ➢ 不透明度：设置阴影的不透明度。
- ➢ 光源：设置模拟灯光的位置。

- 投影距离：设置阴影的投射距离。
- 柔和度：设置阴影的柔和程度。
- 渲染：用来设置图像阴影的渲染方式。
- 颜色影响：可以调节有色投影的范围影响。
- 仅阴影：选中【仅阴影】复选框，将只显示阴影而隐藏投射阴影的图像。
- 调整图层大小：用来设置阴影是否适用于当前图层而忽略当前层的尺寸。

Section 7.6 实践经验与技巧

在本节的学习过程中，将侧重介绍和讲解与本章知识点有关的实践经验及技巧，主要内容将包括制作广告移动模糊效果、制作阴影图案效果和制作浮雕效果等方面的知识及操作技巧。

7.6.1 制作广告移动模糊效果

本章学习了特效应用效果操作的相关知识，本例详细介绍如何制作广告移动模糊效果，来巩固和提高本章学习的内容。

操作步骤 >> Step by Step

第 1 步 在【项目】面板中，***1.*** 单击鼠标右键，**2.** 在弹出的快捷菜单中选择【新建合成】命令，如图 7-47 所示。

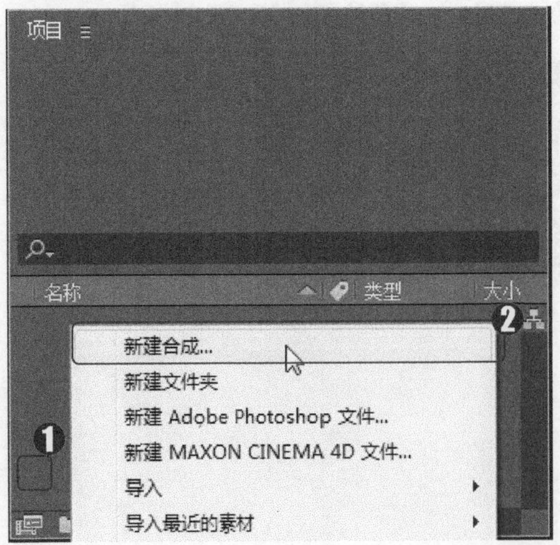

图 7-47

第 2 步 在弹出的【合成设置】对话框中，设置合成名称为“合成 1”，并设置如图 7-48 所示的参数，创建一个新的合成。

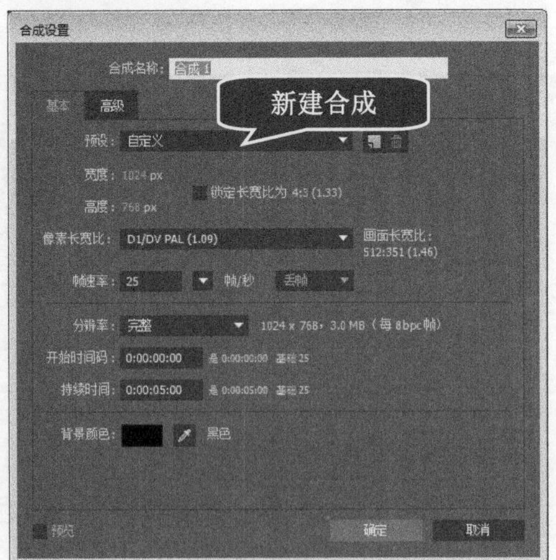

图 7-48

第 3 步 在【项目】面板中的空白处双击鼠标左键，*1.* 在弹出的对话框中选择需要的素材文件，*2.* 然后单击【导入】按钮 导入 ，如图 7-49 所示。

图 7–49

第 4 步 将【项目】面板中的素材文件按顺序拖曳到时间线面板中，如图 7-50 所示。

图 7–50

第 5 步 将时间线拖曳到起始帧位置，开启【位置】关键帧，并设置 01.png 图层的【位置】为(−265,684)，然后将时间线拖到 3 秒的位置，设置【位置】为(512,384)，如图 7-51 所示。

图 7–51

第 6 步 为 01.png 图层添加【定向模糊】效果，设置【方向】为 60°，如图 7-52 所示。

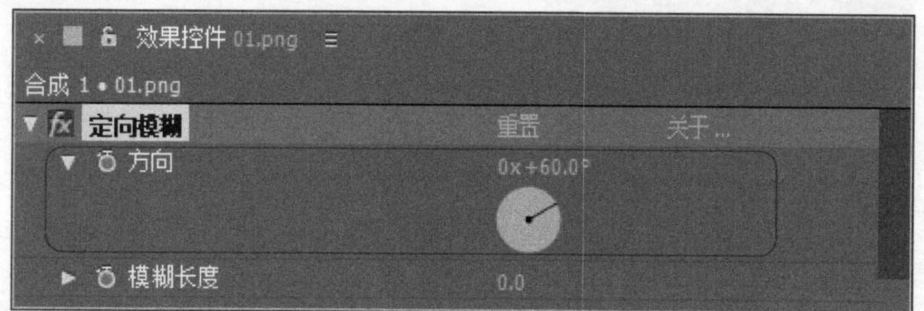

图 7–52

第 7 步 将时间线拖到起始帧位置，开启【模糊长度】的自动关键帧，设置【模糊长度】为 30，然后将时间线拖到第 3 秒位置，设置【模糊长度】为 0，如图 7-53 所示。

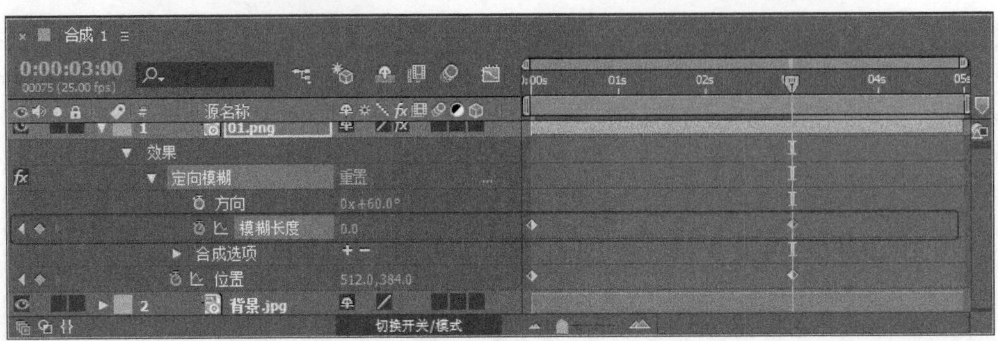

图 7–53

第 8 步　此时拖动时间线滑块，即可查看最终制作的广告移动模糊效果，如图 7-54 所示。

图 7–54

7.6.2 制作阴影图案效果

本章学习了特效应用效果操作的相关知识，本例将详细介绍制作阴影图案效果，来巩固和提高本章学习的内容。

操作步骤 >> Step by Step

第 1 步　在【项目】面板中，*1.* 单击鼠标右键，**2.** 在弹出的快捷菜单中选择【新建合成】命令，如图 7-55 所示。

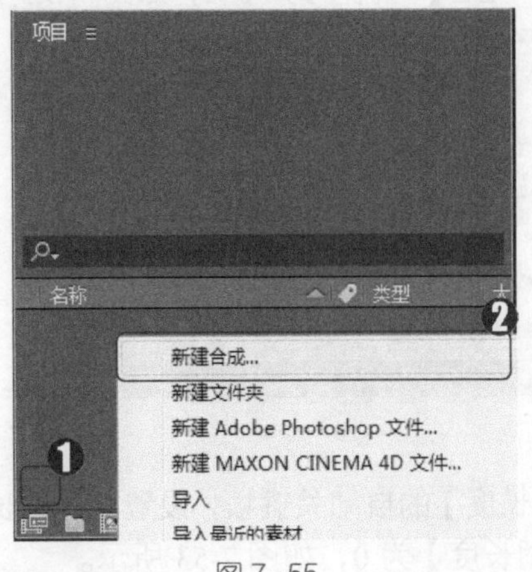

图 7–55

第 2 步　在弹出的【合成设置】对话框中，设置合成名称为“合成 1”，并设置如图 7-56 所示的参数，创建一个新的合成。

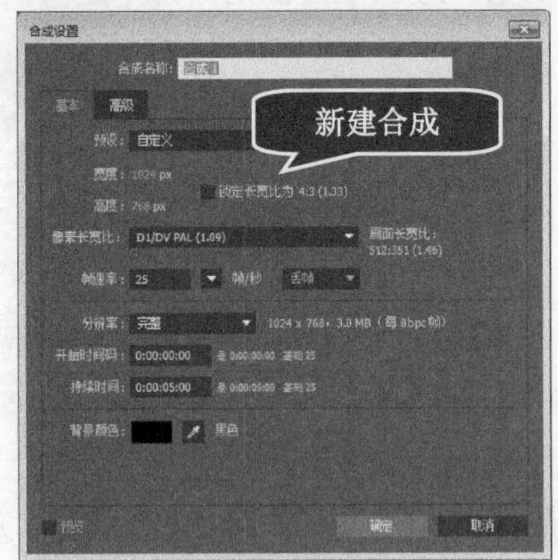

图 7–56

第 3 步　在【项目】面板中的空白处双击鼠标左键，***1.*** 在弹出的对话框中选择需要的素材文件，***2.*** 然后单击【导入】按钮 导入 ，如图 7-57 所示。

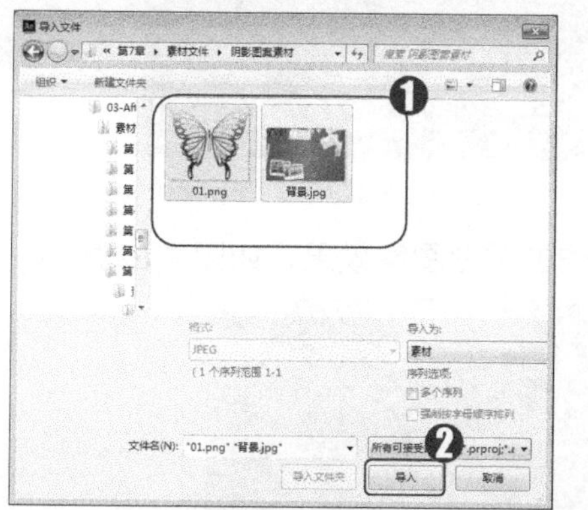

图 7–57

第 4 步　将【项目】面板中的素材文件按顺序拖曳到时间线面板中，如图 7-58 所示。

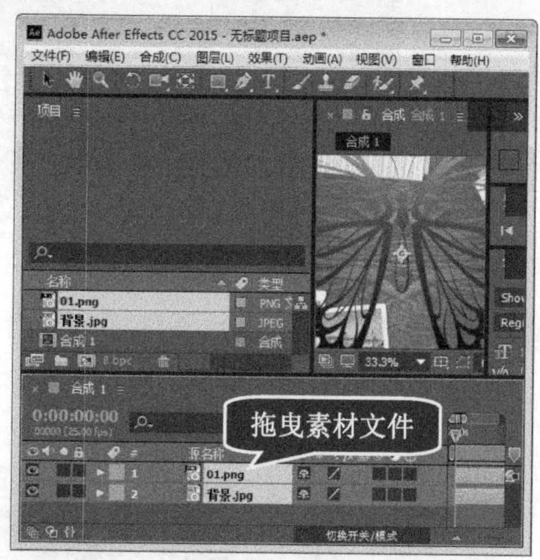

图 7–58

第 5 步　在【时间轴】面板中，设置 01.png 图层的【缩放】属性为 58，如图 7-59 所示。

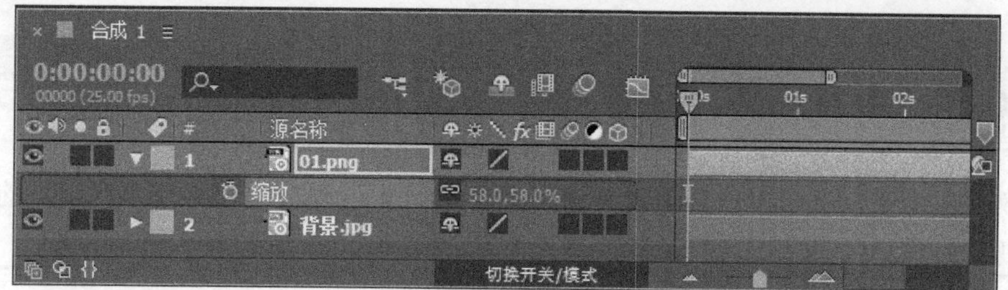

图 7–59

第 6 步　为 01.png 图层添加【投影】效果，设置【柔和度】为 15，参数设置如图 7-60 所示。

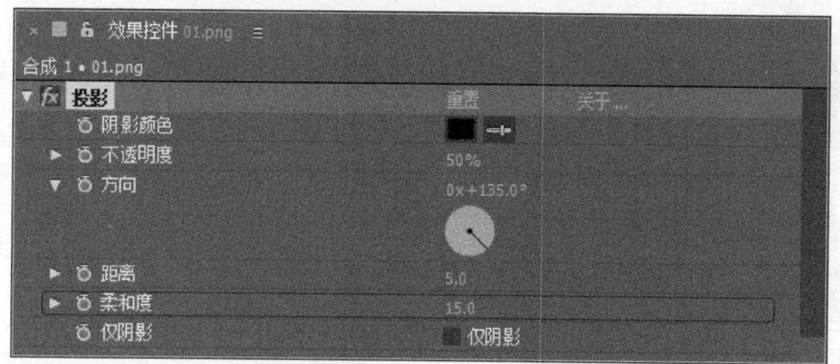

图 7–60

第 7 步　将时间线拖曳到起始帧位置，开启【仅阴影】的自动关键帧，设置【仅阴影】为【关】状态，然后将时间线拖到第 3 秒位置，设置【仅阴影】为【开】状态，如图 7-61 所示。

图 7-61

第 8 步 此时拖动时间线滑块即可查看最终制作的阴影图案效果，如图 7-62 所示。

图 7-62

7.6.3 制作浮雕效果

本例将主要使用【分形杂色】滤镜来制作浮雕效果，来巩固和提高本章学习的技能。

操作步骤 >> Step by Step

第 1 步 打开“浮雕效果.aep”文件，加载【浮雕空间】合成，如图 7-63 所示。

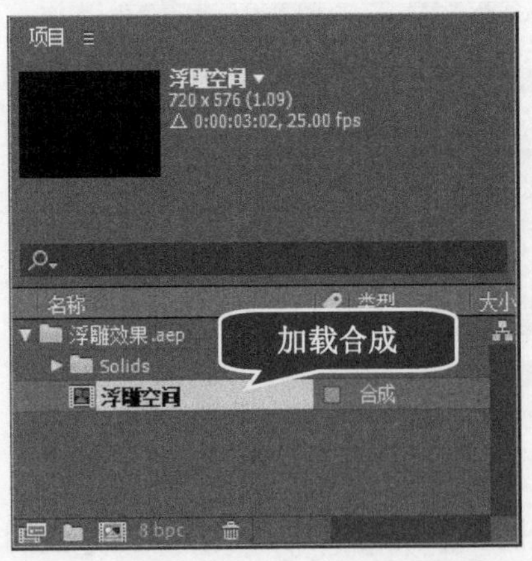

图 7-63

第 2 步 选择【浮雕空间】图层，然后在菜单栏中，选择【效果】→【杂色和颗粒】→【分形杂色】命令，如图 7-64 所示。

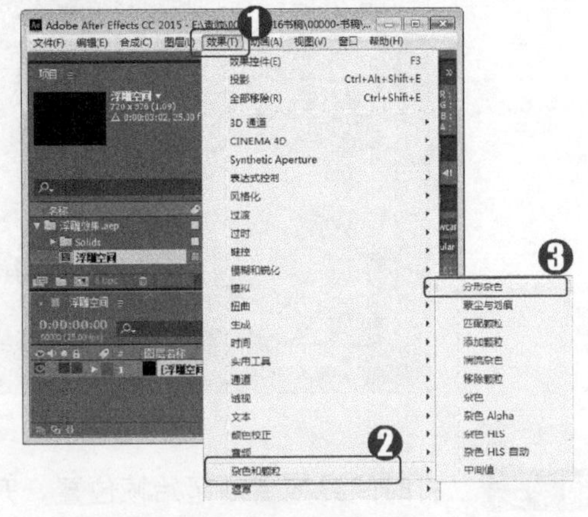

图 7-64

第 3 步 在【效果控件】面板中，设置【分形杂色】滤镜的参数，详细的参数设置如图 7-65

所示。

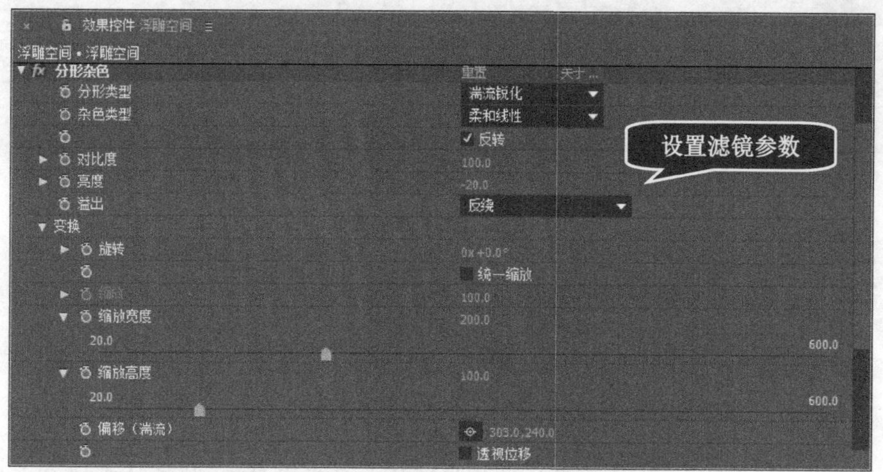

图 7–65

第 4 步　在【时间轴】面板中设置【分形杂色】滤镜的关键帧动画。在第 0 帧处，设置【对比度】为 100、【亮度】为-20、【演化】为 0x+0°；在第 3 秒处，设置【对比度】为 115、【亮度】为-9、【演化】为 0x+163°，如图 7-66 所示。

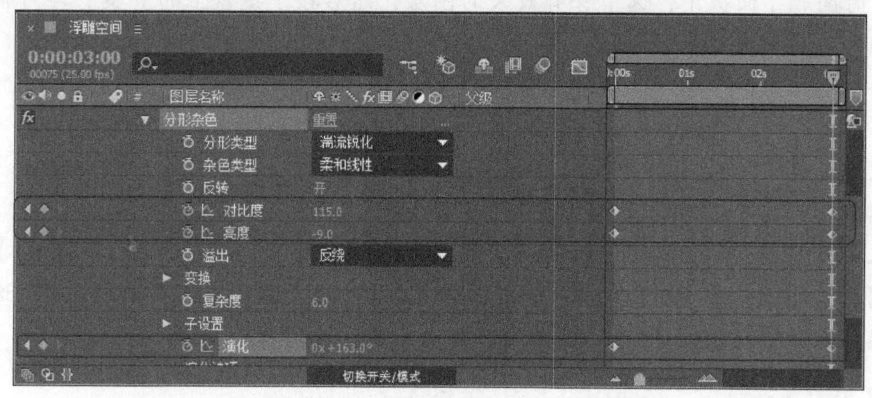

图 7–66

第 5 步　在【效果控件】面板中，选择【分形杂色】滤镜，然后按住鼠标左键并拖曳至顶层，如图 7-67 所示。

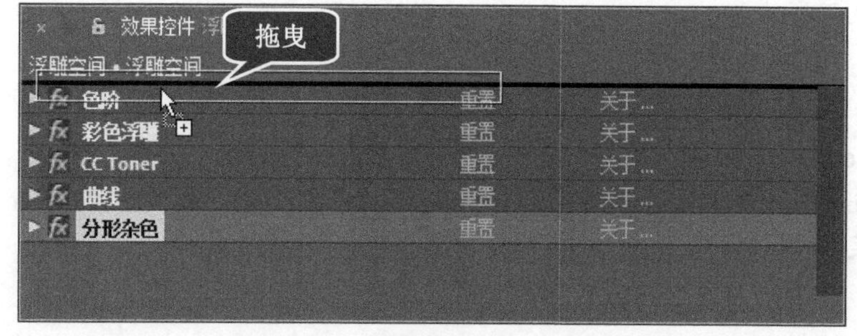

图 7–67

第 6 步　通过以上步骤，即完成了浮雕效果制作，如图 7-68 所示。

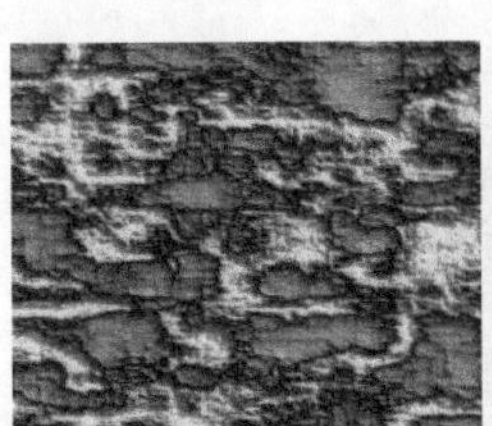 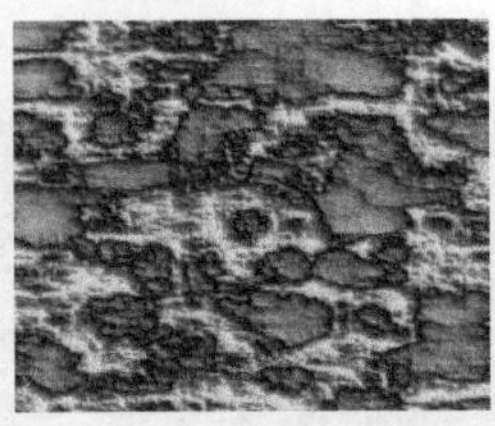  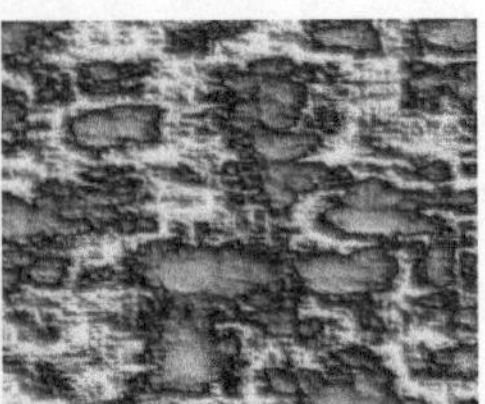

图 7-68

Section 7.7 有问必答

1. **添加了多个滤镜效果，如何按个人需要删除其中的滤镜效果?**

在【效果控件】面板中，选择应用效果的标题使之呈高亮显示，然后按下键盘上的 Delete 键，即可删除该滤镜。

2. **如何在【时间轴】面板中快速展开添加的滤镜效果?**

在【时间轴】面板中，选中含有效果的图层，然后按下键盘上的 E 键，即可快速展开所有添加的滤镜效果。

3. **如何复制滤镜效果?**

如果只是在本图层中复制特效，只需要在【效果控件】面板或【时间轴】面板中选中特效，然后按下键盘上的 Ctrl+D 组合键即可。

如果是将特效复制到其他层使用，那么可以在【效果控件】面板或【时间轴】面板中选中原图层中的一个或者多个特效，然后按下 Ctrl+C 组合键，完成滤镜的复制；选中目标图层，然后按下键盘上的 Ctrl+V 组合键，完成效果的粘贴操作。

4. **【投影】滤镜与【径向阴影】滤镜的区别有哪些?**

【投影】滤镜与【径向阴影】滤镜的区别在于，【投影】滤镜所产生的图像阴影形状是由图像的 Alpha(通道)决定的，而【径向阴影】滤镜则通过自定义光源点所在的位置并照射图像而产生阴影效果。

5. **After Effects 软件的滤镜特效都在哪里?**

After Effects 软件的所有滤镜特效都存放于 Plug-ins 目录中，每次启动时，系统都会自动搜索 Plug-ins 目录中的所有滤镜特效，并将搜索到的滤镜特效加入到 After Effects 软件的【效果】菜单中。

图像色彩调整与键控滤镜

本章要点

- 调色滤镜
- 键控滤镜
- 遮罩滤镜
- 专题课堂——Keylight 滤镜

本章主要内容

本章主要介绍调色滤镜、键控滤镜和遮罩滤镜方面的知识与技巧，在本章的最后还针对实际的工作需求，讲解使用 Keylight 滤镜的方法。通过本章的学习，读者可以掌握图像色彩调整与键控基础操作方面的知识，为深入学习 After Effects CC 入门与应用知识奠定基础。

Section 8.1 调色滤镜

After Effects 软件中的【颜色校正】滤镜包中提供了很多色彩校正滤镜，本节将挑选一些常用的调色滤镜来进行讲解，掌握好这些调色滤镜是十分重要和必要的。

8.1.1 【曲线】滤镜

【曲线】滤镜可以对图像各个通道的色调范围进行控制。通过调整曲线的弯曲度或复杂度，来调整图像的亮区和暗区的分布情况。

在菜单栏中选择【效果】→【颜色校正】→【曲线】命令，在【效果控件】面板中展开【曲线】滤镜的参数，其参数设置面板如图 8-1 所示。

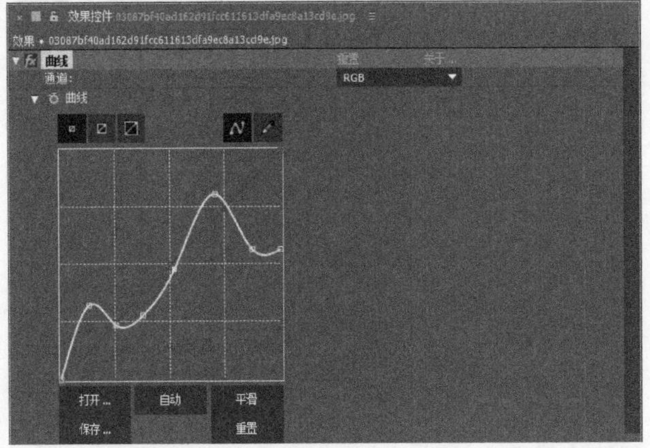

图 8-1

曲线左下角的端点代表暗调，右上角的端点代表高光，中间的过渡代表中间调。往上移动是加亮，往下移动是减暗，加亮的极限是 255，减暗的极限是 0。此外，【曲线】滤镜与 Photoshop 中的曲线命令功能类似。通过以上参数的设置，前后效果如图 8-2 所示。

图 8-2

该特效各项参数的含义如下。

➢ 通道：从右侧的下拉列表框中指定调整图像的颜色通道。
➢ 切换：用来切换操作区域的大小。
➢ 曲线工具：可以在其做出的控制曲线条上单击添加控制点，手动控制点可以改变图像的亮区和暗区的分布，将控制点拖出区域范围之外，则可以删除控制点。
➢ 铅笔工具：可以在左侧的控制区内单击拖动，绘制一条曲线来控制图像的亮度和暗区分布效果。
➢ 打开：单击该按钮，将打开存储的曲线文件，用打开的原曲线文件来控制图像。
➢ 自动：自动修改曲线，增加应用图层的对比度。
➢ 平滑：单击该按钮，可以对设置的曲线进行平滑操作，多次单击，可以多次对曲线进行平滑操作。
➢ 保存：保存调整好的曲线，以便以后打开来使用。
➢ 重置：将曲线恢复到默认的直线状态。

8.1.2　【色阶】滤镜

【色阶】滤镜，用直方图描述出整张图片的明暗信息。它将亮度、对比度和灰度系数等功能结合在一起，对图像进行明度、阴暗层次和中间色彩的调整。

在菜单栏中选择【效果】→【颜色校正】→【色阶】命令，在【效果控件】面板中展开【色阶】滤镜的参数，其参数设置面板如图 8-3 所示。

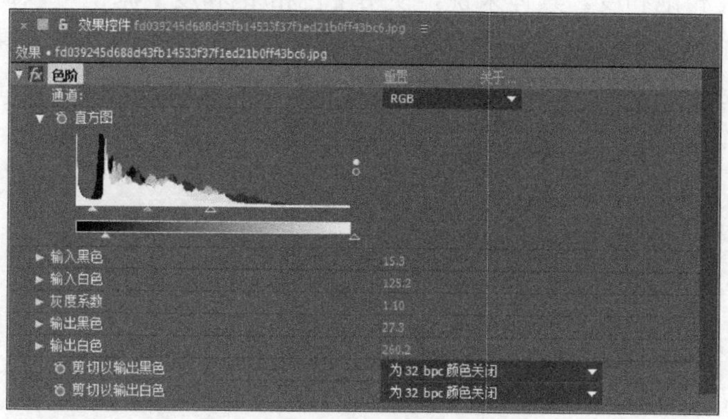

图 8–3

通过以上参数设置的前后效果如图 8-4 所示。

图 8–4

该特效各项参数的含义如下。

- 通道：用来选择要调整的通道。
- 直方图：显示图像中像素的分布情况，上方的显示区域，可以通过拖动滑块来调色。X 轴表示亮度值从坐标的最暗(0)到最后边的最亮(255)，Y 轴表示某个数值下的像素数量。黑色滑块是暗调色彩；白色滑块是亮调色彩；灰色滑块可以调整中间色调。拖动下方区域的滑块可以调整图像的亮度，向右拖动黑色滑块，可以消除在图像当中最暗的值，向左拖动白色滑块则可以消除在图像当中最亮的值。
- 输入黑色：指定输入图像暗区值的阈值数量，输入的数值将应用到图像的暗区。
- 输入白色：指定输入图像亮区值的阈值，输入的数值将应用到图像的亮区范围。
- 灰度系数：设置输出中间色调，相当于【直方图】中的灰色滑块。
- 输出黑色：设置输出的暗区范围。
- 输出白色：设置输出的亮区范围。
- 剪切以输出黑色：用来修剪暗区输出。
- 剪切以输出白色：用来修剪亮区输出。

8.1.3 【色相/饱和度】滤镜

【色相/饱和度】滤镜是基于 HSB 颜色模式，因此使用【色相/饱和度】滤镜可以调整图像的色调、亮度和饱和度。具体来说，使用【色相/饱和度】滤镜可以调整图像中单个颜色成分的色相、饱和度和亮度，是一个功能非常强大的图像颜色调整工具。

在菜单栏中选择【效果】→【颜色校正】→【色相/饱和度】命令，在【效果控件】面板中展开【色相/饱和度】滤镜的参数，其参数设置面板如图 8-5 所示。

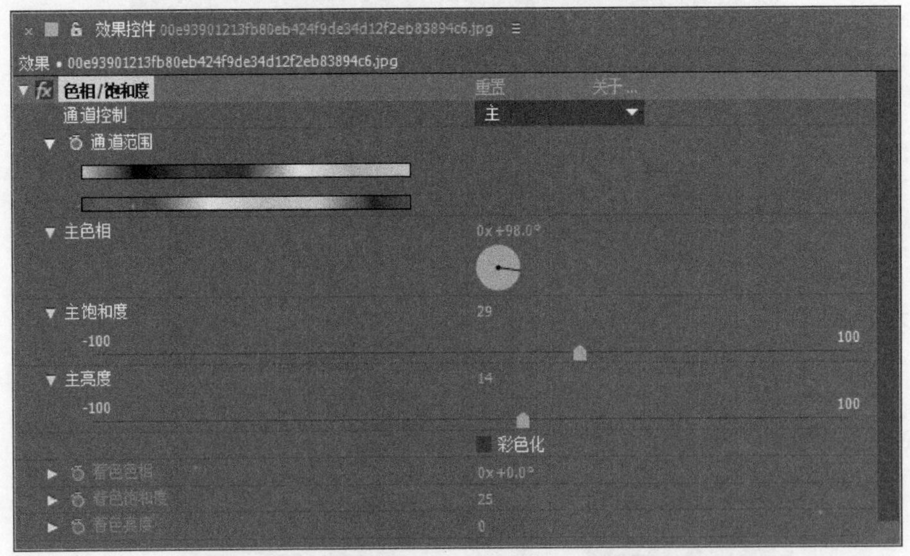

图 8-5

通过以上参数的设置，前后效果如图 8-6 所示。

图 8–6

该特效各项参数的含义如下。

- 通道控制：在其右侧的下拉列表框中，可以选择需要修改的颜色通道。
- 通道范围：通过下方的颜色预览区，可以看到颜色调整的范围。上方的颜色预览区显示的是调整前的颜色；下方的颜色预览区显示的是调整后的颜色。
- 主色相：调整图像的主色调，与【通道控制】选择的通道有关。
- 主饱和度：调整图像颜色的浓度。
- 主亮度：调整图像颜色的亮度。
- 彩色化：选中该复选框，可以为灰度图像增加色彩，也可以将多彩的图像转换成单一的图像效果。同时激活下面的选项。
- 着色色相：调整着色后图像的色调。
- 着色饱和度：调整着色后图像的颜色浓度。
- 着色亮度：调整着色后图像的颜色亮度。

8.1.4　【颜色平衡】滤镜

【颜色平衡】滤镜主要依靠控制红、绿、蓝在中间色、阴影和高光之间的比重来控制图像的色彩，非常适合于精细调整图像的高光、阴影和中间色调。

在菜单栏中选择【效果】→【颜色校正】→【颜色平衡】命令，在【效果控件】面板中展开【颜色平衡】滤镜的参数，其参数设置面板如图 8-7 所示。

效果控件 0ZU03D2-0.jpg
效果 • 0ZU03D2-0.jpg

颜色平衡	重置	关于…
阴影红色平衡	38.0	
阴影绿色平衡	41.0	
阴影蓝色平衡	33.0	
中间调红色平衡	48.0	
中间调绿色平衡	72.0	
中间调蓝色平衡	16.0	
高光红色平衡	18.0	
高光绿色平衡	-22.0	
高光蓝色平衡	45.0	
	保持发光度	

图 8–7

通过以上参数的设置，前后效果如图 8-8 所示。

图 8-8

该特效各项参数的含义如下。

- 阴影红/绿/蓝色平衡：这几个选项主要用来调整图像暗部的 RGB 色彩平衡。
- 中间调红/绿/蓝色平衡：这几个选项主要用来调整图像的中间色调的 RGB 色彩平衡。
- 高光红/绿/蓝色平衡：这几个选项主要用来调整图像高光区的 RGB 色彩平衡。
- 保持发光度：选中此复选框，当修改颜色值时，保持图像的整体亮度值不变。

8.1.5 【通道混合器】滤镜

【通道混合器】滤镜可以通过混合当前通道来改变画面的颜色通道，使用该滤镜可以制作出普通色彩修正滤镜不容易达到的效果。

在菜单栏中选择【效果】→【颜色校正】→【通道混合器】命令，在【效果控件】面板中展开【通道混合器】滤镜的参数，其参数设置面板如图 8-9 所示。

效果控件 20101228011705619.jpg

效果 • 20101228011705619.jpg

通道混合器	重置	关于…
红色 - 红色	137	
红色 - 绿色	26	
红色 - 蓝色	26	
红色 - 恒量	11	
绿色 - 红色	8	
绿色 - 绿色	97	
绿色 - 蓝色	23	
绿色 - 恒量	7	
蓝色 - 红色	-11	
蓝色 - 绿色	10	
蓝色 - 蓝色	118	
蓝色 - 恒量	7	
单色		

图 8-9

通过以上参数的设置，前后效果如图 8-10 所示。

图 8–10

该特效各项参数的含义如下。

- 红色-红色/红色-绿色/红色-蓝色：用来设置红色通道颜色的混合比例。
- 绿色-红色/绿色-绿色/绿色-蓝色：用来设置绿色通道颜色的混合比例。
- 蓝色-红色/蓝色-绿色/蓝色-蓝色：用来设置蓝色通道颜色的混合比例。
- 红色/绿色/蓝色-恒量：用来调整红、绿和蓝通道的对比度。
- 单色：选中该复选框后，彩色图像将转换为灰度图。

8.1.6 【更改颜色】滤镜

【更改颜色】滤镜可以改变某个色彩范围内的色调，以达到置换颜色的目的。

在菜单栏中选择【效果】→【颜色校正】→【更改颜色】命令，在【效果控件】面板中展开【更改颜色】滤镜的参数，其参数设置面板如图 8-11 所示。

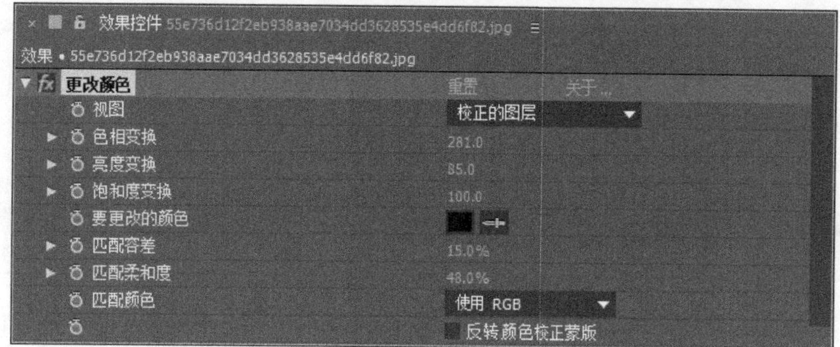

图 8–11

通过以上参数的设置，前后效果如图 8-12 所示。

图 8–12

该特效各项参数的含义如下。

- 视图：设置在【合成】面板中查看图像的方式。【校正的图层】显示的是颜色校正后的画面效果，也就是最终效果；【颜色校正蒙版】显示的是颜色校正后的遮罩部分的效果，也就是图像中被改变的部分。
- 色相变换：调整所选颜色的色相。
- 亮度变换：调整所选颜色的亮度。
- 饱和度变换：调整所选颜色的色彩饱和度。
- 要更改的颜色：指定将要被修正的区域的颜色。
- 匹配容差：指定颜色匹配的相似程度，即颜色的容差度。值越大，被修正的颜色区域越大。
- 匹配柔和度：设置颜色的柔和度。
- 匹配颜色：指定匹配的颜色空间，共有【使用 RGB】、【使用色相】和【使用色度】3 个选项。
- 反转颜色校正蒙版：反转颜色校正的遮罩，可以使用吸管工具拾取图像中相同的颜色区域来进行反转操作。

Section 8.2 键控滤镜

键控也就是我们常说的抠像，抠像是影视拍摄制作中的常用技术，在很多著名的影视大片中，那些气势恢宏的场景和令人瞠目结舌的特效，都使用了大量的抠像处理，本节将详细介绍有关抠像技术的相关知识及操作方法。

8.2.1 【颜色键】滤镜

【颜色键】滤镜将素材的某种颜色及其相似的颜色范围设置为透明，还可以为素材进行边缘预留设置，制作出类似描边的效果。

在菜单栏中选择【效果】→【过时】→【颜色键】命令，在【效果控件】面板中展开【颜色键】滤镜的参数，其参数设置面板如图 8-13 所示。

效果控件 0370090512.jpg
效果 • 0370090512.jpg
fx 颜色键 重置 关于...
主色
颜色容差 112
薄化边缘 0
羽化边缘 3.4

图 8–13

通过以上参数的设置，前后效果如图 8-14 所示。

图 8–14

该特效各项参数的含义如下。

- 主色：用来设置透明的颜色值，可以单击右侧的色块来选择颜色，也可单击右侧的吸管工具，然后在素材上单击吸取所需颜色，以确定透明的颜色值。
- 颜色容差：用来设置颜色的容差范围。值越大，所包含的颜色越广。
- 薄化边缘：用来调整抠出区域的边缘。正值为扩大遮罩的范围，负值为缩小遮罩的范围。
- 羽化边缘：用来设置边缘的柔化程度。

知识拓展

使用【颜色键】滤镜进行抠像只能产生透明和不透明两种效果，所以它只适合抠出背景颜色变化不大、前景完全不透明以及边缘比较精确的素材。

8.2.2 【颜色范围】滤镜

【颜色范围】滤镜可以在 Lab、YUV 和 RGB 任意一个颜色空间中通过指定的颜色范围来设置抠出颜色。使用【颜色范围】滤镜对抠出具有多种颜色构成或是灯光不均匀的蓝屏或绿屏背景非常有效。

在菜单栏中选择【效果】→【键控】→【颜色范围】命令，在【效果控件】面板中展开【颜色范围】滤镜的参数，其参数设置面板如图 8-15 所示。

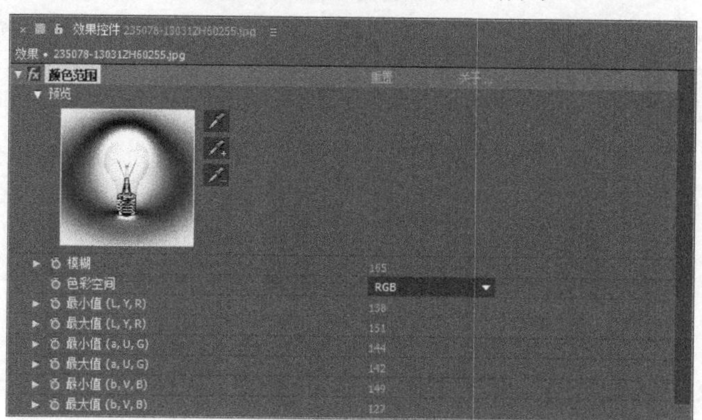

图 8–15

通过以上参数的设置，前后效果如图 8-16 所示(其中前两个图是设置参数之前用到的两个图，第 3 个是效果图)。

图 8–16

该特效各项参数的含义如下。

➢ 预览：用来显示抠像所显示的颜色范围预览。
➢ 吸管：可以从图像中吸取需要镂空的颜色。
➢ 加选吸管：在图像中单击，可以增加键控的颜色范围。
➢ 减选吸管：在图像中单击，可以减少键控的颜色范围。
➢ 模糊：控制边缘的柔和程度。值越大，边缘越柔和。
➢ 色彩空间：设置抠出所使用的颜色空间。包括 Lab、YUV 和 RGB 三个选项。
➢ 最小/最大值：精确调整颜色空间中颜色开始范围的最小值和颜色结束范围的最大值。

8.2.3 【差值遮罩】滤镜

【差值遮罩】滤镜通过指定的差异层与特效层进行颜色对比，将相同颜色区域抠出，制作出透明的效果。适合在相同的背景下，将其中一个移动物体的背景制作成透明效果。

在菜单栏中选择【效果】→【键控】→【差值遮罩】命令，在【效果控件】面板中展开【差值遮罩】滤镜的参数，其参数设置面板如图 8-17 所示。

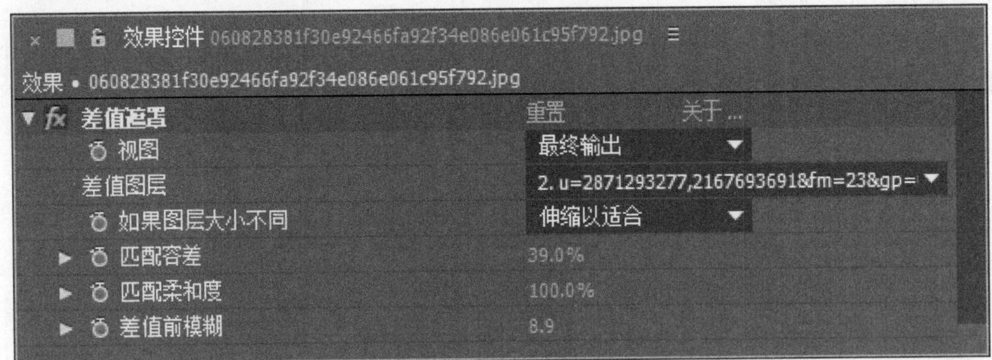

图 8–17

通过以上参数的设置，前后效果如图 8-18 所示(其中前两个图是设置参数之前用到的两个图，第 3 个是效果图)。

  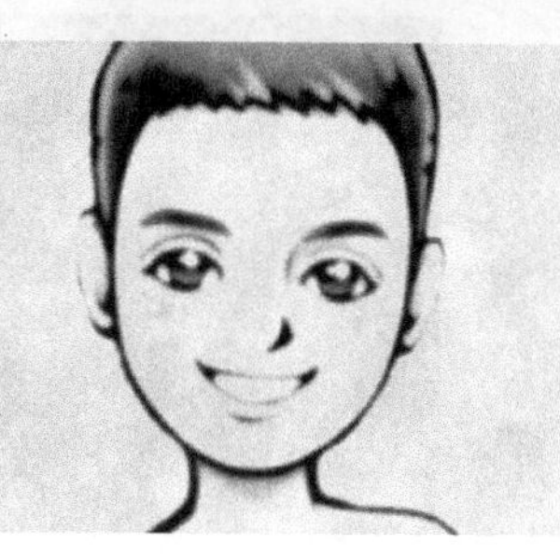

图 8-18

该特效各项参数的含义如下。

➢ 视图：设置不同的图像视图。
➢ 差值图层：指定与特效层进行比较的差异层。
➢ 如果图层大小不同：如果差异层与特效层大小不同，可以选择居中对齐或拉伸差异层。
➢ 匹配容差：设置颜色对比的范围大小。值越大，包含的颜色信息量越多。
➢ 匹配柔和度：设置颜色的柔化程度。
➢ 差值前模糊：可以在对比前将两幅图像进行模糊处理。

8.2.4　【内部/外部键】滤镜

【内部/外部键】滤镜特别适用于抠取毛发。使用该滤镜时需要绘制两个遮罩，一个遮罩用来定义键出范围内的边缘，另外一个遮罩用来定义键出范围之外的边缘，After Effects 会根据这两个遮罩间的像素差异来定义抠出边缘并进行抠像。

在菜单栏中选择【效果】→【键控】→【内部/外部键】命令，在【效果控件】面板中展开【内部/外部键】滤镜的参数，其参数设置面板如图 8-19 所示。

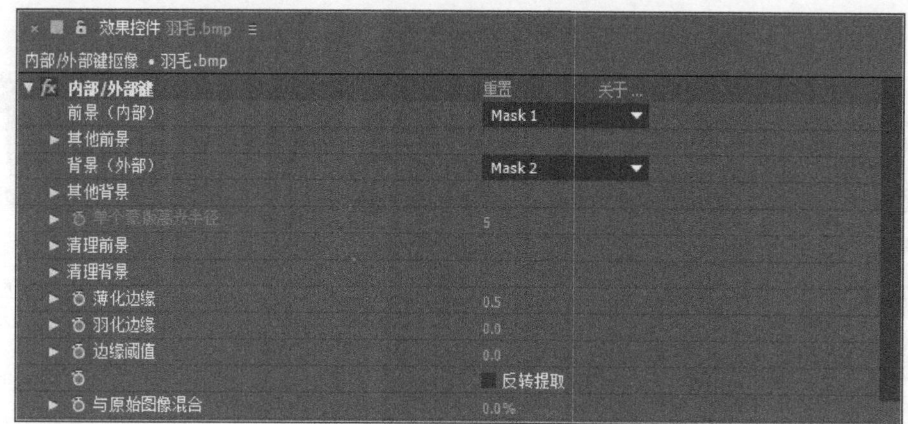

图 8-19

通过以上参数的设置，前后效果如图 8-20 所示(其中前两个图是设置参数之前用到的两个图，第 3 个是效果图)。

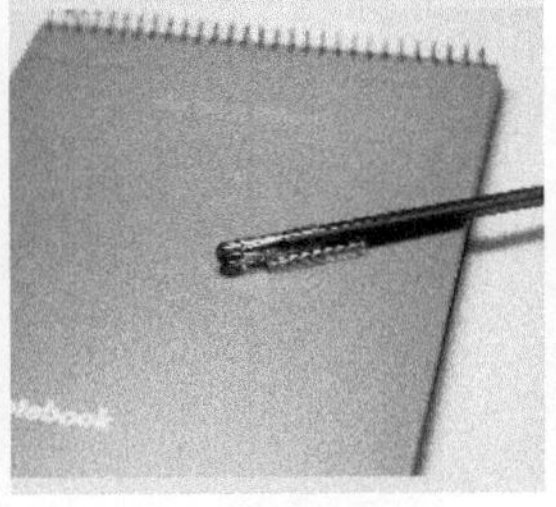

图 8-20

该特效各项参数的含义如下。

- 前景(内部)：用来指定绘制的前景蒙版。
- 其他前景：可以用来指定更多的前景蒙版。
- 背景(外部)：用来指定绘制的背景蒙版。
- 其他背景：可以用来指定更多的背景 Mask。
- 单个蒙版高光半径：当只有一个遮罩时，该选项激活，并沿这个遮罩清除前景色，显示背景色。
- 清理前景：清除图像的前景色。
- 清理背景：清除图像的背景色。
- 薄化边缘：用来设置图像边缘的扩展或收缩。
- 羽化边缘：用来设置图像边缘的羽化值。
- 边缘阈值：用来设置图像边缘的容差值。
- 反转提取：反转抠像的效果。
- 与原始图像混合：用来设置与原始图像的混合程度。

知识拓展

【内部/外部键】滤镜还会修改边界的颜色，将背景的残留颜色提取出来，然后自动净化边界的残留颜色，因此，把经过抠像后的目标图像叠加在其他背景上时，会显示出边界的模糊效果。

Section 8.3 遮罩滤镜

抠像是一门综合技术，除了抠像滤镜本身的使用方法外，还包括抠像后图像边缘的处理技术，及背景合成时的色彩匹配技术等。本节将详细介绍遮罩滤镜的相关知识。

8.3.1 【遮罩阻塞工具】滤镜

【遮罩阻塞工具】滤镜是功能非常强大的图像边缘处理工具。

在菜单栏中选择【效果】→【遮罩】→【遮罩阻塞工具】命令，在【效果控件】面板中展开【遮罩阻塞工具】滤镜的参数，其参数设置面板如图 8-21 所示。

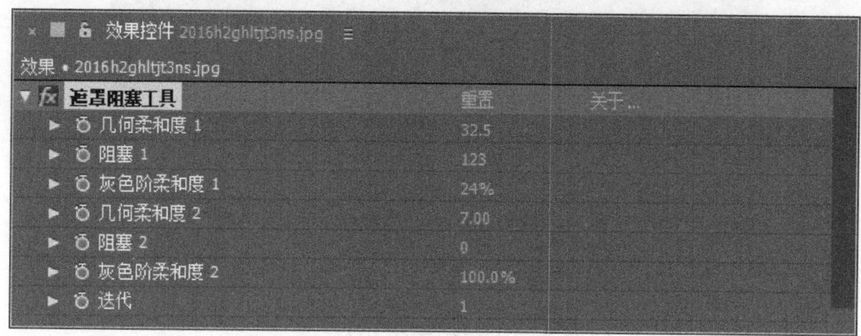

图 8-21

通过以上参数的设置，前后效果如图 8-22 所示。

边缘未处理

边缘处理后

图 8-22

该特效各项参数的含义如下。

- 几何柔和度 1：用来调整图像边缘的一级光滑度。
- 阻塞 1：用来设置图像边缘的一级“扩充”或“收缩”。
- 灰色阶柔和度 1：用来调整图像边缘的一级光滑度。
- 几何柔和度 2：用来调整图像边缘的二级光滑度。
- 阻塞 2：用来设置图像边缘的二级 “扩充”或“收缩”。
- 灰色阶柔和度 2：用来调整图像边缘的二级光滑度。
- 迭代：用来控制图像边缘“收缩”的强度。

8.3.2　【调整实边遮罩】滤镜

【调整实边遮罩】滤镜不仅可以用来处理图像的边缘，还可以用来控制抠出图像的 Alpha 噪波干净程度。

在菜单栏中选择【效果】→【遮罩】→【调整实边遮罩】命令，在【效果控件】面板中展开【调整实边遮罩】滤镜的参数，其参数设置面板如图 8-23 所示。

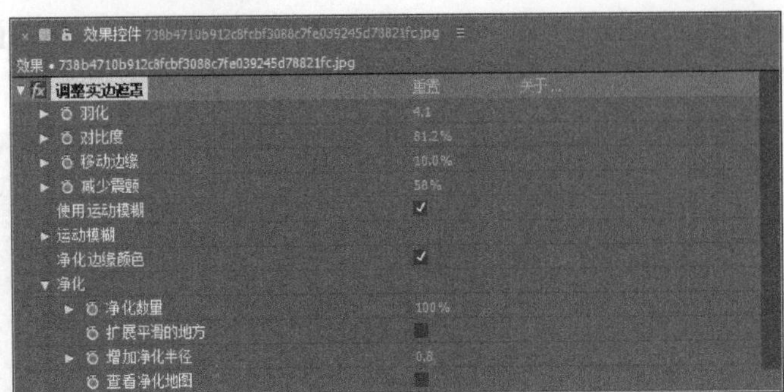

图 8-23

通过以上参数的设置，前后效果如图 8-24 所示。

边缘未处理

边缘处理后

图 8-24

该特效的基本参数含义如下。

➢ 羽化：用来设置图像边缘的光滑程度。

➢ 对比度：用来调整图像边缘的羽化过渡。

➢ 减少震颤：用来设置运动图像上的噪波。

➢ 使用运动模糊：对于带有运动模糊的图像来说，该选项很有用处。

➢ 净化边缘颜色：可以用来处理图像边缘的颜色。

8.3.3 【简单阻塞工具】滤镜

【简单阻塞工具】属于边缘控制组中最为简单的一款滤镜，不太适合处理较为复杂或精度要求比较高的边缘。

在菜单栏中选择【效果】→【遮罩】→【简单阻塞工具】命令，在【效果控件】面板中展开【简单阻塞工具】滤镜的参数，其参数设置面板如图 8-25 所示。

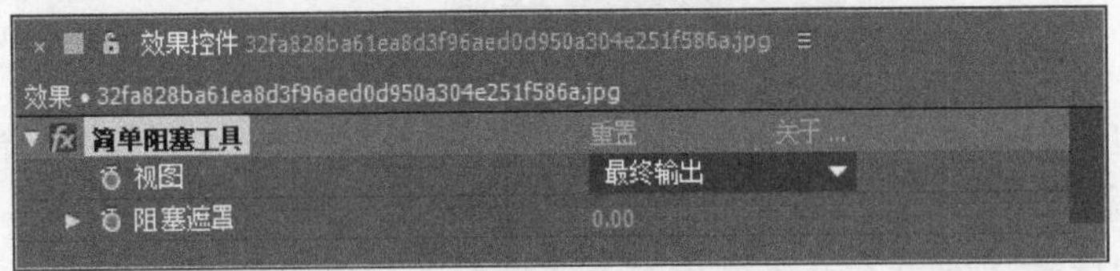

图 8-25

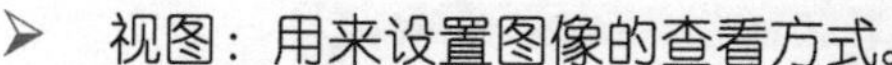

➢ 视图：用来设置图像的查看方式。

➢ 阻塞遮罩：用来设置图像边缘的“扩充”或“收缩”。

Section 8.4 专题课堂——Keylight 滤镜

Keylight 是一个屡获殊荣并经过产品验证的蓝绿屏幕抠像插件，同时 Keylight 是曾经获得学院奖的抠像工具之一。多年以来，Keylight 不断进行改进和升级，目的就是为了使抠像能够更快捷、简单。本节将详细介绍 Keylight 滤镜的相关知识。

8.4.1　常规抠像

微课堂
0 分 33 秒

基本抠像的工作流程一般是先设置 Screen Colour(屏幕色)参数，然后设置要抠出的颜色。如果在蒙版的边缘有抠出颜色的溢出，此时就需要调节 Despill Bias(反溢出偏差)参数，为前景选择一个合适的表面颜色；如果前景颜色被抠出或背景颜色没有被完全抠出，这时就需要适当调节 Screen Matte(屏幕遮罩)选项组下面的 Clip Black(剪切黑色)和 Clip White(剪切白色)参数。

在菜单栏中选择【效果】→【键控】→Keylight(1.2)命令，在【效果控件】面板中展开 Keylight(1.2)滤镜的参数，其参数设置面板如图 8-26 所示。

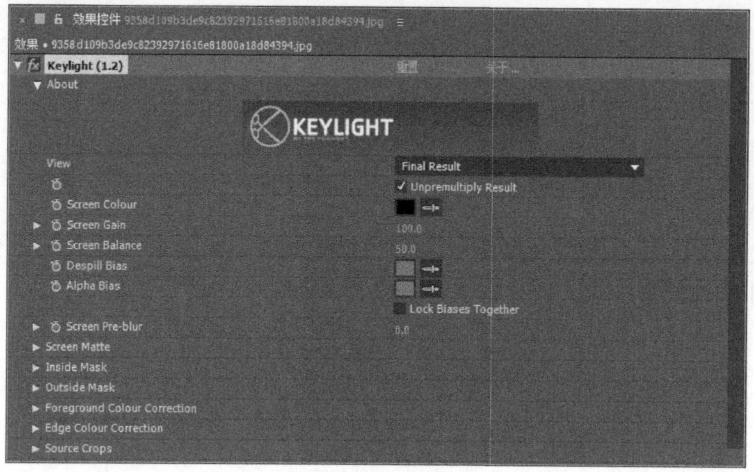

图 8-26

1　View(视图)

View(视图)选项用来设置查看最终效果的方式，在其下拉列表中提供了 11 种查看方式，如图 8-27 所示。

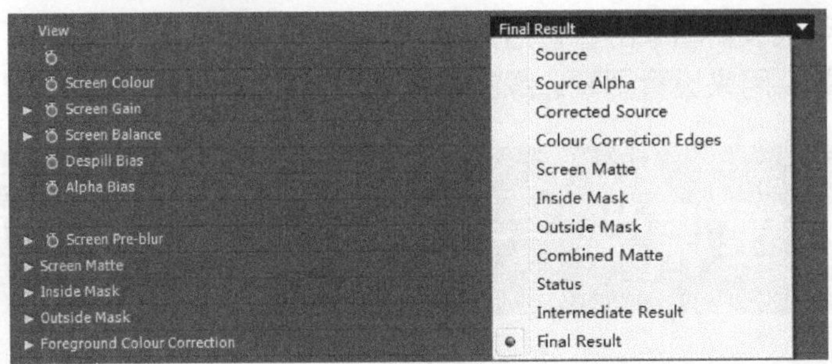

图 8-27

专家解读

在设置 Screen Colour(屏幕色)时，不能将 View(视图)选项设置为 Final Result(最终结果)，因为在进行第 1 次取色时，被选择扣除的颜色大部分都被消除了。

下面将详细介绍 View(视图)方式中的几个最常用的选项。

(1) Screen Matte(屏幕遮罩)。

在设置 Clip Black(剪切黑色)和 Clip White(剪切白色)时，可以将 View(视图)方式设置为 Screen Matte(屏幕遮罩)，这样可以将屏幕中本来应该是完全透明的地方调整为黑色，将完全不透明的地方调整为白色，将半透明的地方调整为合适的灰色，如图 8-28 所示。

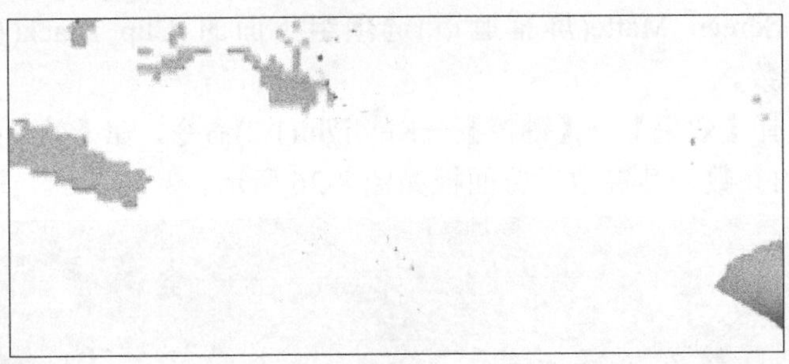

图 8-28

(2) Status(状态)。

将遮罩效果进行夸张、放大渲染，这样，即便是很小的问题，在屏幕上也将被放大显示出来，如图 8-29 所示。

图 8-29

(3) Final Result(最终结果)。

显示当前抠像的最终效果。

2 Despill Bias(反溢出偏差)

在设置 Screen Colour(屏幕色)时，虽然 Keylight 滤镜会自动抑制前景的边缘溢出色，但在前景的边缘处往往还是会残留一些抠出色，该选项就是用来控制残留的抠出色。

3 Screen Colour(屏幕色)

Screen Colour(屏幕色)用来设置需要被抠出的屏幕色，可以使用该选项后面的吸管工具在【合成】面板中吸取相应的屏幕色，这样就会自动创建一个 Screen Matte(屏幕遮罩)，并且这个遮罩会自动抑制遮罩边缘溢出的抠出颜色。

8.4.2 扩展抠像

常规抠像简单、快捷，但是在处理一些复杂图像、影像时，效果可能不尽人意，这时应用 Keylight(1.2)中的各个参数，可达到令人满意的效果。

1 Screen Colour(屏幕色)

无论是常规抠像还是高级抠像，Screen Colour(屏幕色)都是必须设置的一个选项。使用 Keylight(键控)滤镜进行抠像的第 1 步就是使用 Screen Colour(屏幕色)后面的吸管工具在屏幕上对抠出的颜色进行取样，取样的范围包括主要色调(如蓝色和绿色)与颜色饱和度。

一旦指定了 Screen Colour(屏幕色)后，Keylight(键控)滤镜就会在整个画面中分析所有的像素，并且比较这些像素的颜色和取样的颜色在色调和饱和度上的差异，然后根据比较的结果来设定画面的透明区域，并相应地对前景的边缘颜色进行修改。

2 Despill Bias(反溢出偏差)

Despill Bias(反溢出偏差)参数可以用来设置 Screen Colour(屏幕色)的反溢出效果，如果在蒙版的边缘有抠出颜色的溢出，此时就需要调节 Despill Bias(反溢出偏差)参数，为前景选择一个合适的表面颜色，这样抠取出来的图像效果会得到很大的改善。

3 Alpha Bias(Alpha 偏差)

在一般情况下都不需要单独调节 Alpha Bias(Alpha 偏差)属性，但是在绿屏中的红色信息多于绿色信息时，并且前景的红色通道信息也比较多的情况下，就需要单独调节 Alpha Bias(Alpha 偏差)参数，否则很难抠出图像。

4 Screen Gain(屏幕增益)

Screen Gain(屏幕增益)参数主要用来设置 Screen Colour(屏幕色)被抠出的程度，其值越大，被抠出的颜色就越多。

5 Screen Balance(屏幕平衡)

Screen Balance(屏幕平衡)参数是通过在 RGB 颜色值中对主要颜色的饱和度与其他两个颜色通道的饱和度的平均加权值进行比较，所得出的结果就是 Screen Balance(屏幕平衡)的属性值。例如，Screen Balance(屏幕平衡)为 100%时，Screen Colour(屏幕色)的饱和度占绝对优势，而其他两种颜色的饱和度几乎为 0。

6 Screen Pre-blur(屏幕预模糊)

Screen Pre-blur(屏幕预模糊)参数可以在对素材进行蒙版操作前，首先对画面进行轻微的模糊处理，这种预模糊的处理方式可以降低画面的噪点效果。

7 Screen Matte(屏幕遮罩)

Screen Matte(屏幕遮罩)参数组主要用来微调遮罩效果，这样可以更加精确地控制前景和背景的界线。展开 Screen Matte(屏幕遮罩)参数组的相关参数，如图 8-30 所示。

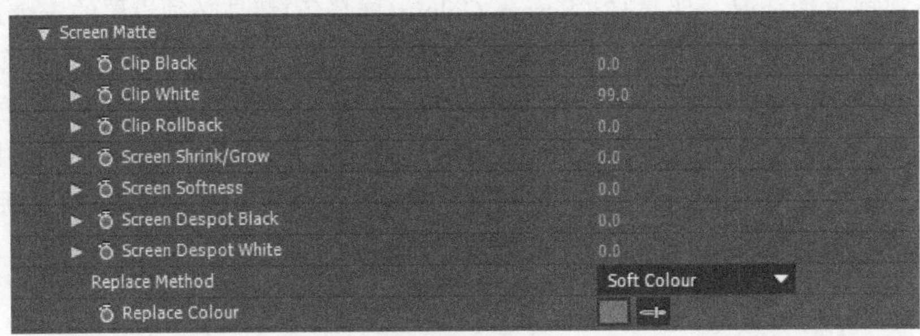

图 8-30

下面将详细介绍 Screen Matte(屏幕遮罩)参数组中各参数的含义。

- Clip Black(剪切黑色)：设置遮罩中黑色像素的起点值。如果在背景像素的地方出现了前景像素，那么这时就可以适当增大 Clip Black(剪切黑色)的数值，以抠出所有的背景像素。
- Clip White(剪切白色)：设置遮罩中白色像素的起点值。如果在前景像素的地方出现了背景像素，那么这时就可以适当降低 Clip White(剪切白色)的数值，以达到满意的效果。
- Clip Rollback(剪切削减)：在调节 Clip Black(剪切黑色)和 Clip White(剪切白色)参数时，有时会对前景边缘像素产生破坏，这时就可以适当调节 Clip Rollback(剪切削减)的数值，对前景的边缘像素进行一定程度的补偿。

- Screen Shrink/Grow(屏幕收缩/扩张)：用来收缩或扩大蒙版的范围。
- Screen Softness(屏幕柔化)：对整个蒙版进行模糊处理。注意，该选项只影响蒙版的模糊程度，不会影响到前景和背景。
- Screen Despot Black(屏幕独占黑色)：让黑点与周围像素进行加权运算。增大其值可以消除白色区域内的黑点。
- Screen Despot White(屏幕独占白色)：让白点与周围像素进行加权运算。增大其值可以消除黑色区域内的白点。
- Replace Colour(替换颜色)：根据设置的颜色来对 Alpha 通道的溢出区域进行补救。
- Replace Method(替换方式)：设置替换 Alpha 通道溢出区域颜色的方式，共有以下 4 种。

  None(无)——不进行任何处理。

  Source(源)——使用原始素材像素进行相应的补救。

  Hard Colour(硬度色)——对任何增加的 Alpha 通道区域直接使用 Replace Colour(替换颜色)进行补救。

  Soft Colour(柔和色)——对增加的 Alpha 通道区域进行 Replace Colour(替换颜色)补救时，根据原始素材像素的亮度来进行相应的柔化处理。

8　Inside Mask/Outside Mask(内/外侧蒙版)

使用 Inside Mask(内侧蒙版)可以将前景内容隔离出来，使其不参与抠像处理；使用 Outside Mask(外侧蒙版)可以指定背景像素，不管遮罩内是何种内容，一律视为背景像素来进行抠出，这对于处理背景颜色不均匀的素材非常有用。展开 Inside Mask/Outside Mask (内/外侧蒙版)参数组的参数，如图 8-31 所示。

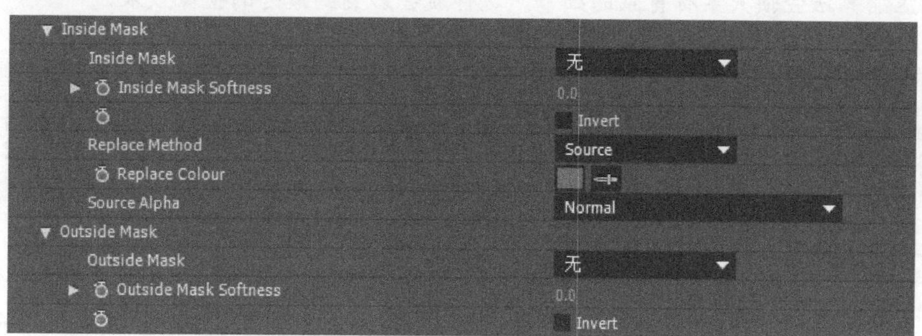

图 8-31

下面详细介绍 Inside Mask/Outside Mask(内/外侧蒙版)参数组中各参数的含义。

- Inside Mask/Outside Mask(内/外侧蒙版)：选择内侧或外侧的蒙版。
- Inside Mask Softness/Outside Mask Softness(内/外侧蒙版柔化)：设置内/外侧蒙版的柔化程度。
- Invert(反转)：反转蒙版方向。
- Replace Method(替换方式)：与 Screen Matte(屏幕遮罩)参数组中的 Replace Method(替换方式)属性相同。

- Replace Colour(替换颜色)：与 Screen Matte(屏幕遮罩)参数组中的 Replace Colour(替换颜色)属性相同。
- Source Alpha(源 Alpha)：该参数决定了 Keylight 滤镜如何处理源图像中本来就具有的 Alpha 通道信息。

9 Foreground Colour Correction(前景颜色校正)

Foreground Colour Correction(前景颜色校正)参数用来校正前景颜色，可以调整的参数包括 Saturation(饱和度)、Contrast(对比度)、Brightness(亮度)、Colour Suppression(颜色抑制)和 Colour Balancing(颜色平衡)。

10 Edge Colour Correction(边缘颜色校正)

Edge Colour Correction(边缘颜色校正)参数与 Foreground Colour Correction(前景颜色校正)参数相似，主要用来校正蒙版边缘的颜色，可以在 View(视图)列表中选择 Edge Colour Correction(边缘颜色校正)来查看边缘像素的范围。

11 Source Crops(源裁剪)

Source Crops(源裁剪)参数组的参数可以使用水平或垂直的方式来裁剪源素材的画面，这样可以将图像边缘的非前景区域直接设置为透明效果。

专家解读

在选择素材时，要尽可能使用质量比较高的素材，并且尽量不要对素材进行压缩，因为有些压缩算法会损失素材背景的细节，这样就会影响到最终的抠像效果。

Section 8.5 实践经验与技巧

在本节的学习过程中，将侧重介绍和讲解与本章知识点有关的实践经验及技巧，主要内容包括制作水墨芭蕾人像合成、冷色氛围处理和使用 Keylight 滤镜进行常规抠像等方面的知识和操作技巧。

8.5.1 制作水墨芭蕾人像合成

本章学习了色彩校正与抠像技术操作的相关知识，本例将详细介绍制作水墨芭蕾人像合成效果，来巩固和提高本章学习的内容。

操作步骤 >> Step by Step

第 1 步　打开素材“水墨芭蕾素材.aep”，加载【水墨芭蕾】合成，如图 8-32 所示。

图 8–32

第 2 步　为【人像.jpg】图层添加【颜色键】特效，单击【主色】后面的吸管工具，吸取【人像.jpg】图层的背景颜色，设置【颜色容差】为 10，【薄化边缘】为 2，如图 8-33 所示。

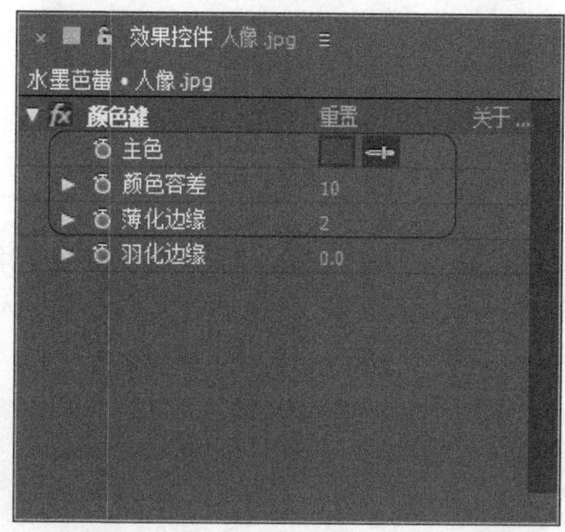

图 8–33

第 3 步　此时拖动时间线滑块，可以查看到人像合成的效果，如图 8-34 所示。

图 8–34

第 4 步　设置【人像.jpg】图层的【位置】为(593,461)，【缩放】为 65，如图 8-35 所示。

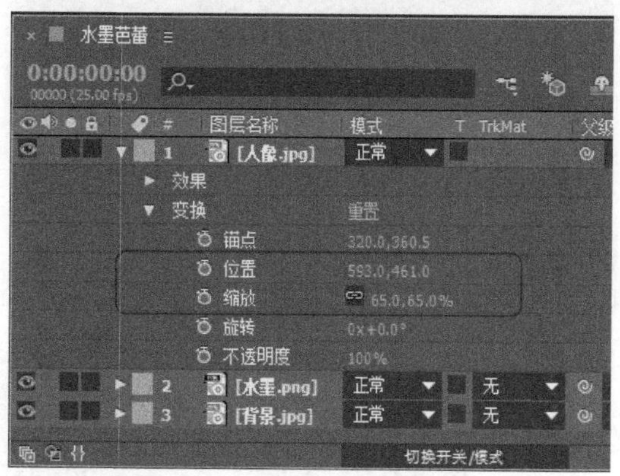

图 8–35

第 5 步　为【人像.jpg】图层添加【色相/饱和度】特效，设置【主饱和度】为-25，如图 8-36 所示。

第 6 步　此时拖动时间线滑块可以查看到效果，如图 8-37 所示。

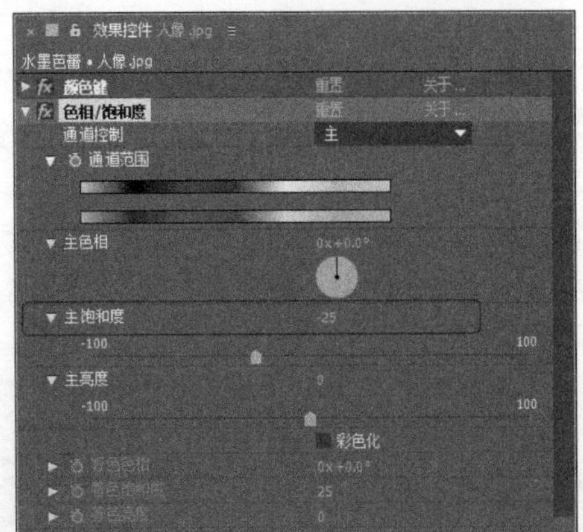

图 8–36

第 7 步 将【水墨.png】图层进行复制，并重命名为“水墨 1”，然后将其拖曳到【人像.jpg】图层的上方，如图 8-38 所示。

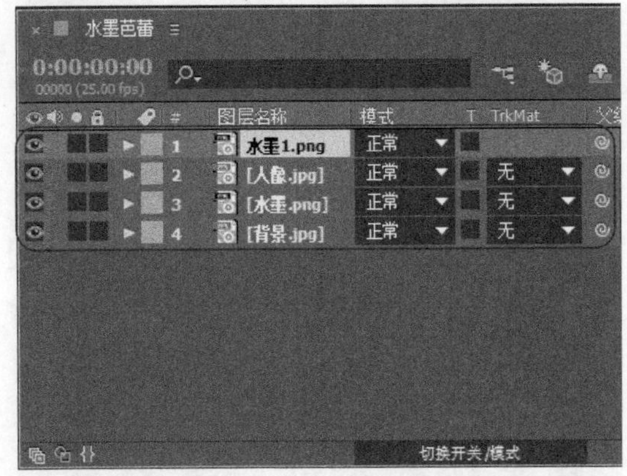

图 8–38

图 8–37

第 8 步 为【水墨 1.png】图层添加【线性擦除】特效，设置【擦除角度】为 170°，【羽化】为 10，如图 8-39 所示。

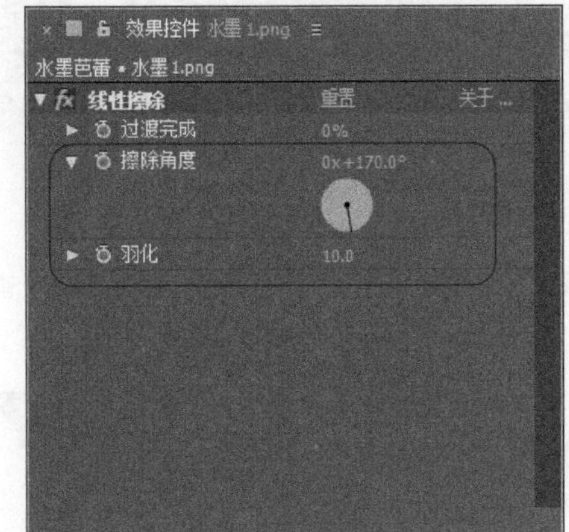

图 8–39

第 9 步 在【水墨 1.png】图层中，展开【线性擦除】特效，设置关键帧动画。在第 0 帧处，设置【过渡完成】为 0%；在第 4 秒处，设置【过渡完成】为 100%，如图 8-40 所示。

图 8–40

第 10 步 此时拖动时间线滑块即可查看制作的水墨芭蕾人像合成效果，如图 8-41 所示。

图 8-41

8.5.2 冷色氛围处理

本例主要讲解【色调】、【曲线】和【颜色平衡】效果的应用，通过本例的学习，用户可以掌握将画面镜头处理成电影中常见的冷色调的方法。

操作步骤 >> Step by Step

第 1 步 打开“冷色氛围处理_1.aep”文件，加载【源素材】合成，如图 8-42 所示。

图 8-42

第 2 步 选择【源素材】图层，在菜单栏中选择【效果】→【颜色校正】→【色调】命令，如图 8-43 所示，这样可以把更多的画面信息控制在中间色调部分(灰色信息部分)。

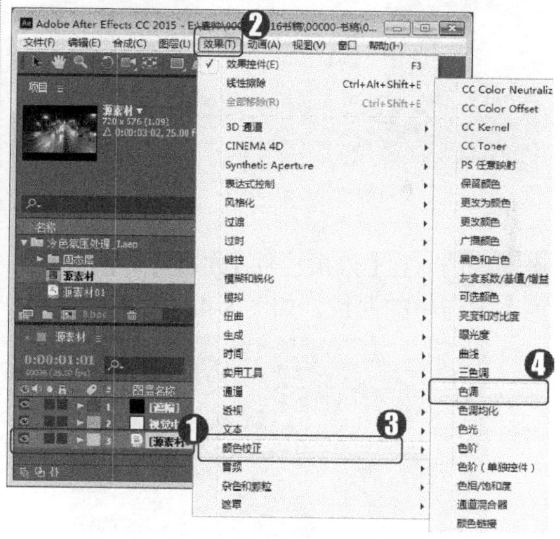

图 8-43

第 3 步 在【效果控件】面板中，设置【着色数量】的值为 40%，如图 8-44 所示。

第 4 步 此时，可以看到【合成】面板中的画面效果，如图 8-45 所示。

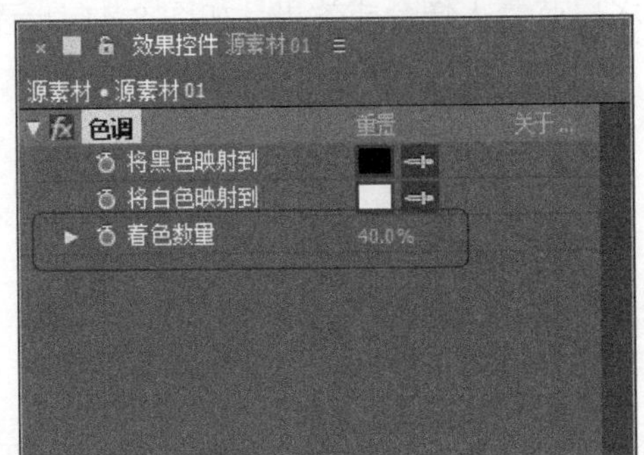

图 8–44

图 8–45

第 5 步　选择【源素材】图层，在菜单栏中选择【效果】→【颜色校正】→【曲线】命令，如图 8-46 所示。

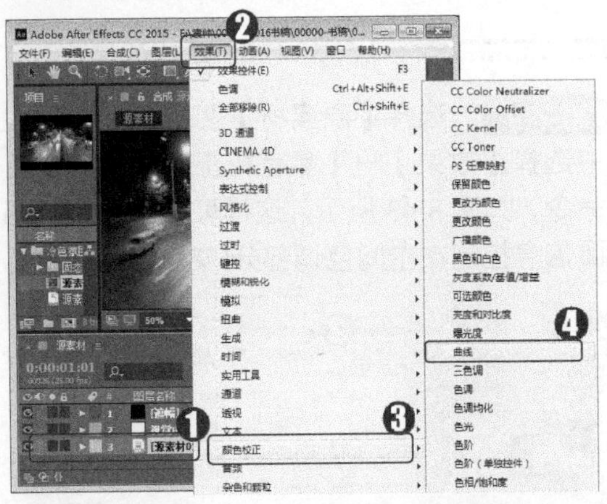

图 8–46

第 6 步　在【效果控件】面板中，设置 RGB 通道中的曲线，如图 8-47 所示。

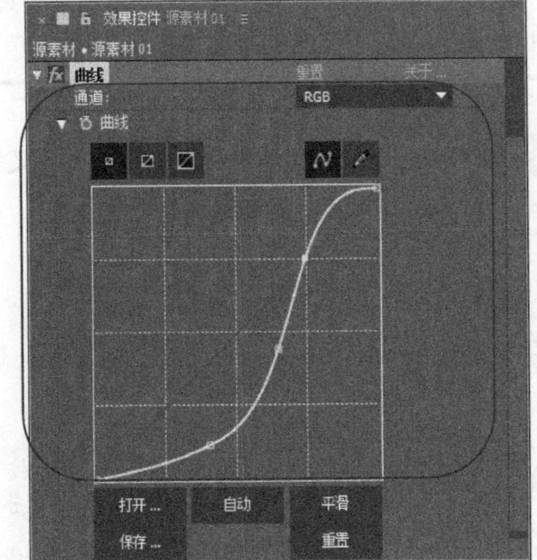

图 8–47

第 7 步　在【效果控件】面板中，设置【红色】通道中的曲线，如图 8-48 所示。

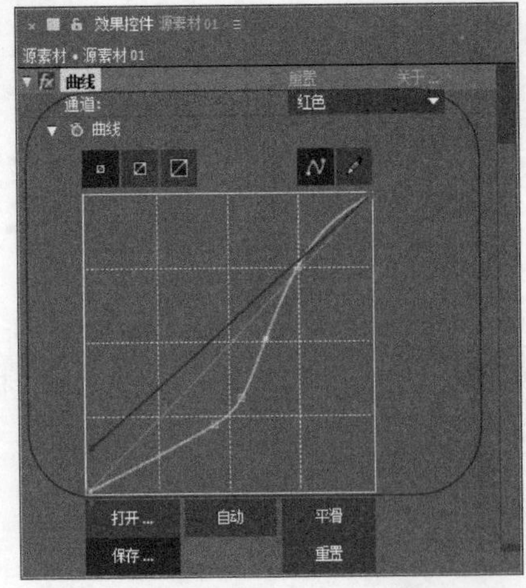

图 8–48

第 8 步　在【效果控件】面板中，设置【绿色】通道中的曲线，如图 8-49 所示。

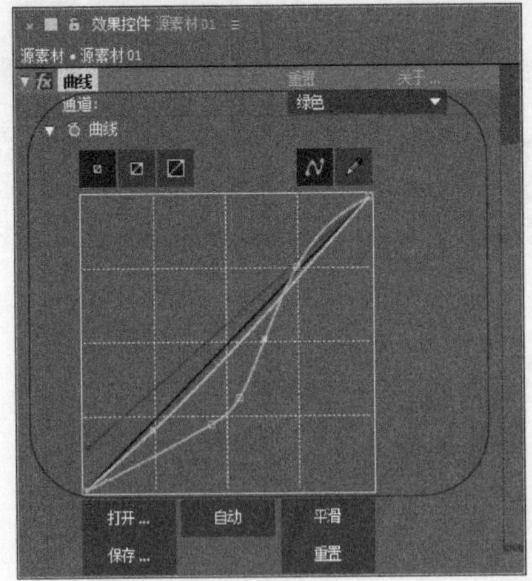

图 8–49

第 9 步 在【效果控件】面板中，设置【蓝色】通道中的曲线，如图 8-50 所示。

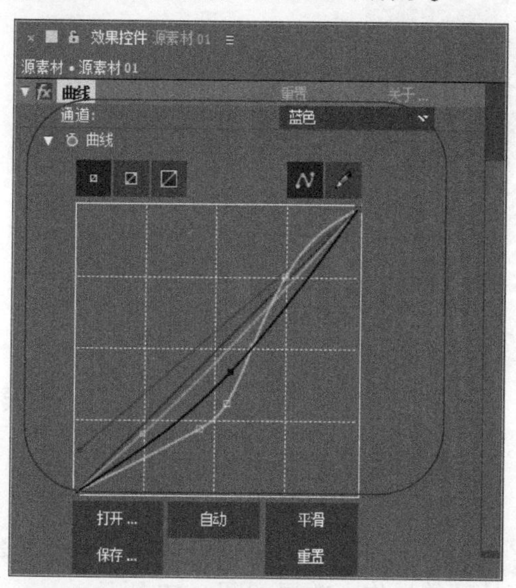

图 8–50

第 10 步 此时，可以看到【合成】面板中的画面效果，如图 8-51 所示。

图 8–51

第 11 步 选择【源素材】图层，在菜单栏中选择【效果】→【颜色校正】→【色调】命令，如图 8-52 所示。

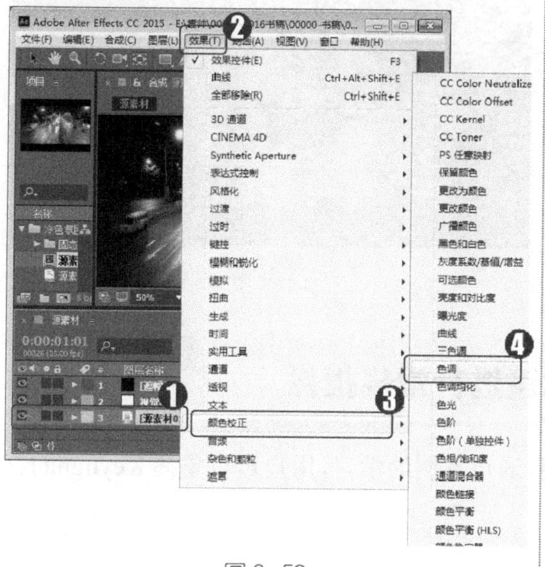

图 8–52

第 12 步 在【效果控件】面板中，设置【着色数量】的值为 50%，这样可以让画面的颜色过渡更加柔和，如图 8-53 所示。

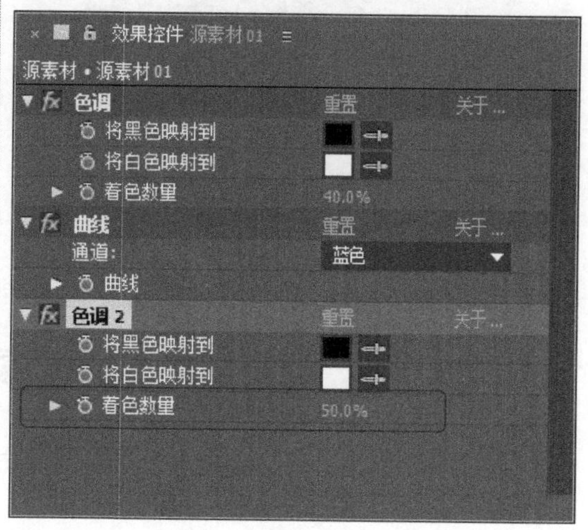

图 8–53

第 13 步 此时，可以看到【合成】面板中的画面效果，如图 8-54 所示。

第 14 步 选择【源素材】图层，在菜单栏中选择【效果】→【颜色校正】→【颜色平衡】命令，如图 8-55 所示。

图 8–54

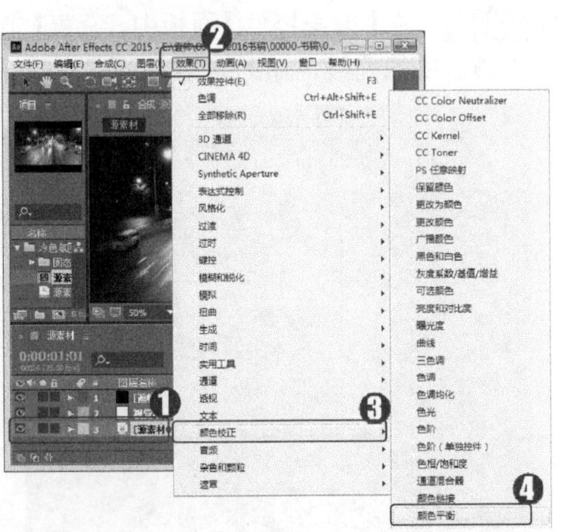

图 8–55

第 15 步　在【效果控件】面板中，分别设置其阴影、中间调和高光部分的参数，如图 8-56 所示。

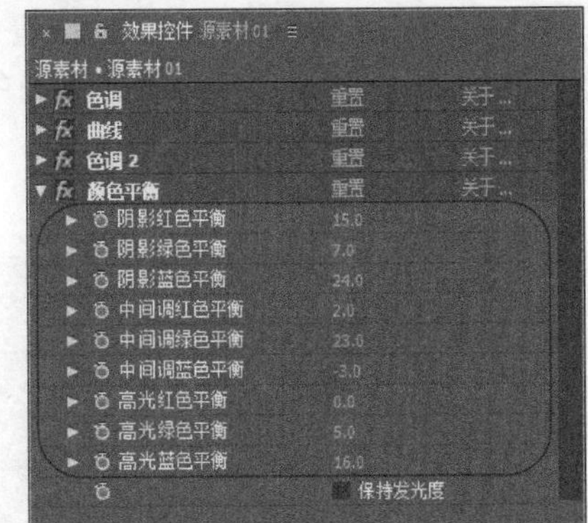

图 8–56

第 16 步　通过以上步骤，即完成了冷色氛围处理的操作，效果如图 8-57 所示。

图 8–57

8.5.3 使用 Keylight 滤镜进行常规抠像

本例将主要介绍 Keylight(1.2)效果的应用，通过本例的学习，用户可以掌握 Keylight(1.2)抠像的常规使用方法。

操作步骤 >> Step by Step

第 1 步　打开素材文件“Keylight 常规抠像素材.aep”，加载【总合成】合成，将素材 Suzy.avi 拖曳至【时间轴】面板中的顶层，如图 8-58 所示。

第 2 步　选择【矩形工具】，将镜头中右侧的拍摄设备圈选出来，如图 8-59 所示。

图 8-58

图 8-59

第 3 步　展开 Suzy.avi 图层的蒙版属性，选中【反转】复选框，如图 8-60 所示。

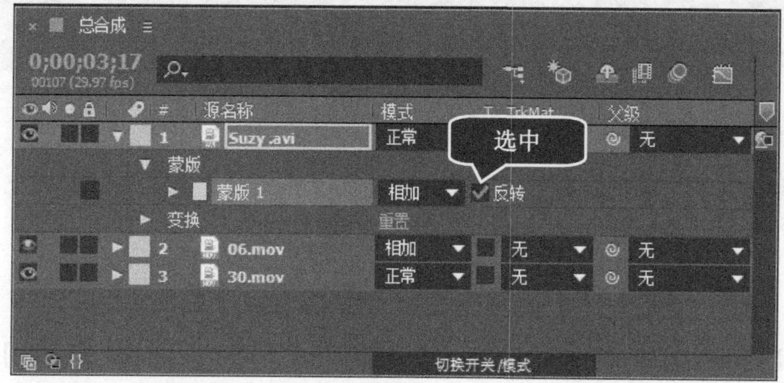

图 8-60

第 4 步　选择 Suzy.avi 图层，在菜单栏中选择【效果】→【键控】→Keylight(1.2)命令，然后在【效果控件】面板中，使用 Screen Colour(屏幕色)后面的吸管工具，在【合成】面板中吸取绿色背景，如图 8-61 所示。

图 8-61

第 5 步 通过以上步骤即可完成使用 Keylight 滤镜进行常规抠像的操作，效果如图 8-62 所示。

图 8-62

Section 8.6 有问必答

1. **镜头曝光不足或较暗该如何解决?**

对于那些曝光不足和较暗的镜头，用户可使用【曝光度】滤镜来修正颜色。【曝光度】滤镜主要用来修复画面的曝光度。

2. **使用【差值遮罩】滤镜经过抠像后的蒙版包含其他像素该如何解决?**

如果经过抠像后的蒙版包含其他像素，这时可以尝试调节【差值前模糊】参数，来模糊图像，以达到需要的效果。

3. **使用【内部/外部键】滤镜，为什么会显示出边界模糊效果?**

【内部/外部键】滤镜会修改边界的颜色，将背景的残留颜色提取出来，然后自动净化边界的残留颜色，因此，把经过抠像后的目标图像叠加在其他背景上时，会显示出边界的模糊效果。

4. **使用【溢出抑制】滤镜来消除残留的颜色痕迹得不到满意的效果怎么办?**

通常情况下，抠像之后的图像都会有残留的抠出颜色的痕迹，而使用【溢出抑制】滤镜即可消除这些痕迹，如果使用【溢出抑制】滤镜还不能得到满意的结果，用户可以使用【色相/饱和度】滤镜降低饱和度，从而弱化抠出的颜色。

5. **常用的色彩模式有哪些?**

一般情况下，常用的色彩模式主要有 HSB 色彩模式、RGB 色彩模式和 CMYK 色彩模式等。

第9章

声音效果

本章要点

- 将声音导入影片
- 专题课堂——为声音添加特效

本章主要内容

本章主要介绍将声音导入影片方面的知识与技巧，在本章的最后还针对实际的工作需求，讲解为声音添加特效的方法。通过本章的学习，读者可以掌握声音效果基础操作方面的知识，为深入学习 After Effects CC 入门与应用知识奠定基础。

Section 9.1 将声音导入影片

音乐是影片的引导者，没有声音的影片无论多么精彩，也不会使观众陶醉，本节将详细介绍将声音导入影片的相关知识。

9.1.1 声音的导入与监听

启动 After Effects CC 软件，在【项目】面板的空白处双击鼠标左键，打开【导入文件】对话框，选择素材文件“马奔跑.AVI”，单击【导入】按钮 导入 ，在【项目】面板中选择该素材文件，可以看到【预览】窗口下方出现了声波图形，如图 9-1 所示。这说明该视频素材携带声道。

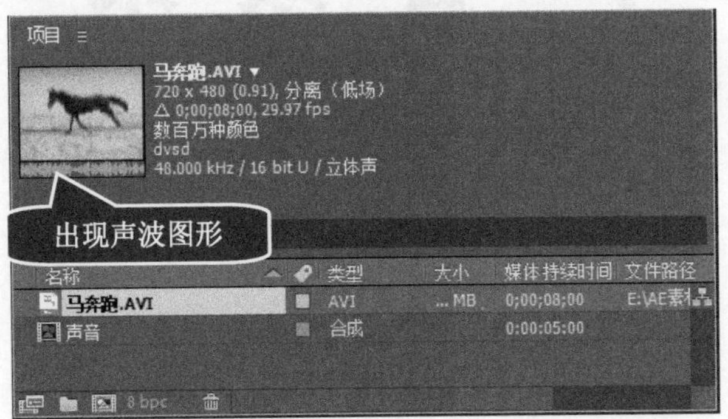

图 9–1

从【项目】面板中将“马奔跑.AVI”文件拖曳到【时间轴】面板中。在菜单栏中选择【窗口】→【预览】命令，在打开的【预览】面板中，确定图标为弹起状态，用户可以在该面板中设置播放声音及视频的快捷键，如图 9-2 所示。

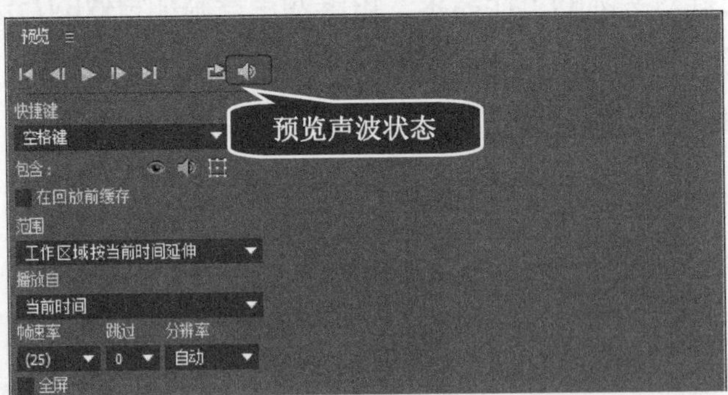

图 9–2

在【时间轴】面板中同样确定图标为弹起状态，如图 9-3 所示。

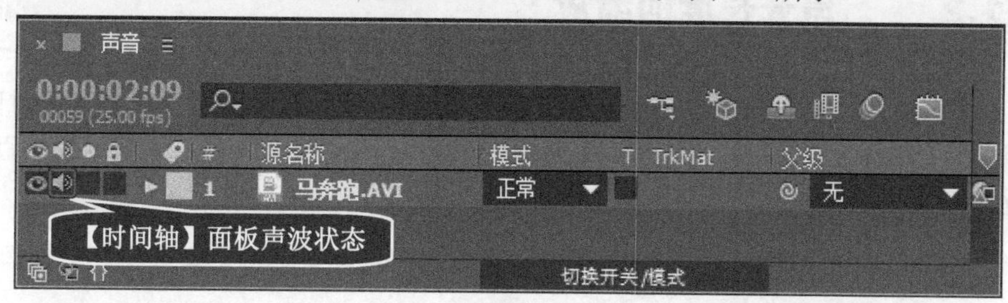

图 9–3

按下键盘上的空格键(用户也可以设置为其他快捷键)即可监听影片的声音，在按住 Ctrl 键的同时，拖动时间线滑块，可以实时听到当前时间线滑块位置的音频。

选择【窗口】→【音频】命令，打开【音频】面板，在该面板中拖曳滑块可以调整声音素材的总音量或分别调整左、右声道的音量，如图 9-4 所示。

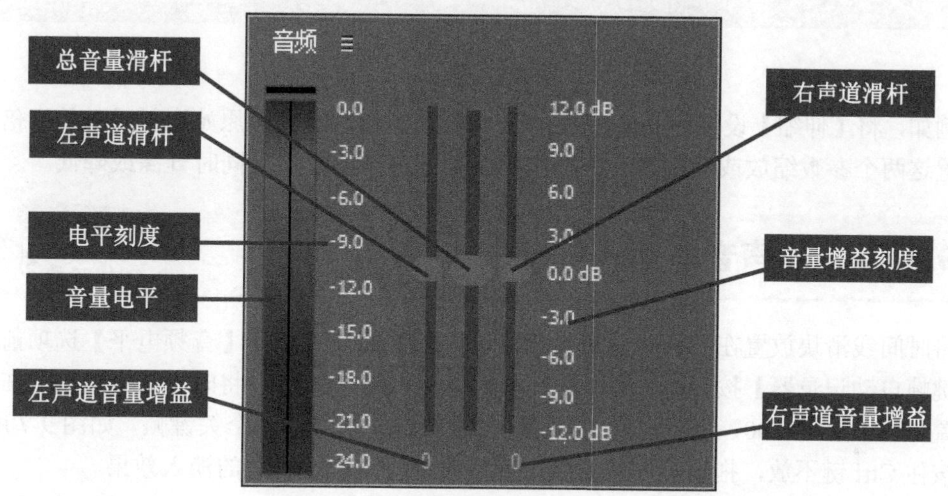

图 9–4

在【时间轴】面板中，打开【波形】卷展栏，可以在其中显示声音的波形，调整【音频电平】右侧的参数，可以分别调整左、右声道的音量，如图 9-5 所示。

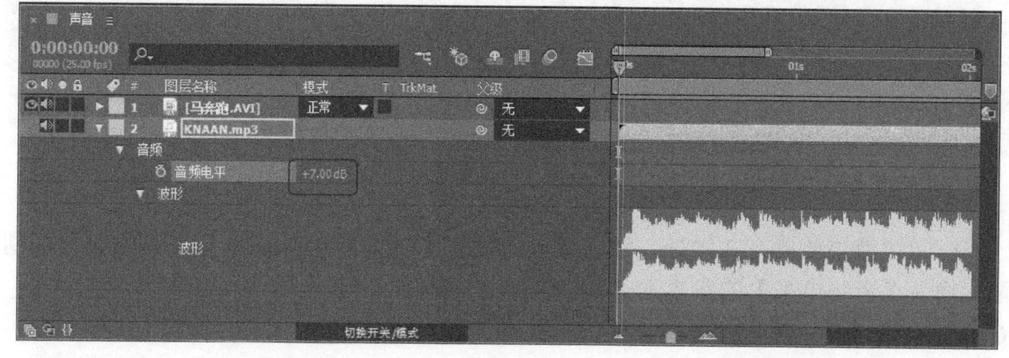

图 9–5

9.1.2 声音长度的缩放

在【时间轴】面板底部，单击按钮，将控制区域完全显示出来。用【持续时间】选项可以设置声音的播放长度，用【伸缩】选项可以设置播放时长与原始素材时长的百分比，如图 9-6 所示。

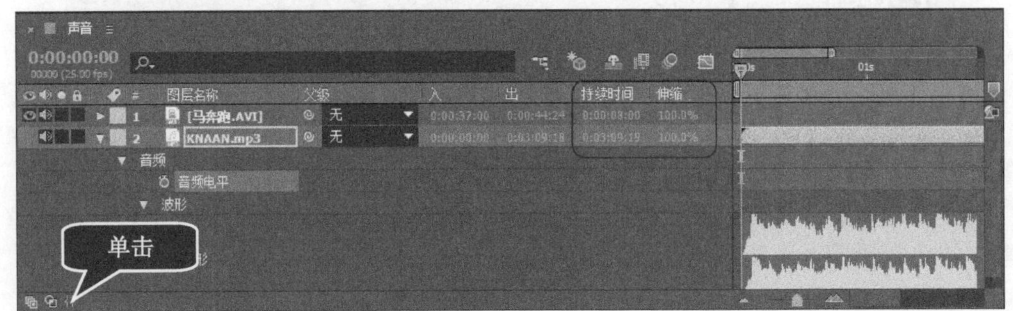

图 9-6

例如，将【伸缩】设置为 200.0%后，声音的实际播放时长是原始素材时长的 2 倍。通过设置这两个参数缩放或延长声音的播放长度后，声音的音调也同时升高或降低。

9.1.3 声音的淡入淡出

将时间线滑块放置在 0 秒的位置，在【时间轴】面板中单击【音频电平】选项前面的【关键帧自动记录器】按钮，添加关键帧。输入参数-100.00；将时间线滑块放置在 1 秒的位置，输入参数 0.00，可以看到在【时间轴】面板中增加了两个关键帧，如图 9-7 所示。此时按住 Ctrl 键不放，拖曳时间线滑块，可以听到声音由小变大的淡入效果。

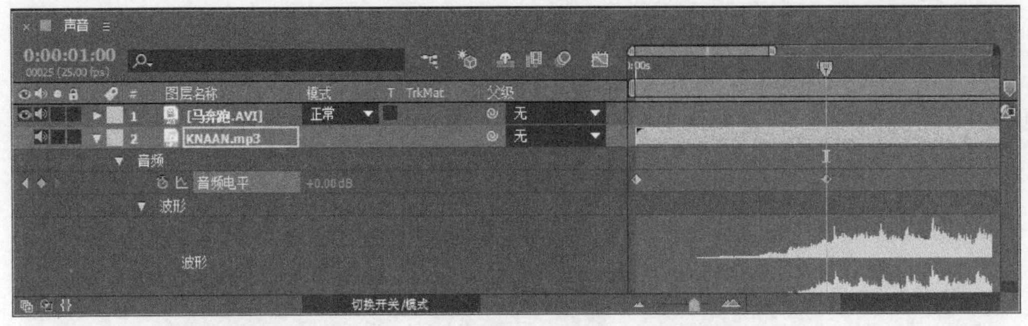

图 9-7

将时间线滑块放置在 3 秒处，输入【音频电平】的参数为 0.10；拖曳时间线滑块到结束帧，输入【音频电平】的参数为-100.00，此时【时间轴】面板的状态如图 9-8 所示。按住 Ctrl 键不放，拖曳时间线滑块，可以听到声音的淡出效果。

图 9-8

知识拓展

单击【时间轴】面板底部的按钮，可以切换显示【音频电平】右侧的参数。

Section 9.2 专题课堂——为声音添加特效

为声音添加特效就像为视频添加滤镜一样，只要在【效果和预设】面板中选择相应的命令完成需要的操作即可，本节将详细介绍为声音添加特效的相关知识。

9.2.1 倒放

在菜单栏中选择【效果】→【音频】→【倒放】命令，即可将该特效添加到效果控件中。这个特效可以倒放音频素材，即从最后一帧向第一帧播放。选中【互换声道】复选框可以交换左、右声道中的音频，如图 9-9 所示。

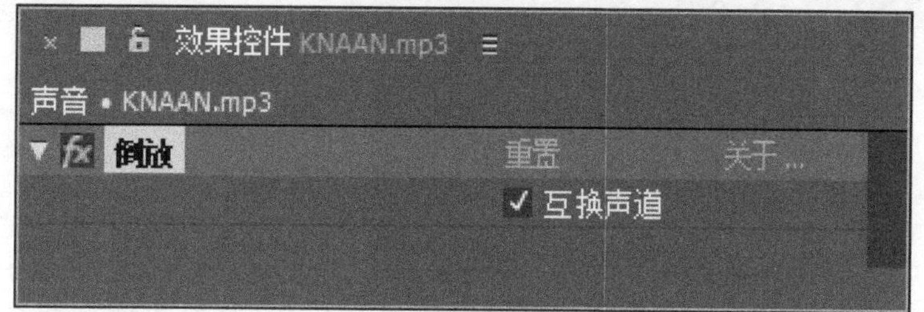

图 9-9

9.2.2 低音和高音

在菜单栏中选择【效果】→【音频】→【低音和高音】命令，即可将该特效添加到效

果控件中。设置【低音】或【高音】参数，可以增加或减少音频中低音或高音的音量，如图 9-10 所示。

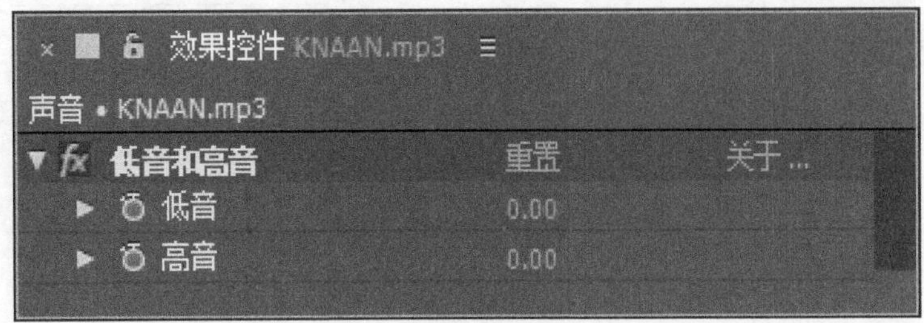

图 9-10

9.2.3 延迟

在菜单栏中选择【效果】→【音频】→【延迟】命令，即可将该特效添加到效果控件中。它可以将声音素材进行多层延迟来模仿回声效果。例如，制造墙壁的回声或空旷的山谷中的回音。【延迟时间】参数用于设定原始声音和其回音之间的时间间隔，单位为毫秒；【延迟量】参数用于设置延迟音频的音量；【反馈】参数用于设置由回音产生的后续回音的音量；【干输出】参数用于设置声音素材的电平；【湿输出】参数用于设置最终输出声波电平，如图 9-11 所示。

图 9-11

9.2.4 高通/低通

在菜单栏中选择【效果】→【音频】→【高通/低通】命令，即可将该特效添加到效果控件中。该声音特效只允许设定的频率通过，通常用于滤去低频率或高频率的噪声，如电流声、嗞嗞声等。在【滤镜选项】右侧的下拉列表框中可以选择使用【高通】或【低通】方式。【屏蔽频率】参数用于设置滤波器的分界频率，选择【高通】方式滤波时，低于该频率的声音被滤除；选择【低通】方式滤波时，高于该频率的声音被滤除。【干输出】调整在最终渲染时未处理的音频的混合量，【干输出】参数用于设置声音素材的电平，【湿输出】参数用于设置最终输出声波电平，如图 9-12 所示。

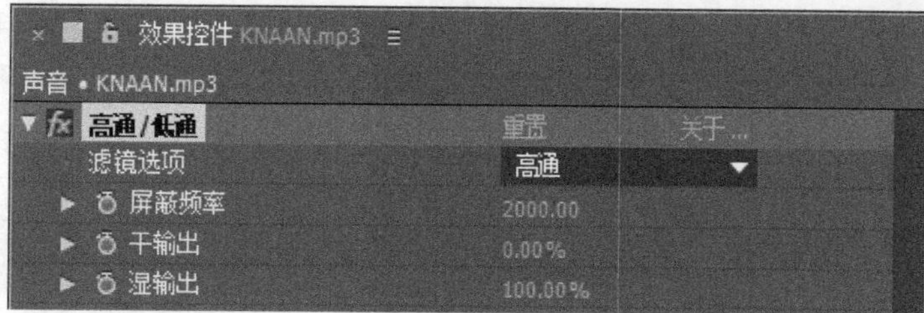

图 9-12

Section 9.3 实践经验与技巧

在本节的学习过程中，将侧重介绍和讲解与本章知识点有关的实践经验及技巧，主要内容包括为奔跑的马添加背景音乐、制作音乐部分损坏效果和制作音乐的背景电话音效果等方面的知识与操作技巧。

9.3.1 为奔跑的马添加背景音乐

本例将使用【低音与高音】命令制作声音文件特效，使用【高通/低通】命令调整高低音效果，并且对视频的颜色进行调整，下面将详细介绍为奔跑的马添加背景音乐的方法。

操作步骤 >> Step by Step

第 1 步 在【项目】面板中，*1.* 单击鼠标右键，*2.* 在弹出的快捷菜单中选择【新建合成】命令，如图 9-13 所示。

图 9-13

第 2 步 在弹出的【合成设置】对话框中，设置合成名称为“添加背景音乐”，并设置如图 9-14 所示的参数，创建一个合成。

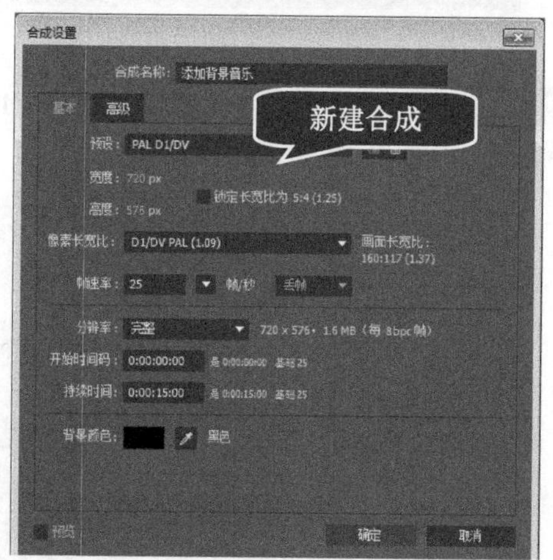

图 9-14

第 3 步 在【项目】面板的空白处双击鼠标左键，*1.* 在弹出的对话框中选择需要的素材文件，*2.* 然后单击【导入】按钮 导入 ，如图 9-15 所示。

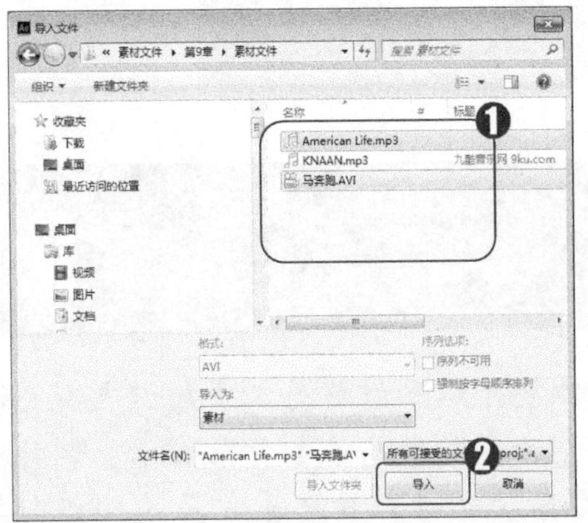

图 9–15

第 4 步 将【项目】面板中的素材文件拖曳到【时间轴】面板中，如图 9-16 所示。

图 9–16

第 5 步 在【时间轴】面板中，选择 American Life.mp3 图层，展开该层的【音频】属性，将时间线滑块放置到 0:00:02:05 的位置，单击【音频电平】选项前面的【关键帧自动记录器】按钮，记录第 1 个关键帧，如图 9-17 所示。

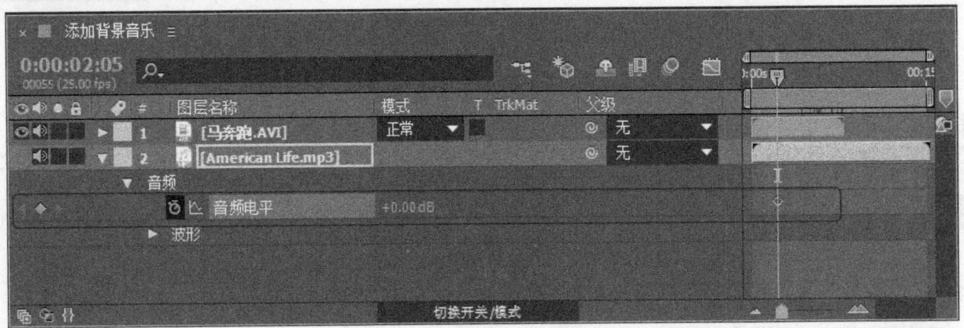

图 9–17

第 6 步 将时间线滑块放置到 0:00:12:12 的位置，设置【音频电平】为-30，记录第 2 个关键帧，如图 9-18 所示。

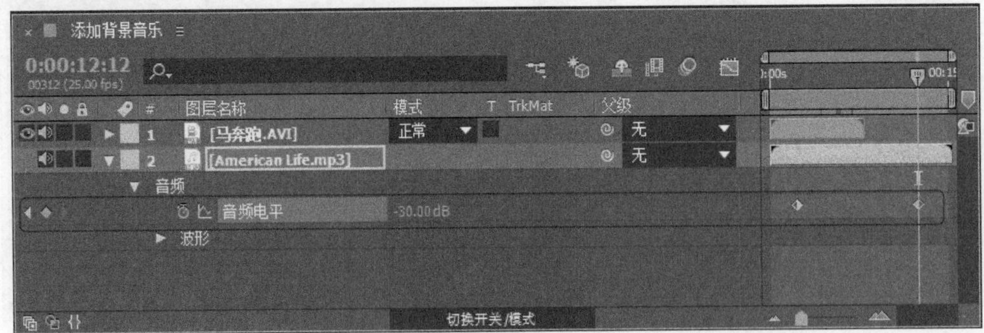

图 9–18

第 7 步　选择 American Life.mp3 图层，在菜单栏中选择【效果】→【音频】→【低音和高音】命令，在【效果控件】面板中进行如图 9-19 所示的参数设置。

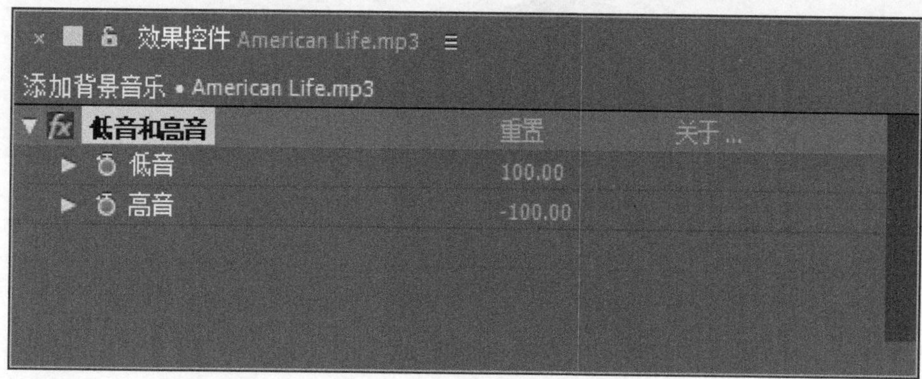

图 9-19

第 8 步　选择 American Life.mp3 图层，在菜单栏中选择【效果】→【音频】→【高通/低通】命令，在【效果控件】面板中进行如图 9-20 所示的参数设置。

× 效果控件 American Life.mp3 ≡
添加背景音乐 • American Life.mp3
fx 高通/低通　重置　关于...
滤镜选项　低通
屏蔽频率　2000.00
干输出　100.00%
湿输出　100.00%

图 9-20

第 9 步　选择【马奔跑.AVI】图层，在菜单栏中选择【效果】→【颜色校正】→【照片滤镜】命令，在【效果控件】面板中进行如图 9-21 所示的参数设置，这样可以将视频中的背景颜色变为暖色系。

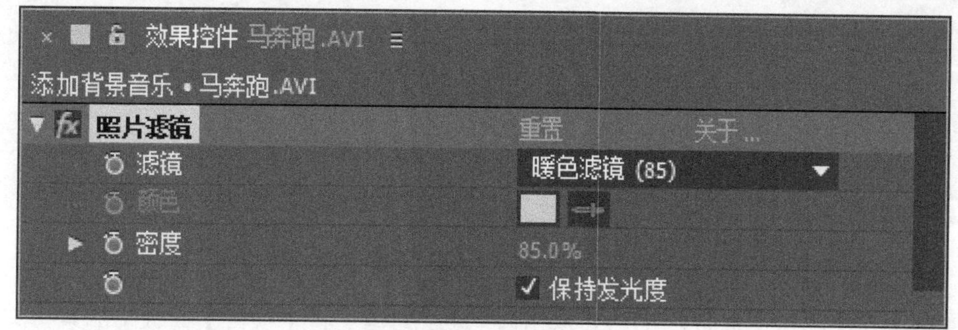

图 9-21

第 10 步　通过以上步骤，即完成了为奔跑的马添加背景音乐的操作，并且视频中的背景颜色已被校正，效果如图 9-22 所示。

图 9-22

9.3.2 制作音乐部分损坏效果

本例介绍利用【调制器】特效制作音乐的部分损坏效果的方法。

操作步骤 >> Step by Step

第 1 步 在【项目】面板中，*1.* 单击鼠标右键，**2.** 在弹出的快捷菜单中选择【新建合成】命令，如图 9-23 所示。

图 9-23

第 2 步 在弹出的【合成设置】对话框中，设置合成名称为“合成 1”，并设置如图 9-24 所示的参数，创建一个合成。

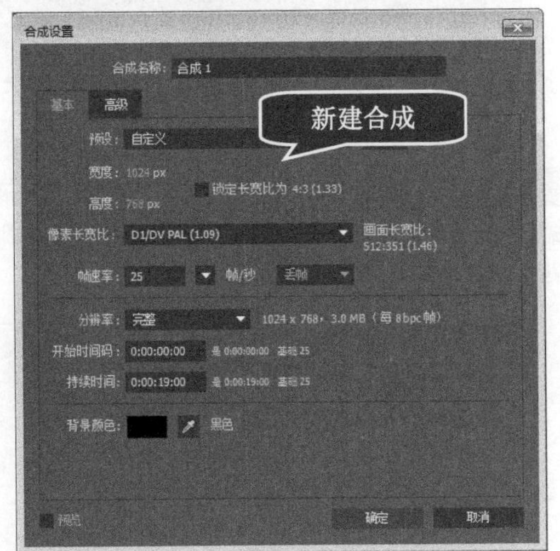

图 9-24

第 3 步 在【项目】面板的空白处双击鼠标左键，*1.* 在弹出的对话框中选择需要的素材文件，**2.** 然后单击【导入】按钮 导入 ，如图 9-25 所示。

第 4 步 将【项目】面板中的素材文件拖曳到【时间轴】面板中，如图 9-26 所示。

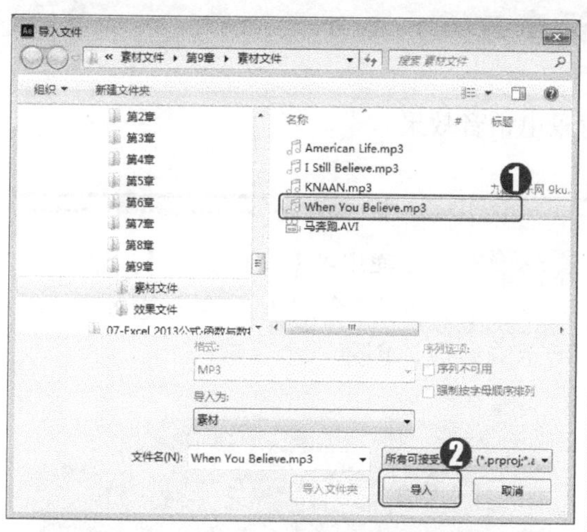

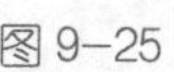

图 9–25

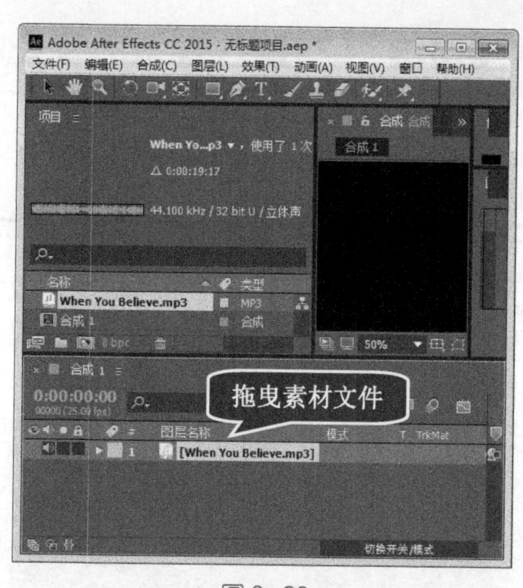

图 9–26

第 5 步 选择 When You Believe.mp3 图层，在菜单栏中选择【效果】→【音频】→【调制器】命令，在【效果控件】面板中设置【调制深度】为 20%，【振幅变调】为 10%，如图 9-27 所示。

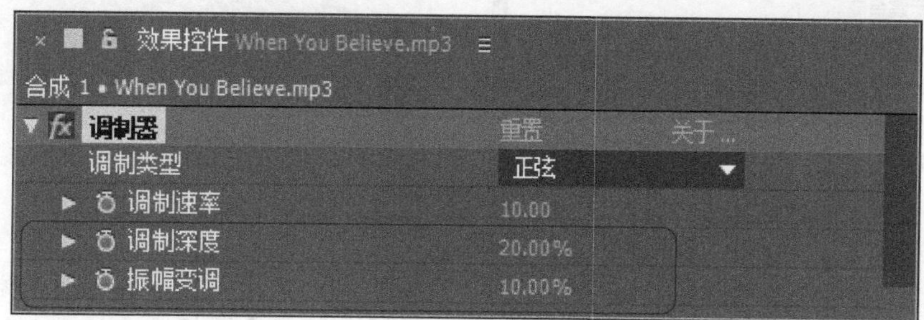

图 9–27

第 6 步 将时间线滑块拖动到第 10 秒的位置，开启【调制速率】的自动关键帧，并设置为 0；将时间线滑块拖动到第 10 秒 17 帧的位置，设置【调制速率】为 10；最后将时间线滑块拖动到第 11 秒 19 帧的位置，设置【调制速率】为 0。此时即可预览音乐部分损坏的效果了，如图 9-28 所示。

图 9–28

9.3.3 制作音乐的背景电话音效果

本例介绍利用【音调】特效制作音乐的背景电话音效果。

操作步骤 >> Step by Step

第 1 步 在【项目】面板中，*1.* 单击鼠标右键，*2.* 在弹出的快捷菜单中选择【新建合成】命令，如图 9-29 所示。

图 9-29

第 2 步 在弹出的【合成设置】对话框中，设置合成名称为"合成 1"，并设置如图 9-30 所示的参数，创建一个合成。

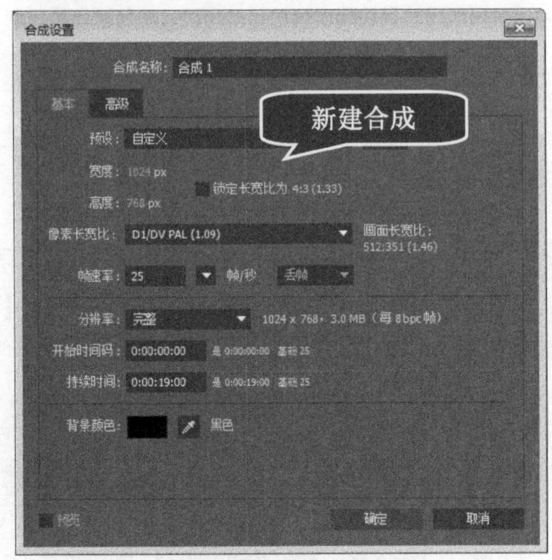

图 9-30

第 3 步 在【项目】面板的空白处双击鼠标左键，*1.* 在弹出的对话框中选择需要的素材文件，*2.* 然后单击【导入】按钮 导入 ，如图 9-31 所示。

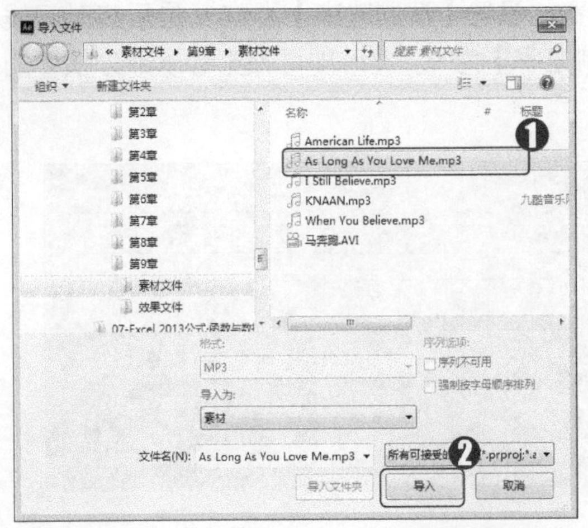

图 9-31

第 4 步 将【项目】面板中的素材文件拖曳到【时间轴】面板中，如图 9-32 所示。

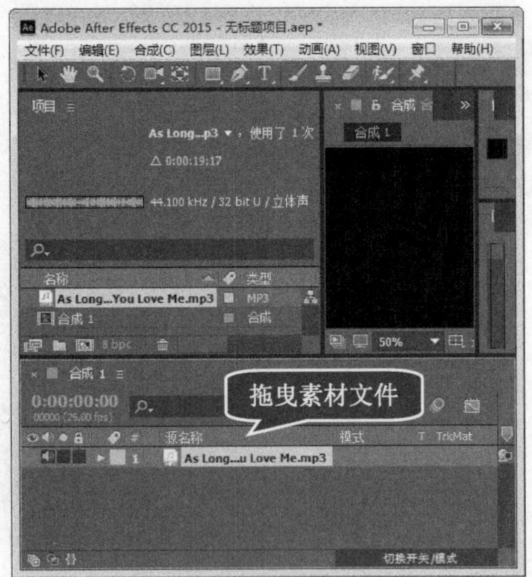

图 9-32

第 5 步 选择 As Long As You Love Me.mp3 图层，在菜单栏中选择【效果】→【音频】→【音调】命令，将时间线滑块拖动到起始帧位置，在【效果控件】面板中设置如图 9-33 所示的参数。

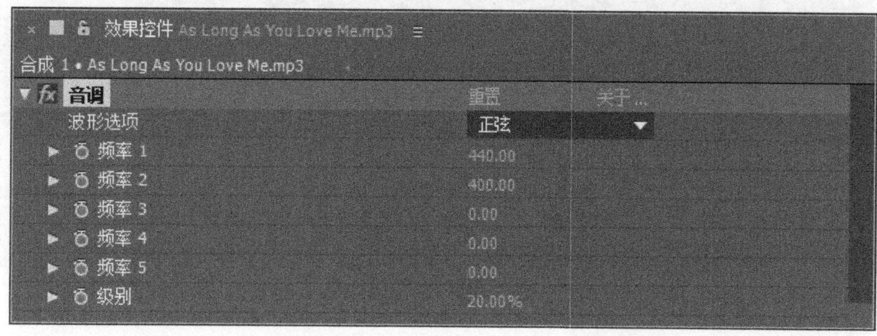

图 9–33

第 6 步 将时间线滑块拖动到第 1 秒 15 帧的位置，开启【级别】的自动关键帧，并设置为 20%；将时间线滑块拖动到第 1 秒 16 帧的位置，设置【级别】为 0%，如图 9-34 所示。

图 9–34

第 7 步 将时间线滑块拖动到第 3 秒 08 帧的位置，设置【级别】为 0%；将时间线滑块拖动到第 3 秒 09 帧的位置，设置【级别】为 20%，如图 9-35 所示。

图 9–35

第 8 步 将第 1 秒 15 帧位置的两个关键帧复制到第 4 秒 24 帧的位置；然后将【项目】面板中的素材文件再拖曳一份到【时间轴】面板中，如图 9-36 所示。

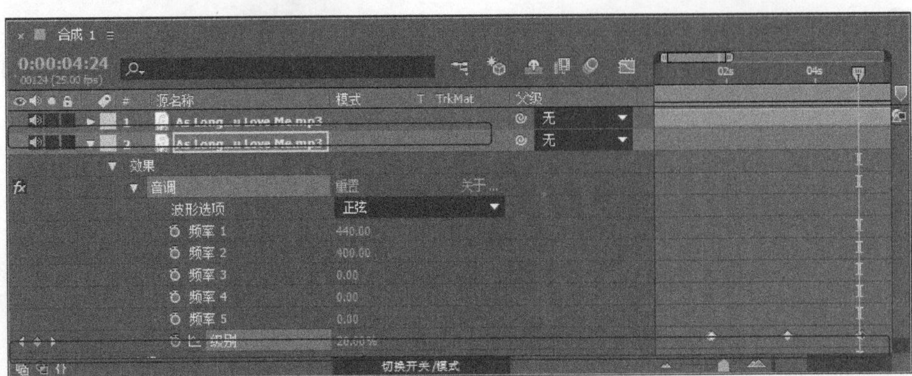

图 9-36

第 9 步 将时间线滑块拖动到起始帧位置，开启【音频电平】的自动关键帧，并设置为 -10；将时间线滑块拖动到第 5 秒 02 帧的位置，设置【音频电平】为 0，此时已经产生背景电话音效果了，如图 9-37 所示。

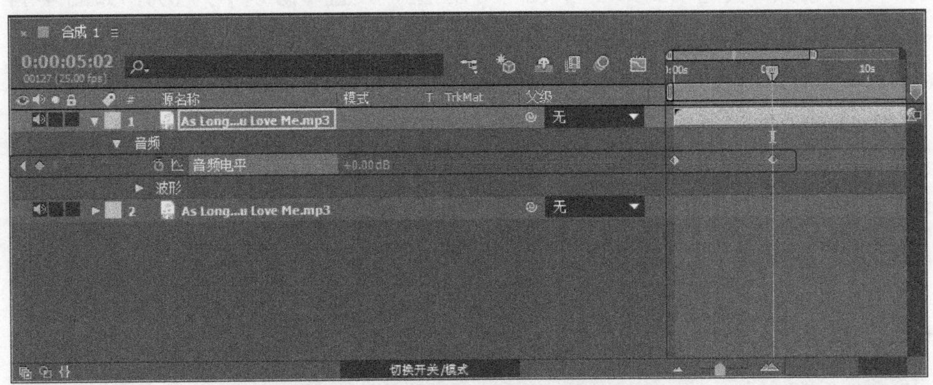

图 9-37

Section 9.4 有问必答

1. 如何使声音产生一种“干瘪”的效果？

用户可以使用【变调与合声】特效让声音产生一种“干瘪”的效果，在菜单栏中选择【效果】→【音频】→【变调与合声】命令，即可应用该特效。

2. 如何实现音乐的延迟重复效果？

用户可以使用【延迟】特效让音乐实现延迟重复效果，在菜单栏中选择【效果】→【音频】→【延迟】命令，即可应用该特效。

3. 如何让音乐产生空旷的回音效果？

用户可以使用【混响】特效让音乐实现空旷的回音效果，在菜单栏中选择【效果】→【音频】→【混响】命令，即可应用该特效。

第10章

创建三维空间合成

本章要点

- 三维合成环境
- 三维图层
- 摄像机的应用
- 专题课堂——灯光

本章主要内容

本章主要介绍三维合成环境、三维图层和摄像机应用方面的知识与技巧，在本章的最后，还针对实际的工作需求，讲解使用灯光的方法。通过本章的学习，读者可以掌握创建三维空间合成基础操作方面的知识，为深入学习 After Effects CC 入门与应用知识奠定基础。

Section 10.1 三维合成环境

After Effects 不仅可以在二维空间创建合成效果，随着新版本的推出，在三维立体空间中的合成与动画功能也越来越强大。在三维空间中合成对象为我们提供了更广阔的想象空间，同时也产生了更炫、更酷的效果。本节将详细介绍三维合成环境的相关知识。

10.1.1 认识三维空间

微课堂
0 分 49 秒

三维的概念是建立在二维的基础上的，平时所看到的图像画面都是在二维空间中形成的。二维图层只有一个定义长度的 X 轴和一个定义宽度的 Y 轴。X 轴与 Y 轴形成一个面，虽然有时看到的图像呈现出三维立体的效果，但那只是视觉上的错觉。

在三维空间中除了表示长、宽的 X、Y 轴之外，还有一个体现三维空间的关键——Z 轴。在三维空间中，Z 轴用来定义深度，也就是通常所说的远、近。在三维空间中，通过 X、Y、Z 轴三个不同方向的坐标，可调整物体的位置、旋转等。如图 10-1 所示为三维空间的图层。

图 10-1

10.1.2 坐标系

微课堂
0 分 14 秒

三维空间工作需要一个坐标系，After Effects 提供了 3 种坐标系工作方式，分别是本地轴模式、世界轴模式和视图轴模式。下面将分别予以详细介绍。

- 本地轴模式：最常用的，可以通过【工具】面板直接选择。
- 世界轴模式：这是一个绝对坐标系。当对合成图像中的层旋转时，可以发现坐标系没有任何改变。实际上，当监视一个摄像机并调节其视角时，即可直接看到世界坐标系的变化。

➢ 视图轴模式：使用当前视图定位坐标系，与前面讲的视角有关。

10.1.3 三维视图

在 After Effects 的三维空间中，用 4 种视图观察摆放在三维空间中的合成对象，分别为活动摄像机视图、摄像机视图、六视图、自定义视图，如图 10-2 所示。

图 10-2

➢ 活动摄像机视图：在这个视图中对所有的 3D 对象进行操作，相当于是所有摄像机的总控制台。
➢ 摄像机视图：在默认的情况下是没有这个视图的，当在合成图像中创建一个摄像机后，就可以在摄像机视图中对其进行调整。通常情况下，若需要在三维空间中合成的话，最后输出的影片都是摄像机视图所显示的影片，就像我们扛着一架摄像机进行拍摄一样。
➢ 六视图：配合调整，分为正面、左侧、顶部、背面、右侧和底部视图。
➢ 自定义视图：通常用于对象的空间调整。它不使用任何透视，在该视图中可以直观地看到物体在三维空间的位置，而不受透视的影响。

Section 10.2 三维图层

After Effects 可以将除了调节层以外的所有图层设置为三维图层，还可以建立动态的摄像机和灯光，从任何角度对三维图层进行观看或投射；同时，还支持导入带有三维信息的文件作为素材。本节将详细介绍三维图层的相关知识及操作方法。

10.2.1 三维图层概述

在 After Effects CC 中，除了音频图层外，其他的图层都能转换为三维图层。注意，使用文字工具创建的文字图层在激活了【启用逐字 3D 化】属性之后，就可以对单个文字制作三维动画。

在三维图层中，对图层应用的滤镜或遮罩都是基于该图层的二维空间之上的，比如对二维图层使用扭曲效果，图层发生了扭曲现象，但是当将该图层转换为三维图层之后，就会发现该图层仍然是二维的，对三维空间没有任何的影响。

知识拓展

在 After Effects CC 的三维坐标系中，最原始的坐标系的起点是在左上角，X 轴从左向右不断增加，Y 轴从上到下不断增加，而 Z 轴是从近到远不断增加，这与其他三维软件中的坐标系有着比较大的差别。

10.2.2 转换成三维图层

在【时间轴】面板中，单击图层的 3D 层开关，或使用【图层】→【3D 图层】菜单命令，可以将选中的二维图层转换为三维图层。再次单击其 3D 层开关，或使用菜单命令取消选择【图层】→【3D 图层】，都可以取消层的 3D 属性，如图 10-3 所示。

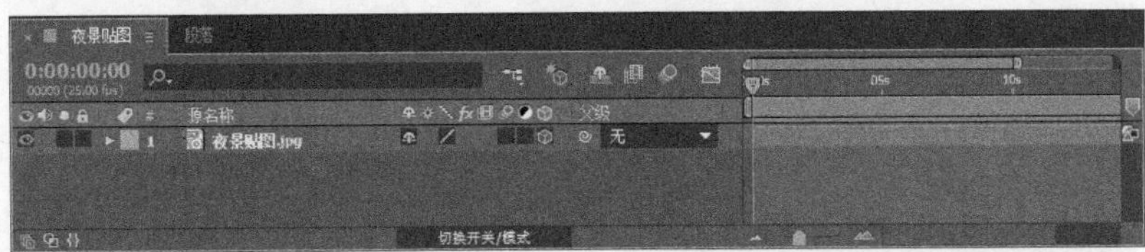

图 10-3

二维图层转换为三维图层后，在原有 X 轴和 Y 轴的二维基础上增加了一个 Z 轴，如图 10-4 所示，图层的属性也相应增加，如图 10-5 所示，可以在 3D 空间对其进行位移或旋转操作。

图 10-4

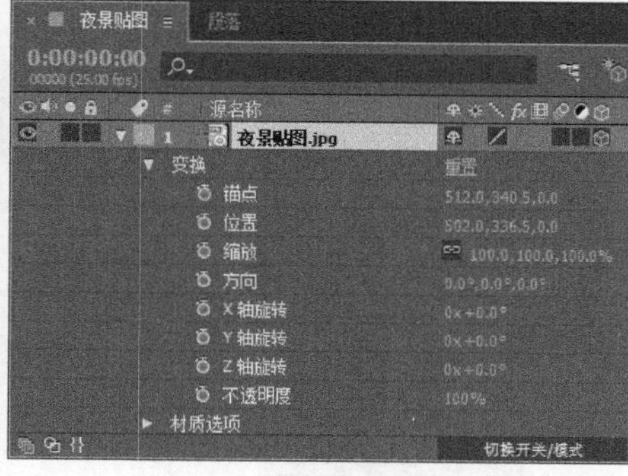

图 10-5

10.2.3　变换三维图层的位置

与普通层类似，可以对三维图层施加位移动画，以制作三维空间的位置动画效果。下面将详细介绍变换三维图层位置的相关操作方法。

选择准备进行操作的三维图层，在【合成】面板中，使用选择工具拖曳与移动方向相应的图层的 3D 坐标控制箭头，可以在箭头的方向上移动三维图层，如图 10-6 所示。

图 10-6

按住键盘上的 Shift 键进行操作，可以更快地进行移动。在【时间轴】面板中，通过修改【位置】属性的数值，也可以对三维图层进行移动，如图 10-7 所示。

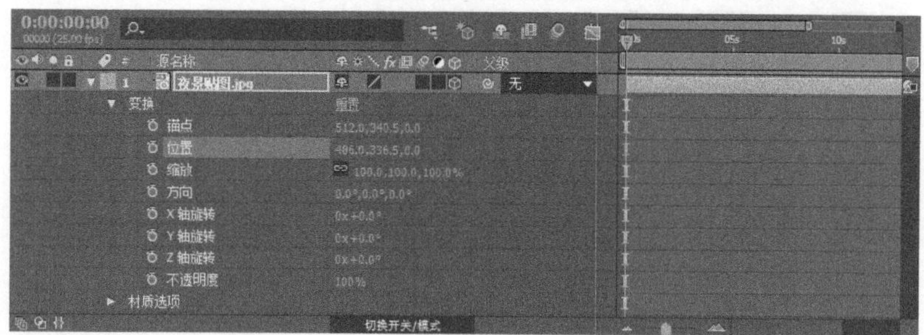

图 10-7

使用【图层】→【变换】→【视点居中】菜单命令或 Ctrl+Home 组合键，可以将所选图层的中心点与当前视图的中心对齐，如图 10-8 所示。

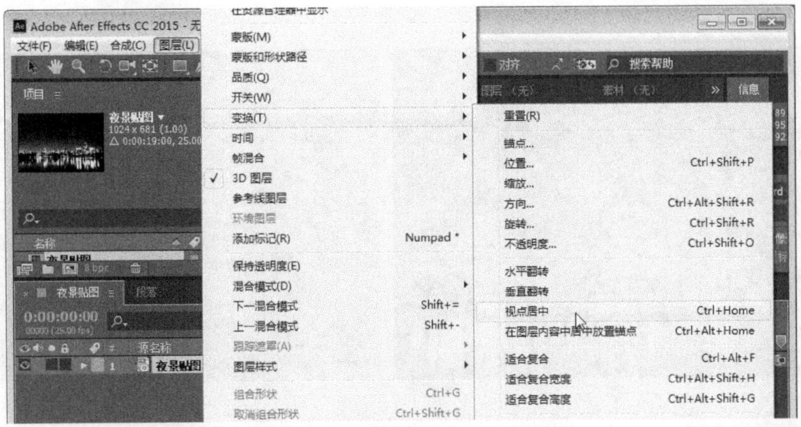

图 10-8

10.2.4 变换三维图层的旋转属性

按下键盘上的 R 键展开三维图层的【旋转】属性，可以观察到三维图层可以操作的旋转参数包含 4 个，分别是【方向】和 X/Y/Z 轴旋转，而二维图层只有一个【旋转】属性，如图 10-9 所示。

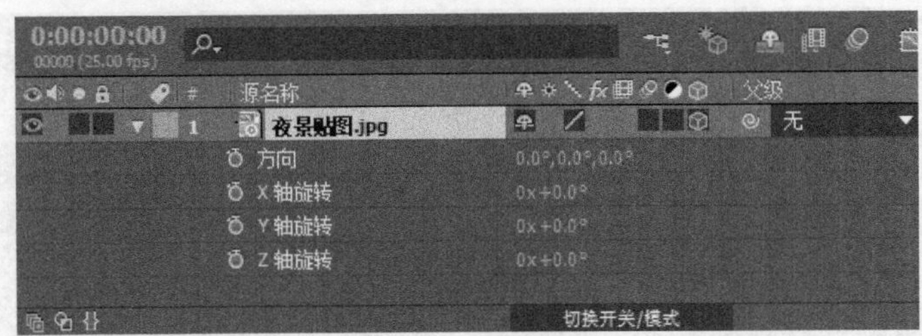

图 10-9

旋转三维图层的方法主要有以下两种。

第 1 种：在【时间轴】面板中直接对三维图层的【方向】属性或【旋转】属性进行调节，如图 10-10 所示。

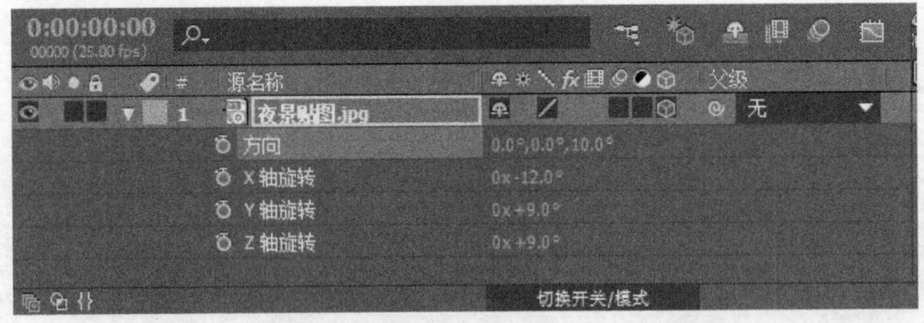

图 10-10

知识拓展

使用【方向】的值或者【旋转】的值来旋转三维图层，都是以图层的“轴心点”作为基点来旋转图层。

第 2 种：在【合成】面板中使用【旋转工具】以【方向】或【旋转】方式直接对三维图层进行旋转操作，如图 10-11 所示。

图 10-11

知识拓展

在【工具】面板中单击【旋转工具】按钮后，在面板的右侧会出现一个设置三维图层旋转方式的选项，包含【方向】和【旋转】两种方式。

10.2.5 以多视图方式观测三维空间

在进行三维创作时，虽然可以通过 3D 视图下拉菜单方便地切换各个不同视角，但是仍然不利于各个视角的参照对比，而且来回频繁地切换视图也会导致创作效率下降。所以，After Effects 提供了多种视图方式，可以同时以多角度观看三维空间，在【合成】窗口中的【选择视图布局】下拉列表中选择，如图 10-12 所示。

图 10-12

➢ 1 个视图：仅显示一个视图，如图 10-13 所示。

➢ 2 个视图-水平：同时显示两个视图，左右排列，如图 10-14 所示。

图 10–13

图 10–14

➢ 2 个视图-纵向：同时显示两个视图，上下排列，如图 10-15 所示。

➢ 4 个视图：同时显示 4 个视图，如图 10-16 所示。

图 10–15

图 10–16

➢ 4 个视图-左侧：同时显示 4 个视图，其中主视图在右边，如图 10-17 所示。

➢ 4 个视图-右侧：同时显示 4 个视图，其中主视图在左边，如图 10-18 所示。

图 10–17

图 10–18

➢ 4 个视图-顶部：同时显示 4 个视图，其中主视图在下边，如图 10-19 所示。

➢ 4 个视图-底部：同时显示 4 个视图，其中主视图在上边，如图 10-20 所示。

图 10-19

图 10-20

其中每个分视图都可以在激活后，用 3D 视图菜单更换具体观测角度，或者设置视图显示参数等。另外，选择【共享视图选项】选项后，可以让多视图共享同样的视图设置，如【安全框显示】选项、【网格显示】选项、【通道显示】选项等。

10.2.6 三维图层的材质属性

将二维图层转换为三维图层后，该图层除了会新增加第 3 个维度的属性外，还会增加一个【材质选项】属性，该属性用来设置三维图层与灯光系统的关系，如图 10-21 所示。

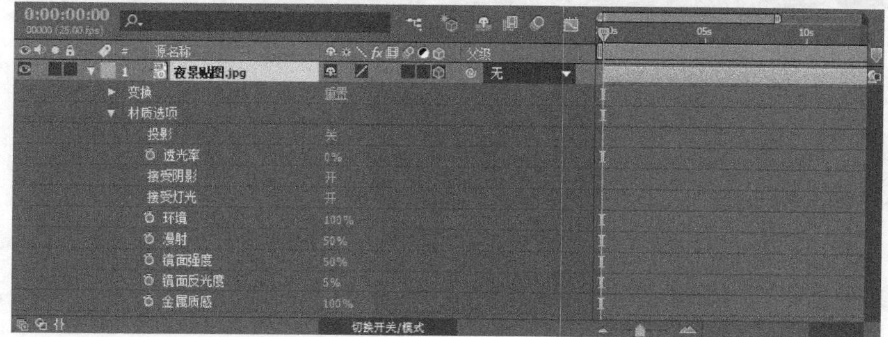

图 10-21

下面将详细介绍【材质选项】属性参数的含义。

➢ 投影：决定了三维图层是否投射阴影，包括【关】、【开】和【仅】3 个选项，其中，【仅】选项表示三维图层只投射阴影，如图 10-22 所示。

图 10-22

- 透光率：设置物体接受光照后的透光程度，这个属性可以用来体现半透明物体在灯光下的照射效果，其效果主要体现在阴影上(物体的阴影会受到物体自身颜色的影响)。当【透光率】设置为 0%时，物体的阴影颜色不受物体自身颜色的影响；当【透光率】设置为 100%时，物体的阴影受物体自身颜色的影响最大。
- 接受阴影：设置物体是否接受其他物体的阴影投射效果。
- 接受灯光：设置物体是否接受灯光的影响。设置为【开】模式时，表示物体接受灯光的影响，物体的受光面会受到灯光照射角度或强度的影响；设置为【关】模式时，表示物体表面不受灯光照射的影响，物体只显示自身的材质。
- 环境：设置物体受环境光影响的程度，该属性只有在三维空间中存在环境光时才产生作用。
- 漫射：调整灯光漫反射的程度，主要用来突出物体颜色的亮度。
- 镜面强度：调整图层镜面反射的强度。
- 镜面反光度：设置图层镜面反射的区域，其值越小，镜面反射的区域就越大。
- 金属质感：调节镜面反射光的颜色。其值越接近 100%，效果就越接近物体的材质；其值越接近 0%，效果就越接近灯光的颜色。

Section 10.3 摄像机的应用

在 After Effects 中创建一台摄像机后，可以在摄像机视图以任意距离和任意角度来观察三维图层的效果，就像在现实生活中使用摄像机进行拍摄一样方便。本节将详细介绍摄像机的应用知识。

10.3.1 创建并设置摄像机

在 After Effects 中，合成影像中的摄像机在【时间轴】面板中也是以一个图层的形式出现的，在默认状态下，新建的摄像机层总是排列在图层堆栈的最上方。After Effects 虽然以“有效摄像机”的视图方式显示合成影像，但是合成影像中并不包含摄像机，这只不过是 After Effects 的一种默认的视图方式而已。

用户在合成影像中可以创建多台摄像机，并且每创建一台摄像机，在【合成】窗口的右下角，3D 视图方式列表中就会添加一个摄像机名称，用户随时可以选择需要的摄像机视图方式观察合成影像。在合成影像中创建一台摄像机的方法有以下几种。

1 使用菜单栏中的命令

在菜单栏中，选择【图层】→【新建】→【摄像机】命令，即可进行创建，如图 10-23 所示。

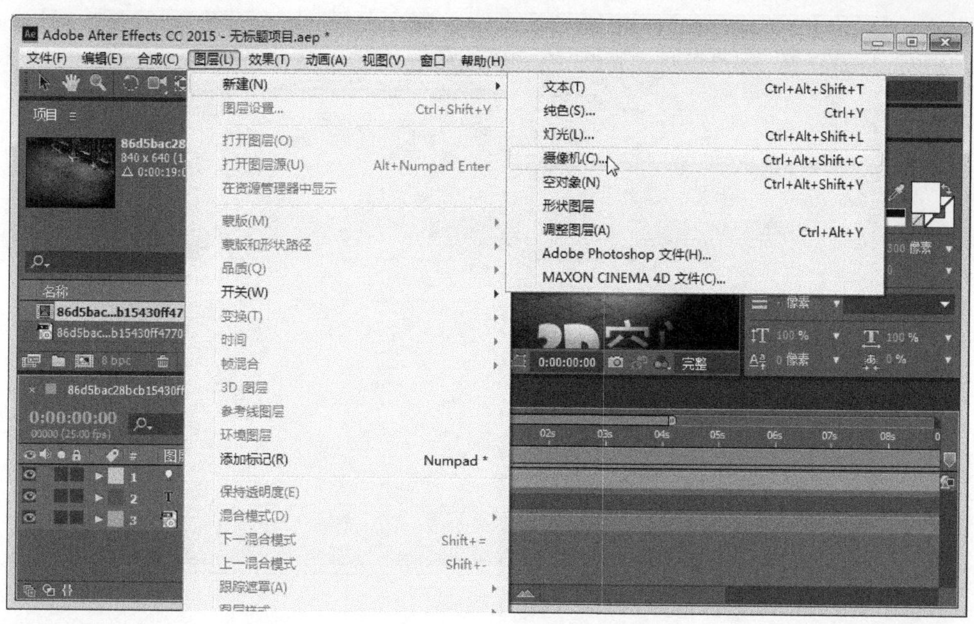

图 10–23

2　使用快捷菜单

在【合成】面板或【时间轴】面板中单击鼠标右键，在弹出来的快捷菜单中选择【新建】→【摄像机】命令进行创建，如图 10-24 所示。

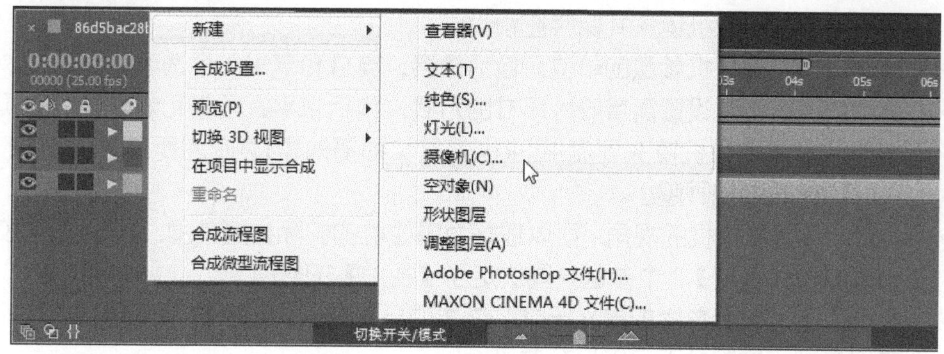

图 10–24

3　使用快捷键

按下键盘上的 Ctrl+Alt+Shift+C 快捷键，即可创建摄像机。

在 After Effects 中，既可以在创建摄像机之前对摄像机进行设置，也可以在创建之后对其进行进一步调整和设置动画。

使用上面介绍的创建摄像机的任意一种方法后，即可弹出【摄像机设置】对话框，用户可以对摄像机的各项属性进行设置，也可以使用预置设置，如图 10-25 所示。

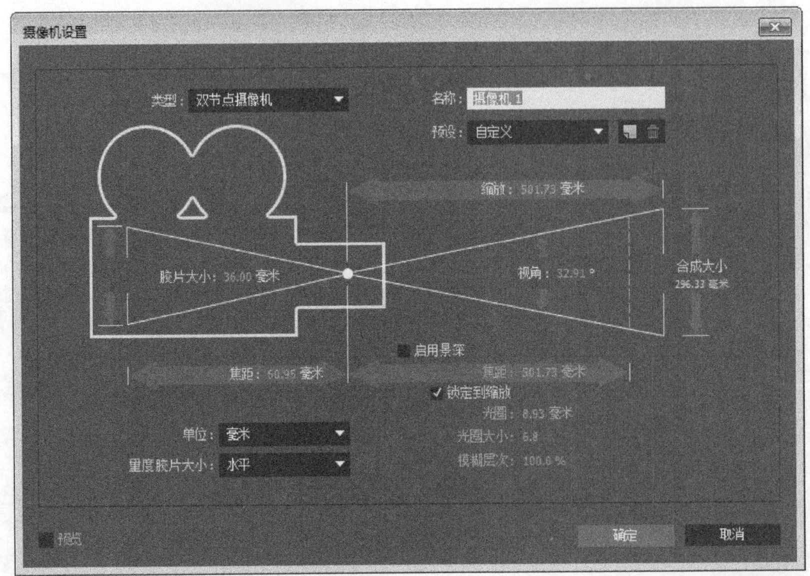

图 10–25

下面详细介绍摄像机的有关设置。

➢ 名称：摄像机的名称。默认状态下，在合成中创建的第一台摄像机的名称是“摄像机 1”，后续创建的摄像机的名称按此顺延。对于多摄像机的项目，应该为每台摄像机起个有特色的名称，以方便区分。
➢ 预设：设置准备使用的摄像机的镜头类型。包含 9 种常用的摄像机镜头，如 15mm 的广角镜头、35mm 的标准镜头和 200mm 的长焦镜头等。用户还可以创建一个自定义参数的摄像机镜头并保存在预设中。
➢ 单位：设定摄像机参数的单位，包括像素、英寸和毫米 3 个选项。
➢ 量度胶片大小：设置衡量胶片尺寸的方式，包括水平、垂直和对角 3 个选项。
➢ 缩放：设置摄像机镜头到焦平面(也就是被拍摄对象)之间的距离。【缩放】值越大，摄像机的视野越小。
➢ 视角：设置摄像机的视角，可以理解为摄像机的实际拍摄范围，【焦距】、【胶片大小】以及【缩放】3 个参数共同决定了【视角】的数值。
➢ 胶片大小：设置影片的曝光尺寸，该选项与【合成大小】参数值相关。
➢ 启用景深：控制是否启用景深效果。
➢ 焦距：设置从摄像机开始到图像最清晰位置的距离。在默认情况下，【焦距】和【缩放】参数是锁定在一起的，它们的初始值也是一样的。
➢ 光圈：设置光圈的大小。【光圈】值会影响到景深效果，其值越大，景深之外的区域的模糊程度也越大。
➢ 光圈大小：焦距与光圈的比值。其中，光圈大小与焦距成正比，与光圈成反比。光圈大小越小，镜头的透光性能越好；反之，透光性能越差。
➢ 模糊层次：设置景深的模糊程度。值越大，景深效果越模糊。为 0%时，则不进行模糊处理。

10.3.2 利用工具移动摄像机

在【工具】面板中有 4 个移动摄像机的工具，在当前摄像机移动工具上按住鼠标不放，将弹出其他摄像机移动工具的选项，或按下键盘上的 C 键，在这 4 个工具之间切换，如图 10-26 所示。

图 10-26

下面将详细介绍摄像机工具参数。

- 统一摄像机工具：选择该工具后，使用鼠标左键、中键和右键可以分别对摄像机进行旋转、平移和推拉操作。
- 轨道摄像机工具：选择该工具后，可以以目标点为中心来旋转摄像机。
- 跟踪 XY 摄像机工具：选择该工具后，可以在水平或垂直方向上平移摄像机。
- 跟踪 Z 摄像机工具：选择该工具后，可以在三维空间中的 Z 轴上平移摄像机，但是摄像机的视角不会发生改变。

知识拓展

只在当合成中有三维图层和三维摄像机时，摄像机工具才能起作用。

10.3.3 摄像机和灯光的入点与出点

在【时间轴】面板默认状态下，新建摄像机和灯光的入点和出点就是合成项目的入点和出点，即作用于整个合成项目。为了设置多台摄像机或者多个灯光在不同时间段起到的作用，可以修改摄像机或者灯光的入点和出点，改变其持续时间，就像对待其他普通素材层一样，从而方便多台摄像机或者多个灯光在时间上的切换，如图 10-27 所示。

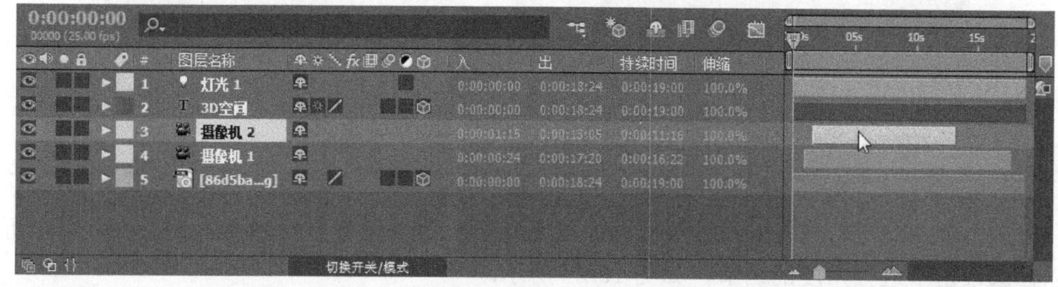

图 10-27

Section 10.4 专题课堂——灯光

在 After Effects 中，可以用一种虚拟的灯光模拟三维空间中真实的光线效果，来渲染影片的气氛，从而产生更加真实的合成效果，本节将详细介绍灯光应用的相关知识。

10.4.1 创建并设置灯光

微课堂 0 分 26 秒

在 After Effects 中，灯光是一个层，它可以用来照亮其他的图像层。在默认状态下，在合成影像中是不会产生灯光层的，所有的层都可以完成显示，即使是 3D 层也不会产生阴影、反射等效果，它们必须借助灯光的照射才可以产生真实的三维效果。

用户可以在一个场景中创建多个灯光，并且有 4 种不同的灯光类型可供选择，分别为平行光、聚光灯、点光源和环境光。下面将分别进行详细介绍。

1 平行光

从一个点发射一束光线到目标点。平行光提供一个无限远的光照范围，它可以照亮场景中处于目标点上的所有对象。光线不会因为距离而衰减，如图 10-28 所示。

图 10-28

2 聚光灯

从一个点向前方以圆锥形发射光线。聚光灯会根据圆锥角度确定照射的面积。用户可以在圆锥角中进行角度的调节，如图 10-29 所示。

图 10-29

3 点光源

从一个点向四周发射光线。随着对象离光源距离的不同，受光程度也有所不同，距离越近光照越强，反之亦然，如图 10-30 所示。

图 10-30

4 环境光

没有光线的发射点。可以照亮场景中所有的对象，但无法产生投影，如图 10-31 所示。

图 10-31

如果准备在合成影像中创建一个照明用的灯光来模拟现实世界中的光照效果，可以执

行以下操作之一。

➢ 在菜单栏中选择【图层】→【新建】→【灯光】命令即可，如图 10-32 所示。

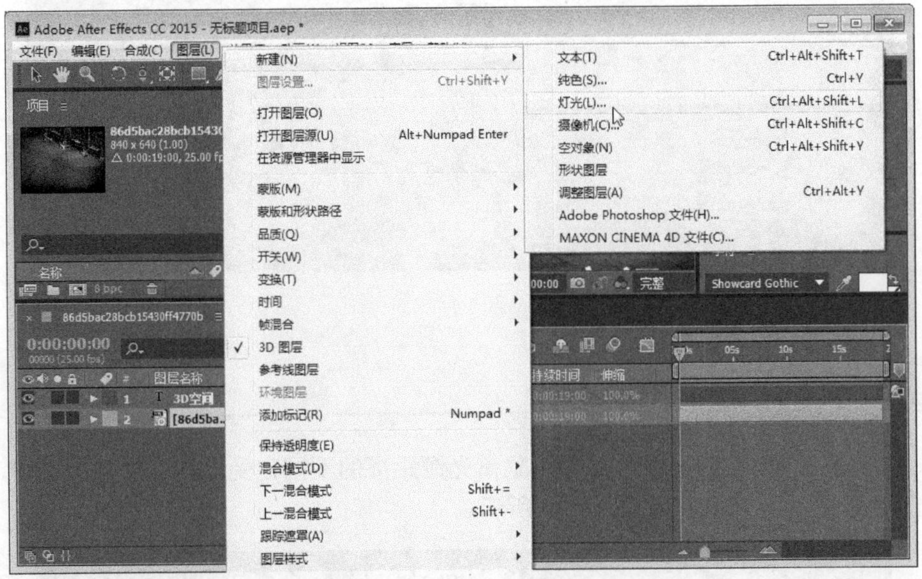

图 10-32

➢ 在【合成】面板或【时间轴】面板中单击鼠标右键，在弹出的快捷菜单中选择【新建】→【灯光】命令即可，如图 10-33 所示。

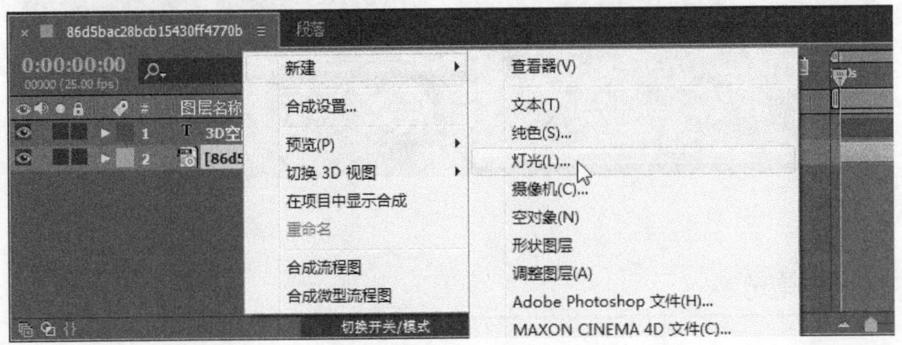

图 10-33

➢ 在键盘上按下 Ctrl+Alt+Shift+L 组合键即可。

10.4.2 灯光属性及其设置

在 After Effects 中应用灯光，用户可以在创建灯光时对灯光进行设置，也可以在创建灯光之后，利用灯光层的属性设置选项对其进行修改和设置动画。

在菜单栏中选择【图层】→【新建】→【灯光】命令或者使用 Ctrl+Alt+Shift+L 组合键，即可弹出【灯光设置】对话框，用户可以在其中对灯光的各项属性进行设置，如图 10-34 所示。

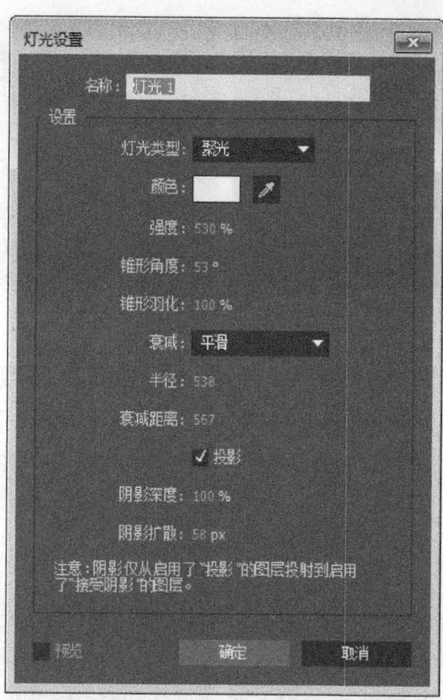

图 10–34

下面将分别详细介绍【灯光设置】对话框中各个参数的作用。

➢ 名称：设置灯光的名字。

➢ 灯光类型：可在平行光、聚光灯、点光源和环境光 4 种灯光类型中进行选择，如图 10-35 所示。

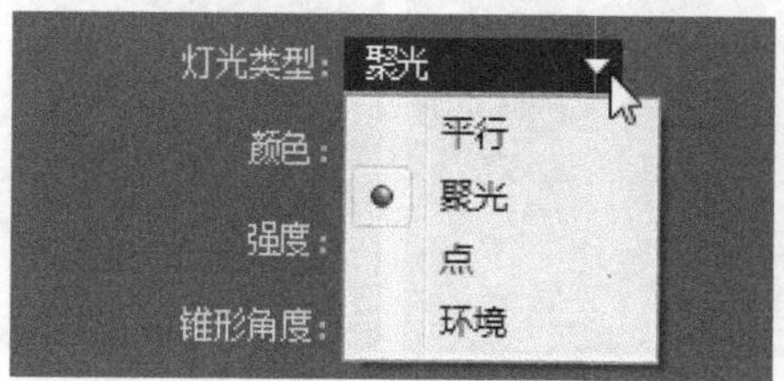

图 10–35

➢ 强度：设置灯光的光照强度。数值越大，光照越强，效果如图 10-36 所示。

图 10–36

➢ 锥形角度：【聚光】特有的属性，主要用来设置“灯罩”的范围(即聚光灯遮挡的范围)，效果如图 10-37 所示。

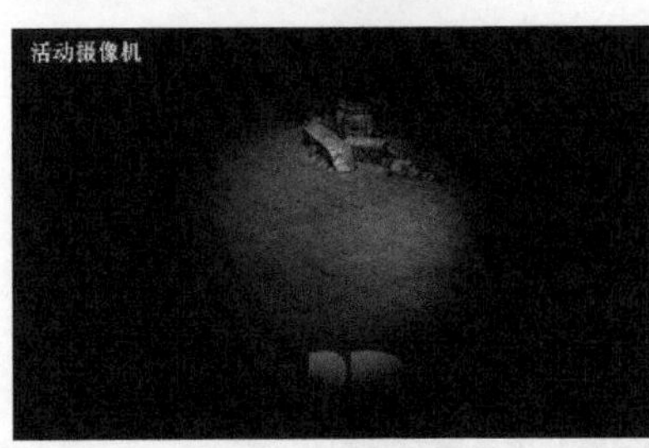

图 10-37

- 锥形羽化：【聚光】特有的属性，与【锥形角度】参数一起配合使用，主要用来调节光照区与无光区边缘的过渡效果，效果如图 10-38 所示。

图 10-38

- 颜色：设置灯光照射的颜色。
- 半径：灯光照射的范围，效果如图 10-39 所示。

图 10-39

- 衰减距离：控制灯光衰减的范围，效果如图 10-40 所示。

图 10-40

- 投影：控制灯光是否投射阴影。该属性必须在三维图层的材质属性中开启了【投影】选项才能起作用。
- 阴影深度：设置阴影的投射深度，也就是阴影的黑暗程度。

➢ 阴影扩散：【聚光】、【点】灯光设置阴影的扩散程度，它的值越高，阴影的边缘越柔和。

专家解读：如何设置已经建立的灯光

对于已经建立的灯光，用户可以选择准备进行设置的灯光图层，然后选择【图层】→【灯光设置】命令或使用 Ctrl+Shift+Y 组合键，以及双击【时间轴】面板中的灯光层，即可弹出【灯光设置】对话框，更改其设置。

Section 10.5 实践经验与技巧

在本节的学习过程中，将侧重介绍和讲解与本章知识点有关的实践经验及技巧，主要内容将包括制作文字投影效果，制作墙壁挂画效果、布置灯光效果和制作三维文字旋转效果等方面的知识及操作技巧。

10.5.1 制作文字投影效果

本章学习了创建三维空间合成的相关知识，本例将详细介绍如何制作文字投影效果，来巩固和提高本章学习的内容。

操作步骤 >> Step by Step

第 1 步 在【项目】面板中，***1.*** 单击鼠标右键，***2.*** 在弹出的快捷菜单中选择【新建合成】命令，如图 10-41 所示。

图 10-41

第 2 步 在弹出的【合成设置】对话框中，设置合成名称为“文字投影效果”，并设置如图 10-42 所示的参数，创建一个合成。

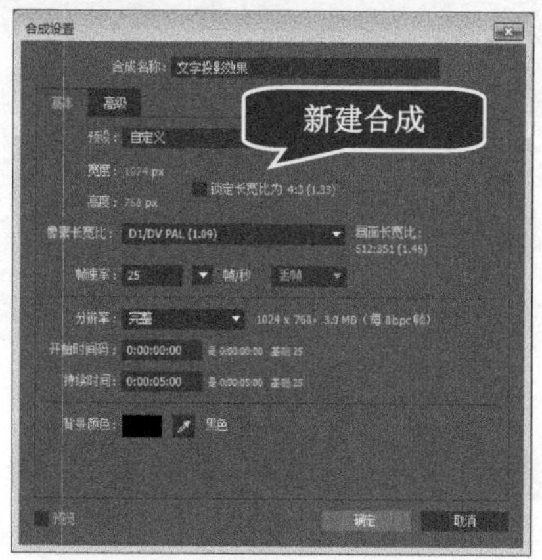

图 10-42

第 3 步 在【项目】面板空白处中双击鼠标左键，***1.*** 在弹出的对话框中选择需要的素材文件，***2.*** 然后单击【导入】按钮导入，如图 10-43 所示。

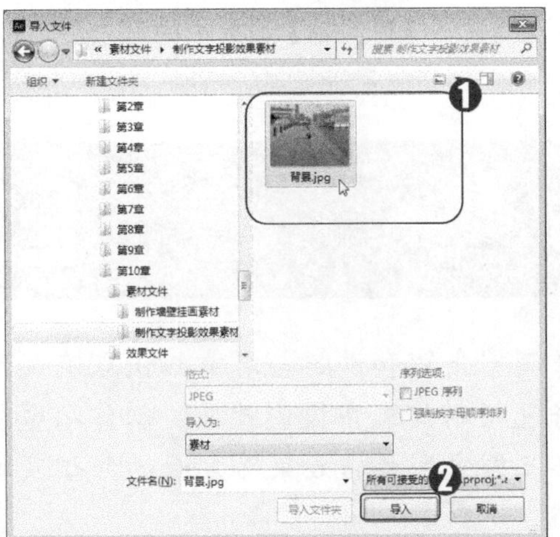

图 10–43

第 4 步 将【项目】面板中的素材文件拖曳到【时间轴】面板中，如图 10-44 所示。

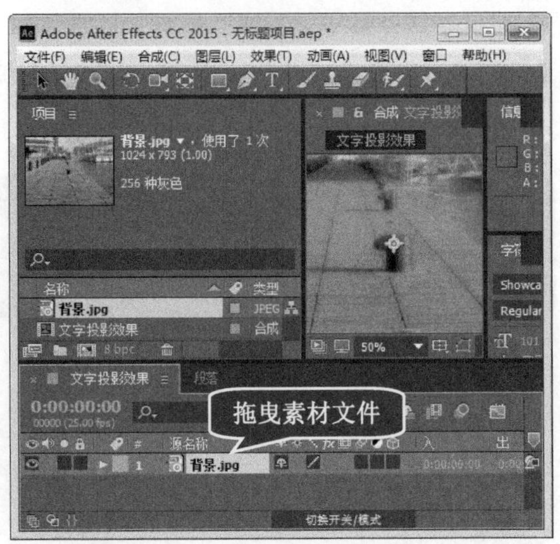

图 10–44

第 5 步 为【背景.jpg】图层添加【亮度和对比度】特效，设置【亮度】为 10，【对比度】为 37，如图 10-45 所示。

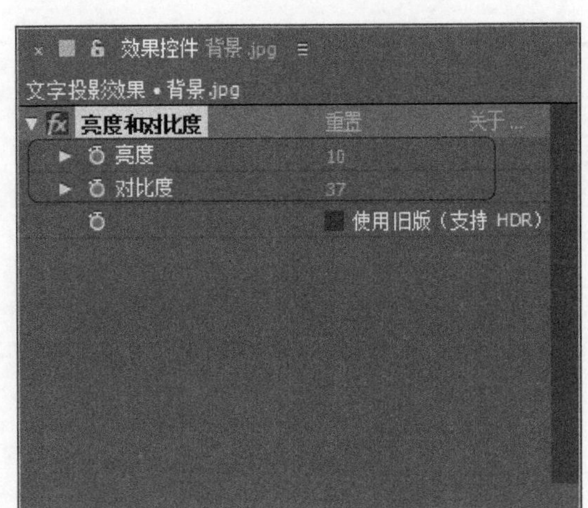

图 10–45

第 6 步 新建一个纯色图层，设置合成名称为“地面”，并设置如图 10-46 所示的参数。

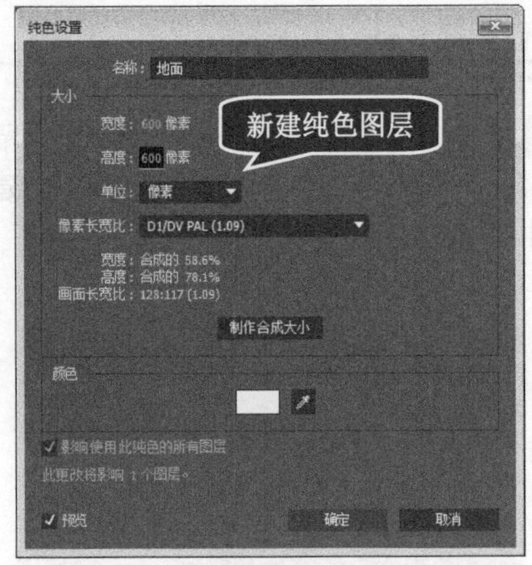

图 10–46

第 7 步 开启【地面】三维图层，并设置【位置】为(468,611,940)，【缩放】为 317，【方向】为(270°,0°,0°)，如图 10-47 所示。

第 8 步 新建一个摄像机图层，设置名称为“摄像机 1”，设置【焦距】为 15，取消选中【锁定到缩放】复选框，如图 10-48 所示。

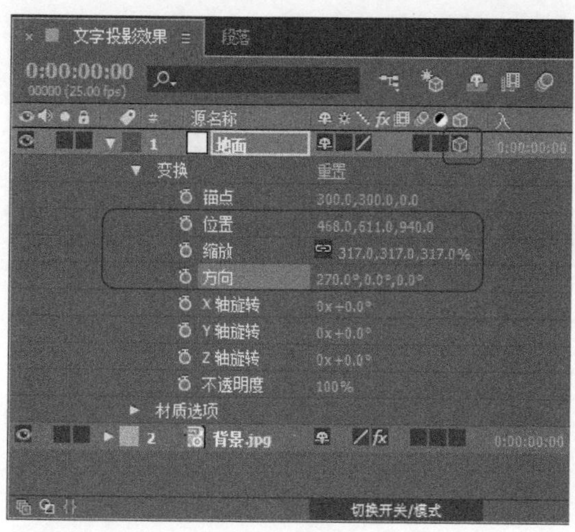

图 10-47

第 9 步　新建文字图层，在【合成】窗口中输入文字“HISTORY”，设置【字体】为 Arial，【字体类型】为 Bold(粗体)，【字体大小】为 180，如图 10-49 所示。

图 10-49

第 11 步　为文字图层添加【梯度渐变】特效，设置【渐变形状】为【径向渐变】，【渐变起点】为(505,554)，【起始颜色】为黄色(R：255, G：249, B：182)，【渐变终点】为(849,842)，【结束颜色】为黄色(R：212, G：172, B：32)，如图 10-51 所示。

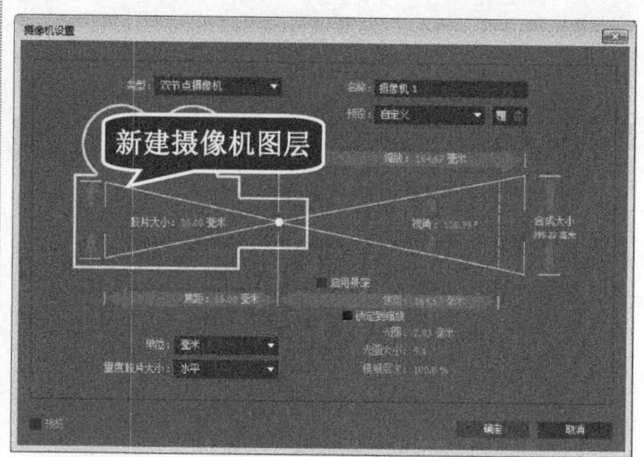

图 10-48

第 10 步　开启文字的三维图层，设置【位置】为(-215,630,0)，【方向】为(15°，359°，0°)，如图 10-50 所示。

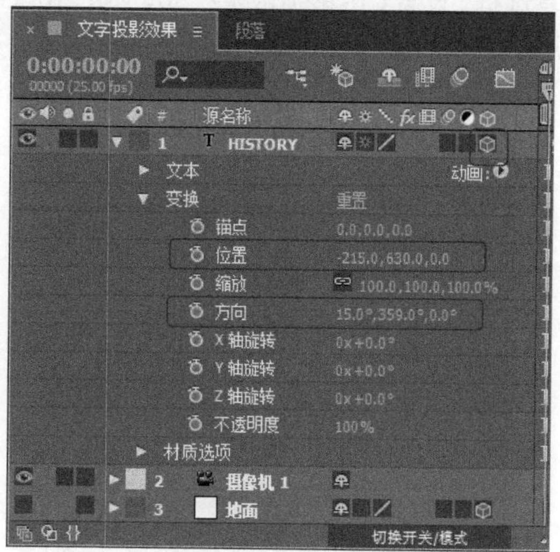

图 10-50

第 12 步　打开文字图层下的【材质选项】属性，设置【接受阴影】为【开】，【接受灯光】为【关】，如图 10-52 所示。

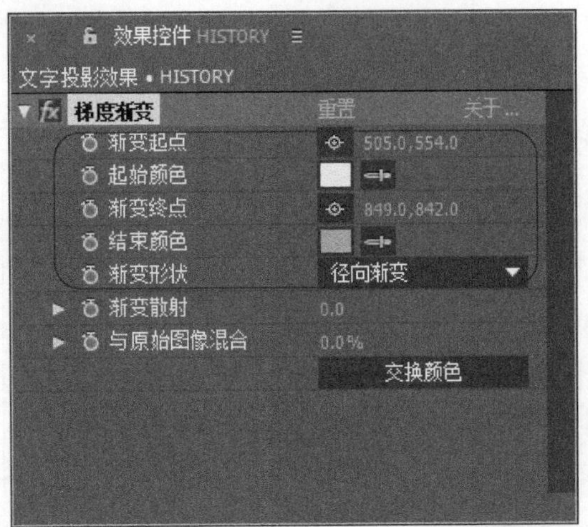

图 10-51

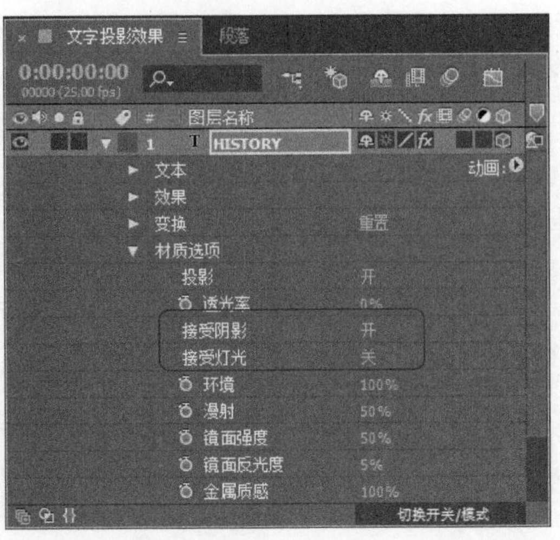

图 10-52

第 13 步 新建灯光图层，设置【名称】为 Light 1，【灯光类型】为【点】，【颜色】为浅黄色，【强度】为 75%，选中【投影】复选框，设置【阴影扩散】为 50，如图 10-53 所示。

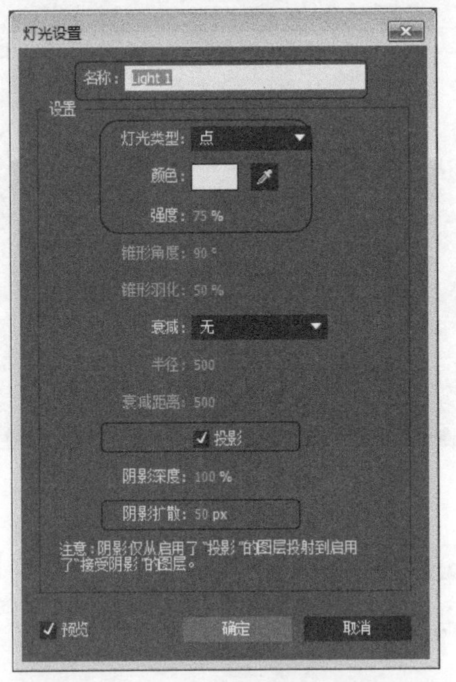

图 10-53

第 14 步 在【时间轴】面板中，设置 Light 1 图层的【位置】为(362,465,-392)，如图 10-54 所示。

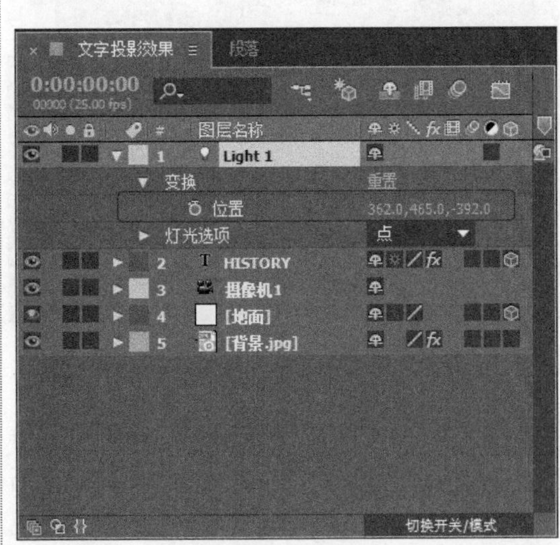

图 10-54

第 15 步 通过以上操作步骤，即完成了文字投影效果的制作，如图 10-55 所示。

图 10-55

10.5.2 制作墙壁挂画效果

本章学习了创建三维空间合成的相关知识，本例将详细介绍如何制作墙壁挂画效果，来巩固和提高本章学习的内容。

操作步骤 >> Step by Step

第 1 步 在【项目】面板中，*1.* 单击鼠标右键，*2.* 在弹出的快捷菜单中选择【新建合成】命令，如图 10-56 所示。

图 10-56

第 2 步 在弹出的【合成设置】对话框中，设置合成名称为“墙壁挂画效果” ，并设置如图 10-57 所示的参数，创建一个合成。

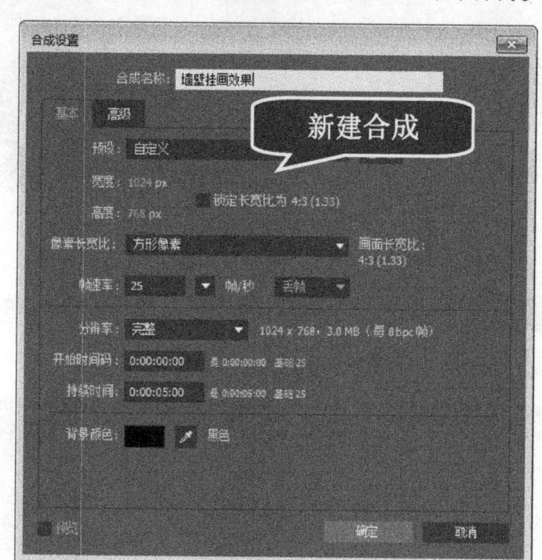

图 10-57

第 3 步 在【项目】面板的空白处双击鼠标左键，*1.* 在弹出的对话框中选择需要的素材文件，*2.* 然后单击【导入】按钮 导入 ，如图 10-58 所示。

第 4 步 将【项目】面板中的素材文件拖曳到【时间轴】面板中，开启三维图层，并设置 01.jpg 图层的【位置】为(719,384,0)，【缩放】为 37，【方向】为(0° ,46° , 0°)，如图 10-59 所示。

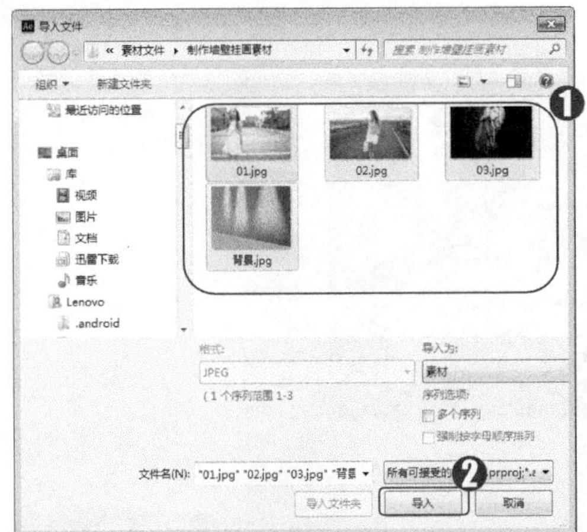

图 10-58

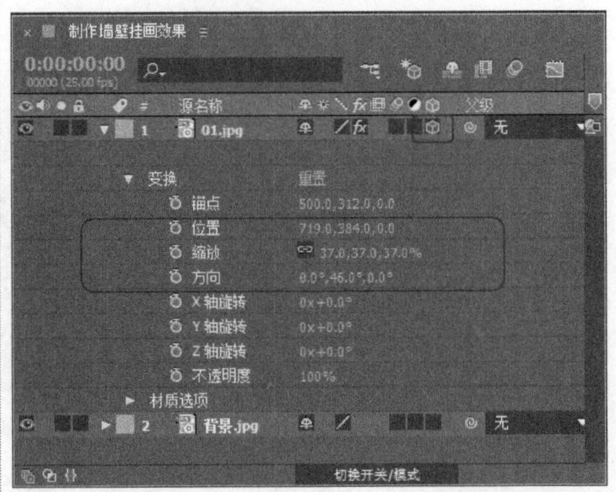

图 10-59

第 5 步 此时拖动时间线滑块可以查看效果，如图 10-60 所示。

图 10-60

第 6 步 为 01.jpg 素材文件添加【投影】效果，设置【方向】为 180°，【距离】为 30，【柔和度】为 150，如图 10-61 所示。

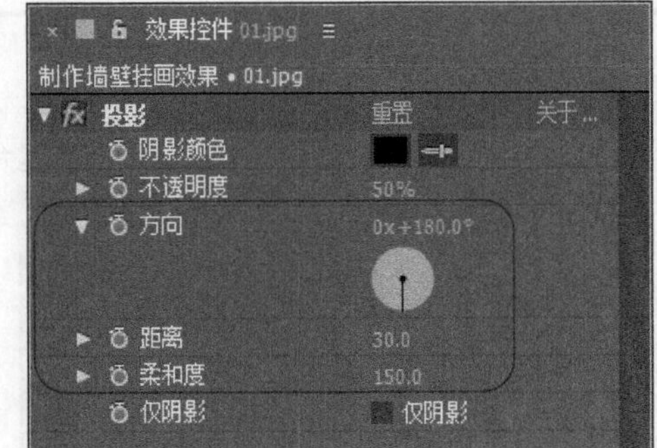

图 10-61

第 7 步 此时拖动时间线滑块，可以查看如图 10-62 所示的效果。

图 10-62

第 8 步 以此类推，制作出 02.jpg 和 03.jpg 的三维图层效果，如图 10-63 所示。

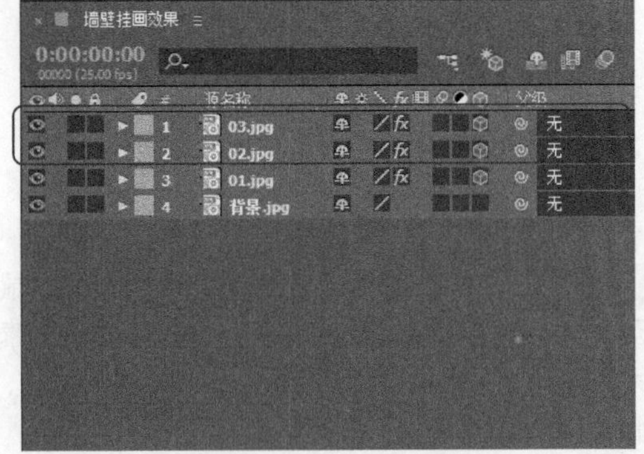

图 10-63

第 9 步 通过以上操作步骤，即完成了最终墙壁挂画的效果，如图 10-64 所示。

图 10-64

10.5.3 布置灯光效果

本例主要讲解如何创建灯光和调整灯光的属性，从而布置出漂亮的灯光效果，通过本例的学习，读者可以掌握三维效果中灯光的使用方法。

操作步骤 >> Step by Step

第 1 步 打开“布置灯光.aep”文件，加载【打开的盒子】合成，如图 10-65 所示。

图 10-65

第 2 步 创建第 1 个灯光，在【灯光设置】对话框中，设置如图 10-66 所示的参数。

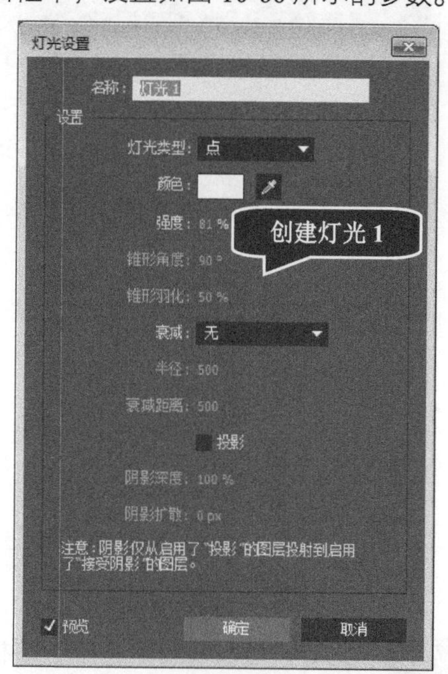

图 10-66

第 3 步 选择【灯光 1】图层，然后在其属性里设置【位置】为(1059.7,-995,334)，如图 10-67 所示。

图 10-67

第 4 步 此时，可以看到【合成】面板中的画面效果，如图 10-68 所示。

图 10-68

第 5 步 创建第 2 个灯光，在【灯光设置】对话框中，设置如图 10-69 所示的参数。

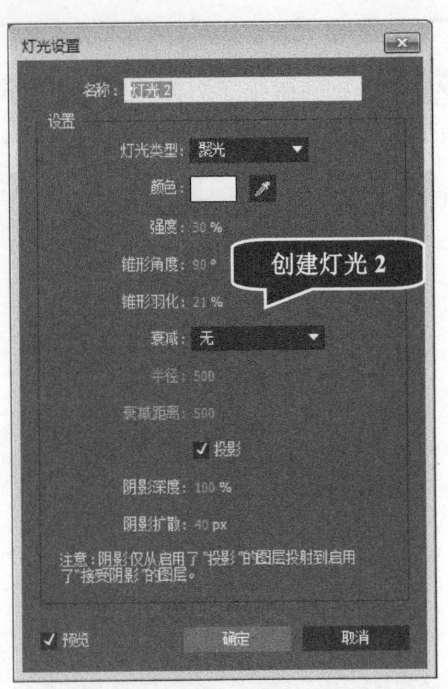

图 10-69

第 6 步 选择【灯光 2】图层，然后在其属性里设置【位置】为(387.7,-212,-244)，【目标点】为(408,174,-49)，如图 10-70 所示。

图 10-70

第 7 步 此时，可以看到【合成】面板中的画面效果，如图 10-71 所示。

第 8 步 创建第 3 个灯光，在【灯光设置】对话框中，设置如图 10-72 所示的参数。

图 10–71

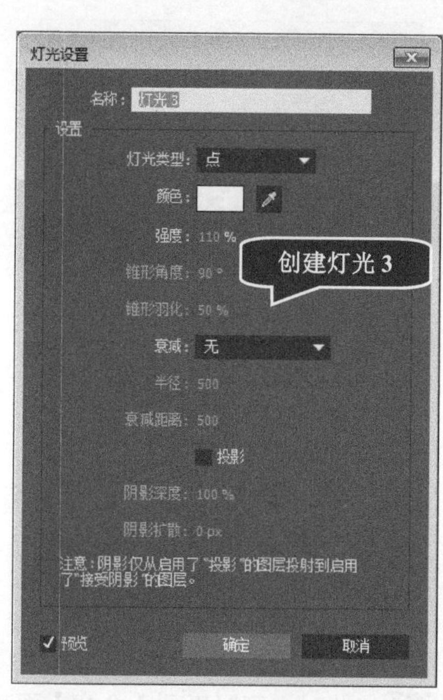

图 10–72

第 9 步 选择【灯光 3】图层，然后在其属性里设置【位置】为(394.1,268,-1260)，如图 10-73 所示。

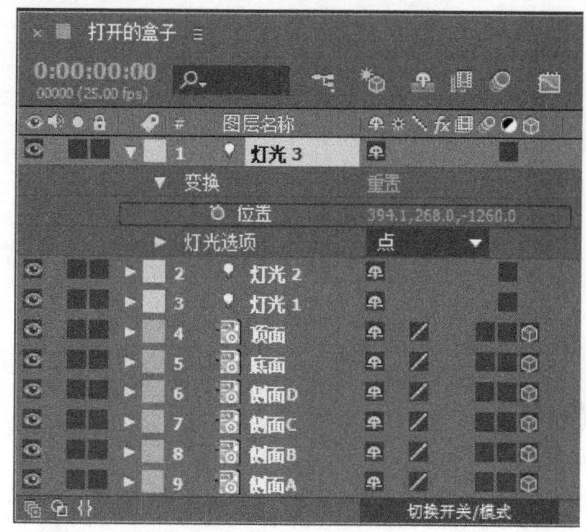

图 10–73

第 10 步 此时，可以看到【合成】面板中的画面效果，如图 10-74 所示。

图 10–74

第 11 步 创建第 4 个灯光，在【灯光设置】对话框中，设置如图 10-75 所示的参数。

第 12 步 选择【灯光 4】图层，然后在其属性里设置【位置】为(-918.9,268,-26.7)，如图 10-76 所示。

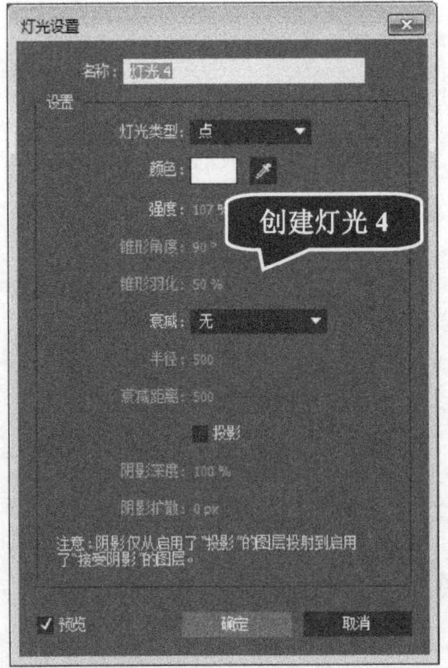

图 10–75

图 10–76

第 13 步 此时，可以看到【合成】面板中的最终画面效果，如图 10-77 所示。

图 10–77

10.5.4 制作三维文字旋转效果

本例将介绍利用三维图层和旋转属性制作三维文字旋转效果的操作方法，从而巩固和提高本章学习的技能。

操作步骤 >> Step by Step

第 1 步 在【项目】面板中，***1.*** 单击鼠标右键，***2.*** 在弹出的快捷菜单中选择【新建合成】命令，如图 10-78 所示。

第 2 步 在弹出的【合成设置】对话框中，设置合成名称为“三维文字旋转效果”，并设置如图 10-79 所示的参数，创建一个合成。

图 10–78

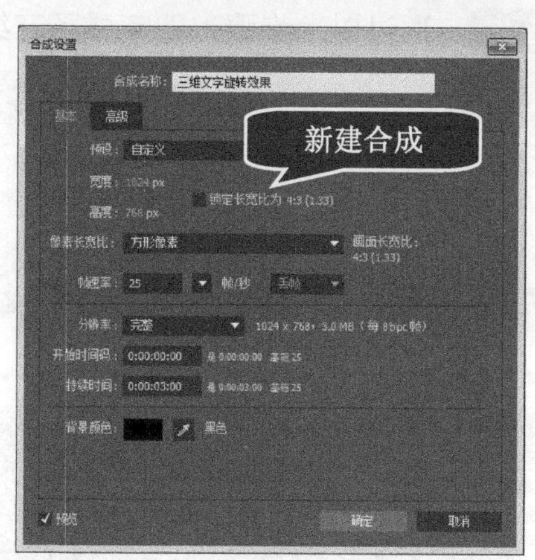

图 10–79

第 3 步 在【项目】面板的空白处双击鼠标左键，*1.* 在弹出的对话框中选择需要的素材文件，*2.* 然后单击【导入】按钮 导入 ，如图 10-80 所示。

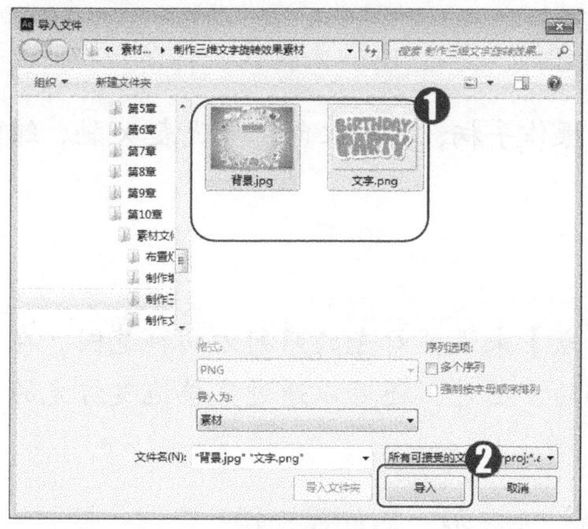
图 10–80

第 4 步 将【项目】面板中的素材文件拖曳到【时间轴】面板中，选择【文字.png】图层，开启三维图层，设置【位置】为(512,435,715)，如图 10-81 所示。

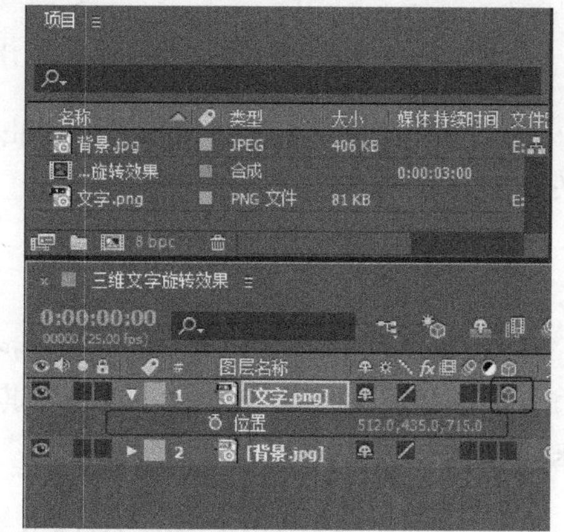

图 10–81

第 5 步 将时间线滑块移动到起始帧位置，开启【文字.png】图层下的【X 轴旋转】的自动关键帧，设置【X 轴旋转】为-20°；将时间线滑块移动到第 2 秒的位置，设置【X 轴旋转】为 340°，如图 10-82 所示。

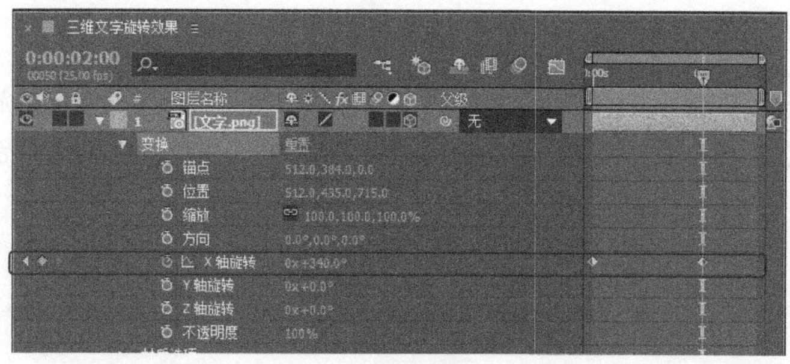

图 10–82

第 6 步 通过以上步骤，即完成了三维文字旋转的制作，效果如图 10-83 所示。

图 10-83

Section 10.6 有问必答

1. 将三维图层转换为二维图层后，设置的属性参数是否还保留？

在关闭图层的三维图层开关后，所增加的属性也会随之消失，所有涉及的三维参数、关键帧和表达式都将被自动删除，即使重新将二维图层转换为三维图层，这些参数设置也不会再恢复回来，因此将三维图层转换为二维图层时需要注意。

2. 将二维图层转换为三维图层后，出现的红色箭头和蓝色箭头各代表什么？

将二维图层转换为三维图层后，会出现一个操作手柄，其中红色箭头代表 X 轴，绿色箭头代表 Y 轴，蓝色箭头代表 Z 轴。

3. 如何移动灯光？

可以通过调节灯光图层的【位置】和【目标点】来设置灯光的照射方向和范围。在移动灯光时，除了直接调节参数以及移动其坐标轴的方法外，还可以通过直接拖曳灯光的图标来自由移动它们的位置。

4. 已经创建好了一个灯光，但是想要修改该灯光参数，该如何操作？

如果已经创建好了一个灯光，但是想要重新修改该灯光的参数，可以在【时间轴】面板中双击该灯光图层，然后在弹出的【灯光设置】对话框中对这个灯光的相关参数进行重新调节即可。

5. 如何降低场景的光照强度？

如果将灯光属性参数中的【强度】参数设置为负值，灯光将成为负光源，也就是说，这种灯光不会产生光照效果，而是要吸收场景中的灯光，通常使用这种方法来降低场景的光照强度。

第11章

渲染与输出

本章要点

- 渲染
- 输出
- 多合成渲染
- 专题课堂——调整大小与裁剪

本章主要内容

本章主要介绍渲染、输出和多合成渲染方面的知识与技巧，在本章的最后还针对实际的工作需求，讲解调整大小与裁剪的方法。通过本章的学习，读者可以掌握渲染与输出基础操作方面的知识，为深入学习 After Effects CC 入门与应用知识奠定基础。

Section 11.1 渲染

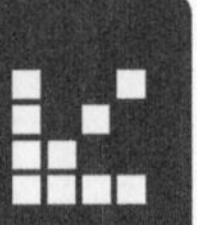

制作完成一部影片，最终需要将其渲染，用户可以按照用途或发布媒介，将其输出为不同格式的文件。本节将详细介绍渲染的相关知识及操作方法。

11.1.1 【渲染队列】面板

渲染在整个硬盘制作过程中是最后一步，也是相当关键的一步。即使前面制作得再精妙，不成功的渲染也会直接导致作品的失败，渲染的方式影响影片最终呈现的效果。

After Effects 可以将合成项目渲染输出成视频文件、音频文件或者序列图片等。输出的方式有两种：一种是通过选择【文件】→【导出】菜单命令直接输出单个的合成项目；另一种是选择【合成】→【添加到渲染队列】菜单命令，将一个或多个合成项目添加到【渲染队列】面板中，逐一进行批量输出，如图 11-1 所示。

图 11-1

其中，通过【文件】→【导出】菜单命令输出时，可选的格式和解码较少；通过【渲染队列】面板进行输出时，可以进行非常专业的控制，并支持多种格式和解码。

在【渲染队列】面板中可以控制整个渲染进程，调整各个合成项目的渲染顺序，设置每个合成项目的渲染质量、输出格式和路径等，当新添加项目到【渲染队列】面板时，【渲染队列】面板自动打开，如果不小心关闭了，也可以通过【窗口】→【渲染队列】菜单命令，再次打开该面板。单击【当前渲染】左侧的三角形按钮▶，显示的信息如图 11-2 所示。主要包括当前正在渲染的合成项目的进度、正在执行的操作、当前输出的路径、文件大小、预测的最终文件、剩余的硬盘空间等。

图 11-2

渲染队列区如图 11-3 所示。

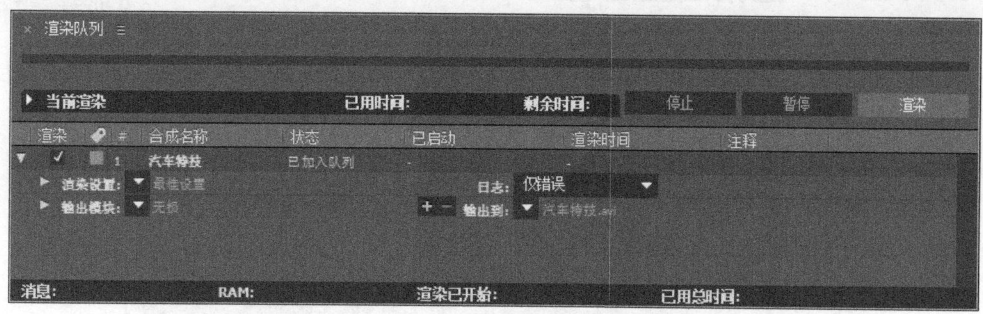

图 11–3

需要渲染的合成项目将逐一排列在渲染队列中，在此，可以设置项目的【渲染设置】、【输出模块】(输出模式、格式和解码等)、【输出到】(文件名和路径)等。

- 渲染：是否进行渲染操作，只有选中的合成项目才会被渲染。
- 标签图标：选中标签颜色，用于区分不同类型的合成项目，方便用户识别。
- #：队列序号，决定渲染的顺序，可以在合成项目上按住鼠标左键并上下拖曳到目标位置，改变先后顺序。
- 合成名称：合成项目的名称。
- 状态：当前状态。
- 已启动：渲染开始的时间。
- 渲染时间：渲染所花费的时间。

单击【渲染队列】面板左侧的三角形按钮▶，可以展开具体设置信息；单击下三角形按钮▼，可以选择已有的预置设置；单击当前设置标题，可以打开具体的设置对话框，如图 11-4 所示。

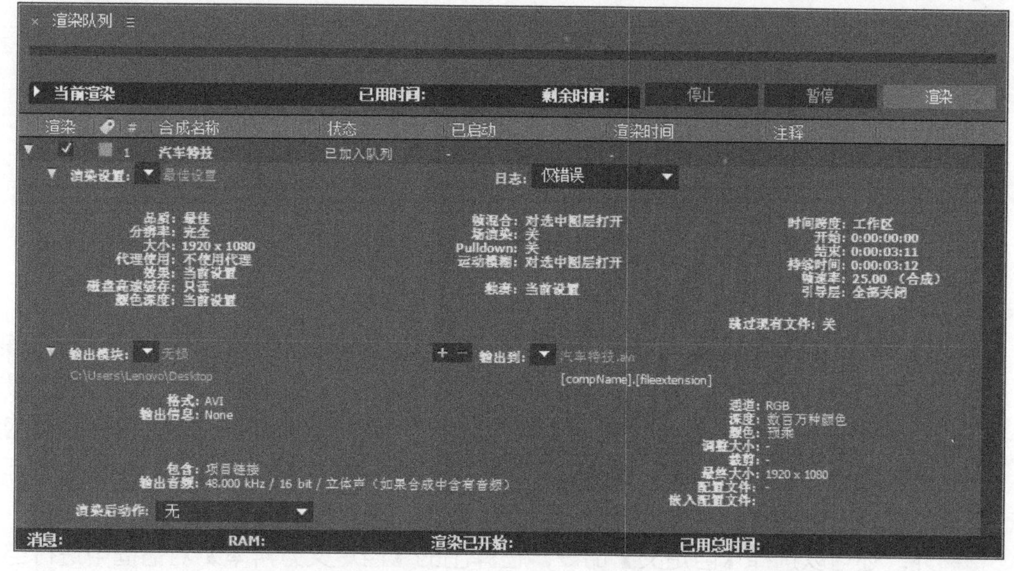

图 11–4

11.1.2 渲染设置选项

渲染设置的方法为：在【渲染设置】区域左侧，单击下三角形按钮，选择【最佳设置】预置，然后单击右侧的设置标题，即可弹出【渲染设置】对话框，如图 11-5 所示。

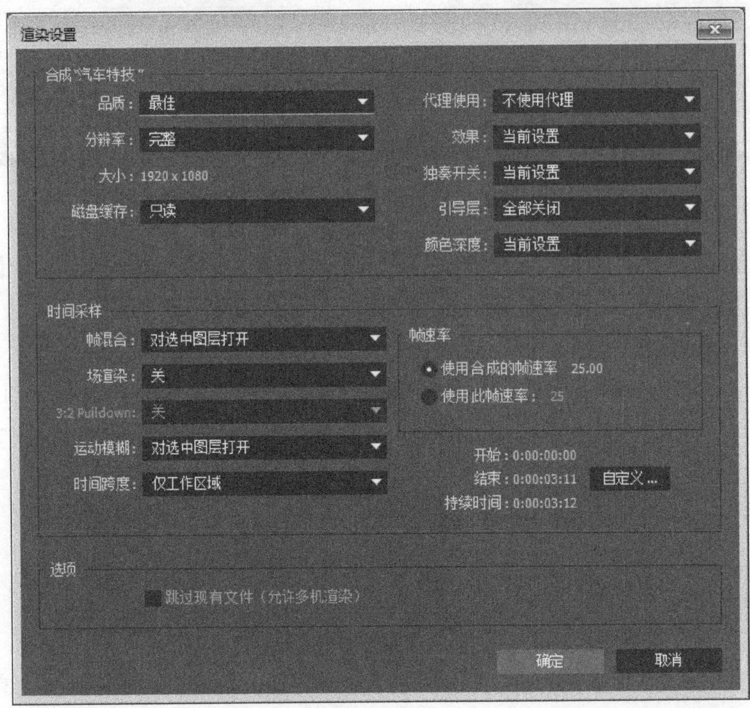

图 11-5

【合成“汽车特技”】设置区如图 11-6 所示。

图 11-6

- 品质：设置图层质量。【当前设置】，表示采用各层当前设置，即根据【时间轴】面板中各层属性开关面板上的图层画质设定而定；【最佳】，表示全部采用最好的质量(忽略各层的质量设置)；【草图】，表示全部采用粗略质量(忽略各层的质量设置)；【线框】，表示全部采用线框模式(忽略各层的质量设置)。
- 分辨率：像素采样质量，其中包括全分辨率、1/2 质量、1/3 质量和 1/4 质量；另外，还可以选择【自定义】命令，在弹出的【自定义分辨率】对话框中进行自定义分辨率设置。

> 磁盘缓存：决定是否采用【编辑】→【首选项】→【内存和多重处理】菜单命令中的内存缓存设置。选择【只读】表示不采用当前【首选项】中的设置，而且在渲染过程中，不会有任何新的帧被写入内存缓存中。

> 代理使用：是否使用代理素材。【当前设置】表示采用当前【项目】窗口中各素材当前的设置；【使用全部代理】表示全部使用代理素材进行渲染；【仅使用合成的代理】表示只对合成项目使用代理素材；【不使用代理】表示全部不使用代理素材。

> 效果：是否采用特效滤镜。【当前设置】表示采用当前时间轴中各个特效当前的设置；【全开】表示启用所有的特效滤镜，即使某些滤镜处于暂时关闭状态；【全关】表示关闭所有特效滤镜。

> 独奏开关：指定是否只渲染【时间轴】面板中的【独奏】开关开启的层，如果设置为【全关】，则表示不考虑独奏开关。

> 颜色深度：选择色深，如果是标准版的 After Effects，则有【16 位/通道】和【32 位/通道】这两个选项。

【时间采样】设置区如图 11-7 所示。

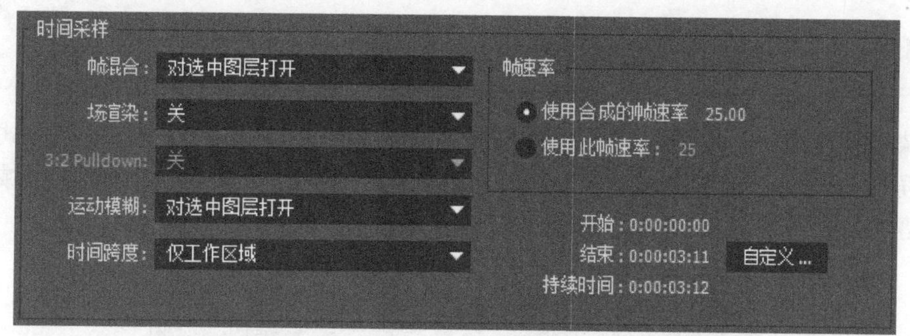

图 11-7

> 帧混合：是否采用【帧混合】模式。此类模式包括以下选项：【当前设置】根据当前【时间轴】面板中的【帧混合开关】的状态和各个层【帧混合模式】的状态，来决定是否使用帧混合功能；【对选中图层打开】是忽略【帧混合开关】的状态，对所有设置了【帧混合模式】的图层应用帧混合功能；如果设置了【图层全关】，则代表不启用【帧混合】功能。

> 场渲染：指定是否采用场渲染方式。【关】表示渲染成不含场的视频影片；【上场优先】表示渲染成上场优先的含场的视频影片；【下场优先】表示渲染成下场优先的含场的视频影片。

> 3:2 Pulldown：决定 3:2 下拉的引导相位法。

> 运动模糊：是否采用运动模糊。【当前设置】是根据当前【时间轴】面板中【动态模糊开关】的状态和各个层【动态模糊】的状态，来决定是否使用动态模糊功能；【对选中图层打开】是忽略【动态模糊开关】，对所有设置了【动态模糊】的图层应用运动模糊效果；如果设置为【图层全关】，则表示不启用动态模糊功能。

> 时间跨度：定义当前合成项目渲染的时间范围。【合成长度】表示渲染整个合成项

目，也就是合成项目设置了多长的持续时间，输出的影片就有多长时间；【仅工作区域】表示根据【时间轴】面板中设置的工作环境范围来设定渲染的时间范围(按下键盘上的 B 键，工作范围开始；按 N 键工作范围结束)；【自定义】表示自定义渲染的时间范围。

- 使用合成的帧速率：使用合成项目中设置的帧速率。
- 使用此帧速率：使用此处设置的帧速率。

【选项】设置区如图 11-8 所示。

图 11–8

- 跳过现有文件(允许多机渲染)：选中此复选框，将自动忽略已存在的序列图片，也就忽略已经渲染过的序列帧图片，此功能主要用于网络渲染。

11.1.3 设置输出模块

渲染设置完成后，即可开始设置输出模块，主要是设定输出的格式和解码方式等。单击下三角形按钮▼，可以选择系统预置的一些格式和解码，单击【输出模块】区域右侧的设置标题，即可弹出【输出模块设置】对话框，如图 11-9 所示。

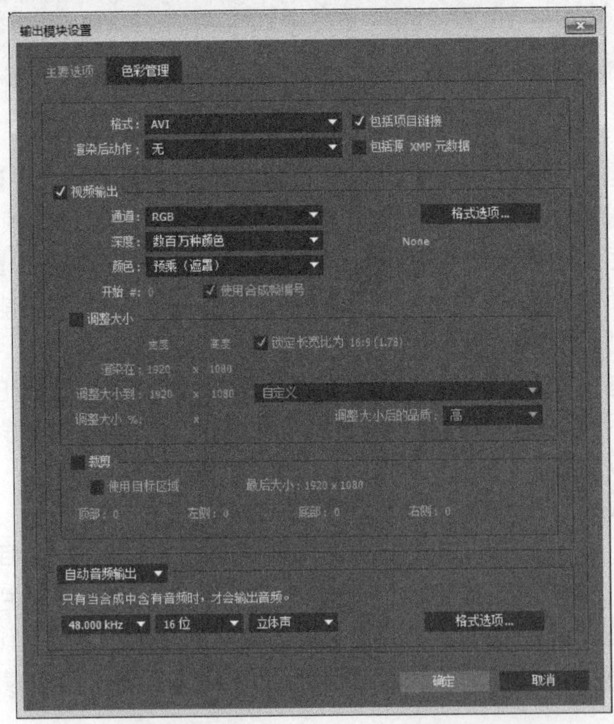

图 11–9

基础设置区如图 11-10 所示。

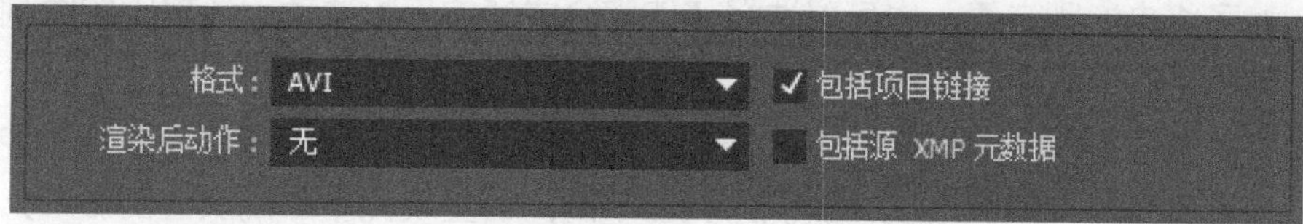

图 11-10

- 格式：设置输出的文件格式，如 QuickTime Movie 是苹果公司 QuickTime 视频格式、MPEG2-DVD 是 DVD 视频格式、【JPEG 序列】是 MPEG 格式序列图、WAV 是音频等，格式类型非常丰富。
- 渲染后动作：指定 After Effects 软件是否使用刚渲染的文件作为素材或者代理素材。【导入】表示渲染完成后，自动作为素材置入当前项目中；【导入并替换】表示渲染完成后，自动置入项目中替代合成项目，包括这个合成项目被嵌入其他合成项目中的情况；【设置代理】表示渲染完成后，作为代理素材置入项目中。

视频设置区如图 11-11 所示。

图 11-11

- 视频输出：是否输出视频信息。
- 通道：选择输出的通道，包括 RGB(3 个色彩通道)、Alpha(仅输出 Alpha 通道)和 RGB+Alpha(三色通道和 Alpha 通道)。
- 深度：色深选择。
- 颜色：指定输出的视频包含的 Alpha 通道为哪种模式，是【直通(无遮罩)】模式还是【预乘(遮罩)】模式。

- 开始#：当输出的格式选择的是序列图时，在此可以指定序列图的文件名序列数，为了将来识别方便，也可以选择【使用合成帧编号】选项，让输出的序列图片数字就是其帧数字。
- 格式选项：视频编码方式的选择。虽然先前确定了输出的格式，但是每种文件格式中又有多种编码方式，编码方式的不同，会生成完全不同质量的影片，最后产生的文件量也会有所不同。
- 调整大小到：是否对画面进行缩放处理。
- 调整大小：缩放的具体高宽尺寸，也可以从右侧的预置列表中选择。
- 调整大小后的品质：缩放质量的选择。
- 锁定长宽比为：是否强制高宽比为特殊比例。
- 裁剪：是否裁切画面。
- 使用目标区域：仅采用【合成】窗口中的【目标区域】工具确定的画面区域。
- 顶部、左侧、底部、右侧：这 4 个选项分别设置上、左、下、右被裁切掉的像素尺寸。

音频设置区如图 11-12 所示。

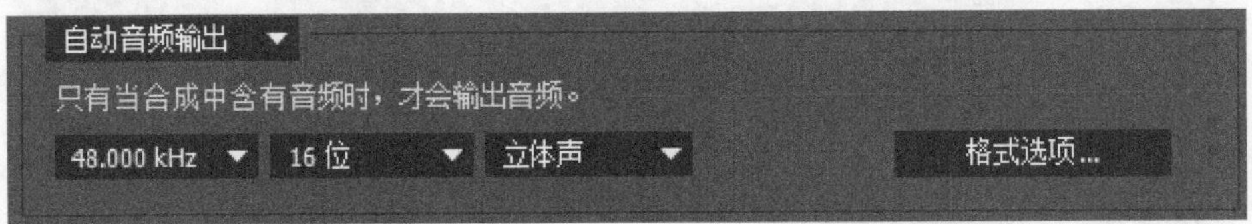

图 11-12

- 音频输出：是否输出音频信息。
- 格式选项：音频的编码方式，也就是用什么压缩方式压缩音频信息。
- 设置音频质量：包括 Hz、Bit、【立体声】或【单声道】设置。

知识拓展

如果使用 After Effects 在新建合成时为 1920 像素 × 1280 像素，那么在输出操作时默认也同样为 1920 像素 × 1280 像素，如果需要使输出的分辨率与新建合成分辨率不同，那么可开启【输出模块设置】对话框中的【调整大小】选项。

11.1.4 渲染和输出的预置

虽然 After Effects 提供了众多的渲染设置和输出预置，不过可能还是不能满足更多的个性化需求。用户可以将常用的一些设置存储为自定义的预置，以后进行输出操作时，不需要一遍遍地反复设置，只需要单击下三角形按钮，在弹出的列表框中选择即可。

在菜单栏中选择【编辑】→【模板】→【渲染设置】命令，即可使用【渲染设置模板】对话框进行相关设置，如图 11-13 所示。在菜单栏中选择【编辑】→【模板】→【输出模块】命令，即可使用【输出模块模板】对话框进行相关设置，如图 11-14 所示。

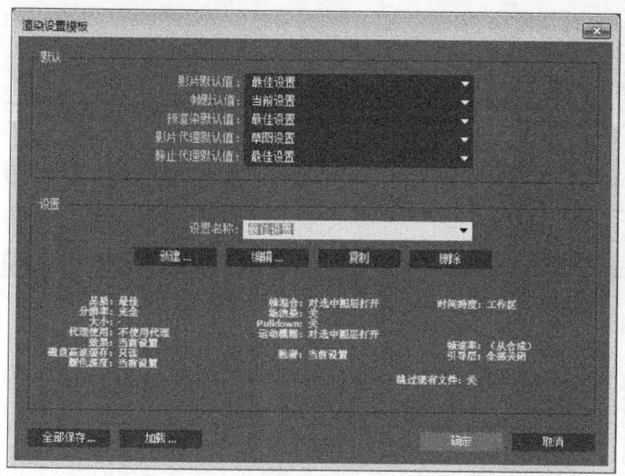

图 11–13

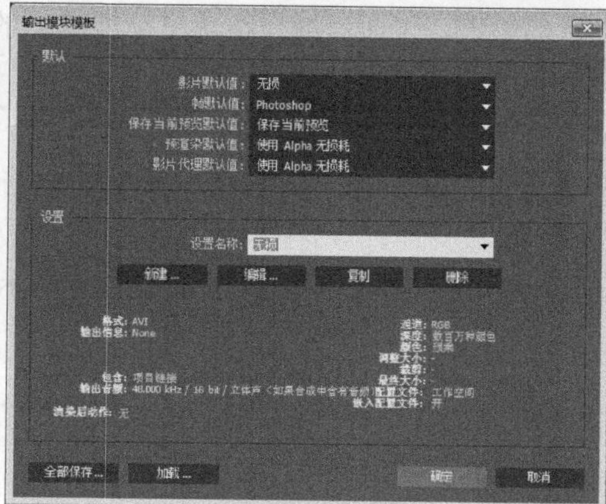

图 11–14

11.1.5 编码和解码问题

完全不压缩的视频和音频数据量是非常庞大的，因此在输出时需要通过特定的压缩技术对数据进行压缩处理，以减小最终的文件量，便于传输和存储。这样就需要在输出时选择恰当的编码器，在播放时使用同样的解码器解压还原画面。

目前视频流传输中最为重要的编码标准有国际电联的 H.261、H.263。运动静止图像专家组的 M-JPEG 和国际标准化组织运动图像专家组的 MPEG 系列标准，此外，在互联网上被广泛应用的还有 Real-Networks 的 RealVideo、微软公司的 WMT 以及苹果公司的 QuickTime 等。就文件格式来讲，对于.avi 微软视窗系统中的通用视频格式，现在流行的编码和解码方式有 Xvid、MPEG-4、DivX、Microsoft DV 等，对于.mov 苹果公司的 QuickTime 视频格式，比较流行的编码和解码方式有 MPEG-4、H.263、Sorenson Video 等。

在输出时，最好选择使用普遍的编码器和文件格式，或者是目标客户平台共有的编码器和文件格式；否则在其他播放环境中播放时，有可能因为缺少解码器或相应的播放器而无法看见视频或者听到声音。

Section 11.2 输出

可以将设计制作好的视频效果以多种方式输出，如输出标准视频、输出合成项目中的某一帧、输出序列图片、输出胶片文件、输出 Flash 格式文件、跨卷渲染等。本节将详细介绍两种重要的输出方法和形式。

11.2.1 输出标准视频

当合成工程操作完成后，用户可以在【项目】面板中选择准备输出的合成，然后进行

影片的输出。下面详细介绍输出标准视频的操作方法。

操作步骤 >> Step by Step

第 1 步 在【项目】面板中，选择准备进行输出的合成文件，然后在菜单栏中选择【合成】→【添加到渲染队列】命令，如图 11-15 所示。

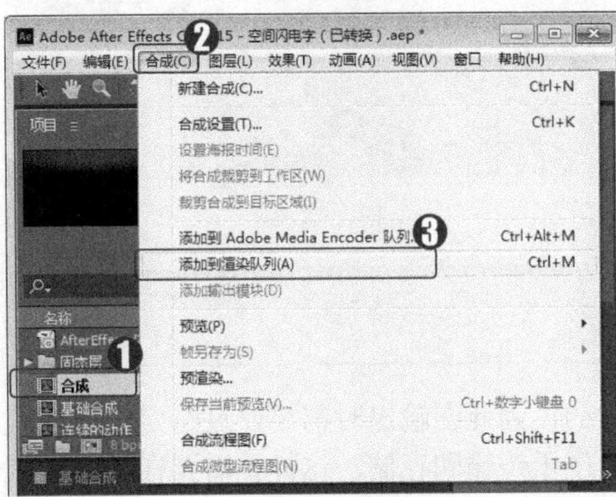

图 11–15

第 2 步 在【渲染队列】面板中，设置渲染属性、输出格式和输出路径，然后单击【渲染】按钮 渲染 ，即可完成输出标准视频的操作，如图 11-16 所示。

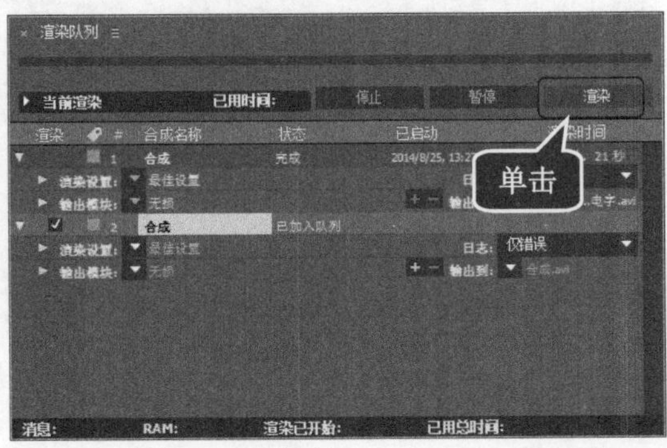

图 11–16

知识拓展：添加输出模块

如果要将此合成项目渲染成多种格式或多种编码，可以在步骤 2 之后，选择【合成】→【添加输出模块】菜单命令，添加输出格式和指定另一个输出文件的路径以及名称，这样可以做到一次创建，任意发布。

11.2.2 输出合成项目中的某一帧画面

使用 After Effects 软件，用户还可以输出合成项目中的某一帧画面，下面详细介绍其操作方法。

知识拓展：快速进行单帧画面的输出

如果选择【图像合成】→【帧另存为】→【Photoshop 图层】菜单命令，那么将直接打开【另存为】对话框，设置好路径和文件名，即可完成单帧画面的输出。

操作步骤 >> Step by Step

第 1 步 将时间线滑块移动到目标帧，然后在菜单栏中选择【合成】→【帧另存为】→【文件】命令，如图 11-17 所示。

第 2 步 该帧会自动添加到【渲染队列】面板中，单击【渲染】按钮 渲染 ，即可完成输出合成项目中的某一帧的操作，如图 11-18 所示。

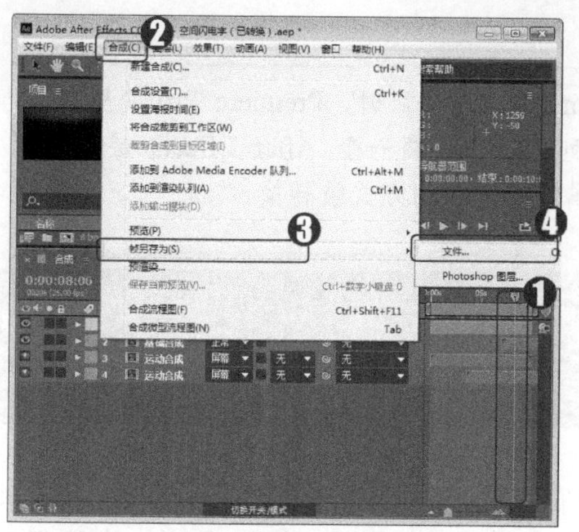

图 11–17

图 11–18

11.2.3　输出为 Premiere Pro 项目

用户无须渲染，就可以将 After Effects 项目输出为 Premiere Pro 项目，下面详细介绍其操作方法。

操作步骤　>>　Step by Step

第 1 步　选择一个准备要输出的合成，然后在菜单栏中选择【文件】→【导出】→【Adobe Premiere Pro 项目】命令，如图 11-19 所示。

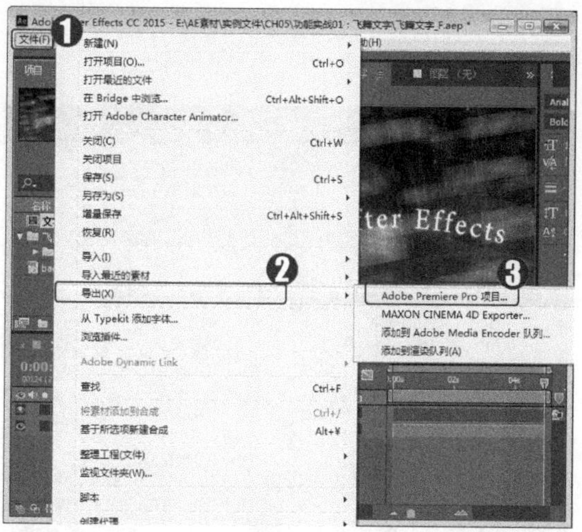

图 11–19

第 2 步　系统将会弹出【导出为 Adobe Premiere Pro 项目】对话框，*1.* 选择输出文件的存储位置，*2.* 单击【保存】按钮 保存(S)，即可完成输出，如图 11-20 所示。

图 11–20

知识拓展

当输出一个 After Effects 项目为一个 Premiere Pro 项目时，Premiere Pro 使用 After Effects 项目中第一个合成的设置作为所有序列的设置。将一个 After Effects 层粘贴到 Premiere Pro 序列中时，关键帧、效果和其他属性以同样的方式被转换。

Section 11.3 多合成渲染

如果 After Effects CC 拥有多个合成项目，那么可以切换至其他合成项目的【时间轴】面板，同样进行渲染输出操作。本节将详细介绍多合成渲染的操作方法。

11.3.1 开启影片渲染

影片的渲染是指对构成影片的每个帧的逐帧渲染，下面详细介绍影片渲染操作。

操作步骤 >> Step by Step

第 1 步 选择一个准备要输出的合成，如选择【总合成】，然后在菜单栏中选择【合成】→【添加到渲染队列】命令，如图 11-21 所示。

图 11-21

第 2 步 在【渲染队列】面板中，可以观察到添加的【总合成】项目，并开启其【渲染】项，完成确认开启影片渲染的操作，如图 11-22 所示。

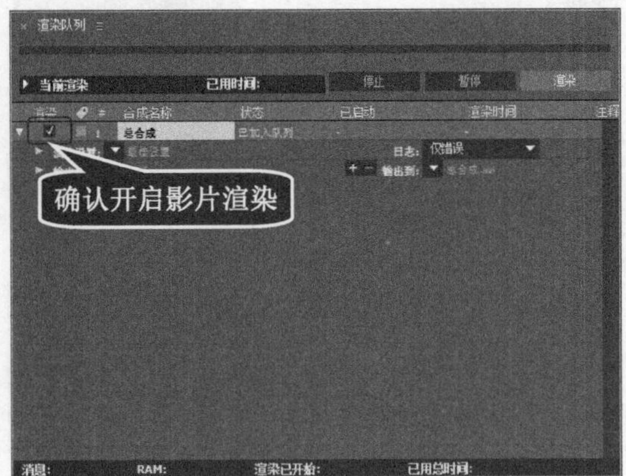

图 11-22

11.3.2 多合成渲染

用户可以将多个合成项目切换至合成项目的【时间轴】面板中，同时进行渲染输出的操作，下面详细介绍多合成渲染的操作方法。

操作步骤 >> Step by Step

第 1 步 在拥有多个合成的项目中，切换至其他合成项目的【时间轴】面板中，如切换至 c01 合成，如图 11-23 所示。

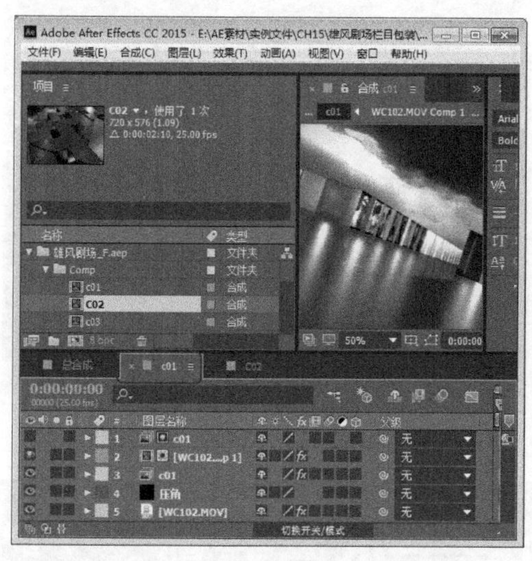

图 11-23

第 2 步 在菜单栏中选择【合成】→【添加到渲染队列】命令，如图 11-24 所示。

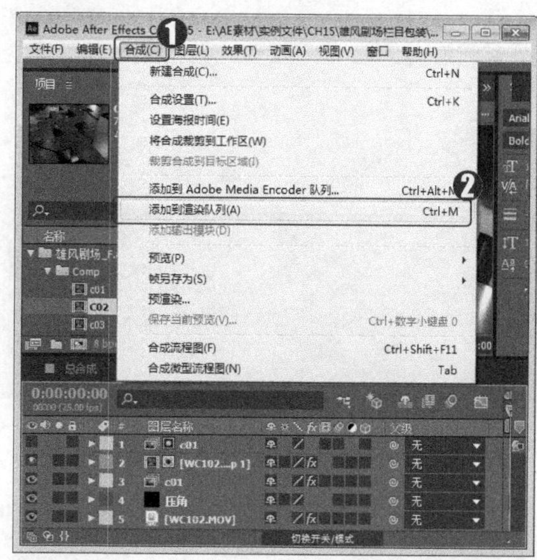

图 11-24

第 3 步 在【渲染队列】面板中，可以看到新添加的 c01 项，可以切换✓开关按钮，确认是否应用【渲染】选项，如图 11-25 所示。

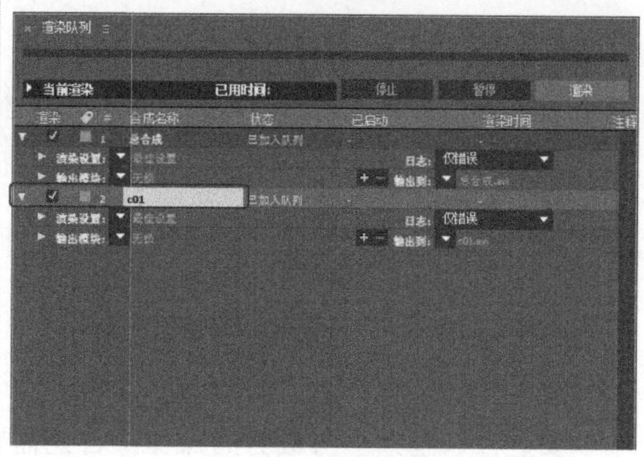

图 11-25

■ 指点迷津

在【渲染队列】面板中，会按添加渲染的顺序进行排列，也可以应用开关选项设置执行的渲染队列。

11.3.3 渲染进程设置

将多个合成项目添加到【渲染队列】面板中后，用户可以对渲染进程进行一些相关设

置，下面详细介绍其操作方法。

操作步骤 >> Step by Step

第 1 步 在【渲染队列】面板中，单击【渲染】按钮，After Effects CC 会按次序对合成文件进行依次渲染，如图 11-26 所示。

图 11-26

第 2 步 在【渲染队列】面板中，单击【渲染】按钮后，如再单击【停止】按钮，可结束渲染操作，系统会再次自动将未渲染完成的队列进行新建，便于用户再次进行渲染操作，如图 11-27 所示。

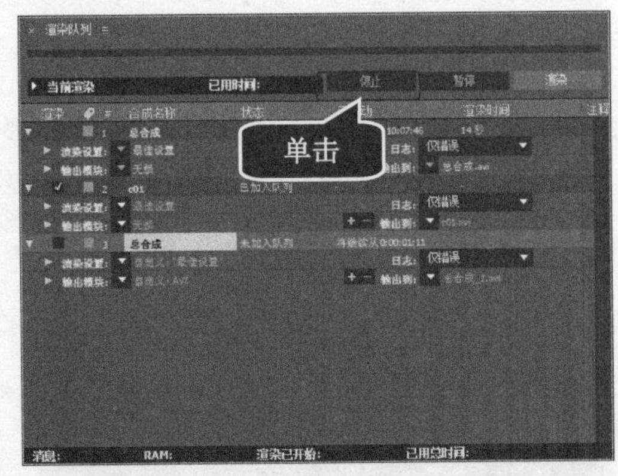

图 11-27

Section 11.4 专题课堂——调整大小与裁剪

本节将介绍如何调整输出的画面分辨率大小和指定画面裁剪区域，以提高操作渲染与输出的技能水平。

11.4.1 添加渲染队列

要进行调整大小与裁剪的操作，首先需要添加渲染队列，下面详细介绍其操作方法。

操作步骤 >> Step by Step

第 1 步 在【项目】面板中，选择【总合成】合成文件，准备进行影片的选择输出操作，如图 11-28 所示。

第 2 步 在菜单栏中选择【合成】→【添加到渲染队列】命令，如图 11-29 所示。

图 11–28

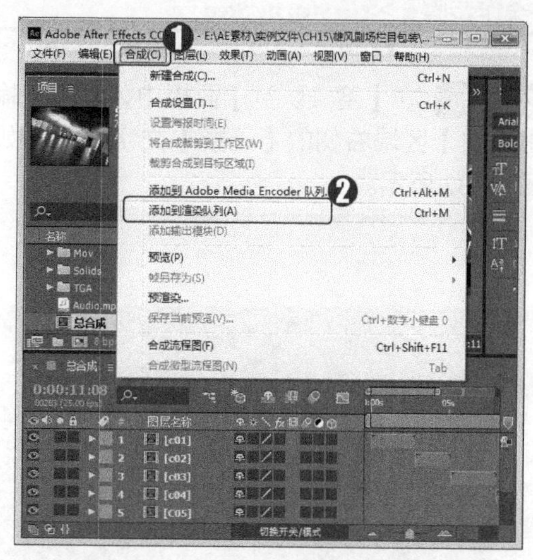

图 11–29

第 3 步 在【渲染队列】面板中，可以观察到添加的【总合成】项目。确认并开启其【渲染】选项，单击【输出到】右侧文件名的位置，如图 11-30 所示。

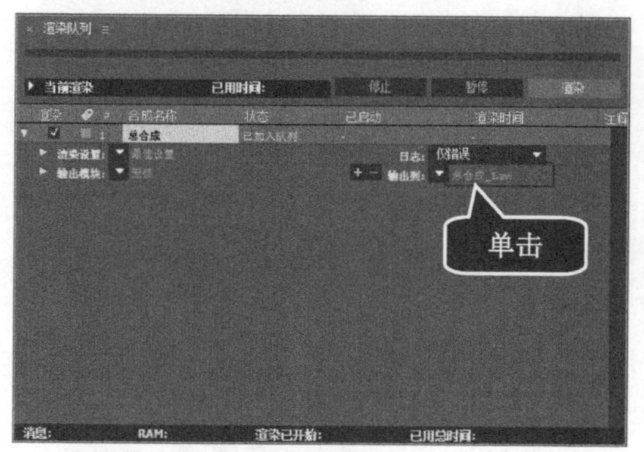

图 11–30

第 4 步 弹出【将影片输出到】对话框，设置输出路径和文件名，即可完成添加渲染队列的操作，如图 11-31 所示。

图 11–31

11.4.2 调整输出大小

完成添加渲染队列的操作后，即可开始调整输出大小，下面详细介绍其操作方法。

操作步骤 >> Step by Step

第 1 步 在【渲染队列】面板中，单击【输出模块】区域右侧的【无损】文字位置，如图 11-32 所示。

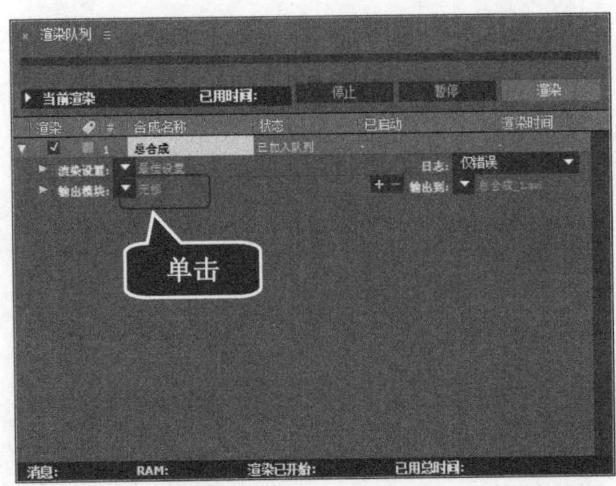

图 11–32

第 2 步 在弹出的【输出模块设置】对话框中，用户可以选中【调整大小】复选框，然后进行自定义尺寸的输出，如图 11-33 所示。

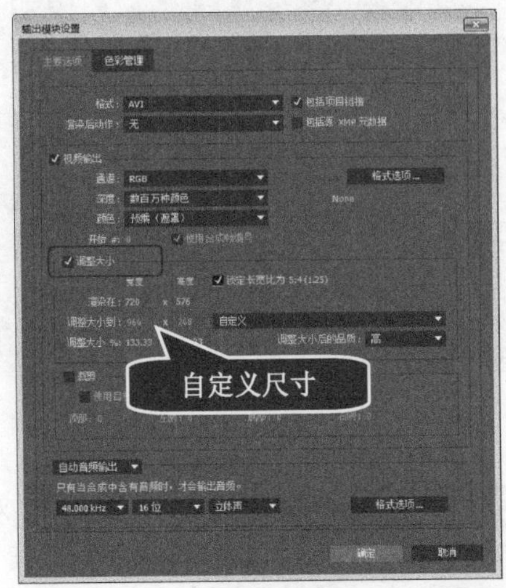

图 11–33

第 3 步 After Effects CC 系统中拥有多种预设分辨率类型，用户可以在该对话框中，展开【调整大小到】下拉列表，在其中快速进行预设选择，如图 11-34 所示。

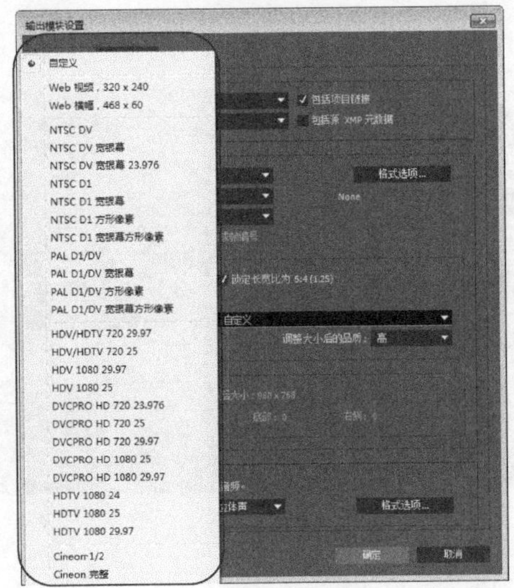

图 11–34

■ 指点迷津

如果需要改变输出画面的长宽比，那么需要取消选中【锁定长宽比为 5:4】复选框。

11.4.3 输出裁剪设置

使用 After Effects CC 软件，用户还可以进行输出裁剪的设置，下面介绍其操作方法。

操作步骤 >> Step by Step

第 1 步 在【输出模块设置】对话框中，选中【裁剪】复选框，可以对输出的画面进行裁剪设置，如图 11-35 所示。

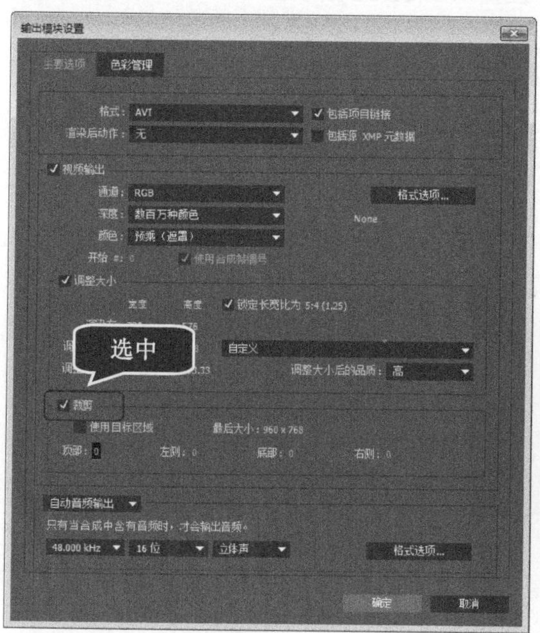

图 11–35

第 2 步 在【输出模块设置】对话框中，设置【顶部】值为 40、【底部】值为 40，将裁剪删除画面上下两端的图像，这样即可完成输出裁剪设置的操作，如图 11-36 所示。

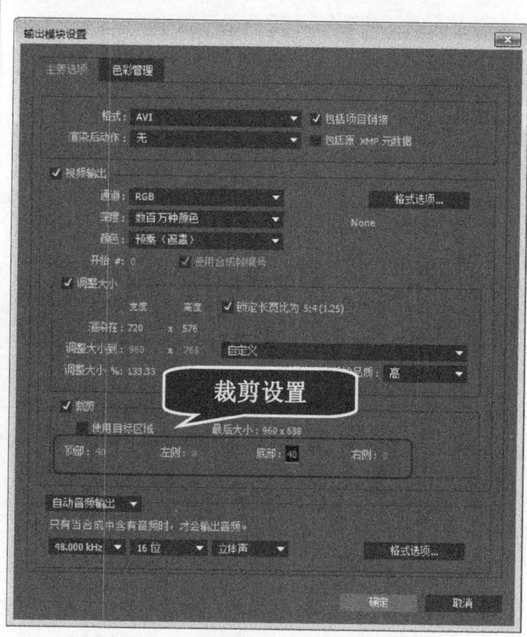

图 11–36

Section 11.5 实践经验与技巧

在本节的学习过程中，将侧重介绍和讲解与本章知识点有关的实践经验及技巧，主要内容将包括 AVI 格式输出、TGA 格式输出和 MOV 格式输出等方面的知识与操作技巧。

11.5.1 AVI 格式输出

AVI 格式的视频图像质量很好，可以跨多个平台使用，它生成的文件体积非常大，但清晰度也是最高的，下面详细介绍 AVI 格式输出的操作方法。

操作步骤 >> Step by Step

第 1 步 在【项目】面板中，选择【总合成】合成项目文件，然后在菜单栏中选择【合成】→【添加到渲染队列】命令，如图 11-37 所示。

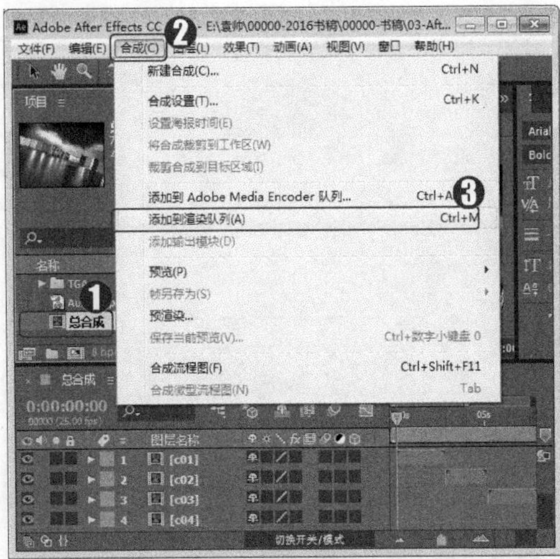

图 11-37

第 2 步 在【渲染队列】面板中，可以观察到添加的【总合成】项目。确认并开启其【渲染】选项，单击【输出到】右侧文件名的位置，如图 11-38 所示。

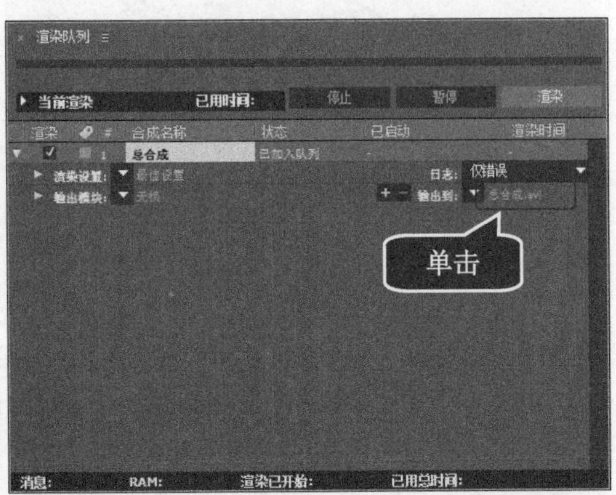

图 11-38

第 3 步 弹出【将影片输出到】对话框，设置输出路径和文件名，如图 11-39 所示。

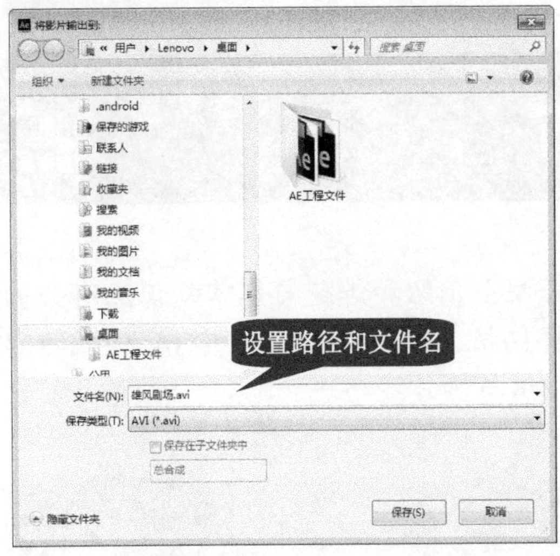

图 11-39

第 4 步 返回到【渲染队列】面板中，单击【输出模块】区域右侧的【无损】文字位置，如图 11-40 所示。

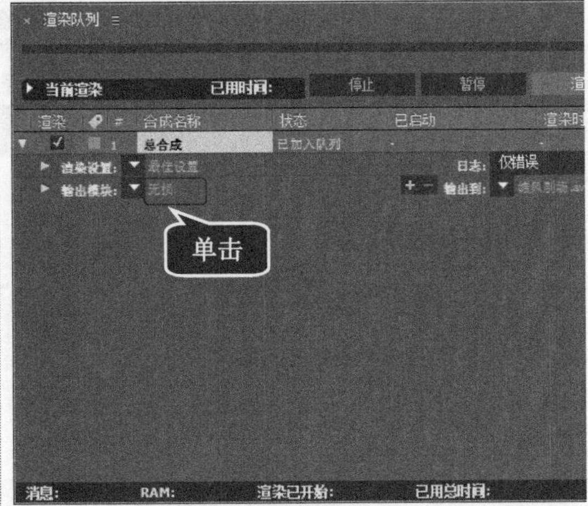

图 11-40

第 5 步 在弹出的【输出模块设置】对话框中，***1.*** 设置格式为 AVI 类型，***2.*** 然后单击【格式选项】按钮 格式选项... ，进行视频的压缩解码选择，如图 11-41 所示。

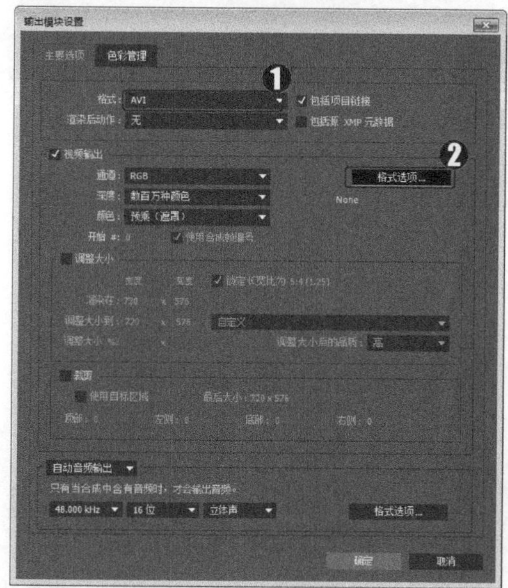

图 11-41

第 6 步 在弹出的【AVI 选项】对话框中，展开【视频编解码器】下拉列表，在其中选择准备设置的编码，After Effects CC 软件默认视频编解码器的设置为 None 方式，如图 11-42 所示。

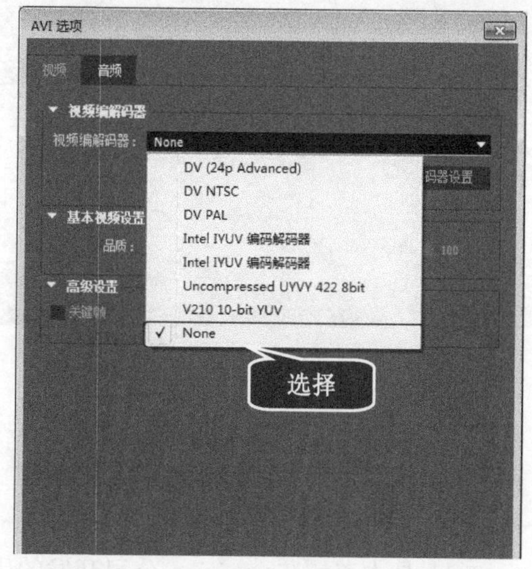

图 11-42

第 7 步 在【AVI 选项】对话框中，切换至【音频】选项卡，再设置【音频隔行】为【无】方式，使输出 AVI 格式的音频同样无压缩，如图 11-43 所示。

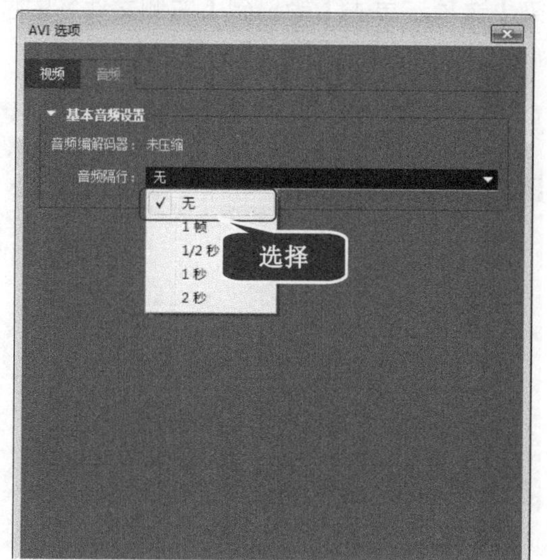

图 11-43

第 8 步 确定输出的设置后，在【输出模块设置】对话框中，单击【确定】按钮 确定 ，如图 11-44 所示。

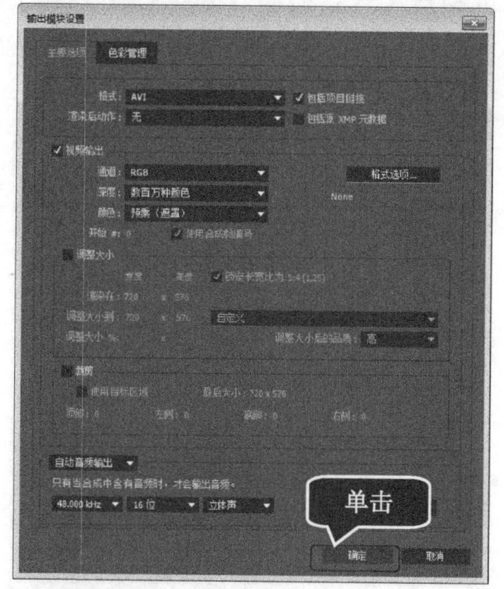

图 11-44

第 9 步 返回到【渲染队列】面板中，单击【当前渲染】的【渲染】按钮 渲染 ，执行合成项目的输出操作，如图 11-45 所示。

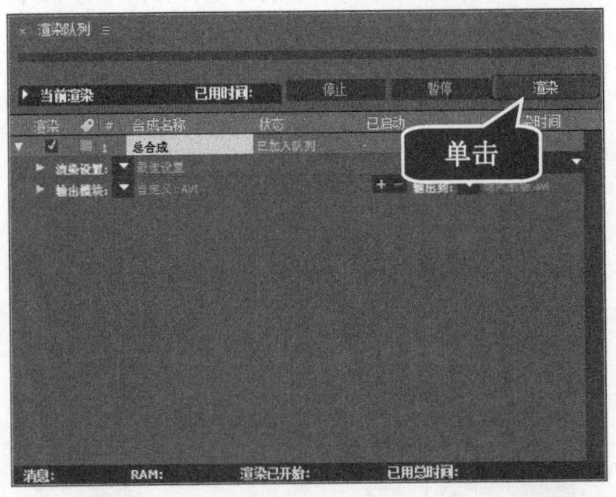

图 11-45

第 10 步 渲染完成后，在输出的文件夹中将显示 AVI 格式的视频文件，这样即完成了 AVI 格式输出的操作，如图 11-46 所示。

图 11-46

11.5.2 TGA 格式输出

TGA 是由美国 Truevision 公司开发的用来存储彩色图像的文件格式，主要用于计算机生成的数字图像向电视图像的转换。下面详细介绍 TGA 格式输出的操作方法。

操作步骤 >> Step by Step

第 1 步 在【项目】面板中，选择【爆炸】合成项目文件，然后在菜单栏中选择【合成】→【添加到渲染队列】命令，如图 11-47 所示。

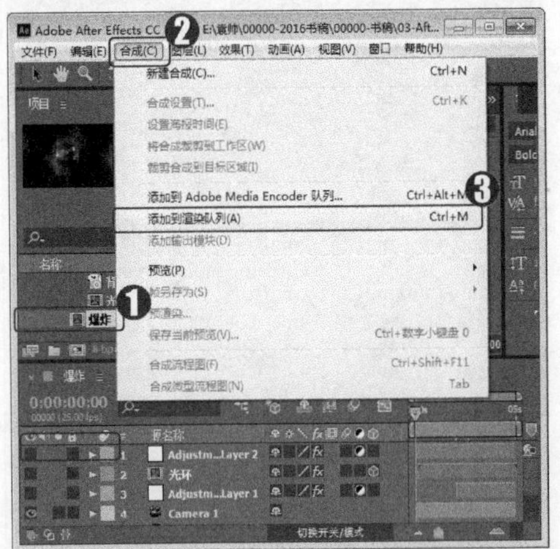

图 11-47

第 2 步 在【渲染队列】面板中，可以观察到添加的【爆炸】项目。确认并开启其【渲染】选项，单击【输出到】右侧文件名的位置，如图 11-48 所示。

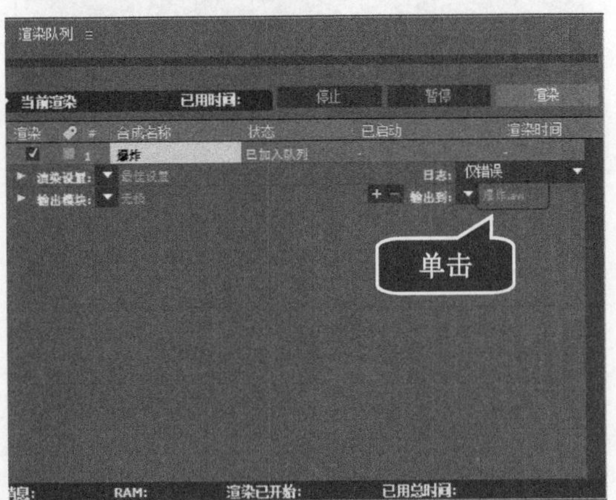

图 11-48

第 3 步 弹出【将影片输出到】对话框，设置输出路径和文件名，如图 11-49 所示。

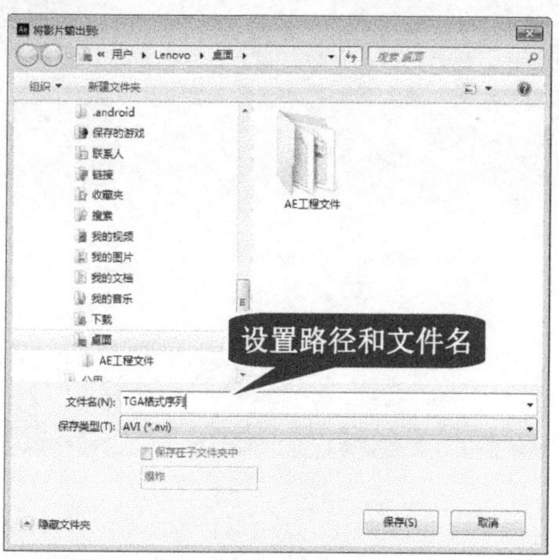

图 11–49

第 4 步 返回到【渲染队列】面板中，单击【输出模块】区域右侧的【无损】文字位置，如图 11-50 所示。

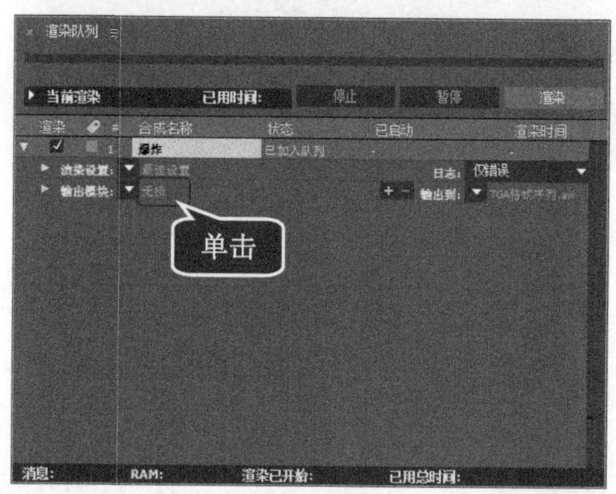

图 11–50

第 5 步 在弹出的【输出模块设置】对话框中，设置格式为【“Targa”序列】类型，如图 11-51 所示。

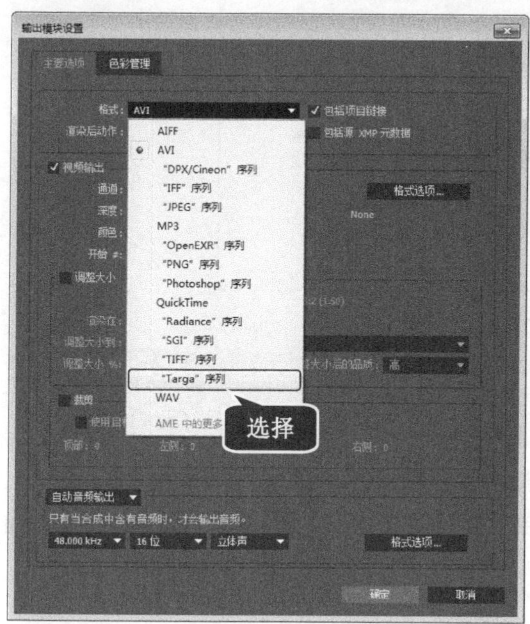

图 11–51

第 6 步 设置后会弹出【Targa 选项】对话框，在其中可以设置【分辨率】为【24 位/像素】或【32 位/像素】方式，然后单击【确定】按钮 确定 ，如图 11-52 所示。

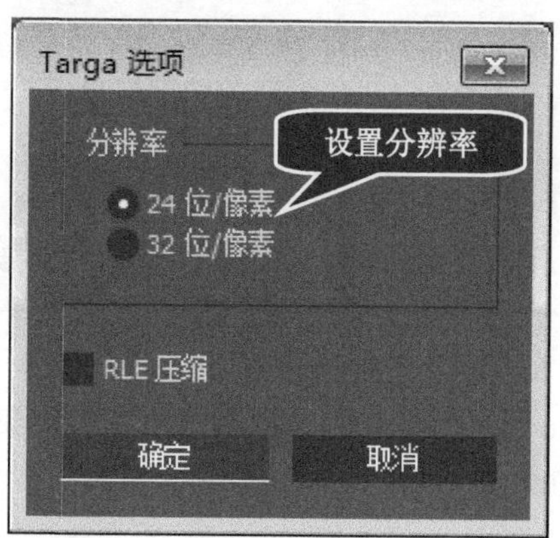

图 11–52

第 7 步 如果设置完成后还需要进行 Alpha 通道的设置，可以在【输出模块设置】对话框中单击【格式选项】按钮 格式选项... 进行，如图 11-53 所示。

第 8 步 返回到【渲染队列】面板中，单击【当前渲染】的【渲染】按钮 渲染 ，进行序列格式的输出操作，如图 11-54 所示。

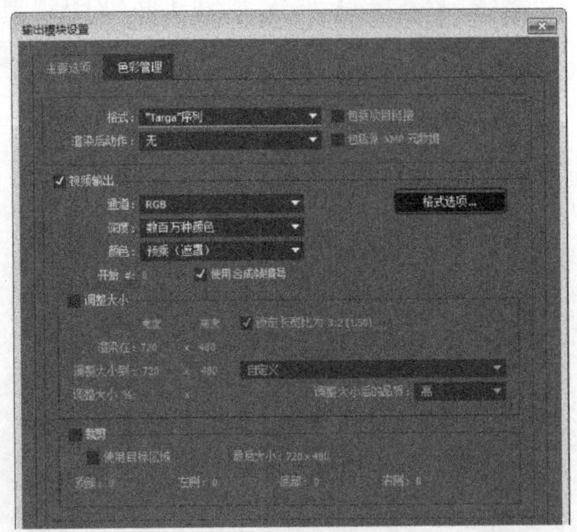

图 11-53

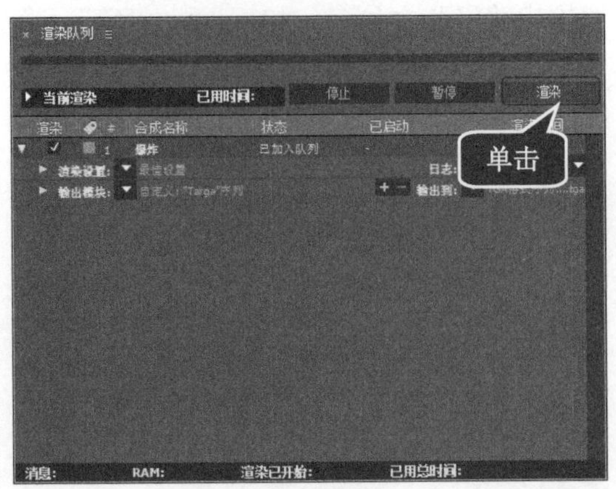

图 11-54

第 9 步 渲染序列完成后，在输出的文件夹中将显示 TGA 格式的序列文件，如图 11-55 所示。

图 11-55

11.5.3 MOV 格式输出

MOV 格式是美国苹果公司开发的一种视频格式，默认的播放器是苹果的 QuickTime Player。它具有较高的压缩比率和较完美的视频清晰度等特点，下面详细介绍 MOV 格式输出的操作方法。

操作步骤 >> Step by Step

第 1 步 在【项目】面板中，选择 Daren 合成项目文件，然后在菜单栏中选择【合成】→【添加到渲染队列】命令，如图 11-56 所示。

第 2 步 在【渲染队列】面板中，可以观察到添加的 Daren 项目。确认并开启其【渲染】选项，单击【输出到】右侧文件名的位置，如图 11-57 所示。

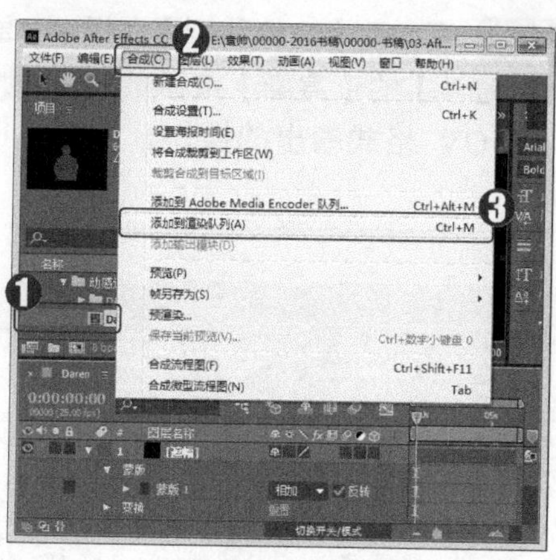

图 11-56

第 3 步 弹出【将影片输出到】对话框，设置输出路径和文件名，如图 11-58 所示。

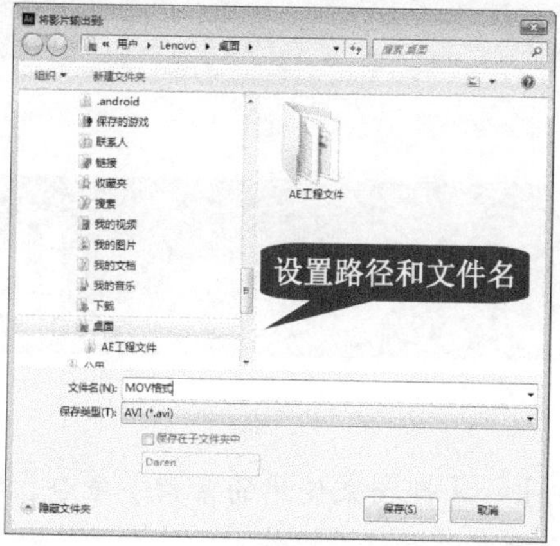

图 11-58

第 5 步 在弹出的【输出模块设置】对话框中，设置格式为 QuickTime 类型，如图 11-60 所示。

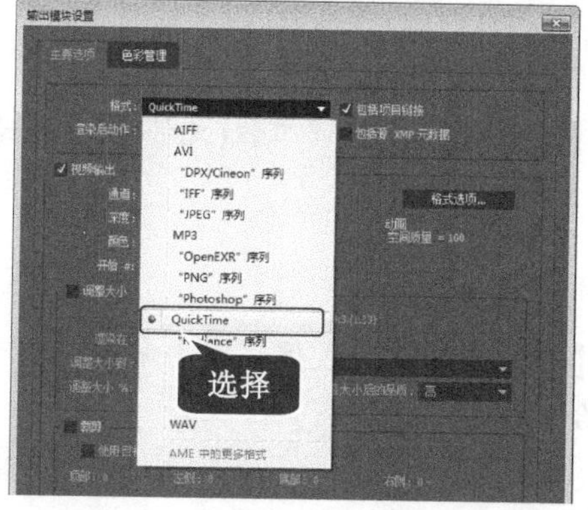

图 11-60

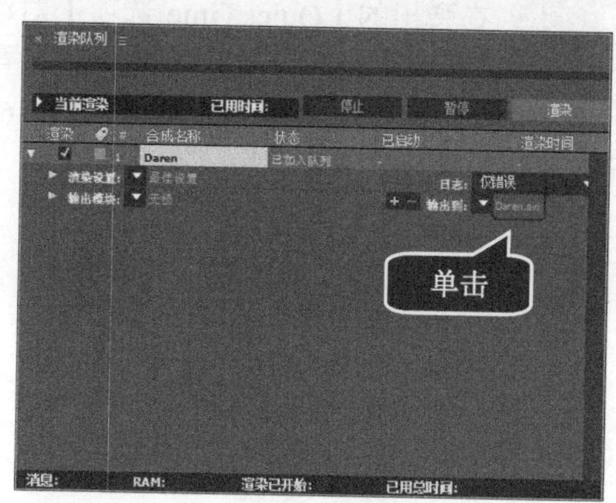

图 11-57

第 4 步 返回到【渲染队列】面板中，单击【输出模块】区域右侧的【无损】文字位置，如图 11-59 所示。

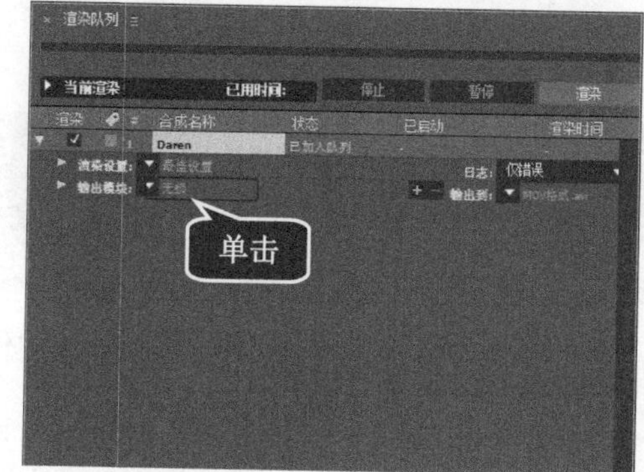

图 11-59

第 6 步 在【输出模块设置】对话框中，单击【格式选项】按钮 格式选项... ，可以设置 MOV 格式的压缩解码，如图 11-61 所示。

图 11-61

第 7 步 在弹出的【QuickTime 选项】对话框中，展开【视频编解码器】下拉列表，再设置视频编解码器为【动画】方式，如图 11-62 所示。

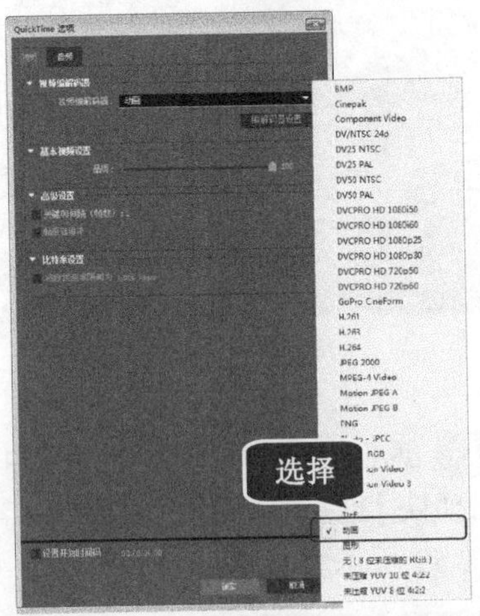

图 11-62

第 8 步 返回到【渲染队列】面板中，单击【当前渲染】的【渲染】按钮 渲染 ，进行 MOV 格式输出的操作，如图 11-63 所示。

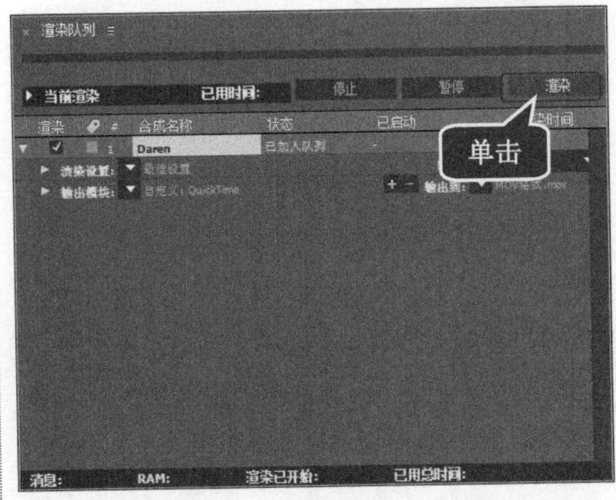

图 11-63

Section 11.6 有问必答

1. 如何将尚未在合成中使用的素材文件删除?

在菜单栏中选择【文件】→【整理工程(文件)】→【删除未使用的素材】命令，即可将尚未在合成中使用的素材文件删除，并提示删除后可以撤销等操作。

2. 如何收集文件?

在菜单栏中选择【文件】→【整理工程(文件)】→【收集文件】命令，在弹出的对话框中分别进行设置，从而完成收集文件的操作。

3. 如何减少合成中的项目?

选择需要减少的项目，然后在菜单栏中选择【文件】→【整理工程(文件)】→【减少项目】命令，即可删除所选中的项目。

4. 如何查看合成流程图?

选择准备查看的合成，然后在菜单栏中选择【合成】→【合成流程图】命令，即可打开【流程图】面板，用户可以在该面板中查看该合成详细的流程图。